高等职业教育系列教材

西门子 S7-300/400 PLC 项目化教程

主　编　朱清智　王　娜
参　编　靳　果　王记昌　袁　铸　梁　硕

机 械 工 业 出 版 社

西门子 S7-300/400 系列 PLC 是国内应用较广、市场占有率较高的大中型产品。本书从实际工程应用出发，以 S7-300/400 系列 PLC 为对象，讲解大中型 PLC 的基础与实际应用等方面的内容。

本书介绍了 S7-300/400 系列 PLC 在电动机基本控制电路、传送带控制系统、全自动洗衣机控制系统等工程中的设计与应用以及 S7-300/400 系列 PLC 网络通信等内容。

本书语言通俗易懂，实例实用性和针对性强，且对每个实例均进行了软件仿真。本书既可作为高职高专院校电气自动化技术、机电一体化技术和智能控制技术等专业的 PLC 应用教材，也可作为工程技术人员的自学教材。

本书配有授课电子课件和微课视频等资源，需要的教师可登录机械工业出版社教育服务网 www.cmpedu.com 免费注册后下载，或联系编辑索取（微信：15910938545，电话：010-88379739）。

图书在版编目（CIP）数据

西门子 S7-300/400PLC 项目化教程/朱清智，王娜主编．—北京：机械工业出版社，2020.7（2024.8 重印）
高等职业教育系列教材
ISBN 978-7-111-65628-9

Ⅰ.①西…　Ⅱ.①朱…　②王…　Ⅲ.①PLC 技术-高等职业教育-教材
Ⅳ.①TM571.61

中国版本图书馆 CIP 数据核字（2020）第 084659 号

机械工业出版社（北京市百万庄大街 22 号　邮政编码 100037）
策划编辑：曹帅鹏　　责任编辑：曹帅鹏　秦　菲
责任校对：张艳霞　　责任印制：常天培

固安县铭成印刷有限公司印刷

2024 年 8 月第 1 版・第 5 次印刷
184mm×260mm・17 印张・418 千字
标准书号：ISBN 978-7-111-65628-9
定价：55.00 元

电话服务
客服电话：010-88361066
　　　　　010-88379833
　　　　　010-68326294

网络服务
机 工 官 网：www.cmpbook.com
机 工 官 博：weibo.com/cmp1952
金 书 网：www.golden-book.com
机工教育服务网：www.cmpedu.com

高等职业教育系列教材机电类专业
编委会成员名单

出 版 说 明

《国家职业教育改革实施方案》（又称“职教20条”）指出：到2022年，职业院校教学条件基本达标，一大批普通本科高等学校向应用型转变，建设50所高水平高等职业学校和150个骨干专业（群）；建成覆盖大部分行业领域、具有国际先进水平的中国职业教育标准体系；从2019年开始，在职业院校、应用型本科高校启动“学历证书+若干职业技能等级证书”制度试点（即1+X证书制度试点）工作。在此背景下，机械工业出版社组织国内80余所职业院校（其中大部分院校入选“双高”计划）的院校领导和骨干教师展开专业和课程建设研讨，以适应新时代职业教育发展要求和教学需求为目标，规划并出版了“高等职业教育系列教材”丛书。

该系列教材以岗位需求为导向，涵盖计算机、电子、自动化和机电等专业，由院校和企业合作开发，多由具有丰富教学经验和实践经验的“双师型”教师编写，并邀请专家审定大纲和审读书稿，致力于打造充分适应新时代职业教育教学模式、满足职业院校教学改革和专业建设需求、体现工学结合特点的精品化教材。

归纳起来，本系列教材具有以下特点：

1）充分体现规划性和系统性。系列教材由机械工业出版社发起，定期组织相关领域专家、院校领导、骨干教师和企业代表召开编委会年会和专业研讨会，在研究专业和课程建设的基础上，规划教材选题，审定教材大纲，组织人员编写，并经专家审核后出版。整个教材开发过程以质量为先，严谨高效，为建立高质量、高水平的专业教材体系奠定了基础。

2）工学结合，围绕学生职业技能设计教材内容和编写形式。基础课程教材在保持扎实理论基础的同时，增加实训、习题、知识拓展以及立体化配套资源；专业课程教材突出理论和实践相统一，注重以企业真实生产项目、典型工作任务、案例等为载体组织教学单元，采用项目导向、任务驱动等编写模式，强调实践性。

3）教材内容科学先进，教材编排展现力强。系列教材紧随技术和经济的发展而更新，及时将新知识、新技术、新工艺和新案例等引入教材；同时注重吸收最新的教学理念，并积极支持新专业的教材建设。教材编排注重图、文、表并茂，生动活泼，形式新颖；名称、名词、术语等均符合国家标准和规范。

4）注重立体化资源建设。系列教材针对部分课程特点，力求通过随书二维码等形式，将教学视频、仿真动画、案例拓展、习题试卷及解答等教学资源融入到教材中，使学生的学习课上课下相结合，为高素质技能型人才的培养提供更多的教学手段。

由于我国高等职业教育改革和发展的速度很快，加之我们的水平和经验有限，因此在教材的编写和出版过程中难免出现疏漏。恳请使用本系列教材的师生及时向我们反馈相关信息，以利于我们今后不断提高教材的出版质量，为广大师生提供更多、更适用的教材。

机械工业出版社

前　言

西门子 S7-300/400 系列 PLC 属于大中型产品，在国内应用范围较广、具有较高的市场占有率。由于 S7-300/400 系列 PLC 融合了较多的计算机技术，在生成项目的过程中需要进行硬件组态，在编写程序之前又要选择使用哪些对象，如组织块、功能、功能块、系统、系统功能等，并且指令表与梯形图不像 S7-200 系列 PLC 一样能够一一对应，因此，很多人都认为 S7-300/400 不容易入门，学习起来非常困难。

本书为便于学习和理解 S7-300/400 系列 PLC 控制系统的相关技术而编写。在编写过程中，注重内容的取舍，具有以下特点。

1）以 S7-300/400 PLC 的应用技术为重点，淡化原理，注重实用，以项目、案例为线索进行内容的编排。

2）定位于面向自动控制的应用层面，从示范工程到应用层，工程实例丰富，着重培养读者的动手能力，使读者容易跟上新技术的发展。本书的大部分实例取材于实际工程项目或其中的某个环节，对读者从事 PLC 应用和工程设计具有较大的实践指导意义。

3）许多学生具有一定的电气控制知识，对传统的继电控制技术比较了解，因此本书介绍了 S7-300/400 系列 PLC 在传统继电控制电路中的应用，使学生充分理解如何改造传统机床的控制线路。虽然 S7-300/400 系列 PLC 用于传统继电控制系统的改造有点大材小用，但是，这样可以提高学生的学习兴趣，增强动手能力，让学生能够较快地编写控制程序，进而设计复杂的控制系统。

本全书分为 11 个项目：项目 1 介绍了 PLC 控制系统设计基础，项目 2 介绍了传送带控制设计与调试，项目 3 介绍了天塔之光程序设计与调试，项目 4 介绍了全自动洗衣机程序设计与调试，项目 5 介绍了自动售货机程序设计与调试，项目 6 介绍了音乐喷泉控制程序设计与调试，项目 7 介绍了水塔液位控制系统程序设计与调试，项目 8 介绍了液体混合装置控制设计与调试，项目 9 介绍了机械手控制设计与调试，项目 10 介绍了网络通信设计与调试，项目 11 介绍了人机界面设计与调试。

由于编者知识水平和经验的局限性，书中难免有错漏之处，敬请广大读者批评指正。

编　者

目　　录

前言
项目 1　快速了解 PLC …… 1
1.1　PLC 的基本概念 …… 1
1.1.1　PLC 的产生与发展 …… 2
1.1.2　PLC 的特点 …… 3
1.1.3　PLC 的应用领域 …… 4
1.2　PLC 的组成与工作原理 …… 5
1.2.1　PLC 的基本组成 …… 5
1.2.2　PLC 的工作原理 …… 7
1.2.3　PLC 的编程语言 …… 8
1.2.4　S7-300/400 PLC 的存储区 …… 9
1.3　S7-300/400 PLC 的硬件系统 …… 12
1.3.1　S7-300/400 PLC 的硬件组成 …… 13
1.3.2　CPU 模块 …… 16
1.3.3　数字量模块 …… 17
1.3.4　模拟量模块 …… 19
1.3.5　功能模块 …… 21
1.4　TIA Portal 的安装与使用 …… 22
1.4.1　TIA Portal 编程软件概述 …… 23
1.4.2　STEP 7 软件安装 …… 25
1.4.3　WinCC 软件安装 …… 32
1.4.4　PLCSIM 软件安装 …… 39
1.4.5　使用 TIA Portal 创建项目 …… 44
项目拓展 …… 48
项目 2　传送带控制设计与调试 …… 49
2.1　基本位逻辑指令及应用 …… 49
2.1.1　触点和线圈指令 …… 49
2.1.2　地址边沿检测指令 …… 52
2.1.3　触发器指令 …… 54
2.2　PLCSIM 软件的使用 …… 55
2.2.1　组态硬件 …… 55
2.2.2　程序编写 …… 56
2.2.3　用 PLCSIM 调试程序 …… 59
2.3　项目训练——传送带正反转控制设计与调试 …… 60
2.3.1　I/O 地址分配 …… 60

2.3.2 硬件设计 …… 61
2.3.3 软件程序设计 …… 61
项目拓展 …… 63
项目3 天塔之光程序设计与调试 …… 64
3.1 定时器指令和CPU时钟存储器 …… 64
3.1.1 定时器指令的基本功能 …… 65
3.1.2 定时器指令的应用 …… 67
3.1.3 CPU时钟存储器 …… 69
3.2 项目训练——天塔之光程序设计与调试 …… 70
3.2.1 I/O地址分配 …… 70
3.2.2 硬件设计 …… 71
3.2.3 软件程序设计 …… 71
项目拓展 …… 74
项目4 全自动洗衣机程序设计与调试 …… 75
4.1 计数器指令及应用 …… 75
4.1.1 计数器指令的基本功能 …… 76
4.1.2 计数器指令的应用 …… 77
4.2 比较指令和传送指令 …… 78
4.2.1 比较指令的基本功能 …… 78
4.2.2 传送指令的基本功能 …… 78
4.3 项目训练——全自动洗衣机程序设计与调试 …… 79
4.3.1 I/O地址分配 …… 79
4.3.2 硬件设计 …… 79
4.3.3 软件程序设计 …… 80
项目拓展 …… 84
项目5 自动售货机程序设计与调试 …… 85
5.1 数据类型基础 …… 85
5.1.1 基本数据类型 …… 85
5.1.2 复杂数据类型 …… 86
5.1.3 参数数据类型 …… 86
5.2 数学运算指令及应用 …… 87
5.2.1 整数数学运算指令 …… 87
5.2.2 浮点数数学运算指令 …… 90
5.2.3 三角函数运算指令 …… 91
5.3 项目训练——自动售货机控制程序设计与调试 …… 93
5.3.1 I/O地址分配 …… 93
5.3.2 硬件设计 …… 93
5.3.3 软件程序设计 …… 94
项目拓展 …… 97
项目6 音乐喷泉控制程序设计与调试 …… 99

6.1 移位指令及应用 …… 99
6.1.1 移位指令的概述 …… 99
6.1.2 有符号数移位指令 …… 99
6.1.3 无符号数移位指令 …… 100
6.1.4 移位指令的应用 …… 100
6.2 循环移位指令及应用 …… 101
6.2.1 循环移位指令 …… 101
6.2.2 循环移位指令的应用 …… 102
6.3 项目训练——音乐喷泉控制程序设计与调试 …… 102
6.3.1 I/O 地址分配 …… 102
6.3.2 硬件设计 …… 103
6.3.3 软件程序设计 …… 103
项目拓展 …… 105
项目7 水塔液位控制系统程序设计与调试 …… 107
7.1 模拟量信号的应用 …… 107
7.1.1 模拟量模块硬件组态 …… 108
7.1.2 缩放 SCALE 的使用 …… 109
7.1.3 模拟量程序编写过程 …… 109
7.2 数据转换指令及应用 …… 110
7.2.1 数值类型转换指令 …… 110
7.2.2 浮点数取整指令 …… 113
7.2.3 取反求补指令 …… 115
7.2.4 数据转换指令的应用 …… 118
7.3 项目训练——水塔液位控制系统程序设计与调试 …… 119
7.3.1 I/O 地址分配 …… 119
7.3.2 硬件设计 …… 120
7.3.3 软件程序设计 …… 120
项目拓展 …… 124
项目8 液体混合装置控制设计与调试 …… 125
8.1 用户程序的基本结构 …… 125
8.1.1 用户程序的块 …… 126
8.1.2 用户程序使用的堆栈 …… 127
8.1.3 用户程序的结构 …… 128
8.2 函数块与函数的生成与调用 …… 129
8.2.1 函数 …… 129
8.2.2 函数块 …… 132
8.2.3 多重背景 …… 136
8.3 组织块与中断处理 …… 138
8.3.1 中断的基本概念 …… 140
8.3.2 启动组织块与循环中断组织块 …… 140

8.4 项目训练——液体混合装置控制设计与调试 …… 141
8.4.1 I/O 地址分配 …… 142
8.4.2 硬件设计 …… 142
8.4.3 软件程序设计 …… 143
项目拓展 …… 149
项目9 机械手控制设计与调试 …… 150
9.1 顺序控制设计法 …… 150
9.1.1 顺序控制与顺序功能图 …… 150
9.1.2 单序列顺序控制方式及编程 …… 152
9.1.3 选择序列顺序控制方式及编程 …… 156
9.1.4 并行序列顺序控制方式及编程 …… 161
9.2 S7-Graph 和 S7-SCL 编程语言的使用 …… 165
9.2.1 S7-Graph 编程语言概述 …… 165
9.2.2 顺序功能图设置与调试 …… 167
9.2.3 S7-SCL 编程语言概述 …… 169
9.2.4 S7-SCL 编程语言的使用 …… 173
9.3 项目训练——机械手控制设计与调试 …… 181
9.3.1 I/O 地址分配 …… 182
9.3.2 硬件设计 …… 182
9.3.3 软件程序设计 …… 182
项目拓展 …… 187
项目10 网络通信设计与调试 …… 189
10.1 西门子工业自动化网络 …… 189
10.1.1 MPI 网络概述 …… 191
10.1.2 PROFIBUS 网络概述 …… 191
10.1.3 PROFINET 网络概述 …… 196
10.2 MPI 通信网络程序设计 …… 200
10.2.1 无组态双向通信连接 …… 200
10.2.2 无组态单向通信连接 …… 202
10.3 工业以太网通信程序设计 …… 204
10.3.1 通信区域分配 …… 205
10.3.2 通信组态配置 …… 205
10.3.3 通信程序编写 …… 206
10.4 项目训练——饮料灌装生产线设计与调试 …… 208
10.4.1 I/O 地址分配 …… 209
10.4.2 硬件设计 …… 210
10.4.3 软件程序设计 …… 210
项目拓展 …… 218
项目11 人机界面设计与调试 …… 219
11.1 MCGS 人机界面概述 …… 219

11.1.1 MCGS 嵌入版组态软件的主要功能 …… 219
11.1.2 MCGS 嵌入式体系结构 …… 221
11.1.3 MCGS 组态软件的安装 …… 223
11.1.4 项目创建与下载 …… 226
11.2 MCGS 人机界面基本知识 …… 229
11.2.1 实时数据库数据类型 …… 230
11.2.2 运行策略组态 …… 231
11.2.3 脚本语言 …… 231
11.3 MCGS 人机界面功能 …… 234
11.3.1 报警处理 …… 234
11.3.2 报表功能 …… 235
11.3.3 实时曲线 …… 239
11.3.4 历史曲线 …… 240
11.3.5 安全机制 …… 242
11.4 项目训练——全自动包衣机设计与调试 …… 245
11.4.1 I/O 地址分配 …… 246
11.4.2 硬件设计 …… 247
11.4.3 人机界面设计 …… 247
11.4.4 软件程序设计 …… 250
项目拓展 …… 258
参考文献 …… 260

项目 1 快速了解PLC

1.1 PLC的基本概念

PLC 是英文 Programmable Logic Controller 的缩写，中文名称为可编程序逻辑控制器。世界上第一台 PLC 是 1969 年由美国数字设备公司研制成功的 PDP-14，随着技术不断地发展，PLC 的功能大大增强，不仅仅限于逻辑控制，因此美国电气制造协会于 1980 年对它重新命名，名称改为可编程序控制器（Programmable Controller），但是由于它的简写 PC 与个人计算机（Personal Computer）的简写相冲突，加上习惯的原因，人们还是经常使用可编程序逻辑控制器这一称呼，并仍使用 PLC 这一缩写。

德国西门子（SIEMENS）公司生产的可编程序控制器在我国应用相当广泛，图 1-1 所示为西门子公司 PLC S7 系列产品定位。

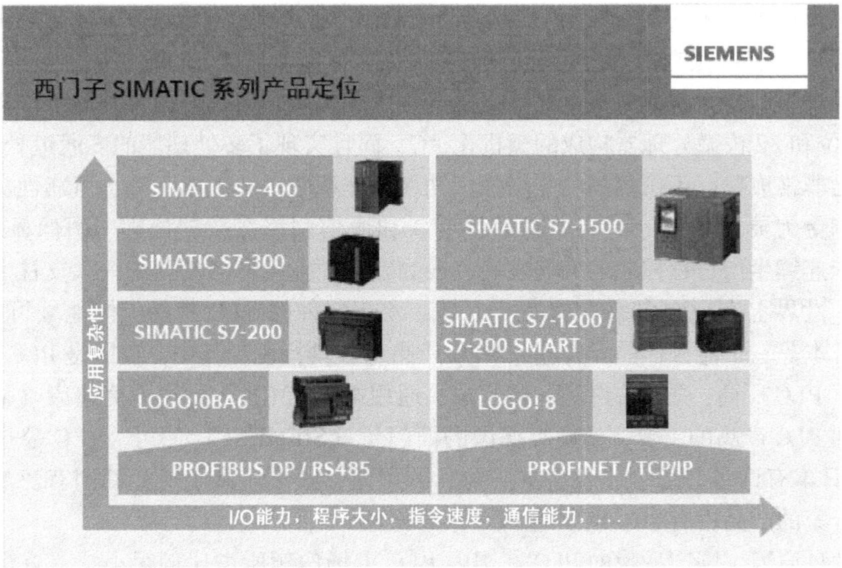

图 1-1　西门子 S7 系列产品定位

1985 年，国际电工委员会（International Electrotechnical Commission，IEC）对 PLC 做出定义：可编程序控制器是一种数字运算操作电子系统，专为在工业环境下应用而设计。它采用了可编程序的存储器，用来在其内部存储执行逻辑运算、顺序控制、定时、计数和算术运算等操作的指令，并通过数字的、模拟的输入和输出，控制各种类型的机械或生产过程。可编程序控制器及其有关的外围设备，都应按易于与工业控制系统形成一个整体、易于扩充其功能的原则设计。

1.1.1 PLC 的产生与发展

美国汽车工业的发展促进了 PLC 的产生，20 世纪 60 年代，美国通用汽车公司在对工厂生产线进行调整时，发现继电器、接触器控制系统修改难、体积大、噪声大、维护不方便以及可靠性差，于是提出了著名的“GM 十条”招标指标。

这 10 条指标分别如下。

1）编程简单，可在现场修改和调试程序。

2）维护方便，采用插入式模块结构。

3）可靠性高于继电器控制系统。

4）体积小于继电器控制装置。

5）数据可直接送入管理计算机。

6）成本可与继电器控制系统竞争。

7）可直接用 115 V 交流电压输入。

8）输出量为 115 V、2 A 以上，能直接驱动电磁阀、接触器等。

9）通用性强，易于扩展。

10）用户程序存储器容量至少 4 KB。

美国数字设备公司研制出 PLC 在通用汽车公司的生产线上试用，其效果显著。1971 年，日本研制出第一台 PLC（DCS-8）；1973 年，德国研制出第一台 PLC；1974 年，我国开始研制 PLC；1977 年，我国在工业应用领域推广 PLC。

随着大规模和超大规模集成电路等微电子技术的发展，PLC 已由最初的 1 位机发展到现在的以 16 位和 32 位微处理器构成的微机化 PC，而且实现了多处理器的多通道处理。如今，PLC 技术已非常成熟，不仅控制功能增强，功耗和体积减小，成本下降，可靠性提高，编程和故障检测更为灵活方便，而且随着远程 I/O 和通信网络、数据处理、图像显示的发展，PLC 向用于连续生产过程控制的方向发展，成为实现工业生产自动化的一大支柱。

现在，世界上有 200 多家 PLC 生产厂家，400 多种的 PLC 产品，按地域可分成美国、欧洲、和日本等三个流派产品，各流派 PLC 产品都各具特色。其中，美国是 PLC 生产大国，有 100 多家 PLC 厂商，著名的有 A-B 公司、通用电气（GE）公司、莫迪康（MODICON）公司；欧洲 PLC 产品的主要制造商有德国的西门子（SIEMENS）公司、AEG 公司、法国的 TE 公司；日本有许多 PLC 制造商，如三菱、欧姆龙、松下、富士等；韩国有三星、LG 等，这些生产厂家的产品占有 80%以上的 PLC 市场份额。

由于种种原因，国产品牌的 PLC 在国内 PLC 市场份额所占比例很小，一直没有形成产业化规模，目前我国市场上 95%以上的 PLC 产品来自国外公司。

在众多国产 PLC 品牌中，北京和利时是我国工控市场较早的参与者之一，长期专注自动化控制系统。主要产品有可编程序控制器、集散控制系统（Distributed Control System，DCS）、核电站数字化仪控系统、运动控制器、触摸屏、驱动器、光电接近开关、变频器等。

除此之外，还有无锡信捷、黄石科威、安控科技、上海正航电子科技、汇川技术和英威腾等一大批公司也都是国内致力于工业控制领域 PLC 产品开发的知名企业。

1.1.2 PLC 的特点

1. 使用灵活

PLC 的硬件是标准化的，加之 PLC 的产品已系列化，功能模块品种多，可以灵活组成各种不同大小和不同功能的控制系统。

2. 可靠性高

微机功能强大但抗干扰能力差，工业现场的电磁干扰、电源波动、机械振动、温度和湿度的变化，都可能导致一般通用微机不能正常工作；传统的继电器—接触器控制系统抗干扰能力强，但由于存在大量的机械触点（易磨损、烧蚀）而寿命短，系统可靠性差。PLC 采用微电子技术，大量的开关动作由无触点的电子存储器件来完成，大部分继电器和繁杂连线被软件程序所取代，故寿命长，可靠性大大提高，从实际使用情况来看，PLC 控制系统的平均无故障时间一般可达 40000～50000 h。PLC 采取了一系列硬件和软件抗干扰措施，能适应各种强烈干扰的工业现场，并具有故障自诊断能力。

3. 维护方便

PLC 的接口按工业控制的要求设计，有较强的带负载能力（输入输出可直接与交流 220 V、直流 24 V 等强电相连），接口电路一般亦为模块式，便于维修更换。有的 PLC 甚至可以带电插拔输入输出模块，可不脱机停电而直接更换故障模块，大大缩短了故障修复时间。

4. 功能强

PLC 除了具备逻辑运算、定时、计数等基本功能外，还具备模拟信号采集、运动控制、通信联网等功能。

5. 编程简单

PLC 是面向用户的设备，PLC 的设计者充分考虑了现场工程技术人员的技能和习惯。大多数 PLC 的编程均提供了常用的梯形图方式和面向工业控制的简单指令方式。编程语言形象直观，指令少、语法简便，不需要专门的计算机知识和语言，具有一定的电工和工艺知识的人员都可在短时间内掌握。利用编程软件，可方便地查看、编辑、修改用户程序。

6. 设计、施工、调试周期短

用继电器—接触器控制完成一项控制工程，必须首先按工艺要求画出电气原理图，然后画出电气元器件的布置和接线图等，再进行安装调试，以后修改起来十分不便。而采用 PLC 控制，由于其靠软件实现控制，硬件线路非常简洁，而大量具体的程序编制工作也可在 PLC 到货前进行，因而缩短了设计周期，使设计和施工可同时进行。由于用软件编程取代了硬接线来实现控制功能，大大减轻了繁重的安装接线工作，缩短了施工周期。

和继电器控制系统相比，PLC 具有修改程序就能改变控制功能的优点，但是在进行简单控制时，成本较高。另外，利用单片机也能实现自动控制，各种控制系统的比较见表 1-1。

表 1-1　各种控制系统的比较

比较内容	PLC	单片机	继电器
功能	可以实现各种复杂控制	可以实现各种复杂控制，功能最强	用大量继电器布线连接实现控制
改变控制要求	修改程序比较简单	技术难度大	更改大量硬件接线
可靠性	平均无故障时间长	一般比 PLC 差	受机械触点寿命影响
工作方式	顺序扫描	中断处理，响应最快	顺序控制
接口	直接与生产设备连接	需要设计专门接口	直接与生产设备连接
系统开发	调试周期短	调试技术难度大	调试周期长
硬件成本	比单片机控制成本高	一般比 PLC 低	简单控制时成本低

1.1.3　PLC 的应用领域

目前，PLC 在国内外已广泛应用于钢铁、石油、化工、电力、建材、机械制造、汽车、轻纺、交通运输、环保及文化娱乐等各个行业，使用情况大致可归纳为如下几类。

1. 离散行业自动化

数字量的逻辑控制是 PLC 最基本、最广泛的应用领域，它取代传统的继电器电路，实现逻辑控制、顺序控制，既可用于单台设备的控制，也可用于多机群控及自动化流水线。如注塑机、印刷机、装订机械、组合机床、磨床、包装生产线和电镀流水线等，如图 1-2 所示。

2. 过程控制工业

在工业生产过程当中，有许多连续变化的模拟量，如温度、压力、流量、液位和速度等。为了使 PLC 处理模拟量，必须实现模拟量（Analog）和数字量（Digital）之间的 A-D 转换及 D-A 转换。

过程控制是指对温度、压力、流量等模拟量的闭环控制。作为工业控制计算机，PLC 能编制各种各样的控制算法程序，完成闭环控制。PID（Proportion Integration Differentiation，比例积分微分）调节是一般闭环控制系统中用得较多的调节方法。大中型 PLC 都有 PID 模块，目前许多小型 PLC 也具有此功能模块。PID 处理一般是运行专用的 PID 子程序。过程控制在冶金、化工、热处理、锅炉控制等场合有非常广泛的应用，如图 1-3 所示。

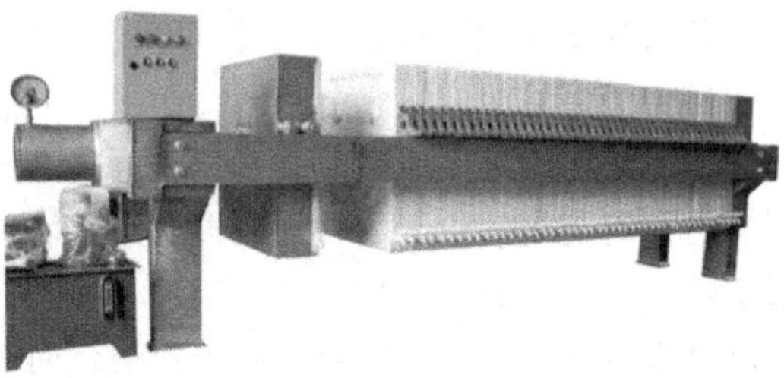

图 1-2　PLC 在离散行业自动化的应用

图 1-3　PLC 在过程控制工业的应用

3. 运动控制

PLC 可以用于圆周运动或直线运动的控制。从控制机构配置来说，早期直接用于开关量 I/O 模块连接位置传感器和执行机构，现在一般使用专用的运动控制模块。如可驱动步进电动机或伺服电动机的单轴或多轴位置控制模块。世界上各主要 PLC 厂家的产品几乎都有运动控制功能，广泛用于各种机械、机床、机器人、电梯等场合，如图 1-4 所示。

4. 数据处理

现代 PLC 具有数学运算、数据传送、数据转换、排序、查表、位操作等功能，可以完成数据的采集、分析及处理。这些数据可以与存储在存储器中的参考值比较，完成一定的控制操作，也可以利用通信功能传送到别的智能装置，或将它们打印制表。数据处理一般用于大型控制系统，如无人控制的柔性制造系统；也可用于过程控制系统，如造纸、冶金、食品工业中的一些大型控制系统。

5. 通信联网

PLC 通信含 PLC 间的通信及 PLC 与其他智能设备间的通信，如图 1-5 所示。随着计算机控制的发展，工厂自动化网络发展得很快，各 PLC 厂商都十分重视 PLC 的通信功能，纷纷推出各自的网络系统。PLC 的新产品都基本具有以太网接口，通信非常方便。

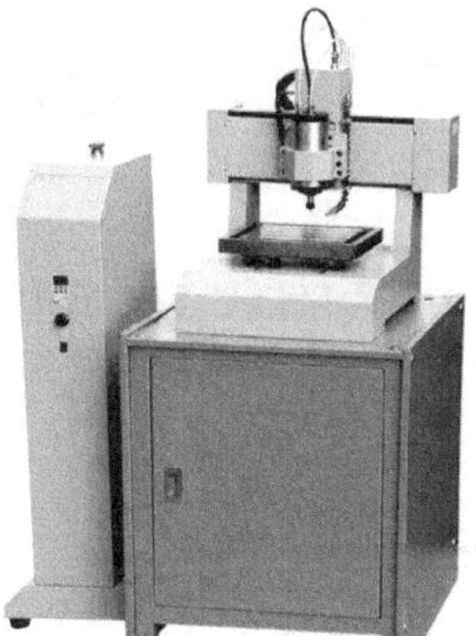

图 1-4 PLC 在运动控制中的应用

图 1-5 PLC 在通信联网中的应用

1.2 PLC 的组成与工作原理

1.2.1 PLC 的基本组成

从图 1-6 可以看出，PLC 内部主要由中央处理器（CPU）、存储器、输入接口、输出接口、通信接口和拓展接口等组成。

1. 中央处理器

中央处理器由控制器、运算器和寄存器组成，这些电路都集成在一个芯片内。CPU 通过数据总线、地址总线和控制总线与存储单元、输入输出接口电路相连接。与一般计算机一样，CPU 是 PLC 的核心，它按 PLC 中系统程序赋予的功能指挥 PLC 有条不紊地进行工作。用户程序和数据事先存入存储器中，当 PLC 处于运行方式时，CPU 按循环扫描方式执行用户程序。

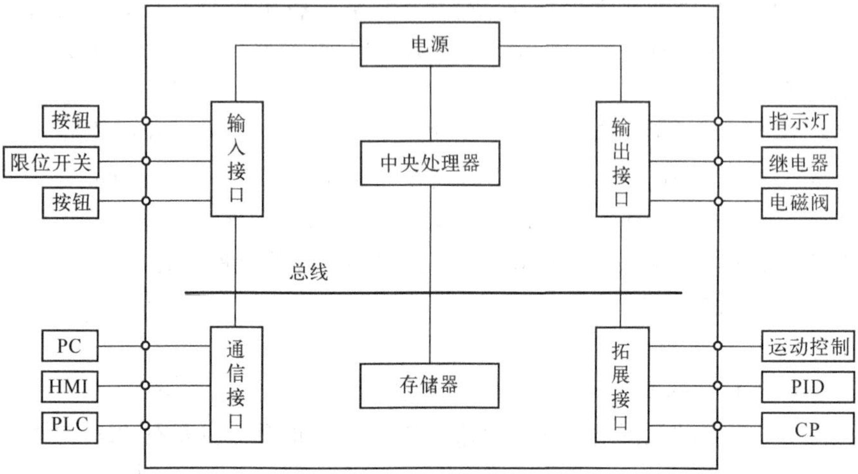

图 1-6　PLC 的结构组成

2. 存储器

存储器用于完成系统诊断、命令解释、功能子程序调用管理、逻辑运算、通信及各种参数设定等功能。

3. 输入接口

输入接口用来进行输入信号的隔离滤波及电平转换；输入单元接口是 PLC 获取控制现场信号的输入通道。输入接口电路由滤波电路、光电隔离电路和输入内部电路组成，如图 1-7 所示。

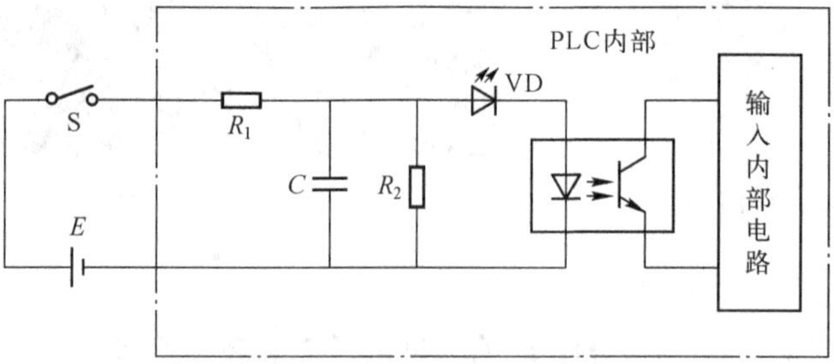

图 1-7　输入接口电路

4. 输出接口

输出接口用来对 PLC 的输出进行放大及电平转换，驱动控制对象。输出接口电路由输出锁存器、电平转换电路及输出功率放大电路组成。PLC 功率输出电路有 3 种形式：继电器输出、晶体管输出和晶闸管输出，如图 1-8 所示。

5. 通信接口

每个 S7-300/400 PLC 均支持 MPI 协议。不必添加 CP（通信处理器）便可将 S7 设备连接至 MPI 网络，如图 1-9 所示。

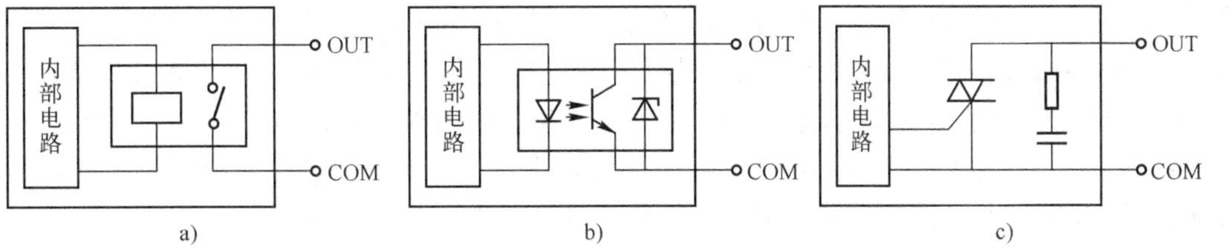

图 1-8 PLC 功率输出电路

a）继电器输出型 b）晶体管输出型 c）晶闸管输出型

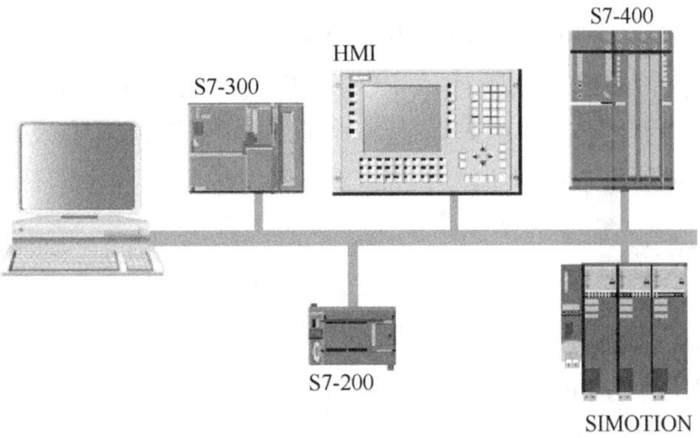

图 1-9 MPI 网络

1.2.2 PLC 的工作原理

PLC 系统通电后，首先进行内部处理，包括：①系统的初始化，如设置堆栈指针，工作单元清零，初始化编程接口，设置工作标志及工作指针等；②工作状态选择，如编程状态、运动状态等。PLC 系统工作过程对用户编程来说影响不大，但是 PLC 在运行用户程序时的工作过程对于用户编程者来说关系密切，务必引起用户编程人员注意。

严格地讲，一个扫描周期主要包括：为保障系统正常运行的公共操作占用时间，系统与外界交换信息占用时间及执行用户程序占用时间三部分，如图 1-10 所示。对于用户编程者来说，没有必要详细了解 PLC 系统的动作过程，但务必了解 PLC 在运行状态执行用户指令的动作过程。

图 1-10 PLC 典型的扫描周期

PLC 在运行状态执行用户指令的动作过程可分为 3 个时间段。第一阶段是输入信号采样阶段；第二阶段是用户指令执行阶段；第三阶段是结果输出阶段。

输入信号采样阶段又叫输入刷新（I 刷新）阶段，PLC 以扫描方式顺序读入外面信号的输入状态（接通或断开状态），并将此状态输入到输入映像存储器中，PLC 工作在输入刷新阶段，只允许 PLC 接受输入口的状态信息，PLC 的第二、第三阶段的动作处于屏蔽状态。

用户指令执行阶段：PLC 执行用户程序总是根据梯形图的顺序先左后右，从上到下地对每条指令进行读取及解释，并送至输入映像存储器和输出映像存储器中读取输入和输出的状态，结合原来的各软元件的数据及状态进行逻辑运算，运算出每条指令的结果，并马上把结果存入相应的寄存器（如果是输出 Q 的状态就暂存在输出映像存储器）中，然后再执行下一条指令，直至“END”。在进行用户程序执行阶段，PLC 的第一阶段和第三阶段动作是处于屏蔽状态的，即在此时，PLC 的输入口信息即使变化，输入数据寄存器的内容也不会改变，输出锁存器的动作也不会改变。

结果输出阶段也叫输出刷新（Q 刷新）阶段，当 PLC 指令执行阶段完成后，输出映像存储器的状态将成批输出到输出锁存寄存器中，输出锁存寄存器对应着 PLC 硬件的物理输出点，这时才是 PLC 的实际输出。在 Q 刷新时，PLC 对第一阶段和第二阶段是处于屏蔽状态的。

输入刷新、程序执行及输出刷新构成 PLC 用户程序的一个扫描周期。PLC 内部设置了监视定时器（平时说的看门狗），用来监视每个扫描周期是否超出规定的时间，一旦超过，PLC 就停止运行，从而避免了由于 PLC 内部 CPU 出现故障使程序运行进入死循环。

1.2.3 PLC 的编程语言

1. 梯形图（Ladder Diagram，LAD）

梯形图是使用最多的 PLC 编程语言，如图 1-11 所示。因与继电器电路很相似，具有直观易懂的特点，很容易被熟悉继电器控制的电气人员所掌握，特别适合于数字量逻辑控制。

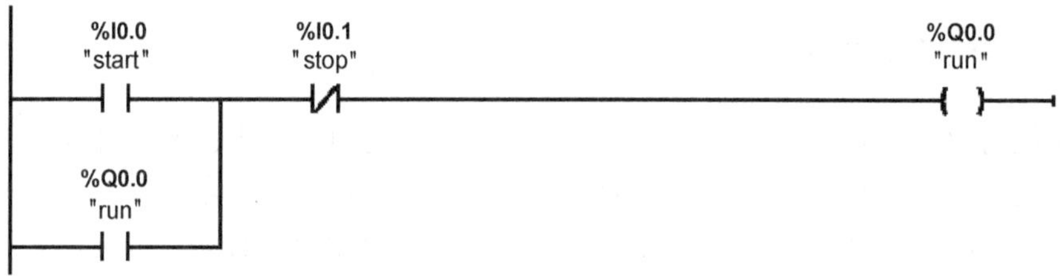

图 1-11　梯形图程序

2. 语句表（Statement List，STL）

语句表是类似于计算机汇编语言的一种文本编程语言，如图 1-12 所示，由多条语句组成一个程序段。语句表适合于经验丰富的程序员使用，可以实现某些梯形图不能实现的功能。

```
A(
O     "start"          %I0.0
O     "run"            %Q0.0
)
AN    "stop"           %I0.1
=     "run"            %Q0.0
```

图 1-12　语句表程序

3. 功能块图（Function Block Diagram，FBD）

功能块图类似于用布尔代数的图形逻辑符号来表示控制逻辑，如图 1-13 所示，一些复杂的功能用指令框表示，适合有数字电路基础的编程人员使用。功能块图在国内很少有人使用。

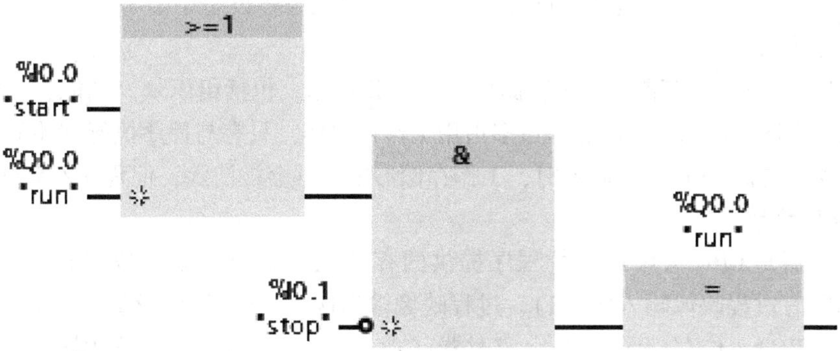

图 1-13　功能块程序

4. 顺序功能图（Sequential Function Chart，SFC）

顺序功能图用来编写顺序控制的程序，如图 1-14 所示。编写时，工艺过程被划分为若干个顺序出现的步，每步中包括控制输出的动作，从一步到另一步的转换由转换条件来控制，特别适合于生产制造过程。

西门子 STEP7 中的该编程语言是 S7 Graph。

5. 结构化文本（Structured Text，ST）

结构化文本是为 IEC61131-3 标准创建的一种专用的高级编程语言，如图 1-15 所示。与梯形图相比，它可以实现复杂的数学运算，编写的程序非常简洁和紧凑。

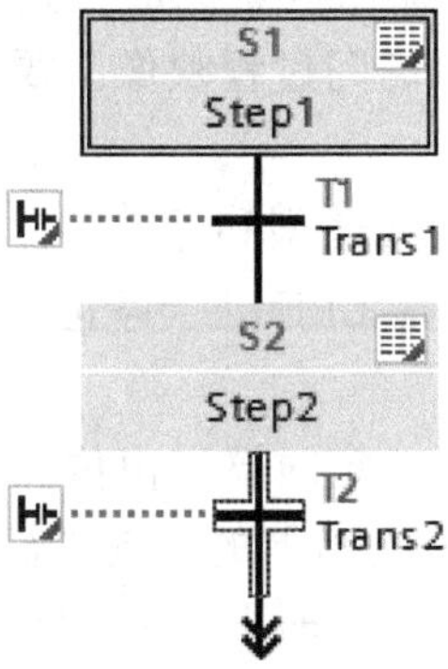

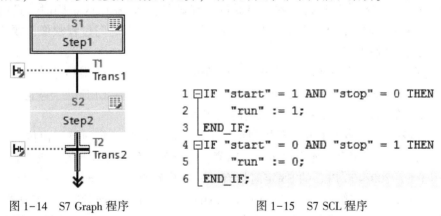

图 1-14　S7 Graph 程序

```
IF "start" = 1 AND "stop" = 0 THEN
    "run" := 1;
END_IF;
IF "start" = 0 AND "stop" = 1 THEN
    "run" := 0;
END_IF;
```

图 1-15　S7 SCL 程序

STEP7 中该编程语言是 S7 结构化控制语言（Structured Control Language，SCL），编程结构和 C 语言、Pascal 语言相似，特别适合于习惯使用高级语言编程的人使用。

1.2.4　S7-300/400 PLC 的存储区

西门子 S7-300/400 PLC 的存储区可以分为装载存储区、工作存储区和系统存储区。

1. 装载存储器

装载存储器用于保存不包含符号地址和注释的用户程序和系统数据（组态、连接和模块参数等）。有的 CPU 集成装载存储器，有的可以用微存储器卡（Multi-Media Card，MMC）

来扩展，CPU 31xC 的用户程序只能装入插入式的 MMC。断电时数据保存在 MMC 存储器中，数据块的内容基本上永久保留。下载程序时，用户程序被下载到 CPU 的装载存储器，CPU 把可执行部分复制到工作存储器，符号表和注释保存在编程设备中。

2. 工作存储器

它是集成的 RAM 存储器，用于存储用户程序和数据，包括组织块、功能、功能块、数据块。为了保证程序执行的快速性和不过多占用工作存储器，只有与程序执行有关的块才会被装入工作存储器。复位 CPU 的存储器时，工作存储器中数据会被清除，但程序不会被删除。

3. 系统存储器

系统存储器是 CPU 为用户运行程序提供的存储区。系统存储器被划分成多个地址区，常用的存储区有过程映像输入区（I）、过程映像输出区（Q）、外部设备输入区（PI）、外部设备输出区（PQ）、位存储区（M）、定时器（T）、计时器（C）、数据块寄存器（DB/DI）、本地数据寄存器（L）、累加器（ACCU）、地址寄存器（AR）和状态字寄存器等。

1）过程映像输入区（I）又称输入继电器区，在每个扫描周期开始时，CPU 将输入模块外部端子的状态读入过程映像输入区，该过程称为输入刷新。在执行程序阶段，CPU 不理会新状态值，直到下一个扫描周期开始才读入新状态值。

2）过程映像输出区（Q）又称输出继电器区，在执行程序阶段，产生的各种输出值不是马上送往输出模块，而是先保存在过程映像输出区，等程序执行结束后，CPU 马上将过程映像输出区的这些输出值送往输出模块，使之从输出端子产生输出，该过程称为输出刷新。

3）对外部输入/输出设备进行访问，除了可以通过映像区外，还可以通过外部设备输入/输出区（PI/PQ）直接进行访问。但通过外部设备输入/输出区访问时，只能是按照字节、字、双字来存取。由于过程映像区在 CPU 模块中，所以访问过程映像区要比外部设备输入/输出区速度快得多。

4）位存储区（M）又称辅助继电器，辅助继电器可分为普通型和保持型，普通型继电器在 CPU 处于停止状态时，其状态全部复位。保持型继电器在 CPU 处于停止状态时，其状态保持停止前的状态。辅助继电器通常用来保存中间结果。

5）定时器（T）相当于继电器控制系统中的时间继电器。定时器是由位和字组成的复合存储单元，定时器用字单元存储定时时间值，用位单元存储定时器的触点状态。

西门子 S7-300/400 PLC 的 S5 定时器有 5 种，分别是脉冲定时器（SPULSE）、扩展脉冲定时器（SPEXT）、接通延时 S5 定时器（SODT）、保持型接通延时 S5 定时器（SODTS）和断开延时定时器（SOFFDT）。定时器有普通型用途和保持型之分，通过 STEP7 编程软件可以把普通型定义为保持型，或者将保持型定义为普通型。

6）计数器（C）用于计算计数脉冲上升沿的次数，计数器是由位和字组成的复合存储单元，计数器用字单元存储当前计数值，用位单元存储计数器的触点状态。

S7-300/400 PLC 的计数器有 3 种，分别是加计数器、减计数器和加减计数器。

7）数据块可分为共享数据块（DB）和背景数据块（DI），共享数据块用来存放数据，和位存储区使用方法类似，唯一不同的是数据块的存储空间很大。背景数据块直接分配给函数块，作为函数块的静态变量。数据块相当于 S7-200/200 SMART PLC 中的 V 区，不同的是共享数据块相当于程序当中直接使用的 V 区，背景数据块相当于在一些高级功能配置中进行存储器分配时用到的 V 区，例如 S7-200 SMART 在做 GET/PUT 通信时要分配 50 个字节的 V 区地址，如图 1-16 所示。

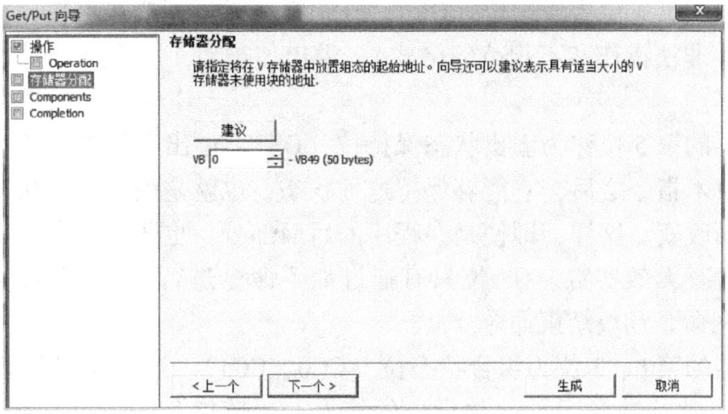

图 1-16 存储器分配地址

8）本地数据寄存器（L）用于存储逻辑块（OB、FB 和 FC）中使用的临时数据。

9）累加器（ACCU）是用于处理字节、字或双字的寄存器，语句表程序中最为常用。S7-300 PLC 有 ACC1 和 ACC2 两个累加器，S7-400 PLC 有 ACC1、ACC2、ACC3 和 ACC4 四个累加器。累加器为 32 位，可以按字节、字或双字来存取，在按字节或字来存取时，数据都存放于累加器的低端，即以右端对齐为原则。

10）地址寄存器（AR）：西门子 S7-300/400 PLC 中有两个地址寄存器，分别是 ARI 和 AR2，使用地址寄存器可以对各个存储区的存储单元进行寄存器寻址，地址存储器的内容加上偏移量形成指针。

11）状态字寄存器用于存储 CPU 执行指令后的状态，状态字寄存器是一个 16 位寄存器，但它只用到了低 9 位（高 7 位未定义），状态字寄存器各位的功能如图 1-17 所示。状态字寄存器的某些位用于判断某些指令是否执行和以什么样的方式执行，执行指令时可能改变状态中的某些位。

15　　　9	8	7	6	5	4	3	2	1	0
	BR	CC1	CC0	OS	OV	OR	STA	RLO	FC

图 1-17 状态字寄存器各位的功能

状态字寄存器的第 0 位为首次检测位（FC）。CPU 对梯形图的第一条指令进行检查，称为首次检查。首次检查位在开始执行首次检查时总是为 0，在逻辑串指令执行过程中首次检查位总是为 1，逻辑执行完后会将首次检查位清零。首次检查的结果保存在 RLO 位（第 1 位），首次检查后的 RLO 位状态称为首次检查结果。

状态字寄存器的第 1 位为逻辑结果状态位（RLO）。当 CPU 执行逻辑指令或比较指令时，执行的结果保存在 RLO 位，如果 RLO=1，表示有能流流到运算点；如果 RLO=0，则表示无能流流到运算点。

状态字寄存器的第 2 位为状态位（STA）。执行位逻辑指令时，STA 位值总是与该位的值一致。

状态字寄存器的第 3 位为或位（OR）。在先逻辑“与”后逻辑“或”的逻辑运算中，

OR 位暂时保存逻辑“与”的操作结果，以便进行后面的逻辑“或”运算，在执行其他指令时，OR 位会被清零。

状态字寄存器的第 4 位为溢出位（OV）。在执行算术运算或浮点数比较指令时，如果出现错误（如溢出、非法操作和不规范的格式），溢出位被置 1，后面的同类指令执行结果正常时，该位会清零。

状态字寄存器的第 5 位称为溢出状态保持位（OS）。溢出存储位是与 OV 位一起被置位的，而且在更新算术指令之后，它能够保持这种状态，也就是说，它的状态不会由于下一个算术指令的结果而改变。这样，即使是在程序的后面部分，也还有机会判断数字区域是否溢出或者指令是否含有无效实数。OS 位只有通过如下命令进行复位：JOS（若 OS=1，则跳转）命令、块调用命令和块结束命令。

状态字寄存器的第 6、7 位为组合状态位（CC0、CC1）。这两位以状态组合的形式反映了累加器 1 在 CPU 执行数学运算函数指令的结果、比较指令的结果，字逻辑指令的结果，移位指令或循环移位指令移出位的状态。

状态字寄存器的第 8 位为二进制结果位（BR）。它将字处理程序与位处理联系起来，在一段既有位操作又有字操作的程序中，用于表示字逻辑是否正确。将 BR 位加入程序后，无论字操作结果如何，都不会造成二进制逻辑链中断。在梯形图的方块指令中，BR 位与 ENO 位（使能输出位）有对应关系，用于表明方块指令是否被正确执行：如果执行出现了错误，BR 位为 0，ENO 位也为 0；如果功能被正确执行，BR 位为 1，ENO 位也为 1。在用户编写的 FB/FC 程序中，应该对 BR 位进行管理，函数块正确执行后，使 BR 位为 1，否则使其为 0。使用 SAVE 指令将 RLO 存入 BR 中，从而达到管理 BR 位目的。

S7-300/400 的 S5 定时器和计数器数量取决于 PLC 的型号，越是高级的型号支持得越多，低级的型号相对支持得少。

当普通的定时器或计数器不够用时，也可以使用 IEC 定时器和 IEC 计数器，IEC 定时器和计数器分别是：加计数器 CTU、减计数器 CTD、加减计数器 CTUD、脉冲定时器 TP、通电延时定时器 TON 和断电延时定时器 TOF。IEC 定时器和计时器在使用数量上没有限制。

1.3　S7-300/400 PLC 的硬件系统

PLC 的种类很多，可以按结构形式、I/O 点数和功能对 PLC 进行分类。

1. 按结构形式分类

根据 PLC 的结构形式，可将 PLC 分为整体式和模块式两类，如图 1-18 和图 1-19 所示。

图 1-18　整体式 PLC

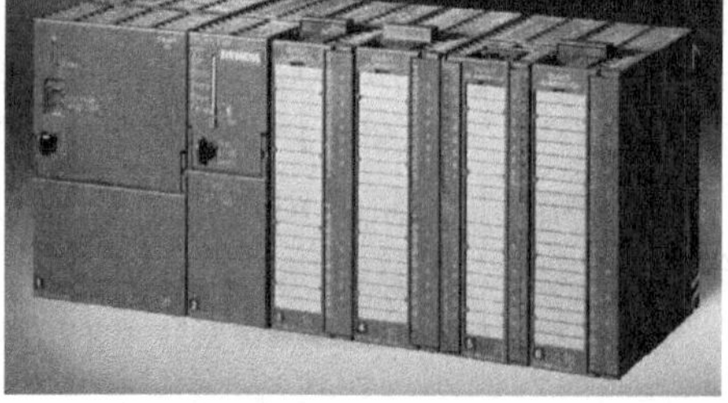

图 1-19　模块式 PLC

1）整体式 PLC 是将电源、CPU、I/O 接口等部件都集中装在一个机箱内，具有结构紧凑、体积小、价格低的特点。小型 PLC 一般采用这种整体式结构。整体式 PLC 由不同 I/O 点数的基本单元（又称主机）和扩展单元组成。基本单元内有 CPU、I/O 接口、与 I/O 扩展单元相连的扩展口，以及与编程器或 EPROM 写入器相连的接口等。扩展单元内只有 I/O 和电源等，没有 CPU。基本单元和扩展单元之间一般用扁平电缆连接。整体式 PLC 一般还可配备特殊功能单元，如模拟量单元、位置控制单元等，使其功能得以扩展。

2）模块式 PLC 是将 PLC 各组成部分，分为若干个单独的模块，如电源模块、CPU 模块、输入输出模块以及各种功能模块。模块式 PLC 由框架或基板和各种模块组成。模块装在框架或基板的插座上。这种模块式 PLC 的特点是配置灵活，可根据需要选配不同规模的系统，而且装配方便，便于扩展和维修。大、中型 PLC 一般采用模块式结构。

2. 按 I/O 点数分类

根据 PLC 的 I/O 点数的多少，可将 PLC 分为小型、中型和大型三类。

1）小型 PLC 的 I/O 点数小于 256 点，采用 8 位或 16 位单 CPU，用户存储器容量 4 KB 以下。

2）中型 PLC 的 I/O 点数在 256~2048 点之间，采用双 CPU，用户存储器容量 2~8 KB。

3）大型 PLC 的 I/O 点数大于 2048 点，采用 32 位 CPU，用户存储器容量 8~16 KB。

3. 按功能分类

根据 PLC 所具有功能的不同，可将 PLC 分为低档、中档、高档三类。

1）低档 PLC 具有逻辑运算、定时、计数、移位以及自诊断、监控等基本功能，还可有少量模拟量输入/输出、算术运算、数据传送和比较、通信等功能。

低档 PLC 主要用于逻辑控制、顺序控制或少量模拟量控制的单机控制系统。

2）中档 PLC 除具有低档 PLC 的功能外，还具有较强的模拟量输入/输出、算术运算和远程 I/O、通信联网等功能。有些还可增设中断控制、PID 控制等功能。

中档 PLC 适用于复杂控制系统。

3）高档 PLC 除具有中档机的功能外，还增加了带符号算术运算、矩阵运算、位逻辑运算、平方根运算及其他特殊功能函数的运算、制表及表格传送功能等。

高档 PLC 具有更强的通信联网功能，可用于大规模过程控制或构成分布式网络控制系统，实现工业自动化。

1.3.1 S7-300/400 PLC 的硬件组成

S7-300 PLC 是模块式 PLC，电源、CPU 和其他模块都是独立的，可以通过 U 形总线把电源（PS）、CPU 和其他模块固定在西门子 S7-300 标准的导轨（Rail）上。

1. S7-300 导轨安装过程

将导轨拧紧到适当位置（螺钉尺寸：M6）。确保导轨上下留出至少 40 mm 的间隙。如果将导轨固定在接地金属板或设备支架上，确保导轨与底板之间为低电阻连接。将导轨连接到保护性导体上。导轨上有一个 M6 保护性传导螺钉用来实现此目的。连接保护性导体的电缆的最小横截面积为 10 mm^2，安装过程如图 1-20 所示。

2. S7-300 模块安装过程

首先将模块左推到导轨的接地螺钉，然后拧紧就位。通过将总线连接器插入 CPU，将其连接到其他模块。将 CPU 沿上侧推到贴近左侧模块，然后翻转下压 CPU，用手劲将模块紧固到导轨上。安装过程如图 1-21～图 1-23 所示。

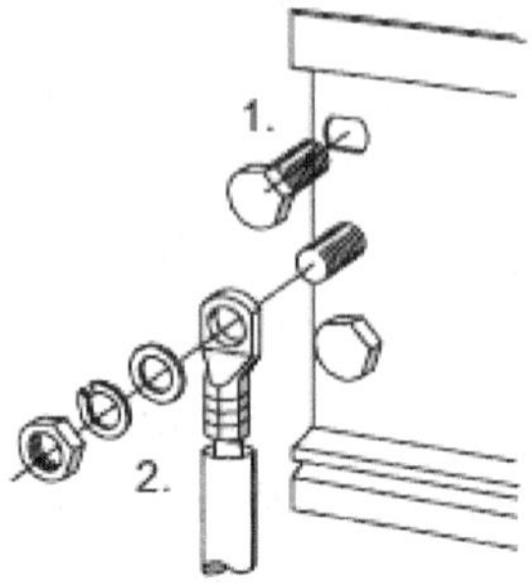

图 1-20　导轨安装

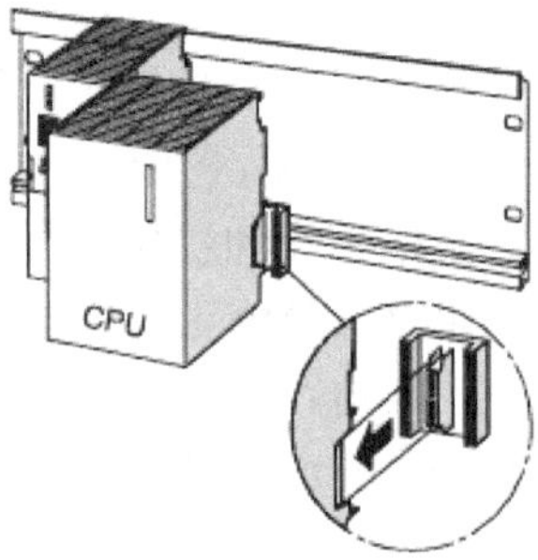

图 1-21　模块安装

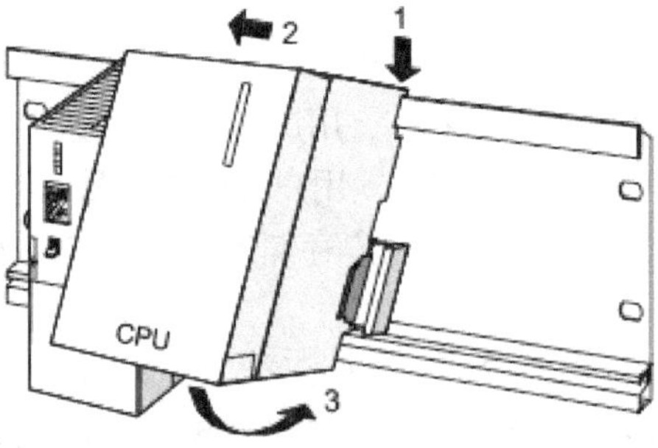

图 1-22　翻转下压 CPU 模块

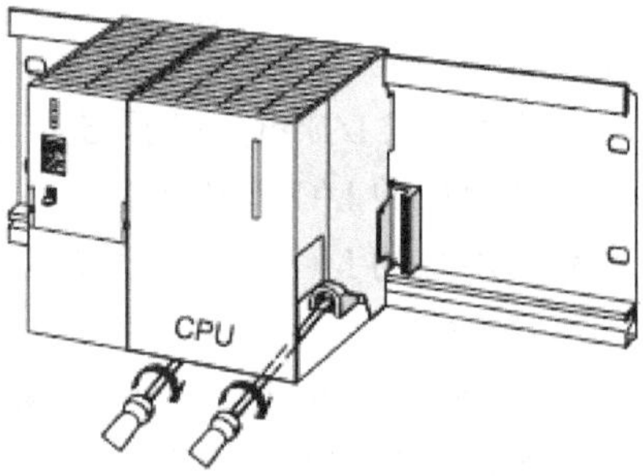

图 1-23　CPU 模块固定至导轨

西门子 S7-300 PLC 控制系统中，电源模块可以选择西门子电源，也可以选择其他24 V 直流电源。CPU 模块的右边是接口模块（IM），如果没有使用扩展机架可以不选择接口模块。

在硬件组态时，电源、CPU 和接口模块（IM）分别放在机架的 1 号槽、2 号槽和 3 号槽上。一条机架共有 11 个槽号：1 号槽至 11 号槽，其中 4 号槽至 11 号槽可以放置除电源、CPU 和 IM 以外的其他模块。除电源、CPU 和接口模块外，S7-300 可以选择的其他模块有 DI（数字量输入）、DO（数字量输出）、AI（模拟量输入）、AO（模拟量输出）、FM（功能模块）和 CP（通信模块）等，如图 1-24 所示。

图 1-24　S7-300 的模块

IM 接口模块负责主机架与扩展机架之间的总线连接。IM 模块有 IM365、IM360 和 IM361。

SM 信号模块包括 DI（数字量输入）、DO（数字量输出）、AI（模拟量输入）和 AO（模拟量输出）。

FM 功能模块是可以实现特殊功能的模块，常用的有高速计数、定位控制、闭环控制和占位模块等。

CP 通信模块是组态网络使用的接口模块，常用的网络有 PROFIBUS、工业以太网及点对点等连接网络。

3. S7-300 的扩展及地址分配

S7-300CPU 由于型号不同，允许扩展模块的数量也有差异，比较低端的 CPU 是不能扩展的；能够扩展的 CPU 最多可以扩展达到 32 个模块，如图 1-25 所示，每个导轨上最多可以安装 8 个模块，连 CPU 本身的导轨在内分别接在 4 条导轨上。

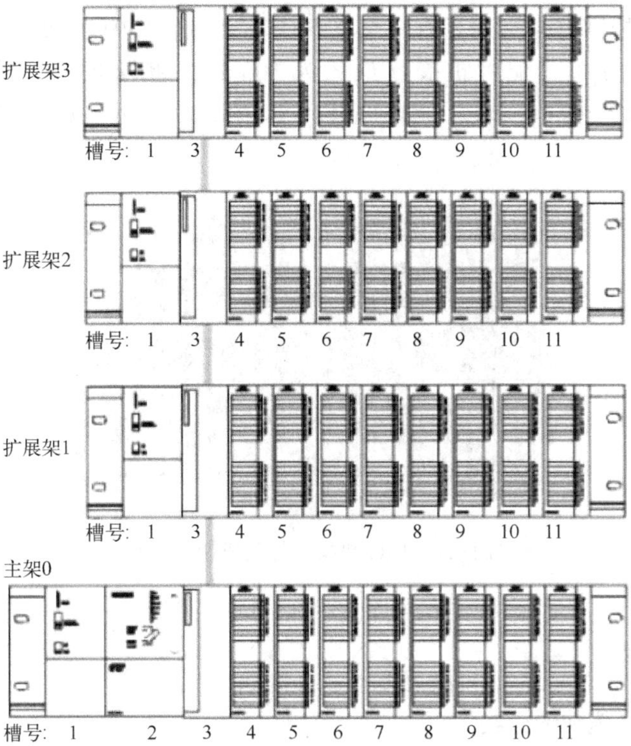

图 1-25 S7-300 最大扩展能力

4. S7-400 的扩展及地址分配

S7-400 的机架是安装所有模块的基本框架，这些模块通过机架背部总线进行交换数据和供电。S7-400 机架的种类及应用如表 1-2 所示。

表 1-2 S7-400 机架的种类及应用

<table>
<tr><th>机架</th><th>插槽总数</th><th>可用总线</th><th>可用领域</th><th>说明</th></tr>
<tr><td>UR1</td><td>18</td><td>I/O 总线</td><td rowspan="2">CR 或 ER</td><td rowspan="2">适用于所有模块类型</td></tr>
<tr><td>UR2</td><td>9</td><td>通信总线</td></tr>
<tr><td>ER1</td><td>IS</td><td>受限制 I/O 总线</td><td rowspan="2">ER</td><td rowspan="2">适用于 SM、IM 和 PS 模块
I/O 总线受以下限制：
① ER1 或 ER2 中的模块产生的中断不会产生影响，因为未提供中断线；
② 不能使用 24 V 供电的模块；
③ 模块不使用电源模块的后备电源供电；
④ 不通过在外加给 CPU 或接收 IM 的电压加电</td></tr>
<tr><td>ER2</td><td>9</td><td>—</td></tr>
</table>

（续）

机架	插槽总数	可用总线	可用领域	说　明
CR2	18	分段 I/O 总线 连续通信总线	分段 CR	适用于除接收 IM 外的所有模块 I/O 总线分 2 段，分别占 10 个和 8 个槽
CR3	4	I/O 总线 通信总线	标准系统的 CR	适用于除接收 IM 外的所有模块 CPU41X-H 仅限单机操作
UR2-H	2X9	分段 I/O 总线分段通信总线	为紧凑安装容错型系统细分为 CR 或 ER	适用于除接收 IM 外的所有模块 I/O 总线和通信总线分 2 段，各占 9 个槽

UR1 用于中央控制器时必须具有一个电源模块和一个 CPU 模块，以集中式配置扩展，（最大为 3 m）或以分布式配置扩展（最大为 100 m）。扩展时需要有接口模板（发送 IM），最多可插入 6 个接口模块，最多可链接 21 个扩展单元。UR1 机架外形如图 1-26 所示。

图 1-26　UR1 机架（通用机架）外形

1.3.2　CPU 模块

1. S7-300 CPU 模块的分类

CPU 模块是控制系统的核心，负责系统的中央控制，存储并执行程序，实现通信功能。S7-300 有多种不同型号的 CPU，大致分为以下 6 类，如表 1-3 所示。

表 1-3　S7-300 CPU 分类

类　型	型　号
紧凑型	CPU312C、CPU312C、CPU313C、CPU313C-2DP、CPU314C-PtP、CPU314C-2DP
革新标准型	CPU312、CPU314、CPU315-2DP
标准型	CPU312、CPU314、CPU315-2DP、CPU316-2DP
户外型	CPU312IFM、CPU314IFM、CPU314 户外型、CPU315-2DP
大容量高端型	CPU316-2DP、CPU317-2DP
主从接口安全型	CPU315F-2DP

2. 状态与故障显示

CPU 模块上的指示灯说明见表 1-4。

表 1-4 CPU 模块的指示灯

LED 指示灯	颜　色	说　明
SF	红色	系统错误/故障
BF	红色	通信接口的总线故障
DC 5 V	绿色	5 V 电压正常
FRCE	黄色	有输入/输出处于被强制的状态
RUN	绿色	CPU 处于运行模式
STOP	黄色	CPU 处于停止模式

3. CPU 的操作模式

使用模块选择器开关可以设置 CPU 操作模式，模式选择开关设置见表 1-5。

表 1-5 模式选择开关设置

位　置	含　义	说　明
RUN	RUN 模式	CPU 执行用户程序
STOP	STOP 模式	CPU 不执行用户程序
MRES	CPU 存储器复位	带有用于 CPU 存储器复位的按钮功能的模式选择器开关位置。采用模式选择器开关方式的 CPU 存储器复位需要特定操作顺序

1.3.3 数字量模块

在自动化控制系统中，由于设备的信息需要反馈到控制系统中，因此数字量输入模块在西门子 S7-300 系统中使用较多。常见的数字量输入信号有控制柜的按钮信号、开关型阀门的位置信号、各种光电开关的状态等，表 1-6 和表 1-7 显示数字量输入模块的基本属性。同时又有大量的设备由数字量信号控制，因此也使用大量数字量输出模块，常见的数字量输出信号有继电器线圈、电磁阀、指示灯等，表 1-8 和表 1-9 显示数字量输出模块的基本属性。

数字量信号的定义为：在时间和数值上都是断续变化的离散信号。

表 1-6 数字量输入模块基本属性 1

属　性	模　块					
	SM321; DI32x DC 24V (-1BL00-)	SM321; DI32x AC 120V (-1EL00-)	SM321; DI16x DC 24V (-1BH02-)	SM321; DI16x DC 24V 高速模块 (-1BH10-)	SM321; DI16x DC 24V 带过程和诊断中断 (-7BH01-)	SM321; DI16x DC 24V; 源输入 (-1BH50-)
输入点数	32DI；电气隔离为 16 组	32DI；电气隔离为 8 组	16DI；电气隔离为 16 组	16DI；电气隔离为 16 组	16DI；电气隔离为 16 组	16DI；源输入，电气隔离为 16 组
额定输入电压	DC 24V	AC 120V	DC 24V	DC 24V	DC 24V	DC 24V
适用于	开关；2 线、3 线和 4 线接近开关（BERO）					
支持同步模式	不支持	不支持	不支持	支持	支持	不支持
可编程诊断功能	不支持	不支持	不支持	不支持	支持	不支持
诊断中断	不支持	不支持	不支持	不支持	支持	不支持

（续）

属　　性	模　　块					
	SM321；DI32x DC 24V（-1BL00-）	SM321；DI32x AC 120V（-1EL00-）	SM321；DI16x DC 24V（-1BH02-）	SM321；DI16x DC 24V 高速模块（-1BH10-）	SM321；DI16x DC 24V 带过程和诊断中断（-7BH01-）	SM321；DI16x DC 24V；源输入（-1BH50-）
边沿触发硬件中断	不支持	不支持	不支持	不支持	支持	不支持
可调整输入延迟时间	不支持	不支持	不支持	不支持	支持	不支持
特性	—	—	—	—	每8个通道3个短路保护编码器电源；支持编码器外部冗余电源	—

表1-7　数字量输入模块基本属性2

属性	SM321；DI16x DC 24/48V（-1CH00-）	SM321；DI16x DC 48-125V（-1CH20-）	SM321；DI16x AC 120/230V（-1FH00-）	SM321；DI8x AC 120/230V（-1FF01-）	SM321；DI8x AC 120/230V ISOL（-1FF10-）
输入点数	16DI；电气隔离为1组	16DI；电气隔离为8组	16DI；电气隔离为4组	8DI；电气隔离为2组	8DI；电气隔离为1组
额定输入电压	DC 24V到DC 48V，AC 24V到DC 48V	DC 48V到DC 125V	AC 120/230V	AC 120/230V	AC 120/230V
适用于	开关；2线、3线和4线接近开关（BEERO）		开关；2线/3线AC接近开关		
支持同步模式	不支持	不支持	不支持	不支持	不支持
可编程诊断功能	不支持	不支持	不支持	不支持	不支持
诊断中断	不支持	不支持	不支持	不支持	不支持
边沿触发硬件中断	不支持	不支持	不支持	不支持	不支持
可调整输入延迟时间	不支持	不支持	不支持	不支持	不支持

表1-8　数字量输出模块基本属性1

属　　性	模　　块					
	SM322；DO32x DC 24V/0.5A（-1BL00-）	SM322；DO32x AC 120/230V/1A（-1FL00-）	SM322；DO16x DC 24V/0.5A（-1BH01-）	SM322；DO16x DC 24V/0.5A 高速模块（-1BH10-）	SM322；DO16x DC 24/48V（-5GH00-）	SM322；DO16x DC 120/230V/1A；（-1FH00-）
输出点数	32DO；电气隔离8组	32DO；电气隔离为8组	16DO；电气隔离为8组	16DO；电气隔离为8组	16DO；电气隔离为1组	16DO；电气隔离为8组
输出电流	0.5A	1.0A	0.5A	0.5A	0.5A	0.5A
额定负载电压	DC 24V	AC 120V	DC 24V	DC 24V	DC 24V到DC 48V AC 24V到AC 48V	AC 120/230V

（续）

属　性	模　块					
	SM322；DO32x DC 24V/0.5A (-1BL00-)	SM322；DO32x AC 120/230V/1A (-1FL00-)	SM322；DO16x DC 24V/0.5A (-1BH01-)	SM322；DO16x DC 24V/0.5A 高速模块 (-1BH10-)	SM322；DO16x DC 24/48V (-5GH00-)	SM322；DO16x DC 120/230V/1A；(-1FH00-)
适用于	电磁阀、DC 接触器和信号灯					
支持同步模式	不支持	不支持	不支持	支持	不支持	不支持
可编程诊断功能	不支持	不支持	不支持	不支持	支持	不支持
诊断中断	不支持	不支持	不支持	不支持	支持	不支持
替换值输出	不支持	不支持	不支持	不支持	支持	不支持
特性	—	支持冗余负载控制	—	—	熔体跳闸指示，可更换每组的熔体	—

表 1-9　数字量输出模块基本属性 2

属　性	SM322；DO8x DC 24V/2A (-1BF01-)	SM322；DO8x DC 24V/0.5V 带诊断中断 (-1CH20-)	SM322；DO8x DC 48-125V/1.5A (-1CF00-)	SM322；DO8x AC 120/230V/2A (-1FF01-)	SM322；DO8x AC 120/230V/2A ISOL (-5FF00-)
输出点数	8DO；电气隔离为 4 组	8DO；电气隔离为 8 组	8DO；电气隔离为 4 组，带反极性保护	8DO；电气隔离为 4 组	8DO；电气隔离为 1 组
输出电流	2 A	0.5 A	1.5 A	2 A	2 A
额定负载电压	DC 24V	DC 24V	DC 48V 到 DC 125V	AC 120/230V	AC 120/230V
适用于	电磁阀、DC 接触器和信号灯			AC 电磁阀、接触器、电动机启动圈、FHP 电动机和信号灯	
支持同步模式	不支持	不支持	不支持	不支持	不支持
可编程诊断功能	不支持	支持	不支持	不支持	支持
诊断中断	不支持	支持	不支持	不支持	支持
替换值输出	不支持	支持	不支持	不支持	支持
特性	—	支持冗余负载控制	—	熔体跳闸指示，可更换每组的熔体	—

1.3.4　模拟量模块

工业现场有大量的模拟量信号，特别是化工、冶炼等行业。常见的模拟量输入信号有压力仪表、流量计、物位传感器、温度传感器和成分仪表，表 1-10 和表 1-11 显示模拟量输入模块的基本属性。常见的模拟量输出信号有调节阀、变频器模拟量控制等，表 1-12 显示模拟量输出模块的基本属性。

模拟量信号的定义为：在时间和数值上都是连续的物理量称为模拟量。

表 1-10　模拟量输入模块基本属性 1

属　性	SM331； AI 8×16 位 (-7NF00-)	SM331； AI 8×16 位 (-7NF10-)	SM331； AI 8×14 位 高速（-1FH00-）	SM331； AI 8×13 位 (-1KF01-)
输入点数	4 个通道组 中 4 点输入	4 个通道组 中 4 点输入	4 个通道组 中 4 点输入	8 个通道组 中 8 点输入
精度	每通道组可组 态：15 位+符号	每通道组可组 态：15 位+符号	每通道组可组 态：13 位+符号	每通道组可组 态：12 位+符号
测量方法	每通道可组态： 电压电流	每通道可组态： 电压电流	每通道可组态： 电压电流	每通道可组态： 电压电流湿度
量程选择	任意，每通道组	任意，每通道组	任意，每通道组	任意，每通道
是否支持同步模式	否	否	是	否
是否可编程诊断	是	是	是	否
诊断中断	可调整	可调整	可调整	不可调整
限值监视	对于 2 个通道可调整	对于 8 个通道可调整	对于 2 个通道可调整	不可调整
超出限制时硬件中断	可调整	可调整	可调整	不可调整
周期结束时硬件中断	否	是	否	否
电位	电隔离：CPU	电隔离：CPU	电隔离：CPU 负载电压 （不适用于 2—DMU）	电隔离：CPU
输入之间允许的 电位差（ICM）	DC 50V	DC 60V	DC 11V	DC 2V

符号 2—DMU 2 线测量传感器

表 1-11　模拟量输入模块基本属性 2

属　性	SM332； AO 8×12 位 (-5HF00-)	SM332； AO 4×16 位 (-7ND01-)	SM332； AO 4×12 位 (-5HD01-)	SM332； AO 2×12 位 (-5HB01-)
输出点数	8 输出通道	4 个通道组 中 4 点输出	4 输出通道	2 输出通道
精度	12 位	16 位	12 位	12 位
输出类型	每个通道：电压电流	每个通道：电压电流	每个通道：电压电流	每个通道：电压电流
是否支持同步模式	否	是	否	否
是否可编程诊断	是	是	是	是
诊断中断	可调整	可调整	可调整	可调整
替换值输出	否	可调整	可调整	可调整
电位	电隔离：CPU 负载电压	电隔离：CPU 和双通 道间通道间输出和 L+, M 间 CPU 和 L+M 间	电隔离：CPU 负载电压	电隔离：CPU 负载电压

表 1-12　模拟量输出模块基本属性

属　性	SM331； AI 8×12 位 （-7KF02-）	SM331； AI 8×RTD （-7PF00-）	SM331； AI 8×TC （-7PF10-）	SM331； AI 2×12 位 （-7KB02-）
输入点数	4 个通道组中 4 点输入	4 个通道组中 4 点输入	4 个通道组中 4 点输入	1 个通道组中 2 点输入
精度	每通道组可组态： 9 位+符号 12 位+ 符号 14 位+符号	每通道组可组态： 15 位+符号	每通道组可组态： 15 位+符号	每通道组可组态： 9 位+符号 12 位+ 符号 14 位+符号
测量方法	每通道可组态： 电压电流电阻温度	每通道可组态： 电阻温度	每通道可组态： 温度	每通道可组态： 电压电流电阻温度
量程选择	任意，每通道组	任意，每通道组	任意，每通道组	任意，每通道
支持同步模式	是	否	否	否
诊断中断	可调整	可调整	可调整	可调整
限值监视	对于 2 个通道可调整	对于 8 个通道可调整	对于 8 个通道可调整	对于 1 个通道可调整
超出限值时硬件中断	可调整	可调整	可调整	可调整
周期结束时硬件中断	否	可调整	可调整	否
电位	电隔离：CPU 负载电压 （不适用于 2—DMU）	电隔离：CPU	电隔离：CPU	电隔离：CPU 负载电压 （不适用于 2—DMU）
输入之间允许的 电位差（ICM）	DC 2.5V	AC 60V/DC 75V	AC 60V/DC 75V	DC 2.5V

符号 2—DMU 2 线测量传感器

1.3.5　功能模块

功能模块是能够执行技术任务并因此降低 CPU 负荷的智能模块。可以独立执行技术任务，如计数、测量、凸轮控制、PID 控制和传动控制。因此它们可以减轻 CPU 的负荷。可以使用在需要高等级的精度和动态响应的应用中。

主要应用的行业有：木材、玻璃、石料和金属加工、包装机械、印刷、一般机器制造、机床、纺织机、橡胶和塑料行业等。常用的功能模块如表 1-13 所示。

表 1-13　常用功能模块

模　块	功　能	通道/轴
FM 350-1	模块功能通道/轴计算、测量、定位、位置检测（增量）	1
FM 350-2	计算、测量、定位	8
FM 352	凸轮控制	1
FM 352-2	高速二进制逻辑运算	1
FM 355C	PID 控制（连续）	4
FM 355S	PID 控制（分步/脉冲）	4
FM355-2C	温度控制（连续）	4
FM 355-2S	温度控制（分步/脉冲）	4

（续）

模　块	功　能	通道/轴
FM 351	定位（快速进给/间歇给料）	2
SM 338	位置检测	3
FM 353	定位（使用步进电机）	1
FM 354	配料（使用伺服电机）	1
FM 357-2	定位、路径控制、插值、同步	4
IM 174	通过 PROFIBUS 异步连接电机	4

1.4　TIA Portal 的安装与使用

西门子 TIA Portal 是一款集成了 SIMATIC STEP 7、SIMATIC WinCC 和 SINAMICS StartDrive 的工程技术软件平台，是工业自动化领域的新一代工程技术软件，也是业界第一款采用统一工程组态环境的自动化软件。如图 1-27 所示，一个软件项目便可以包含所有自动化任务。

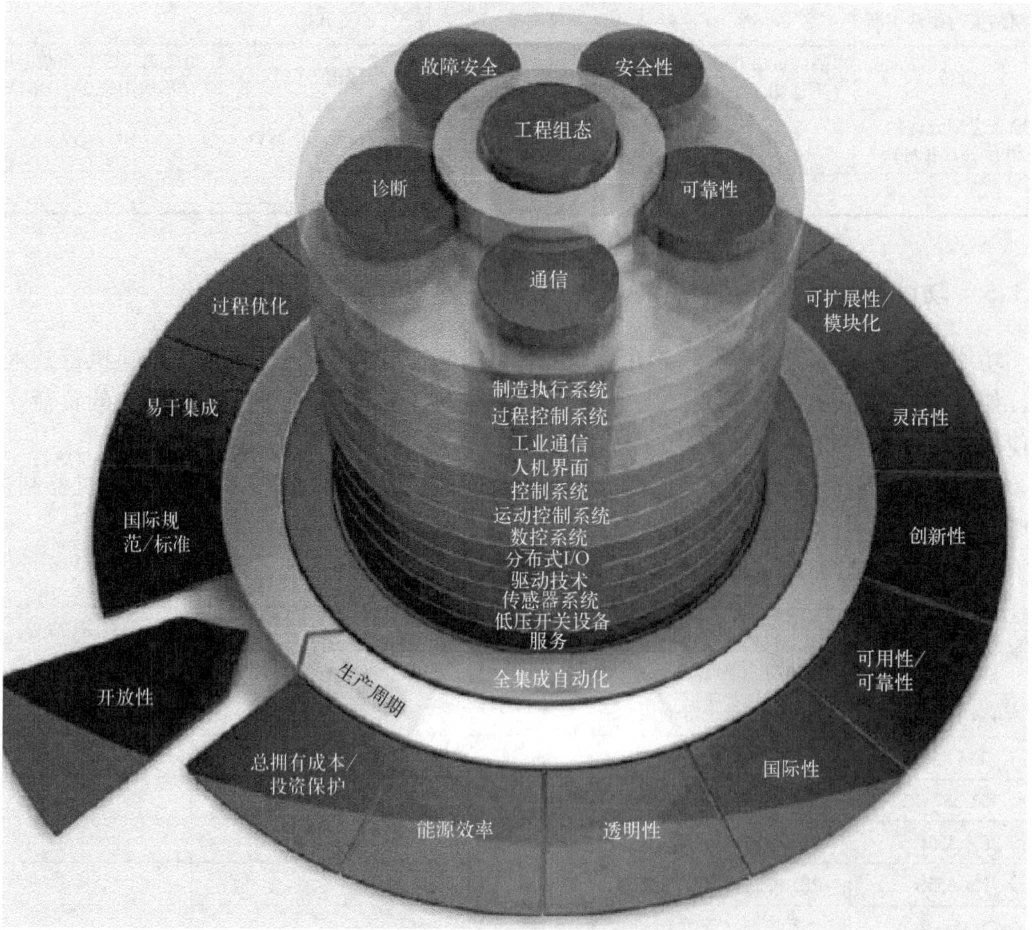

图 1-27　TIA 全集成自动化平台

1.4.1 TIA Portal 编程软件概述

西门子推出的全集成自动化（Totally Integrated Automation，TIA）满足了全球所有产业对于一个执行自动化解决方案的全整合平台的期待。全集成自动化在多年的发展过程中，已经成为10万多种自动化产品的核心智能技术。该系统架构是在各种设备间建立连接和实现最大互操作性的基础，通过这样一个全整合的自动化系统，进而全方位提高生产效率；从现场设备到控制器再到企业管理系统，能够做出快速反应，满足最具挑战性的需求。该系统一旦与客户要求同步，便可以对工厂、机器设备和工艺操作进行优化，不仅能变得更高效，还能提高生产效率和竞争力。

总地来说，过去在多个平台下做的事，现在在一个平台下就能完成。通过这个平台，成本得到了降低，工作效率也会得到提高。

在 TIA Portal 软件平台下，对于每一款产品都有不同的版本，具体差距如图1-28所示。

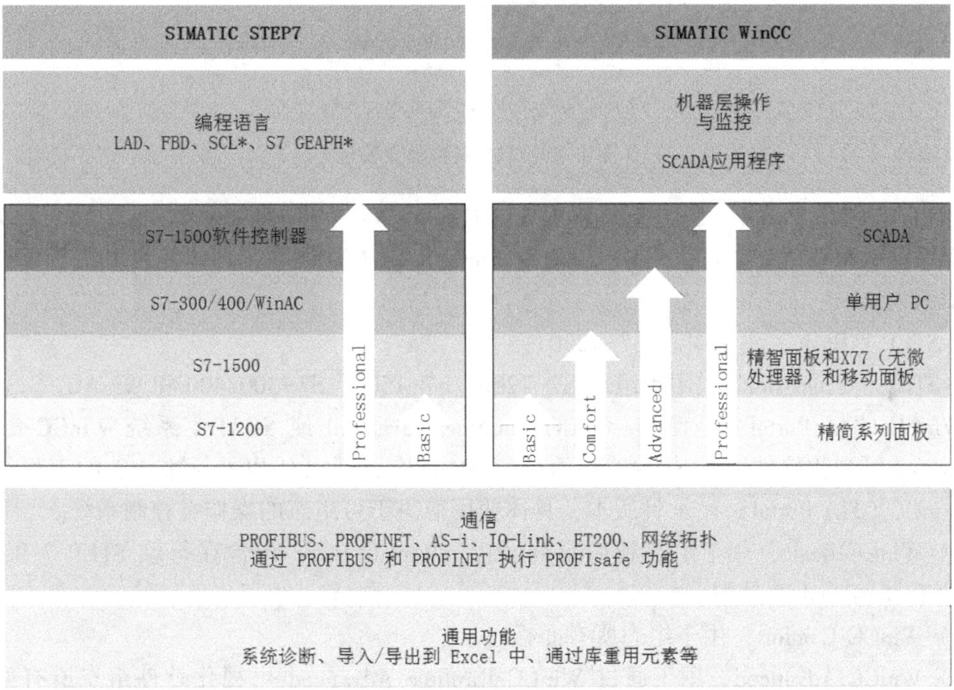

图1-28 TIA Portal 软件各个产品的版本和功能

TIA Portal 软件完整安装包如图1-29所示。

以下产品选件可用于 STEP 7 和 WinCC 工程组态系统。

- TIA Portal Multiuser（TIA Portal 项目中多名用户同时操作）。
- TIA Portal Cloud Connector（通过 RDP 访问本地接口）。
- TIA PortalTeamcenter Gateway（连接 Teamcenter）。
- SIMATIC Visualization Architect（基于 STEP 7 项目创建 HMI 数据）。
- SIMATIC Energy Suite（能源管理）。
- SIMATIC ProDiag（对 S7-1500 和 SIMATIC HMI 进行机器和设备诊断）。

- SIMATIC OPC UA S7-1500（连接 S7-1500 和所有第三方设备）。
- SIMATIC Energy Suite S7-1500（能源管理）。
- SIMATIC STEP 7 Safety Basic/Advanced（F-CPU 的安全程序）。
- SIMATIC S7 PLCSIM Advanced（S7-1500 虚拟控制器）。
- SIMATIC Target 1500S™ for Simulink ©（Simulink © 的插件）。
- WinCC Sm@ rtServer（远程操作）。

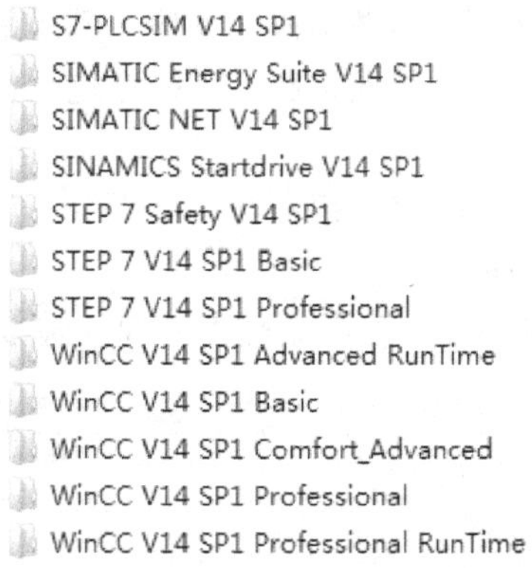

图 1-29　TIA 完整版安装包

STEP 7（TIA Portal）是用于组态 SIMATIC S7-1200、S7-1500、S7-300/400 和 WinCC 控制器系列的工程组态软件。STEP 7（TIA Portal）有 2 种版本，具体使用取决于可组态的控制器系列。

- STEP 7 Basic，用于组态 S7-1200。
- STEP 7 Professional，用于组态 S7-1200、S7-1500、S7-300/400 和 WinAC。

WinCC（TIA Portal）是使用 WinCC Runtime Advanced 或 SCADA 系统 WinCC Runtime Professional 可视化软件组态 SIMATIC 面板、SIMATIC 工业 PC 以及标准 PC 的工程组态软件。WinCC（TIA Portal）有 4 种版本，具体使用取决于可组态的操作员控制系统。

1）WinCC Basic，用于组态精简系列面板。WinCC Basic 包含在每款 STEP 7 Basic 和 STEP 7 Professional 产品中。

2）WinCC Comfort，用于组态所有面板。

3）WinCC Advanced，用于通过 WinCC Runtime Advanced 可视化软件组态所有面板和 PC。WinCC Runtime Advanced 一个是基于 PC 单站系统的可视化软件。WinCC Runtime Advanced 可购买带有 128、512、2 k、4 k、8 k 和 16 k 个外部变量（带过程接口的变量）的许可。

4）WinCC Professional，用于使用 WinCC Runtime Advanced 或 SCADA 系统 WinCC Runtime Professional 组态面板和 PC。WinCC Professional 有以下版本：带有 512 个外部变量的 WinCC Professional 以及带有 4096 个外部变量的“WinCC Professional（最大外部变量数）”。WinCC Runtime Professional 是一种用于构建组态范围从单站系统到多站系统（包括标准客户端或 Web 客户端）的 SCADA 系统。WinCC Runtime Professional 可购买带有 128、512、2 k、4 k、8 k、64 k、100 k、150 k 和 256 k 个外部变量（带过程接口的变量）的许可。

1.4.2 STEP 7 软件安装

SIMATIC STEP 7 设计有大量极为方便的功能，显著地提高了所有自动化任务的效率，无论这些任务涉及硬件组态、通信定义、编程还是涉及测试、调试或者维修等。该软件创立了其领域中的标准。SIMATIC STEP 7 Professional 软件对软件和硬件的最低要求如表 1-14 所示。

表 1-14 STEP 7 Professional 软件对计算机的配置要求

硬件/软件	要 求
处理器	Intel © Core™ i3-6100U，2.30 GHz
RAM	4 GB
硬盘	S-ATA，配备至少 8 GB 的可用存储空间
网络	100 Mbit/s 或更高
屏幕分辨率	1024×768
操作系统	• Windows 7（64 位）
	• Windows 7 Professional SP1
	• Windows 7 Enterprise SP1
	• Windows 7 Ultimate SP1
	• Windows 8.1（64 位）
	• Windows 8.1 Professional
	• Windows 8.1 Enterprise
	• Windows Server（64 位）
	• Windows Server 2008 R2StdE SP1
	• Windows Server 2012 R2StdE

安装前退出杀毒软件，在软件安装包界面，双击“Start.exe”启动文件，如图 1-30 所示。然后弹出“欢迎使用 STEP 7 Professional V14.0 SP1 安装程序”的界面，如图 1-31 所示。

图 1-30 启动软件安装

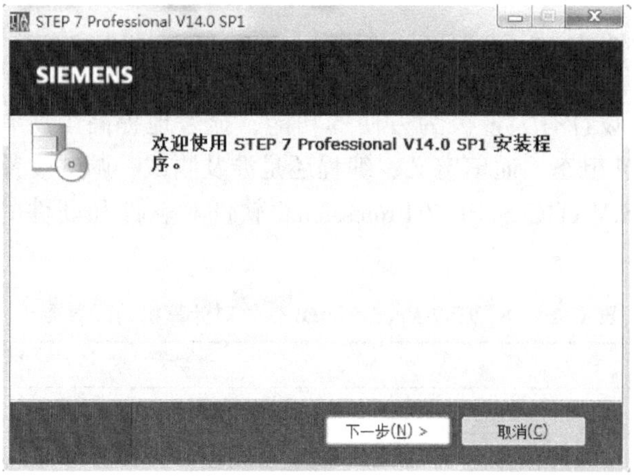

图 1-31　开始安装软件

弹出选择安装语言的对话框，如图 1-32 所示，在这里选择“简体中文（H)”。

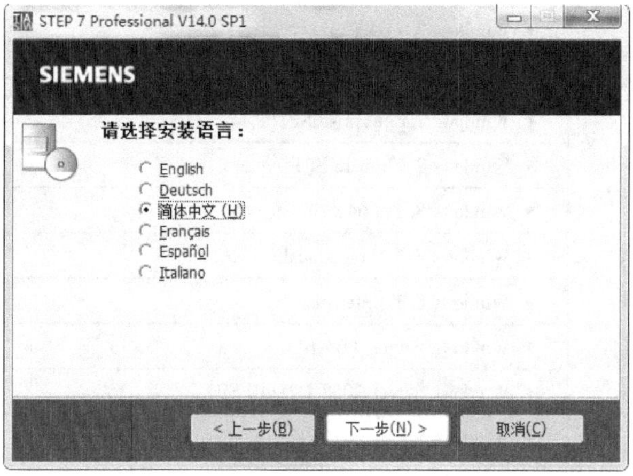

图 1-32　选择安装语言

然后单击“下一步（N)>”，弹出安装程序文件的解压缩文件夹，如图 1-33 所示。

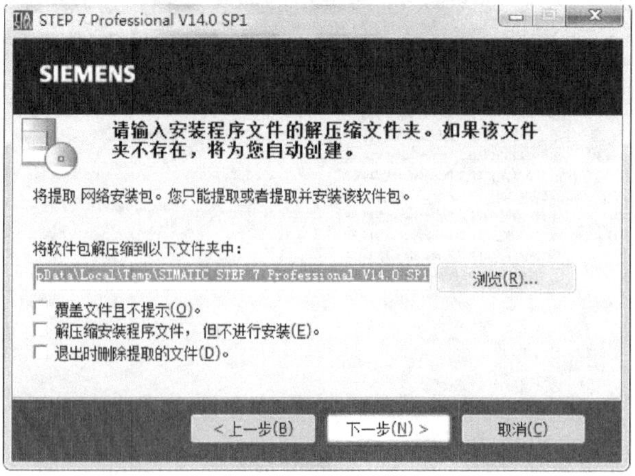

图 1-33　安装程序文件

单击“下一步（N）>”，弹出“正在解压缩软件包的内容”对话框，如图 1-34 所示，开始解压缩软件包。

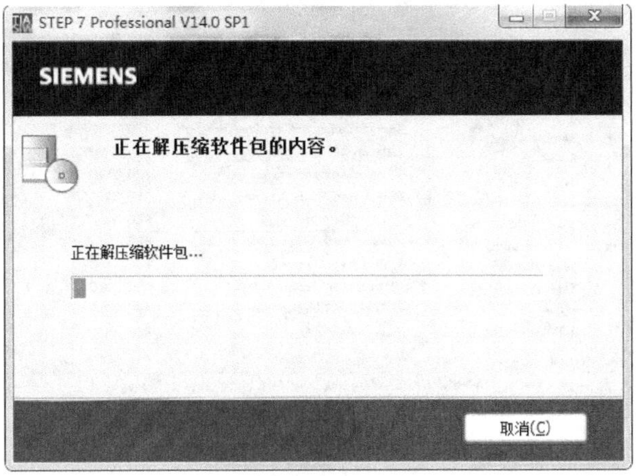

图 1-34　解压缩软件包

安装时，如果弹出如图 1-35 的对话框，提示用户重启计算机，但是在重启后又要求重启计算机，可按照以下方法解决。首先单击“开始”，在“搜索程序和文件”中输入“regedit”，如图 1-36 所示。然后弹出注册表编辑器，如图 1-37 所示。

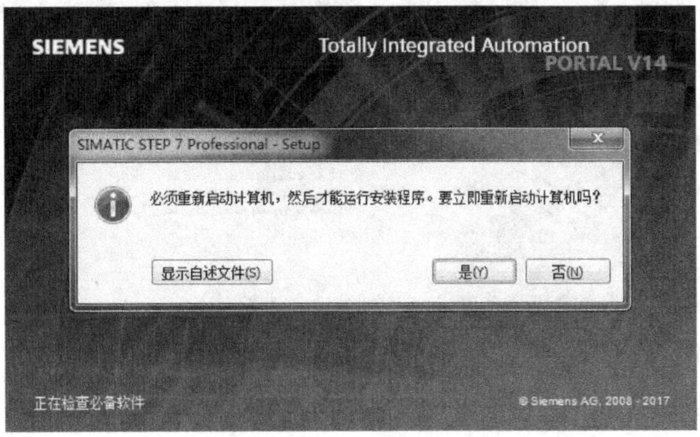

图 1-35　提示用户必须重启计算机

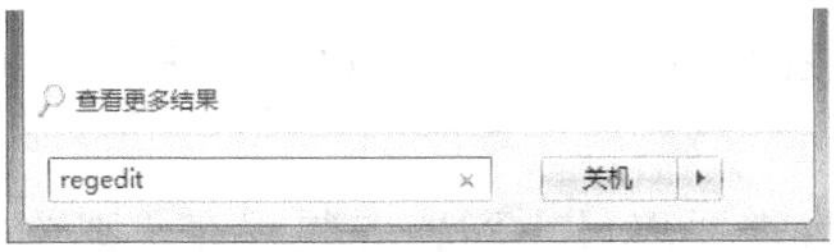

图 1-36　输入进入注册表命令

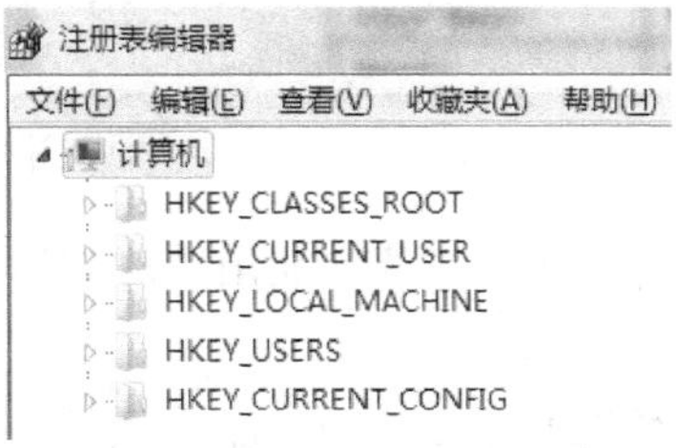

图 1-37　弹出注册表编辑器

在注册表界面，选择“HKEY_LOCAL_MACHINE”→“SYSTEM”→“Current ControlSet”→“Control”→“Session Manager”，在右边列表框找到“PendingFileRenameOperations”，将其删除，如图 1-38 所示。

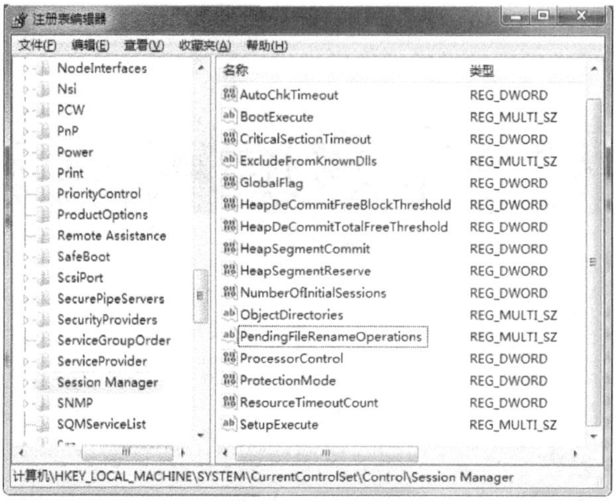

图 1-38　删除注册表选项

在安装语言对话框界面选择中文，如图 1-39 所示。如果要阅读关于产品和安装的信息，单击“读取产品信息”按钮，将打开包含相关说明的帮助文件。阅读说明后，关闭帮助文件并单击“下一步（N）>”按钮，弹出产品语言选择界面。

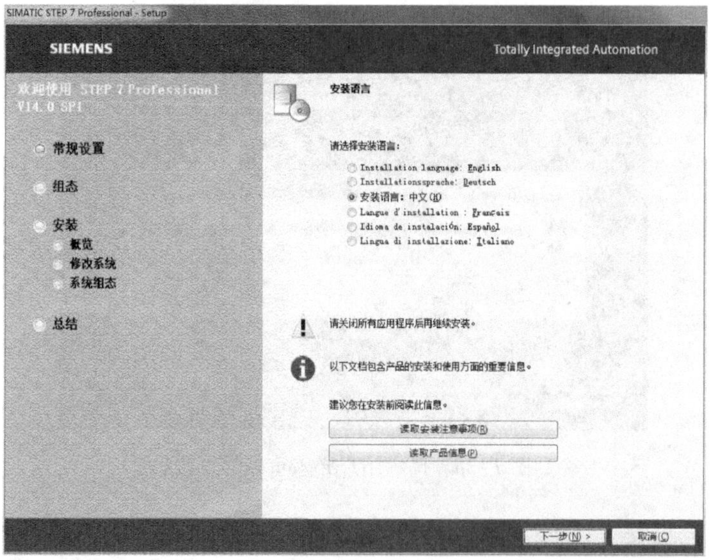

图 1-39　安装语言选择中文

选择“中文”为产品用户界面使用的语言，如图 1-40 所示，然后单击“下一步（N）>”按钮。

开始选择要安装的产品，如图 1-41 所示。如果需要以最小配置安装程序，则单击“最小（M）”按钮。如果需要以典型配置安装程序，则单击“典型（I）”按钮。如果需要自主选择要安装的产品，请单击“用户自定义（U）”按钮。

在许可证条款界面中，首先阅读并接受所有许可协议，并单击“下一步（N）>”，继续安装。如图 1-42 所示。

图 1-40　产品语言选择中文

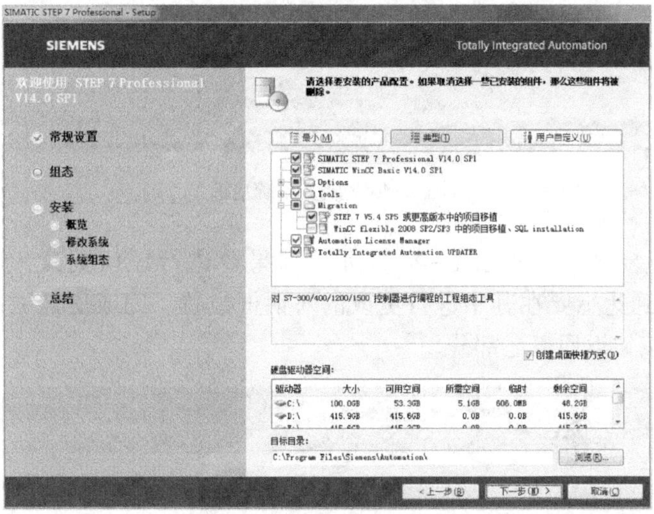

图 1-41　选择要安装的产品

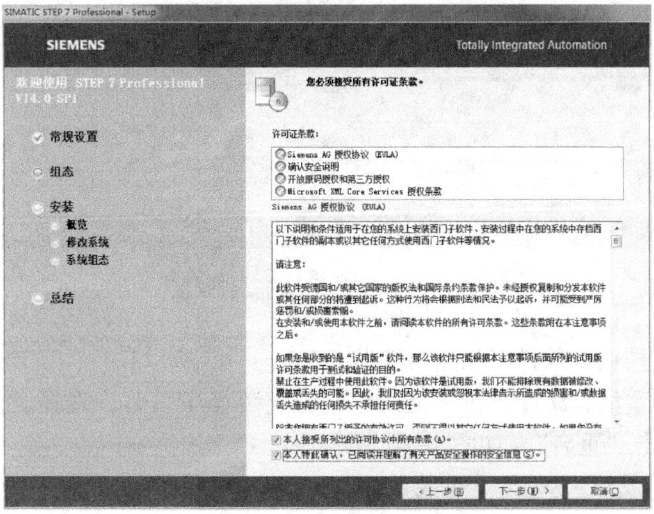

图 1-42　接受许可证协议条件

在安装 TIA Portal 时需要更改安全和权限设置，则会打开安全设置对话框，如图 1-43 所示。

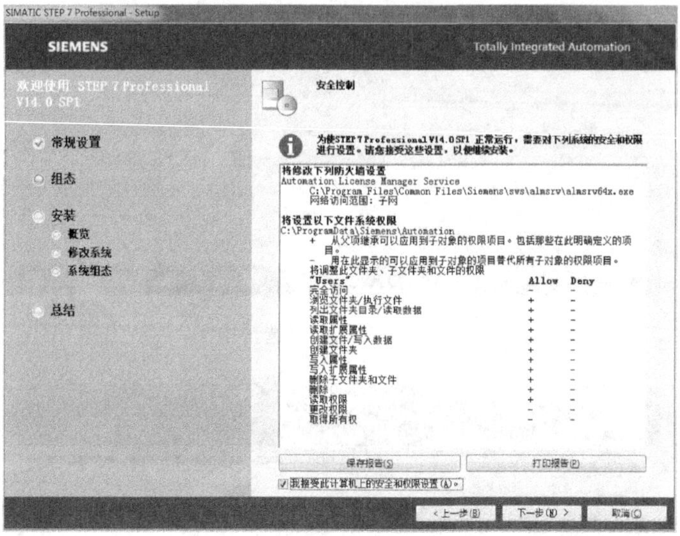

图 1-43　接受系统更改

检查所选的安装设置，如图 1-44 所示。如果要进行任何更改，请单击“<上一步(B)”按钮，直到到达想要在其中进行更改的对话框位置。完成所需更改之后，通过单击“下一步（N)>”按钮返回概述部分。

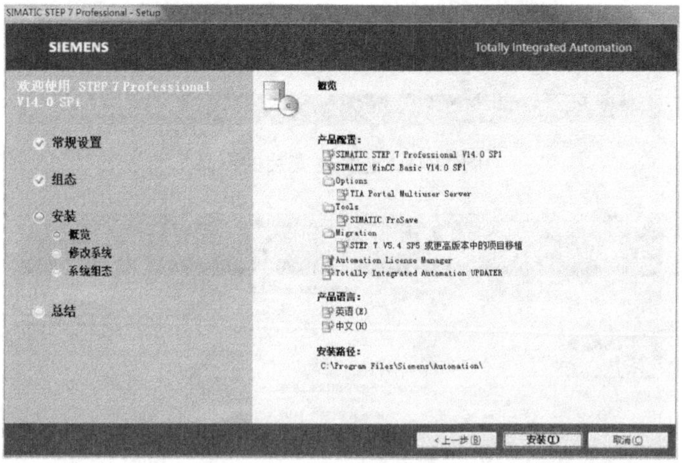

图 1-44　检查所选的安装设置

单击“安装”按钮，软件开始运行安装，如图 1-45 所示。

当提示“必须重新启动计算机才能继续运行安装程序”时，选择“是，立即重启计算机（Y)”，然后单击“重启”，如图 1-46 所示。

当软件安装完成后，弹出“安装结束：STEP 7 Professional V14.0 SP1”对话框，如图 1-47 所示。

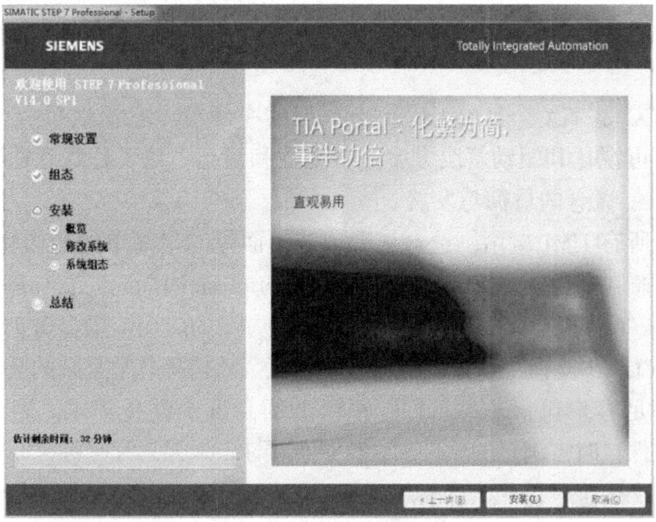

图 1-45　软件开始运行安装

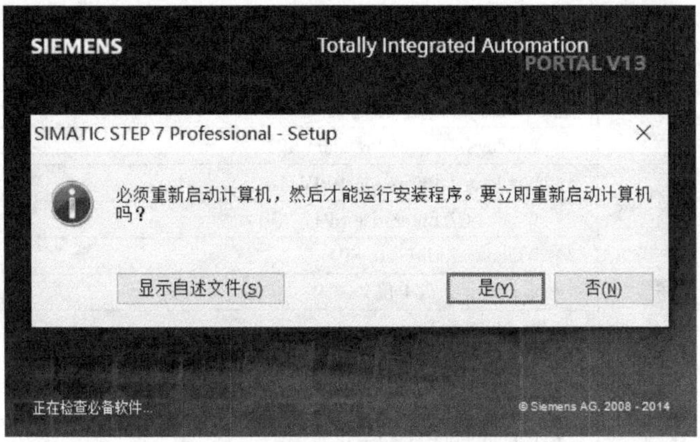

图 1-46　立即重启计算机

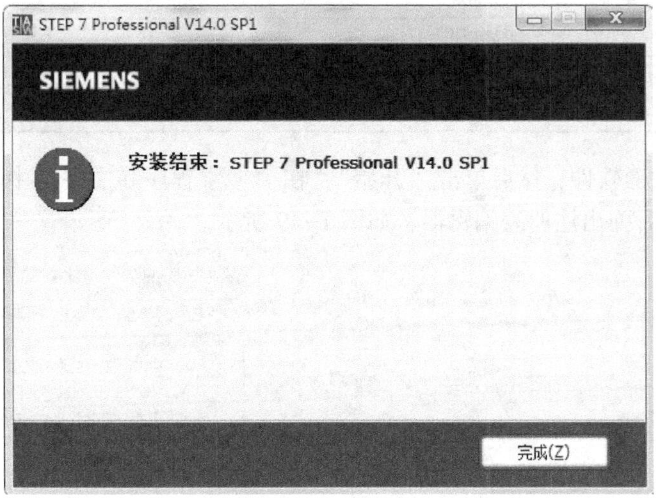

图 1-47　软件安装完成

1.4.3 WinCC 软件安装

SIMATIC WinCC 是 TIA 全集成工程组态框架的一部分。它提供了一个统一的工程组态环境，可对控制、可视化和驱动解决方案进行编程和组态。该工程组态框架是软件开发的一个里程碑，是对 TIA 概念的贯彻与发展。

WinCC 适用于所有 HMI 应用，包括从采用基本面板的最简单的操作解决方案到基于 PC 的多用户系统监视控制与数据采集（Supervisory Control and Data Acquisition，SCADA）应用。与其上代产品 SIMATIC WinCC flexible 相比，该解决方案的应用范围显著扩大。用户依然可以使用 SIMATIC WinCC V7 支持工厂智能解决方案或冗余结构等非常复杂的应用程序，而 WinCC 的开放式架构可满足客户包括非 Windows 平台上的高度个性化需求。表 1-15 列出了安装 SIMATIC WinCC 软件包时需满足的软件和硬件最低要求。

表 1-15　SIMATIC WinCC 软件对计算机的配置要求

硬件/软件	要　求
处理器类型	Intel © Core™ i3-6100U 2.30 GHz
RAM	4 GB
可用硬盘空间	S-ATA，配备至少 8 GB 的存储空间
操作系统	• Windows 7（64 位）
	• Windows 7 Home Premium SP1
	• Windows 7 Professional SP1
	• Windows 7 Enterprise SP1
	• Windows 7 Ultimate SP1
	• Windows 8（64 位）
	• Windows 8.1
	• Windows 8.1 Professional
	• Windows 8.1 Enterprise
	• Windows Server（64 位）
	• Windows Server 2012 R2 Standard Edition
屏幕分辨率	1024×768
网络	100 MB 以上
光驱	DVD-ROM
软件	Microsoft .Net Framework 4.5

安装前退出杀毒软件，然后单击“开始”，在“搜索程序和文件”中输入“regedit”，如图 1-48 所示，然后弹出注册表编辑器，如图 1-49 所示。

图 1-48　输入进入注册表命令

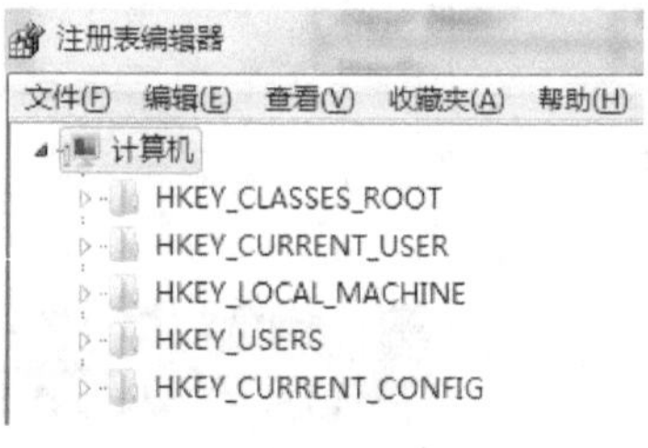

图 1-49　弹出注册表编辑器

在注册表界面，选择“HKEY_LOCAL_MACHINE”→“SYSTEM”→“Current ControlSet”→“Control”→“Session Manager”，在右边列表框找到“PendingFileRenameOperations”，将其删除，如图 1-50 所示。

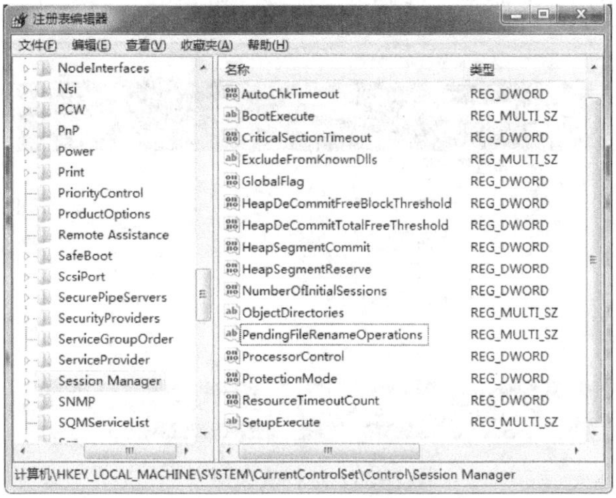

图 1-50 删除注册表选项

在软件安装包界面，双击“Start. exe”启动文件，如图 1-51 所示。然后弹出“欢迎使用 WinCC Professional V14. 0 SP1 安装程序”界面，如图 1-52 所示。

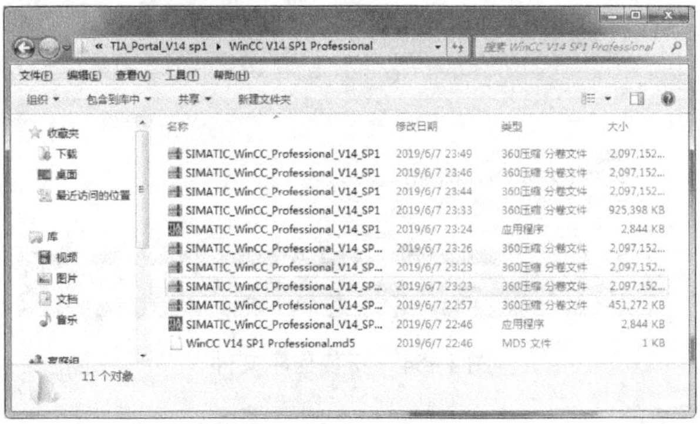

图 1-51 启动软件安装

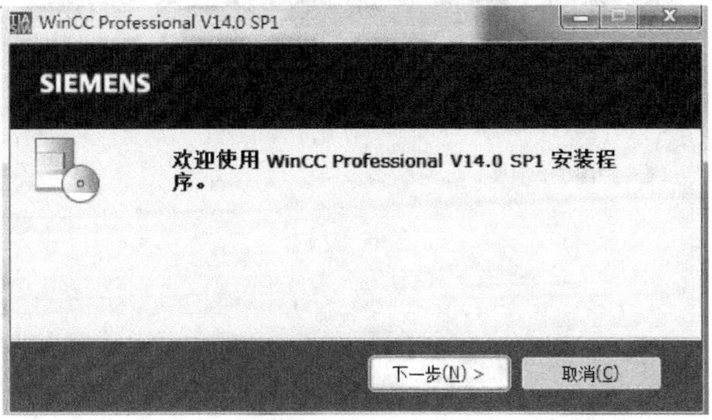

图 1-52 开始安装软件

单击图 1-52 中的“下一步（N)>”按钮，弹出选择安装语言的对话框，如图 1-53 所示。在这里选择“简体中文（H)”，然后单击“下一步（N)>”按钮，弹出安装程序文件的解压缩文件夹，如图 1-54 所示。单击“下一步（N)>”按钮，弹出“正在解压缩软件包的内容”对话框，如图 1-55 所示，开始解压缩软件包。

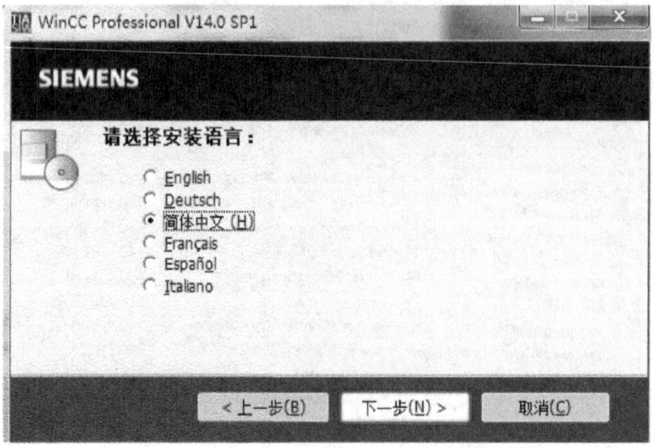

图 1-53　选择安装语言

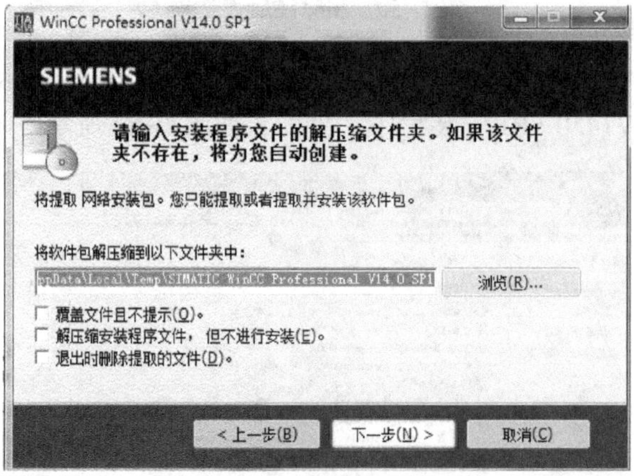

图 1-54　安装程序文件

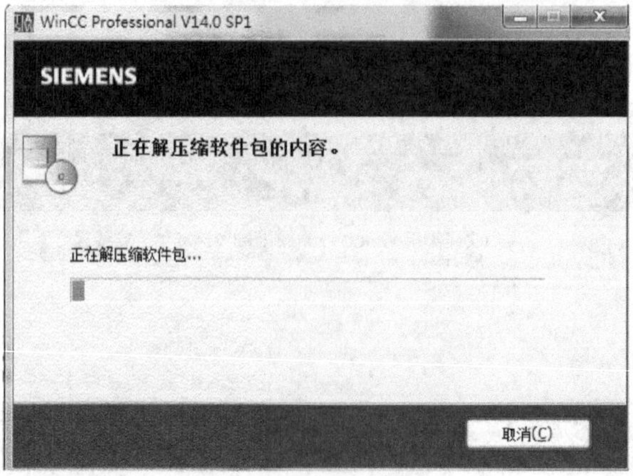

图 1-55　解压缩软件包

解压完成之后将打开选择产品语言的对话框。在安装语言对话框选择中文，如图 1-56 所示。如果要阅读关于产品和安装的信息，单击“读取产品信息”按钮。将打开包含相关说明的帮助文件。阅读说明后，关闭帮助文件并单击“下一步（N)>”按钮，弹出产品语言选择界面。

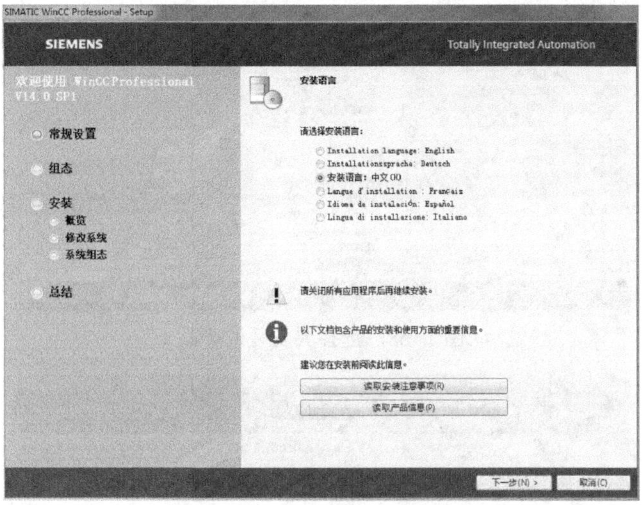

图 1-56　安装语言选择中文

选择“中文”为产品用户界面使用的语言，如图 1-57 所示。然后单击“下一步（N)>”按钮。

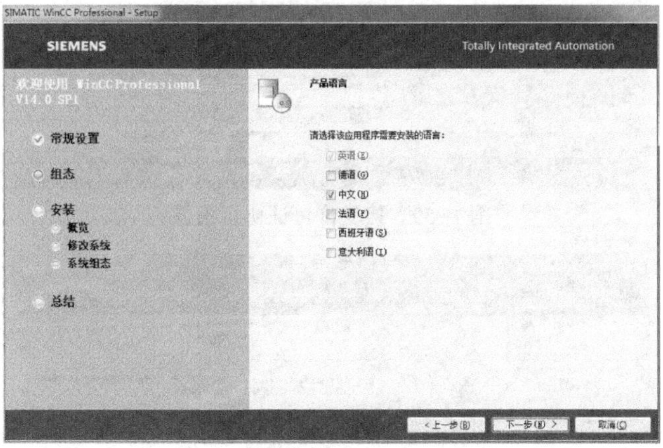

图 1-57　产品语言选择中文

开始选择要安装的产品，如图 1-58 所示。如果需要以最小配置安装程序，则单击“最小（M)”按钮。如果需要以典型配置安装程序，则单击“典型（I)”按钮。如果需要自主选择要安装的产品，则单击“用户自定义（U)”按钮。

打开许可条款对话框。首先阅读并接受所有许可协议，如图 1-59 所示，并单击“下一步（N)>”。

在安装 TIA Portal 时需要更改安全和权限设置，则须打开安全设置对话框，如图 1-60 所示。

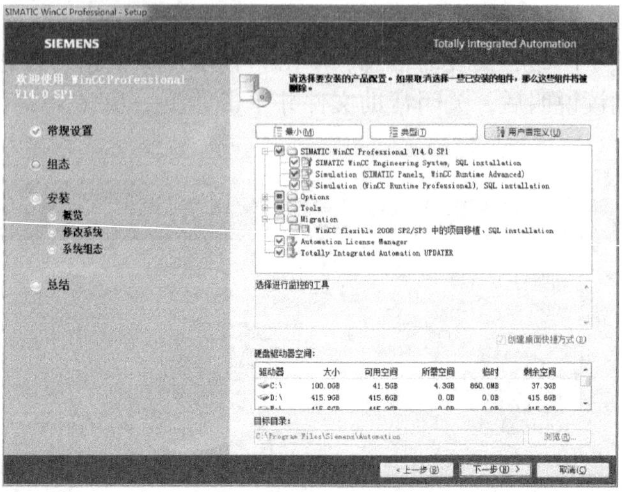

图 1-58 选择要安装的产品

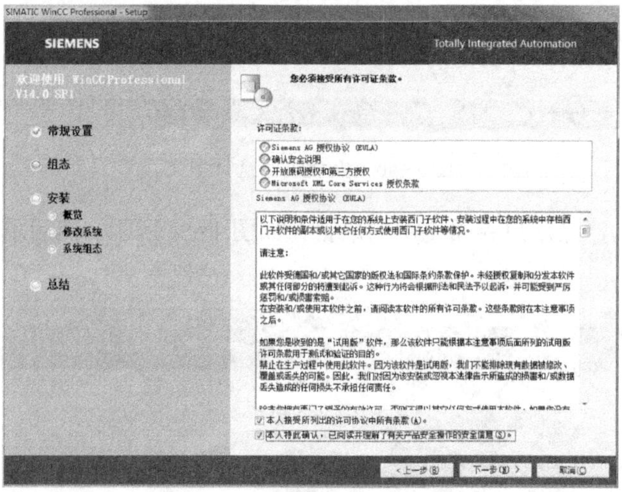

图 1-59 接受许可证协议条件

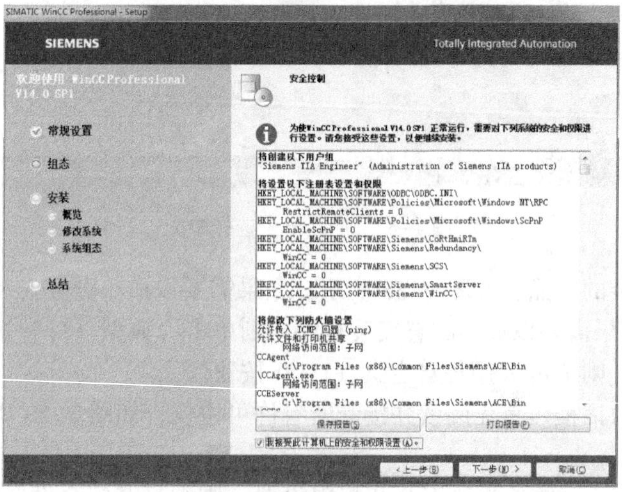

图 1-60 接受系统更改

检查所选的安装设置，如图 1-61 所示。如果要进行任何更改，请单击“上一步（B）”按钮，直到到达想要在其中进行更改的对话框位置。

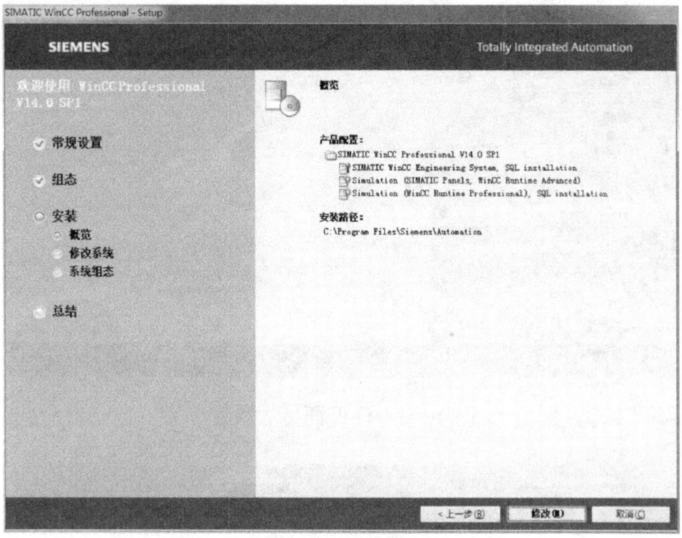

图 1-61 检查所选的安装设置

在软件安装界面单击“修改”按钮，软件开始运行安装，如图 1-62 所示。

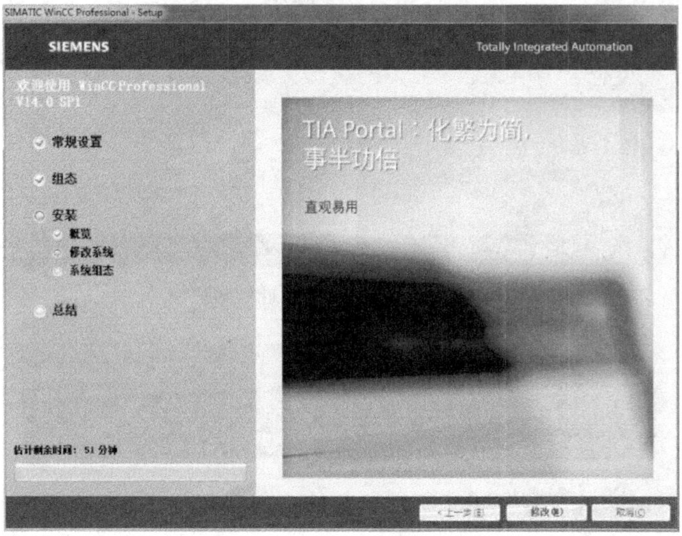

图 1-62 软件开始运行安装

当提示“无法执行许可证传送，因缺少许可证密钥介质……”信息后，选择“跳过许可证传送”，如图 1-63 所示。

安装完成后，提示“是否要立即重启计算机”，选择“否，稍后重启计算机（N）”，如图 1-64 所示。

软件安装完成后，弹出“安装结束：WinCC Professional V14.0 SP1”对话框，如图 1-65 所示。

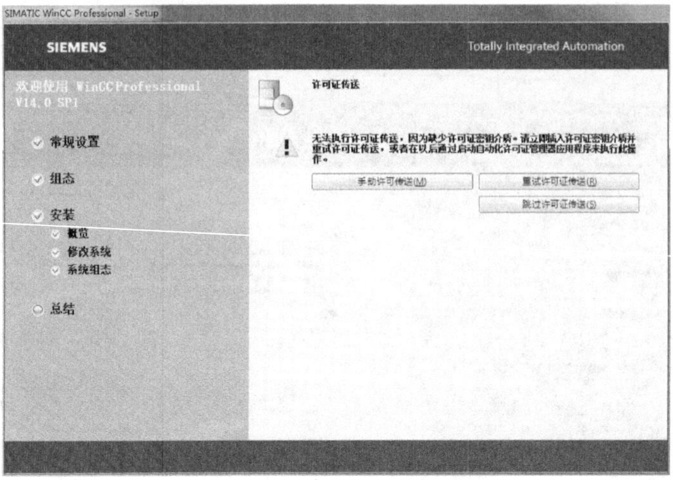

图 1-63　许可证传送设置

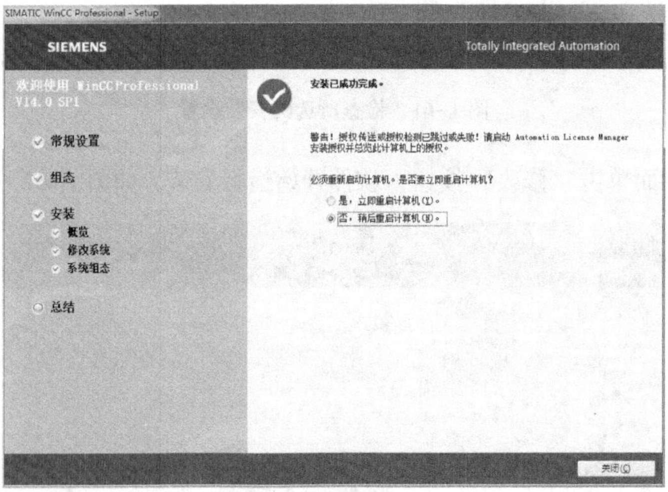

图 1-64　稍后重启计算机

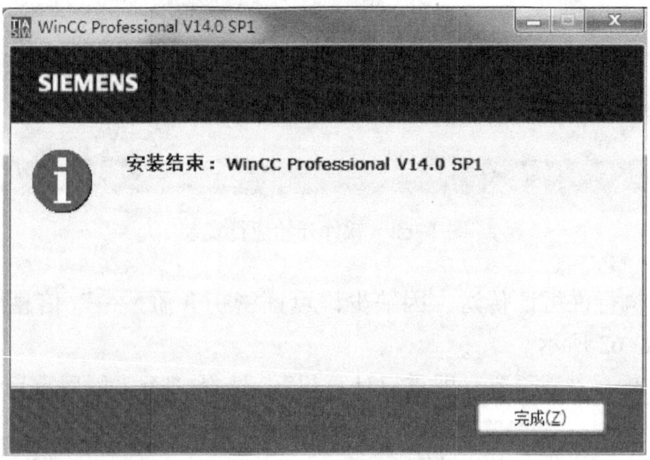

图 1-65　软件安装完成

1.4.4 PLCSIM 软件安装

安装前退出杀毒软件，然后单击“开始”，在“搜索程序和文件”中输入“regedit”，如图 1-66 所示。然后弹出注册表编辑器，如图 1-67 所示。

图 1-66 输入进入注册表命令

图 1-67 弹出注册表编辑器

在注册表界面，选择“HKEY _ LOCAL _ MACHINE”→“SYSTEM”→“Current ControlSet”→“Control”→“Session Manager”，在右边列表框找到“PendingFileRenameOperations”，将其删除，如图 1-68 所示。

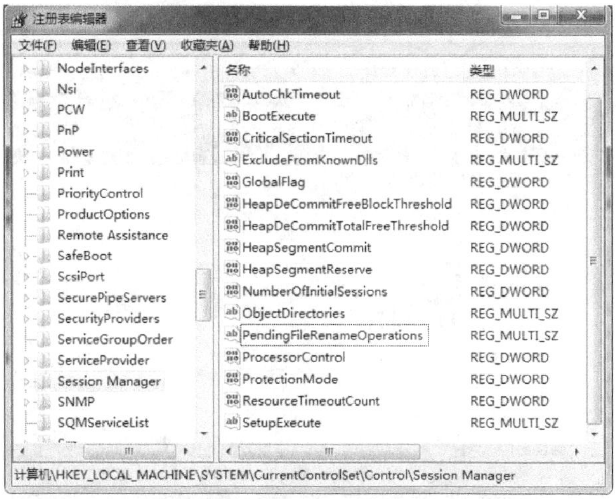

图 1-68 删除注册表选项

在软件安装包界面，双击“Start. exe”启动文件，如图 1-69 所示。然后弹出“欢迎使用 SIMATIC S7-PLCSIM V14. 0 SP1 安装程序”界面，如图 1-70 所示，单击“下一步（N）”按钮。

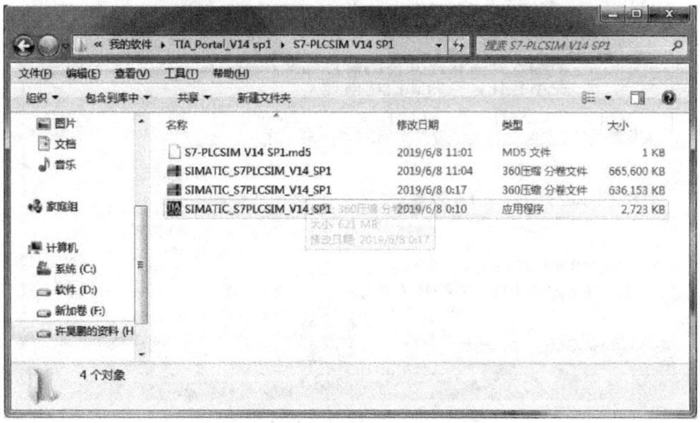

图 1-69 启动软件安装

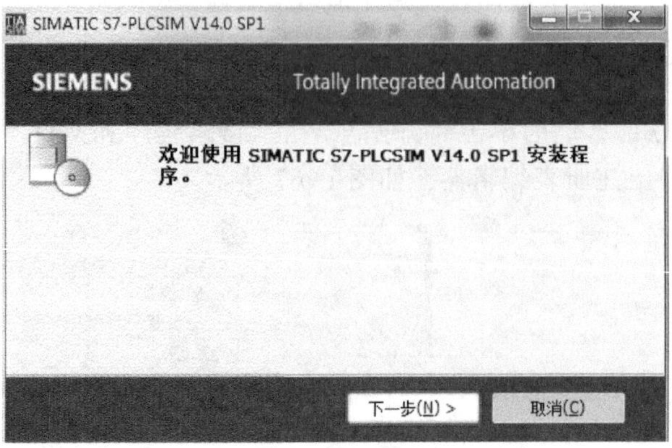

图 1-70　开始安装软件

弹出选择安装语言的对话框，如图 1-71 所示。在这里选择“简体中文（H）”，然后单击“下一步（N）>”按钮，弹出安装程序文件的解压缩文件夹，如图 1-72 所示。单击“下一步（N）>”，弹出“正在解压缩软件包的内容”对话框，如图 1-73 所示，开始解压缩软件包。

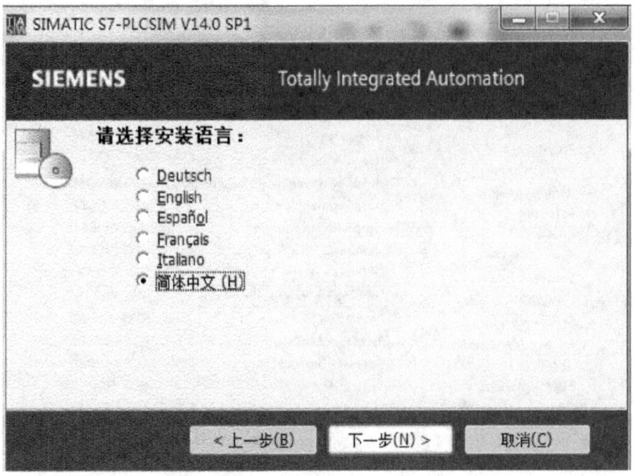

图 1-71　选择安装语言

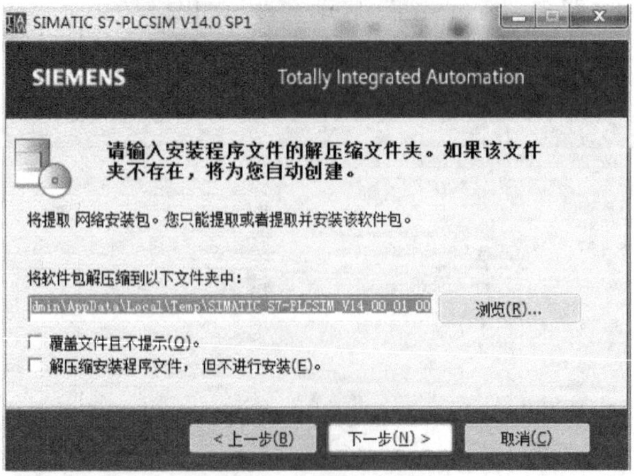

图 1-72　安装程序文件

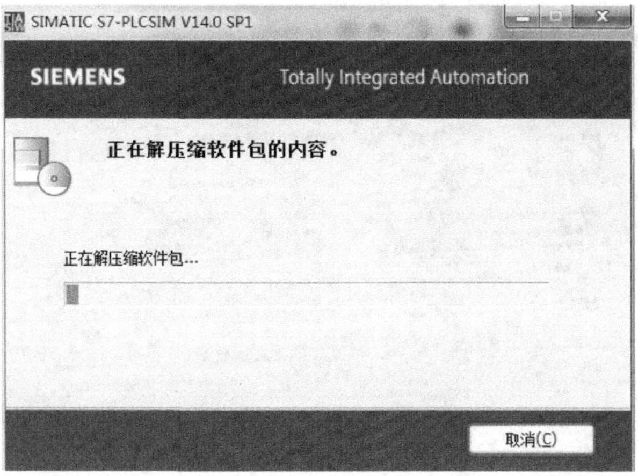

图 1-73　解压缩软件包

解压完成之后将打开选择产品语言的对话框。在安装语言对话框界面选择中文，如图 1-74 所示。如果要阅读关于产品和安装的信息，单击“读取产品信息”按钮。将打开包含相关说明的帮助文件。阅读说明后，关闭帮助文件并单击“下一步（N)>”按钮，进入产品语言选择界面。

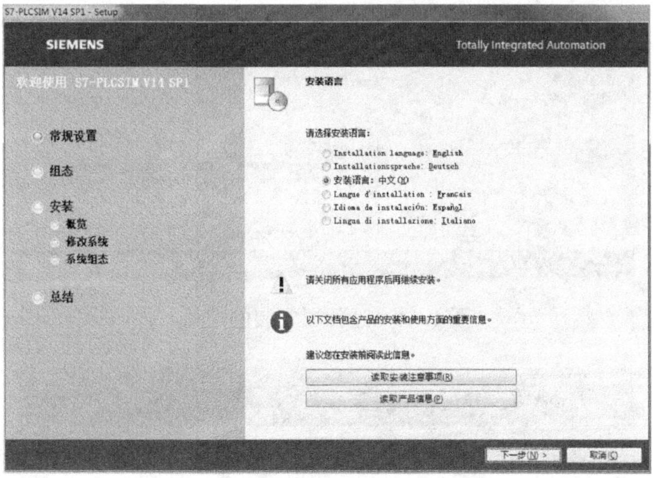

图 1-74　安装语言选择中文

选择“中文”为产品用户界面使用的语言，如图 1-75 所示。然后单击“下一步（N)>”按钮。

开始选择要安装的产品，如图 1-76 所示。如果需要以最小配置安装程序，则单击“最小（M)”按钮。如果需要以典型配置安装程序，则单击“典型（I)”。如果需要自主选择要安装的产品，则单击“用户自定义（U)”按钮。

打开许可条款对话框。继续安装，首先阅读并接受所有许可协议，如图 1-77 所示，并单击“下一步（N)>”按钮。

在安装 TIA Portal 时需要更改安全和权限设置，则须打开安全设置对话框，如图 1-78 所示。

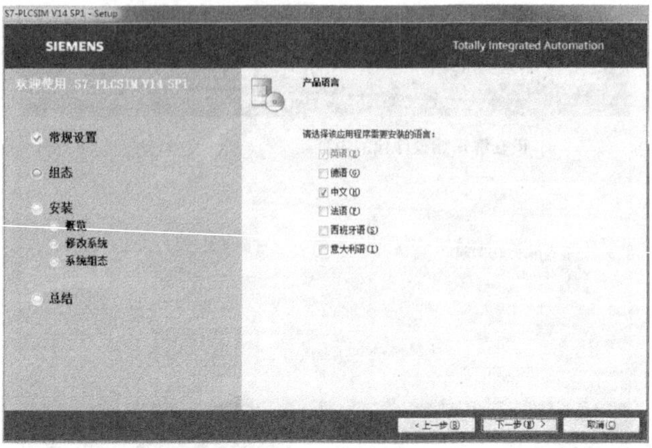

图 1-75　产品语言选择中文

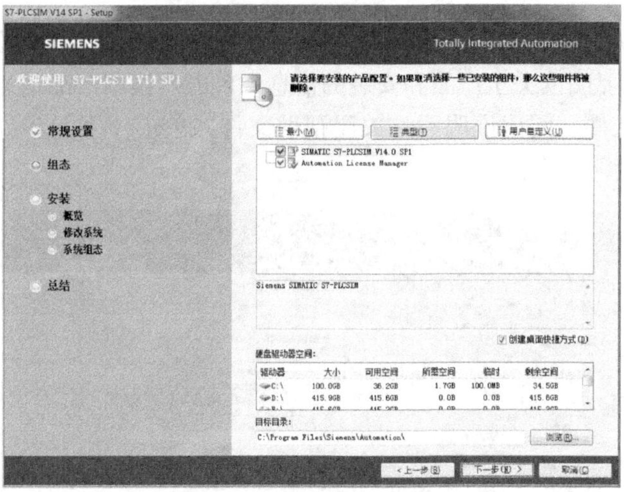

图 1-76　选择要安装的产品

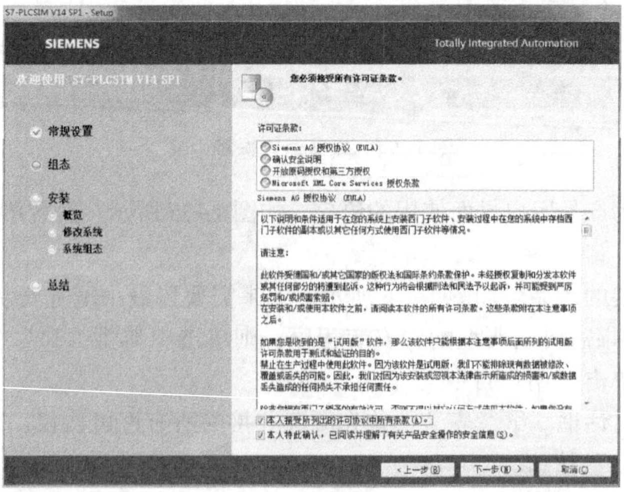

图 1-77　接受许可证协议条件

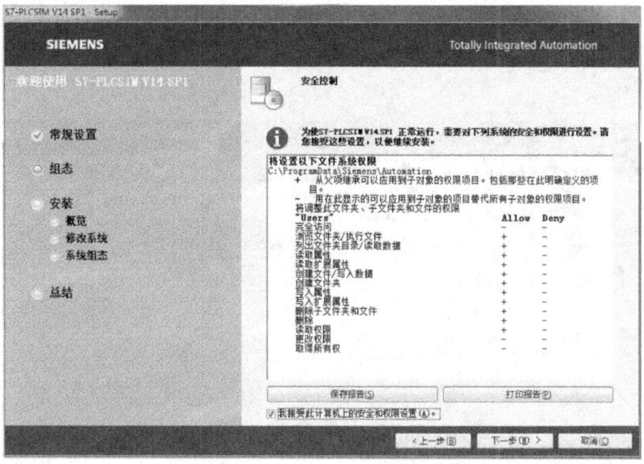

图 1-78　接受系统更改

检查所选的安装设置，如图 1-79 所示。如果要进行任何更改，请单击“<上一步(B)”按钮，直到到达想要在其中进行更改的对话框位置。

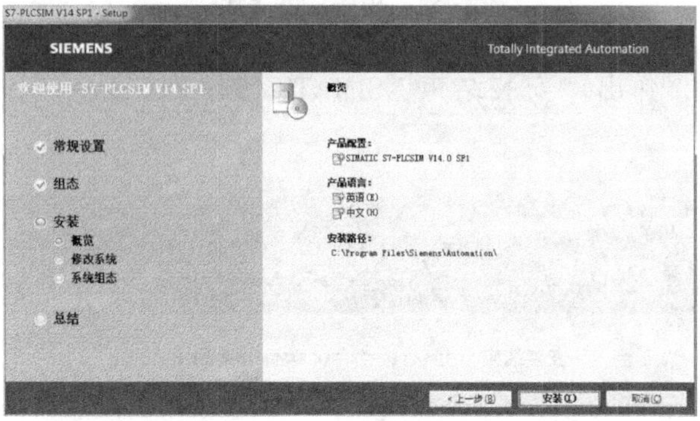

图 1-79　检查所选的安装设置

在软件安装界面单击“安装（I）”按钮，软件开始运行安装，如图 1-80 所示。

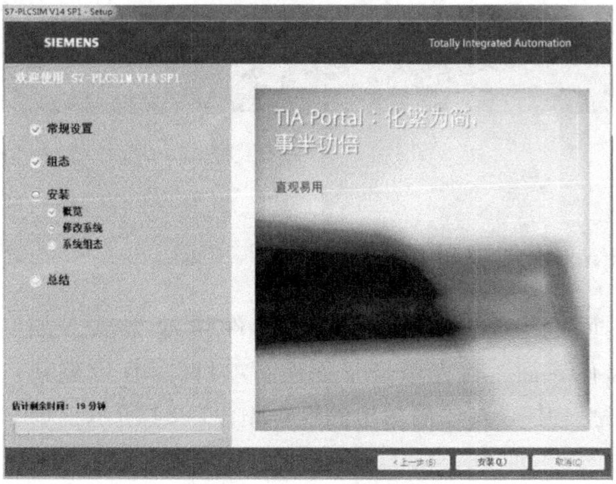

图 1-80　软件开始运行安装

安装完成后，提示“是否要立即重启计算机”，选择“否，稍后重启计算机（N）”，如图 1-81 所示。

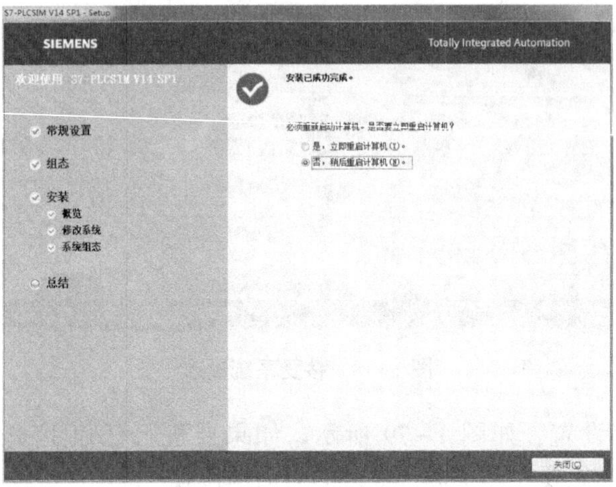

图 1-81　稍后重启计算机

软件安装完成后，弹出“安装结束：SIMATIC S7-PLCSIM V14.0 SP1”对话框，如图 1-82 所示。

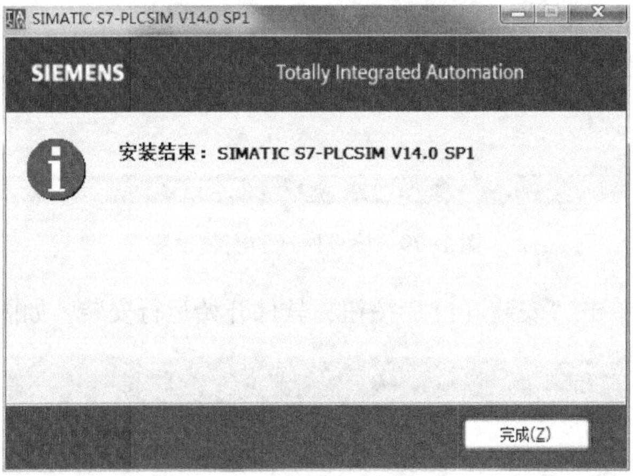

图 1-82　软件安装完成

1.4.5　使用 TIA Portal 创建项目

双击 Windows 桌面的“TIA Portal V14”软件快捷方式，如图 1-83 所示。进入软件界面，首先单击“创建新项目”，在创建新项目界面的“项目名称”中输入“简单电路”，如图 1-84 所示，单击“创建”按钮。

图 1-83　TIA Portal V14 软件

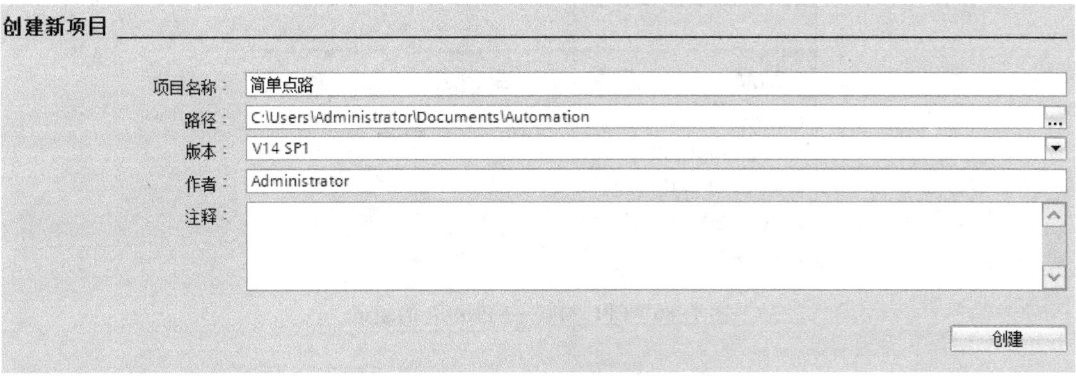

图 1-84 创建新项目

在屏幕的左下角，单击“项目视图”，然后软件界面进入项目视图。

硬件组态就是在 STEP 7 中生成一个与实际的硬件系统完全相同的系统，例如生成网络和网络中的各个站、生成 PLC 的机架并在机架中插入模块，以及配置各站点或模块的参数。

在项目结构窗口中，单击“添加新设备”，弹出“添加新设备”对话框，选择“控制器”→“SIMATIC S7-300”→“CPU”→“CPU 314C-2 PN/DP”（订货号为 6ES7 314-6EH04-0A B0），如图 1-85 所示，然后单击“确定”按钮。

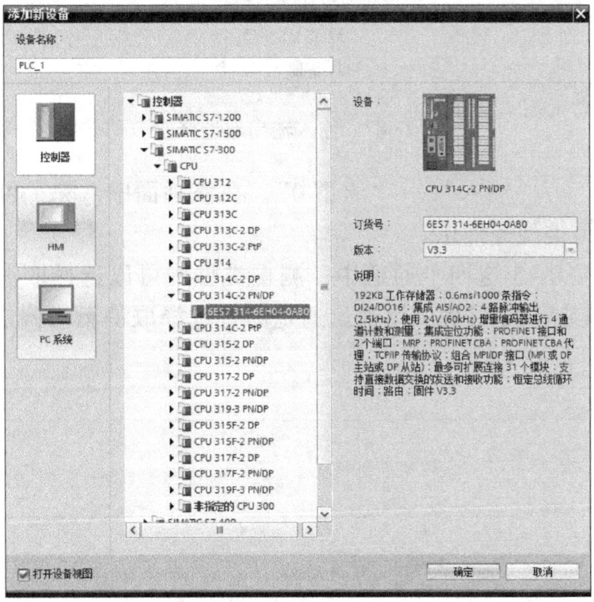

图 1-85 添加新设备

添加新设备完成后，软件画面自动进入硬件组态窗口，CPU 314C-2 PN/DP 是紧凑型 PLC，CPU 模块有 2 个 PROFINET 接口，用于线性拓扑结构。并且 CPU 自身还集成 DI24/DO16/AI5/AO6 通道，如图 1-86 所示。

需要注意的是，S7-300 PLC 默认第一个地址是 I136.0（Q136.0），单击“DI24/DO16”→“输入”→“I/O 地址”，可以在该画面中修改 I/O 地址，如图 1-87 所示。

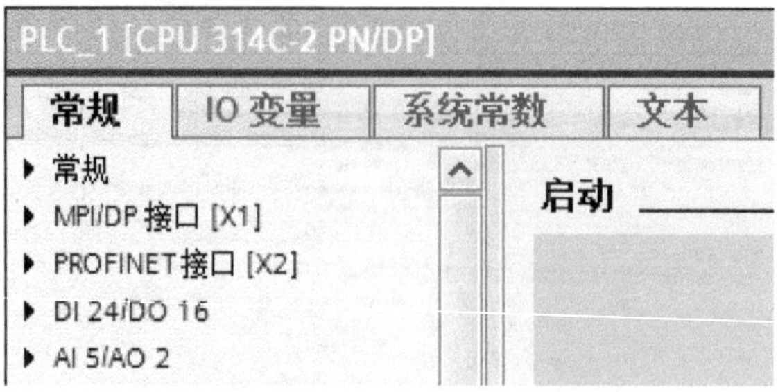

图 1-86　CPU 314C-2 PN/DP 的通道

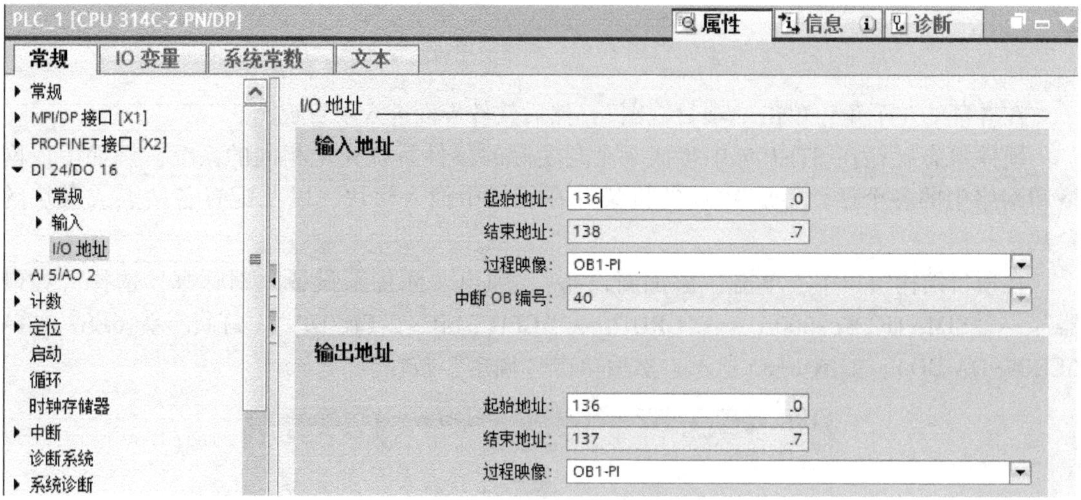

图 1-87　输入输出地址修改

单击“AI5/AO2”→“输入”→“通道 0”，在该画面中，除了可以修改 I/O 地址外，还可以配置模拟量通道类型等信息。

在输入选项中，在 0~3 这四个通道中，测量类型中可以选择取消激活、电压和电流，如图 1-88 所示。建议在不使用某个模拟量通道时，选择取消激活，这样可以减轻 CPU 的负担。

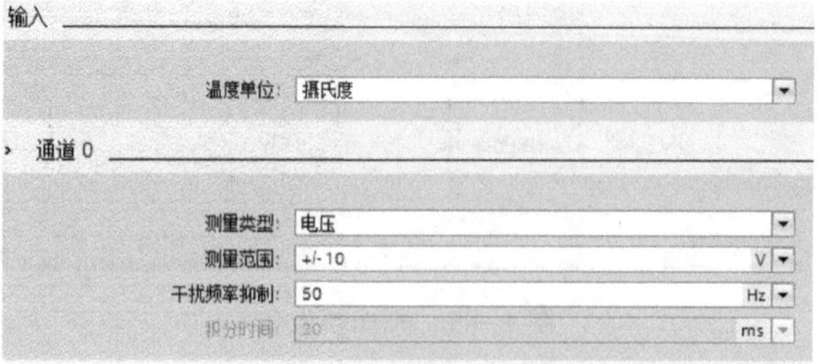

图 1-88　模拟量输入通道配置

当选择测量类型为电压时，测量范围有+/-10 V 和 0~10 V 两个范围。当选择测量类型为电流时，测量类型有+/-20 mA、0~20 mA 和 4~20 mA 三个范围。

第 4 个通道可以接温度信号，温度单位可以选择摄氏度、华氏度和开尔文三种类型，测量类型有电阻（R-2L）和铂电阻（RTD-2L）两种。

在输出选项中，输出类型可以选择取消激活、电压和电流，如图 1-89 所示。当输出类型为电压时，测量范围有+/-10 V 和 0~10 V 两个范围。当输出类型为电流时，测量类型有+/-20 mA、0~20 mA 和 4~20 mA 三个范围。

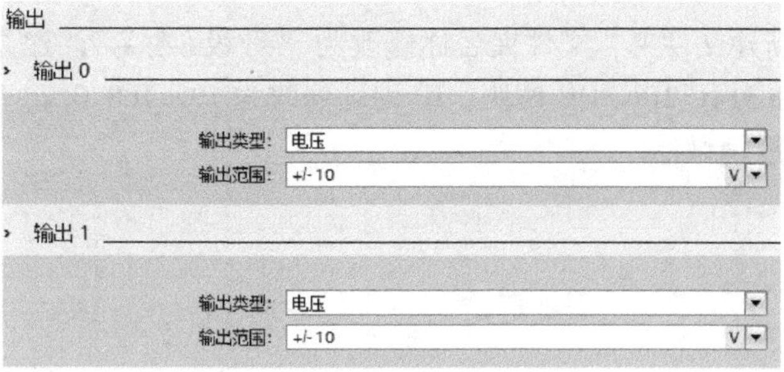

图 1-89　模拟量输出通道配置

完成上述操作后，进行编译和保存。

在项目结构窗口中的“程序块”下单击“Main［OB1］”，打开程序编辑器窗口，单击程序段 1 的水平线，线将变为深色的加粗线。单击收藏夹的常开触点按钮，或单击指令树的“基本指令”→“位逻辑运算”，即可输入常开触点，如图 1-90 所示。然后完成程序的编写，如图 1-91 所示。

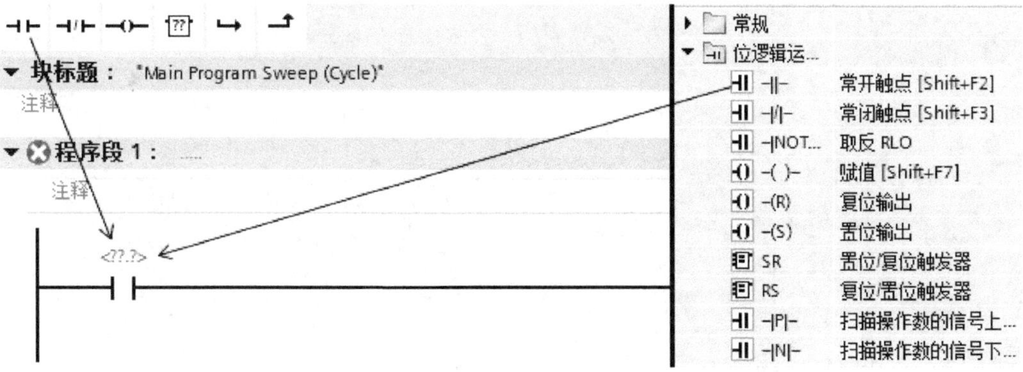

图 1-90　在程序段 1 中输入常开触点

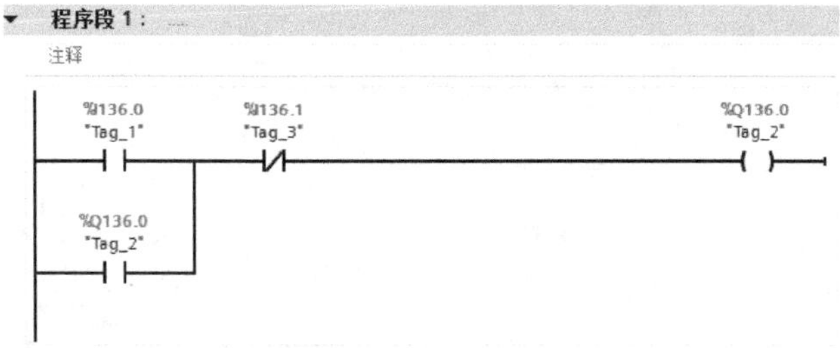

图 1-91　编写程序

S7-300 PLC 一般采用 MPI 通信协议下载程序，但是 CPU 314C—2 PN/DP 这款产品集成 PROFINET 接口，可以直接使用网线下载程序。

项 目 拓 展

在计算机 D 盘新建文件夹，文件夹名称修改为“班级+姓名”。建立 TIA 项目，并保存到该文件夹下，添加 314C 2PN/DP 模块，IP 地址修改为 192. 168. 0. 2，I/O 起始地址修改为 0，模拟量通道全部取消激活。

项目2

传送带控制设计与调试

立体仓库系统由称重区、货物传送带、托盘传送带、机械手装置、码料小车和一个立体仓库组成，系统俯视图如图 2-1 所示。

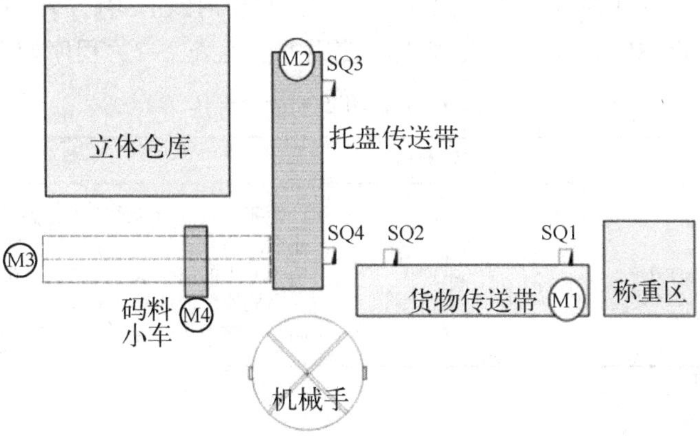

图 2-1　立体仓库系统俯视图

2.1　基本位逻辑指令及应用

位逻辑指令是 PLC 最常用的指令，位逻辑运算只有两种状态，分别为 1 和 0，表示真（True）和假（False）。位逻辑指令有：常开触点、常闭触点、取反 RLO、线圈、置位输出、复位输出、复位置位触发器、置位复位触发器、扫描操作数的信号上升沿、扫描操作数的信号下降沿、扫描 RLO 的信号上升沿和扫描 RLO 的信号下降沿。

2.1.1　触点和线圈指令

举例：按钮 SB1 连接 PLC 的 I0.0，PLC 的 Q0.0 连接指示灯 HL1。按下按钮 SB1，常开触点 I0.0 闭合，指示灯 HL1 点亮；松开按钮 SB1，常开触点 I0.0 断开，指示灯 HL1 熄灭。常开触点的使用方法见表 2-1，程序如图 2-2 所示。

表 2-1　常开触点的使用方法

指令标识	数据类型	内存区域	说　明
---| |---	BOOL	I、Q、M、L、DB、T、C	常开触点的激活取决于相关操作数的信号状态。当操作数的信号状态为“1”时，常开触点将关闭，同时将输出的信号状态置位为输入的信号状态 当操作数的信号状态为“0”时，不会激活常开触点，同时该指令输出的信号状态复位为“0”

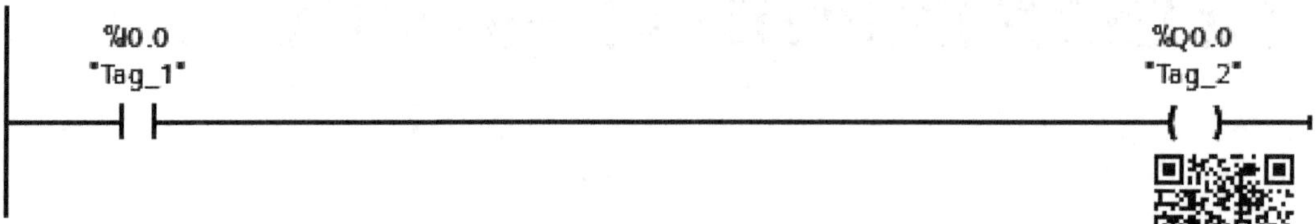

图 2-2　梯形图程序

常开触点、常闭触点和线圈指令

举例：按钮 SB1 连接 PLC 的 I0.0，PLC 的 Q0.0 连接指示灯 HL1。按下按钮 SB1，常闭触点 I0.0 断开，指示灯 HL1 熄灭；松开按钮 SB1，常闭触点 I0.0 闭合，指示灯 HL1 点亮。常闭触点的使用方法见表 2-2，程序如图 2-3 所示。

表 2-2　常闭触点的使用方法

指令标识	数据类型	内存区域	说　明
—|/|—	BOOL	I、Q、M、L、DB、T、C	常闭触点的激活取决于相关操作数的信号状态。当操作数的信号状态为“1”时，常闭触点将打开，同时该指令输出的信号状态复位为“0” 当操作数的信号状态为“0”时，不会启用常闭触点，同时将该输入的信号状态传输到输出

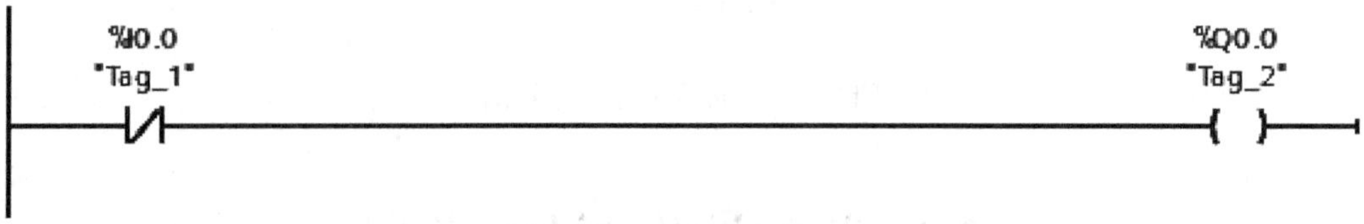

图 2-3　梯形图程序

举例：按钮 SB1 连接 PLC 的 I0.0，PLC 的 Q0.0 连接指示灯 HL1，Q0.1 连接指示灯 HL2。按下按钮 SB1，指示灯 HL1 点亮，指示灯 HL2 熄灭；松开按钮 SB1，指示灯 HL1 熄灭，指示灯 HL2 点亮。取反 RLO 的使用方法见表 2-3，程序如图 2-4 所示。

表 2-3　取反 RLO 的使用方法

指令标识	数据类型	内存区域	说　明
---| NOT |---	—	—	使用“取反 RLO”指令，可对逻辑运算结果（RLO）的信号状态进行取反。如果该指令输入的信号状态为“1”，则指令输出的信号状态为“0”。如果该指令输入的信号状态为“0”，则输出的信号状态为“1”

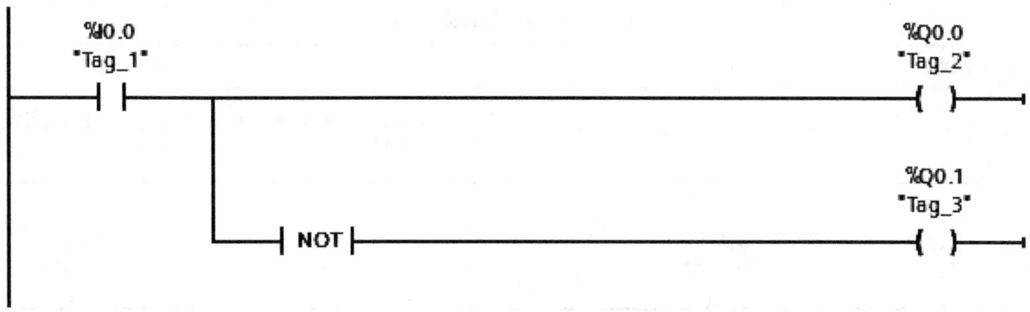

图 2-4 取反示例程序

举例：按钮 SB1 连接 PLC 的 I0.0，PLC 的 Q0.0 连接指示灯 HL1，Q0.1 连接指示灯 HL2。按下按钮 SB1，指示灯 HL1 点亮，指示灯 HL2 熄灭；松开按钮 SB1，指示灯 HL1 熄灭，指示灯 HL2 点亮。线圈的使用方法见表 2-4，程序如图 2-5 所示。

表 2-4 线圈的使用方法

指令标识	数据类型	内存区域	说明
---( )---	BOOL	Q、M、L、DB	可以使用“赋值”指令来置位指定操作数的位。如果线圈输入的逻辑运算结果（RLO）的信号状态为“1”，则将指定操作数的信号状态置位为“1”。如果线圈输入的信号状态为“0”，则指定操作数的位将复位为“0”

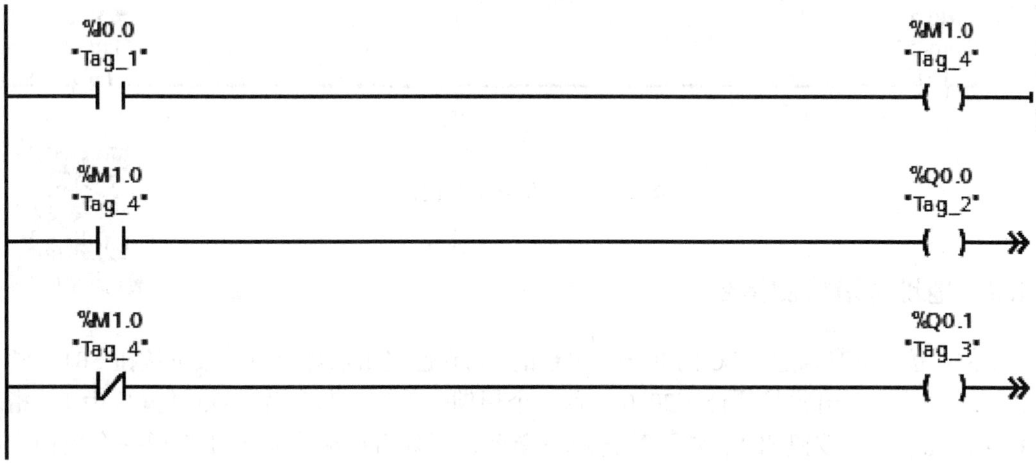

图 2-5 线圈示例程序

举例：启动按钮 SB1 连接 PLC 的 I0.0，停止按钮 SB2 连接 PLC 的 I0.1，PLC 的 Q0.0 连接指示灯 HL1。按下启动按钮 SB1，指示灯 HL1 点亮；按下停止按钮 SB2，指示灯 HL1 熄灭。置位线圈、复位线圈的使用方法见表 2-5 和表 2-6。图 2-6 采用“起保停”的设计方法，图 2-7 采用的是“置位复位”设计法。

表 2-5 置位线圈的使用方法

指令标识	数据类型	内存区域	说明
---(S)---	BOOL	Q、M、L、DB 等	使用“置位输出”指令，可将指定操作数的信号状态置位为“1”

表 2-6　复位线圈的使用方法

指令标识	数据类型	内存区域	说　明
---(R)---	BOOL	Q、M、L、DB 等	可以使用“复位输出”指令将指定操作数的信号状态复位为“0”

图 2-6　“起保停”设计法

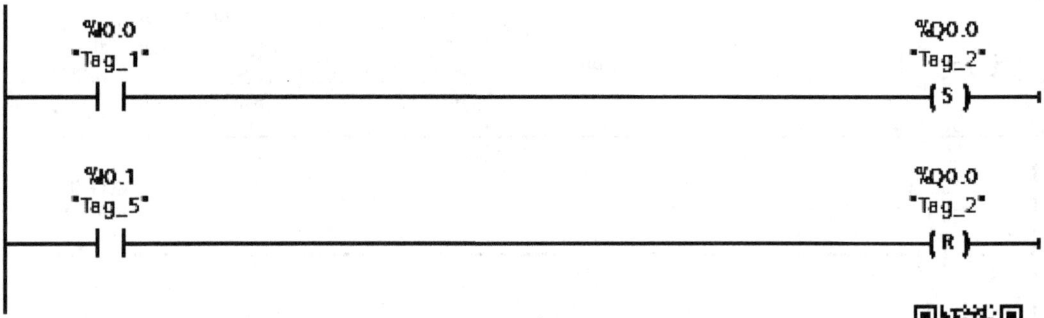

图 2-7　“置位复位”设计法

置位和复位指令

2.1.2　地址边沿检测指令

举例：按钮 SB1 连接 PLC 的 I0.0，PLC 的 Q0.0 连接指示灯 HL1。按下按钮 SB1，常开触点 I0.0 闭合；上升沿检测位 M20.0 接通一个周期，执行置位程序，Q0.0 置位为 1，指示灯 HL1 点亮。松开按钮 SB1，常开触点 I0.0 断开；下降沿检测位 M20.1 接通一个周期，执行复位程序，Q0.0 复位为 0，指示灯 HL1 熄灭。扫描 RLO 的信号上升沿和下降沿的使用方法见表 2-7 和表 2-8。程序如图 2-8 所示。

表 2-7　扫描 RLO 的信号上升沿的使用方法

指令标识	数据类型	内存区域	说　明
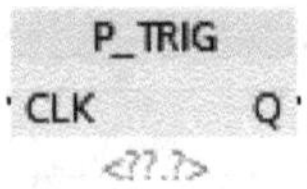	BOOL	M、DB	使用“扫描 RLO 的信号上升沿”指令，可查询逻辑运算结果（RLO）的信号状态从“0”到“1”的更改。该指令将比较 RLO 的当前信号状态与保存在边沿存储位（<操作数>）中上一次查询的信号状态。如果该指令检测到 RLO 从“0”变为“1”，则说明出现了一个信号上升沿

表 2-8 扫描 RLO 的信号下降沿的使用方法

指令标识	数据类型	内存区域	说明
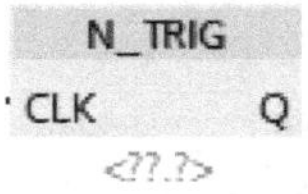	BOOL	M、DB	使用“扫描 RLO 的信号下降沿”指令，可查询逻辑运算结果（RLO）的信号状态从“1”到“0”的更改。该指令将比较 RLO 的当前信号状态与保存在边沿存储位（<操作数>）中上一次查询的信号状态。如果该指令检测到 RLO 从“1”变为“0”，则说明出现了一个信号下降沿

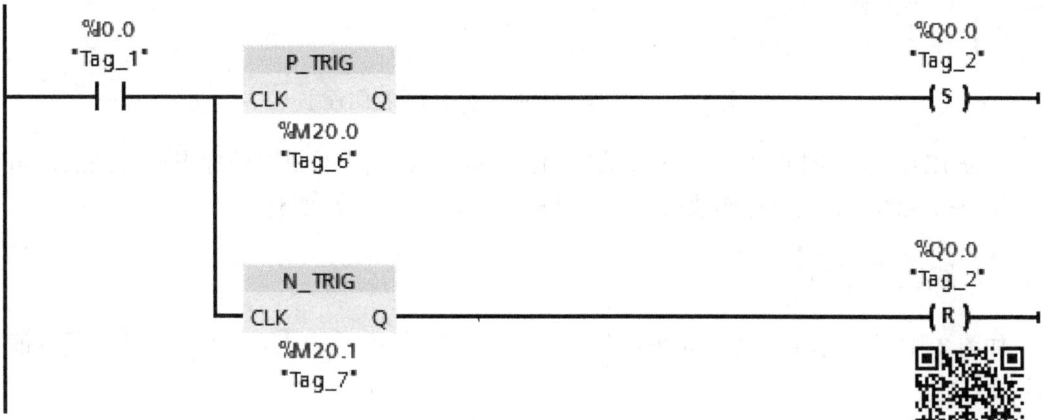

图 2-8 RLO 边沿检测程序

边沿检测指令

举例：按钮 SB1 连接 PLC 的 I0.0，PLC 的 Q0.0 连接指示灯 HL1。按下按钮 SB1，常开触点 I0.0 闭合；上升沿检测位 M20.0 接通一个周期，执行置位程序，Q0.0 置位为 1，指示灯 HL1 点亮。松开按钮 SB1，常开触点 I0.0 断开；下降沿检测位 M20.1 接通一个周期，执行复位程序，Q0.0 复位为 0，指示灯 HL1 熄灭。扫描操作数的信号上升沿和下降沿的使用方法见表 2-9 和表 2-10。程序如图 2-9 所示。

表 2-9 扫描操作数的信号上升沿的使用方法

指令标识	数据类型	内存区域	说明
--|P|--	BOOL	Q、M、L、DB	使用“扫描操作数的信号上升沿”指令，可以确定所指定操作数（<操作数 1>）的信号状态是否从“0”变为“1”。该指令将比较 <操作数 1> 的当前信号状态与上一次扫描的信号状态，上一次扫描的信号状态保存在边沿存储位（<操作数 2>）中。如果该指令检测到逻辑运算结果（RLO）从“0”变为“1”，则说明出现了一个上升沿

表 2-10 扫描操作数的信号下降沿的使用方法

指令标识	数据类型	内存区域	说明
--|N|--	BOOL	Q、M、L、DB	使用“扫描操作数的信号下降沿”指令，可以确定所指定操作数（<操作数 1>）的信号状态是否从“1”变为“0”。该指令将比较 <操作数 1> 的当前信号状态与上一次扫描的信号状态，上一次扫描的信号状态保存在边沿存储器位<操作数 2> 中。如果该指令检测到逻辑运算结果（RLO）从“1”变为“0”，则说明出现了一个下降沿

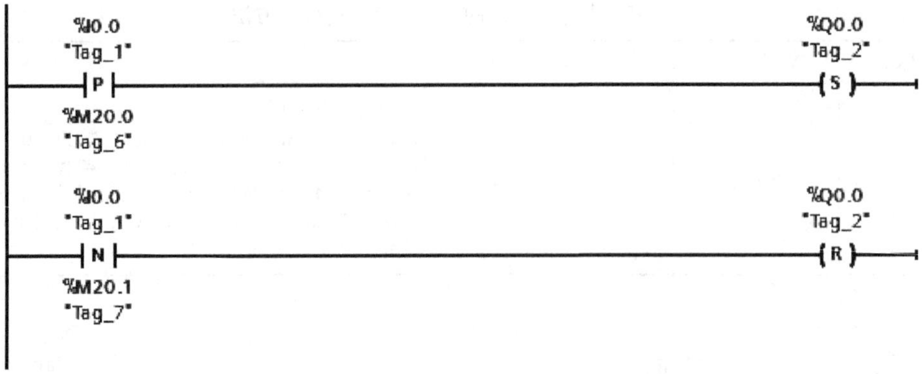

图 2-9　扫描操作数的信号的边沿检测程序

扫描 RLO 信号和扫描操作数信号的区别：扫描 RLO 的信号是对该标志符前侧的逻辑运算结果进行检测，而扫描操作数的信号边沿检测只是对某个位检测。

2.1.3　触发器指令

如图 2-10 所示，置位复位触发器等效于一个先置位后复位的程序集合。触发器真值表见表 2-11。

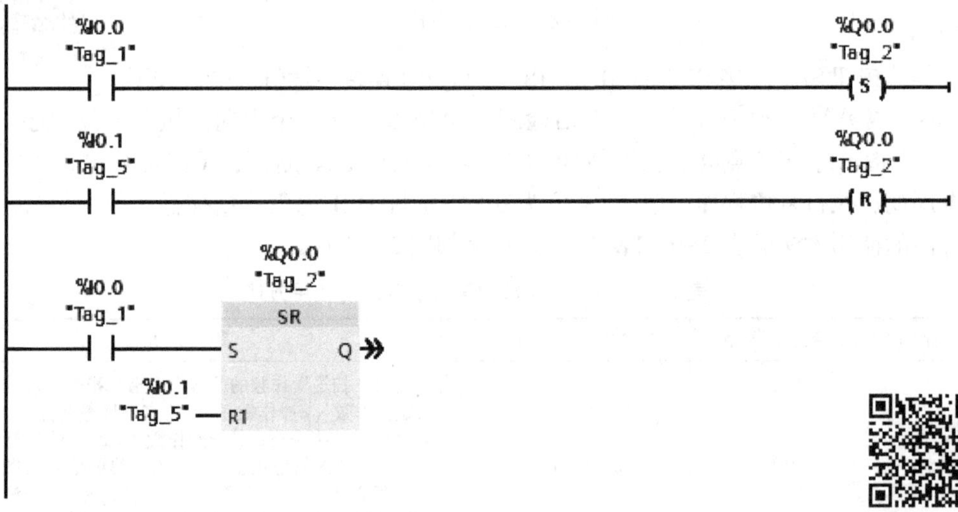

图 2-10　置位复位触发器指令

触发器指令

表 2-11　触发器真值表

置位复位触发器			复位置位触发器		
S	R	Q	S	R	Q
0	0	保持之前状态	0	0	保持之前状态
1	0	1	1	0	1
0	1	0	0	1	0
1	1	0	1	1	1

如图 2-11 所示，复位置位触发器相当于一个先复位后置位的程序集合。

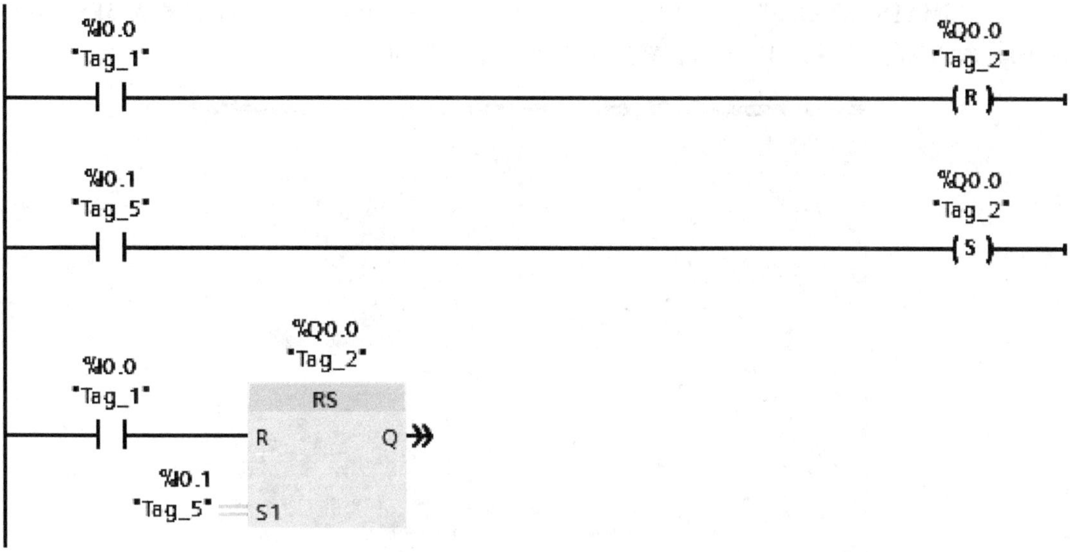

图 2-11 复位置位触发器指令

总结：两个触发器的区别在于，当两个输入端都为 1 时，置位复位触发器的输出端为 0，而复位置位触发器的输出端为 1。

2.2 PLCSIM 软件的使用

任务要求：按下启动按钮 SB1 后，系统开始运行。当 SQ1 接通后，电动机 M1 开始运行（M1 为三相异步电动机，只正向运行），当碰到 SQ2 时电动机 M1 停止。当 SQ3 接通后，电动机 M2 开始运行（M2 为三相异步电动机，只正向运行），当碰到 SQ4 时电动机 M1 停止。电动机运行期间，指示灯 HL1 常亮，电动机停止后指示灯 HL1 熄灭。期间按下停止按钮 SB2，系统停止，再次按下启动按钮 SB1，重新开始运行。

限位开关 SQ1~SQ4 由转换开关模拟。

2.2.1 组态硬件

双击 Windows 桌面的“TIA Portal V14”软件快捷方式，进入软件界面，首先单击“创建新项目”，在“项目名称”中输入“PlcPro”并单击“创建”按钮，如图 2-12 所示。

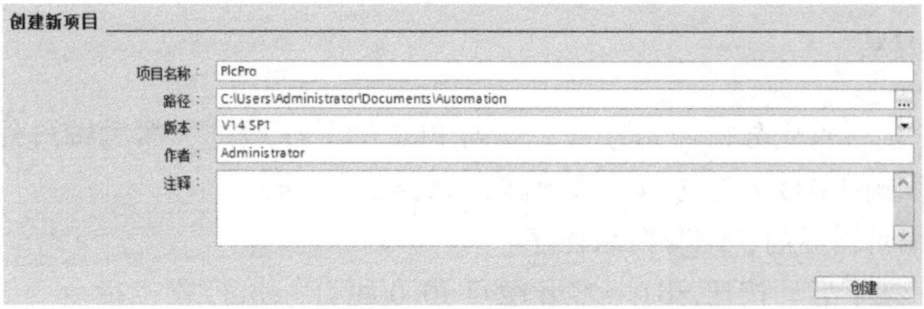

图 2-12 创建新项目

在项目结构窗口中，单击“添加新设备”，弹出“添加新设备”对话框，选择“控制器”→“SIMATIC S7-300”→“CPU”→“CPU 314C-2 PN/DP”（订货号为 6ES7 314-6EH04-0AB0），如图 2-13 所示，然后单击“确定”按钮。

图 2-13 添加新设备

将 IP 地址修改为 192.168.0.2（注意要和计算机 IP 地址处于同一网段，但不能相同），如图 2-14 所示。

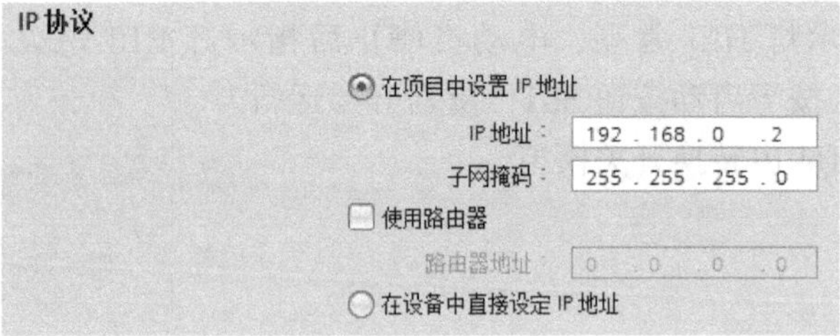

图 2-14 修改 IP 地址

2.2.2 程序编写

编写程序之前，首先分析控制任务，规划 PLC 的 I/O 地址，然后编写程序。根据任务分析，对控制系统的 I/O 地址进行合理分配，如表 2-12 所示。

进入 OB1 编辑器界面，编写控制程序。

系统启动：按下启动按钮 SB1→常开触点 I0.0 闭合→执行置位指令→线圈 M1.0 被置位，系统启动程序如图 2-15 所示。

表 2-12 I/O 地址分配

输入信号			输出信号		
序号	信号名称	地址	序号	信号名称	地址
1	启动按钮 SB1	I0. 0	1	指示灯 HL1	Q0. 0
2	停止按钮 SB2	I0. 1	2	货物传送带电动机启动	Q0. 1
3	SQ1	I0. 2	3	托盘传送带电动机启动	Q0. 2
4	SQ2	I0. 3	—	—	—
5	SQ3	I0. 4	—	—	—
6	SQ4	I0. 5	—	—	—

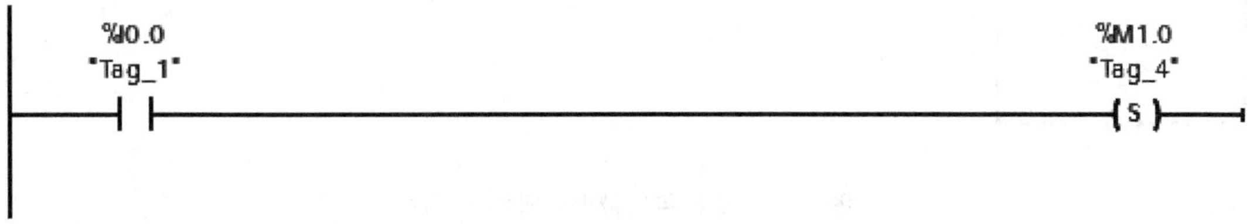

图 2-15 系统启动程序

系统停止：按下停止按钮 SB2→常开触点 I0. 1 闭合→执行复位指令→线圈 M1. 0、Q0. 0、Q0. 1、Q0. 2 被复位，系统停止程序如图 2-16 所示。

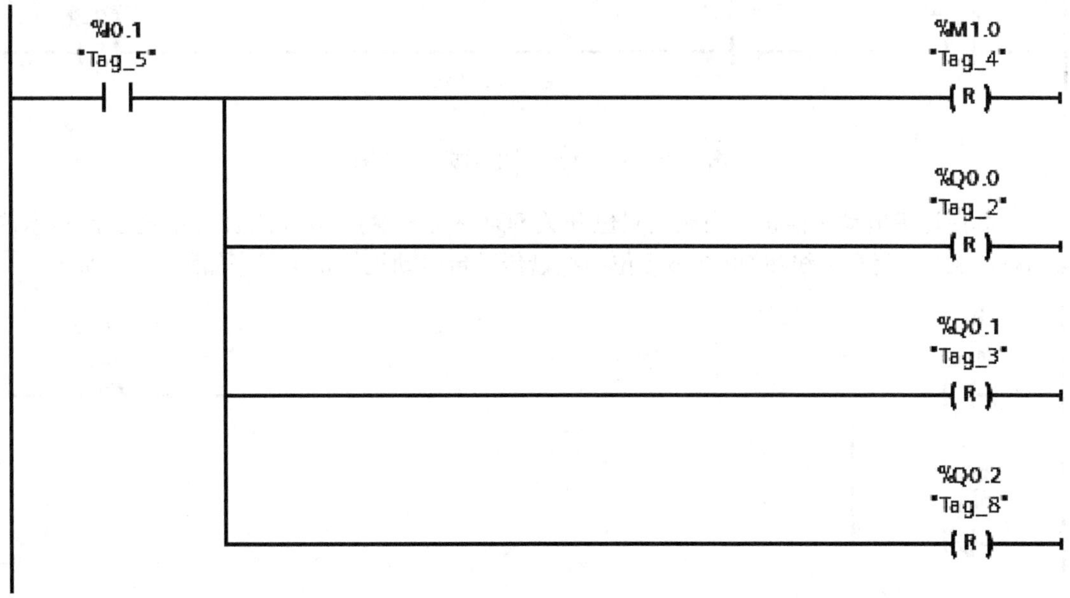

图 2-16 系统停止程序

货物传送带电动机运行：系统启动后，当碰到限位开关 SQ1→常开触点 I0. 2 闭合→执行置位指令→线圈 Q0. 1 被置位→货物传送带电动机运行，程序如图 2-17 所示。

货物传送带电动机停止：当碰到限位开关 SQ2→常开触点 I0. 3 闭合或系统运行标志位常闭触点 M1. 0 闭合→线圈 Q0. 1 被复位→货物传送带电动机停止，程序如图 2-18 所示。

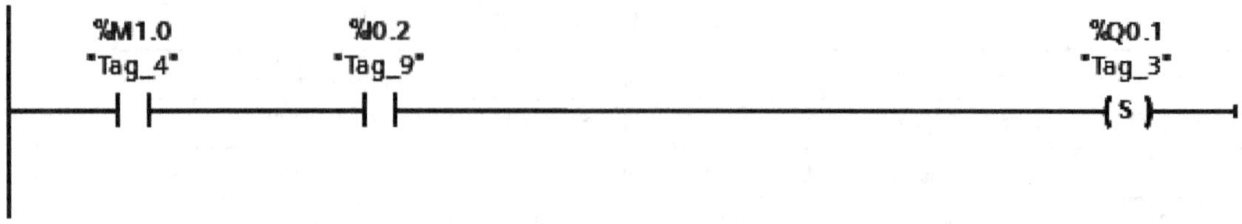

图 2-17　货物传送带电动机运行程序

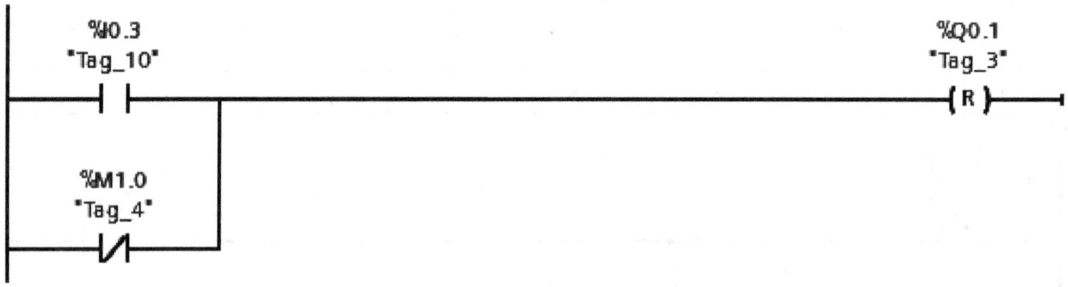

图 2-18　货物传送带电动机停止程序

托盘传送带电动机运行：系统启动后，当碰到限位开关 SQ3→常开触点 I0.4 闭合→执行置位指令→线圈 Q0.2 被置位→托盘传送带电动机运行，程序如图 2-19 所示。

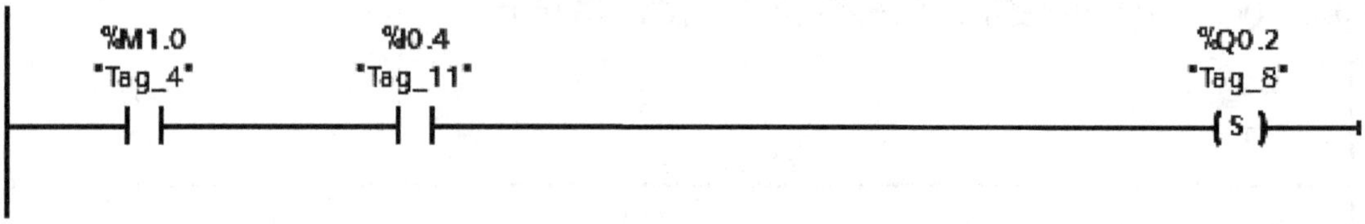

图 2-19　托盘传送带电动机运行程序

托盘传送带电动机停止：当碰到限位开关 SQ4→常开触点 I0.5 闭合或系统运行标志位常闭触点 M1.0 闭合→线圈 Q0.2 被复位→托盘传送带电动机停止，程序如图 2-20 所示。

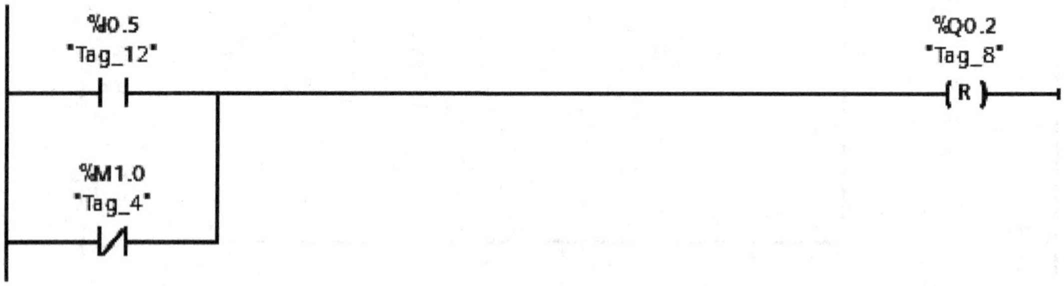

图 2-20　托盘传送带电动机停止程序

指示灯 HL1 点亮：当货物传送带电动机运行或者托盘传送带电动机运行，则指示灯 HL1 点亮，程序如图 2-21 所示。

系统停止：当碰到限位开关 SQ2→常开触点 I0.3 闭合→当碰到限位开关 SQ4→常开触点 I0.5 闭合→执行复位指令→线圈 M1.0 被复位→系统停止，程序如图 2-22 所示。

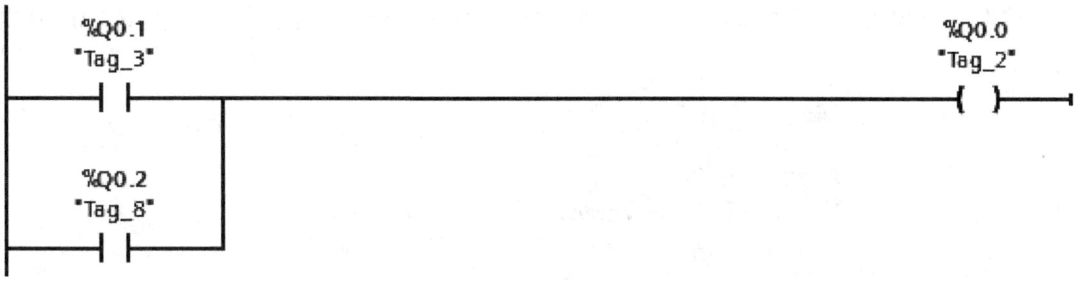

图 2-21　指示灯 HL1 点亮程序

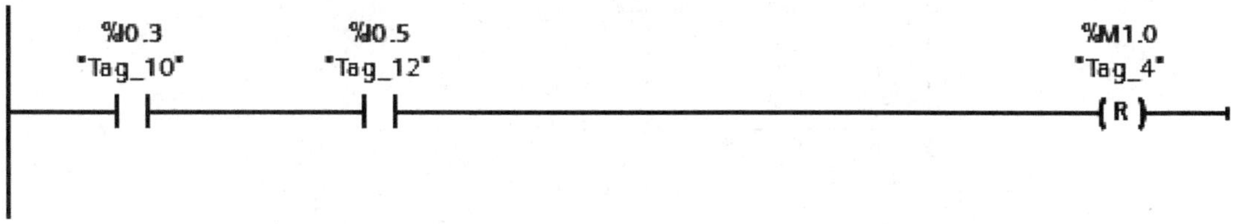

图 2-22　系统停止程序

2.2.3　用 PLCSIM 调试程序

首先单击菜单栏中的“开始仿真”选项，弹出仿真器界面和“扩展的下载到设备”对话框，如图 2-23 所示。其中：“PG/PC 接口的类型”选择“PN/IE”，“PG/PC 接口”选择“PLCSIM”，首先单击“开始搜索（S）”按钮，搜索到相关设备后单击“下载（L）”按钮，然后开始调试。调试过程如图 2-24 所示。

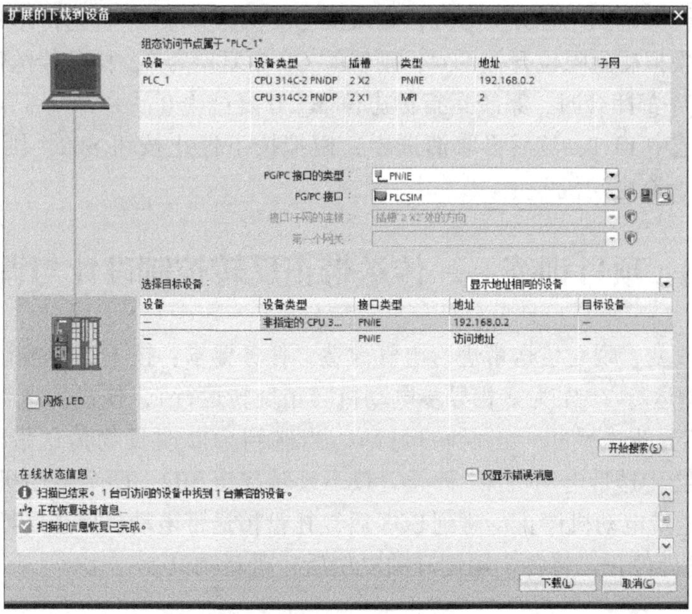

图 2-23　下载 PLC 程序

选中存储器的复选框，可以改变 PLC 地址的当前状态，按照以下过程调试。

首先选中 I0.0，然后再取消选中，模拟按下启动按钮 SB1，则系统运行标志位 M0.0 置位为 1。

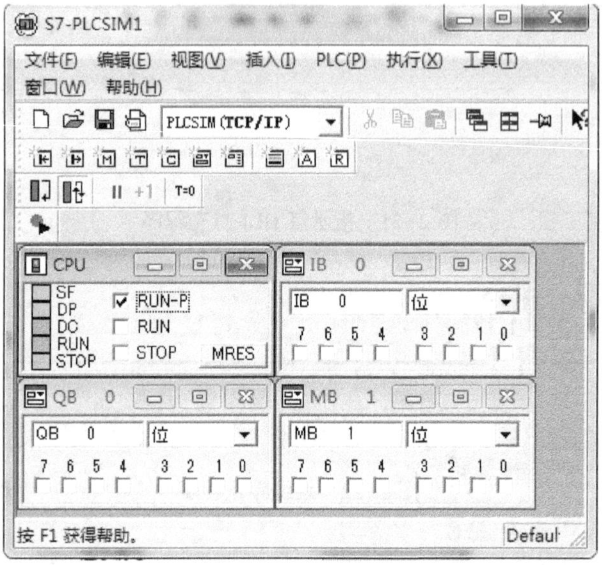

图 2-24　仿真调试

选中 I0.2，然后再取消选中，模拟碰到限位开关 SQ1，则线圈 Q0.1 置位为 1，货物传送带电动机运行。

选中 I0.4，然后再取消选中，模拟碰到限位开关 SQ3，则线圈 Q0.2 置位为 1，托盘传送带电动机运行。

选中 I0.3，模拟碰到限位开关 SQ2，则线圈 Q0.1 复位为 0，货物传送带电动机停止。

选中 I0.5，模拟碰到限位开关 SQ4，则线圈 Q0.2 复位为 0，托盘传送带电动机停止。

当 SQ2 和 SQ4 都闭合时，系统运行标志位 M1.0 复位为 0。

调试期间，选中 I0.1，然后再取消选中，模拟按下停止按钮 SB2，则系统运行标志位 M1.0 置位为 0，所有电动机停止。

2.3　项目训练——传送带正反转控制设计与调试

因生产工艺改变，现对传送带进行电气改造。任务要求：按下正转按钮 SB1，货物传送带电动机 M1 开始运行（M1 为三相异步电动机，正反转运行），托盘传送带电动机 M2 开始运行（M2 为三相异步电动机，正反转运行）。当碰到 SQ2 时货物传送带电动机 M1 停止，当碰到 SQ4 时货物传送带电动机 M1 停止。按下反转按钮 SB2，两个电动机开始反转，碰到 SQ1 后，货物传送带电动机停止；碰到 SQ3 后，托盘传送带电动机停止。期间按下停止按钮 SB3，则电动机立即停止，将各个限位开关复位后，重新调试。

2.3.1　I/O 地址分配

根据任务分析，对控制系统的 I/O 地址进行合理分配，如表 2-13 所示。

表 2-13 I/O 地址分配

输入信号			输出信号		
序号	信号名称	地址	序号	信号名称	地址
1	正转按钮 SB1	I0.0	1	货物传送带电动机正转	Q0.0
2	反转按钮 SB2	I0.1	2	货物传送带电动机反转	Q0.1
3	停止按钮 SB3	I0.2	3	托盘传送带电动机正转	Q0.2
4	SQ1	I0.3	4	托盘传送带电动机反转	Q0.3
5	SQ2	I0.4	—	—	—
6	SQ3	I0.5	—	—	—
7	SQ4	I0.6	—	—	—

2.3.2 硬件设计

根据任务分析，I/O 接线如图 2-25 所示。

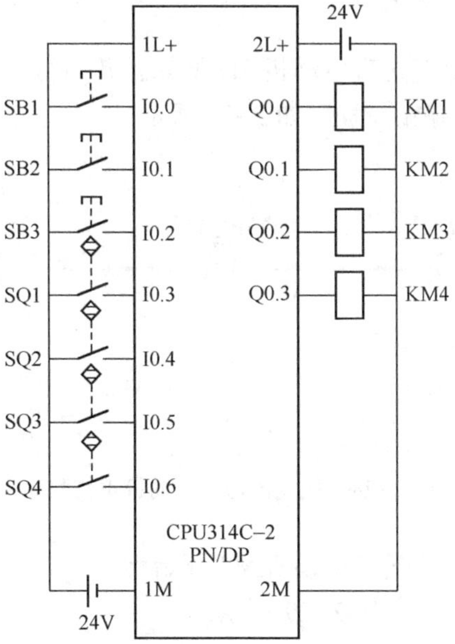

图 2-25 I/O 接线图

2.3.3 软件程序设计

按下正转按钮 SB1，货物传送带电动机 M1 开始运行。当碰到 SQ2 或按下停止按钮 SB3，货物传送带电动机 M1 停止。程序如图 2-26 所示。

按下反转按钮 SB2，货物传送带电动机 M1 开始反转，当碰到 SQ1 或按下停止按钮 SB3，货物传送带电动机 M1 停止。程序如图 2-27 所示。

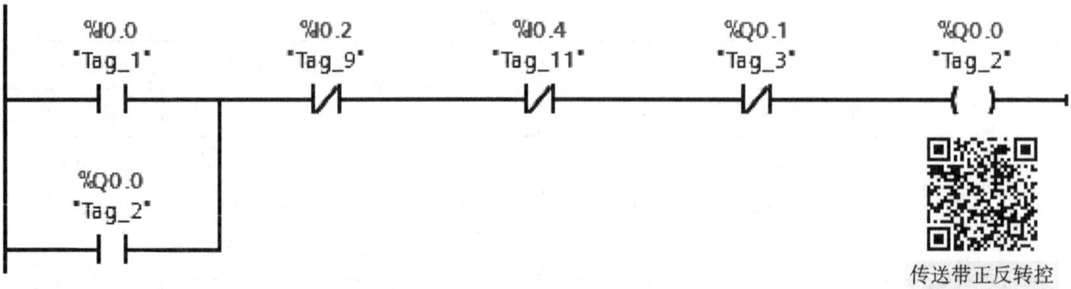

传送带正反转控制实施过程

图 2-26　货物传送带电动机正转程序

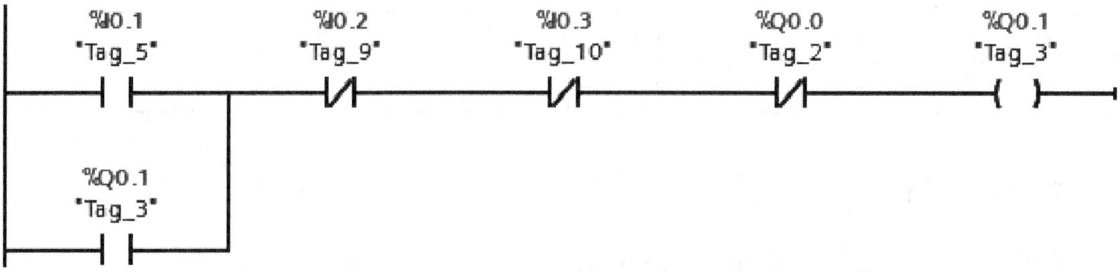

图 2-27　货物传送带电动机反转程序

按下正转按钮 SB1，托盘传送带电动机 M2 开始正转运行。当碰到 SQ4 或按下停止按钮 SB3，托盘传送带电动机 M2 停止。程序如 2-28 所示。

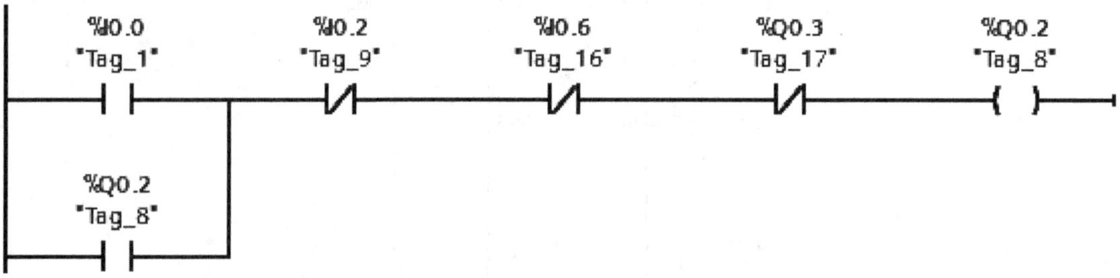

图 2-28　托盘传送带电动机正转程序

按下反转按钮 SB2，托盘传送带电动机 M2 开始反转；当碰到 SQ3 或按下停止按钮 SB3，托盘传送带电动机 M2 停止。程序如 2-29 所示。

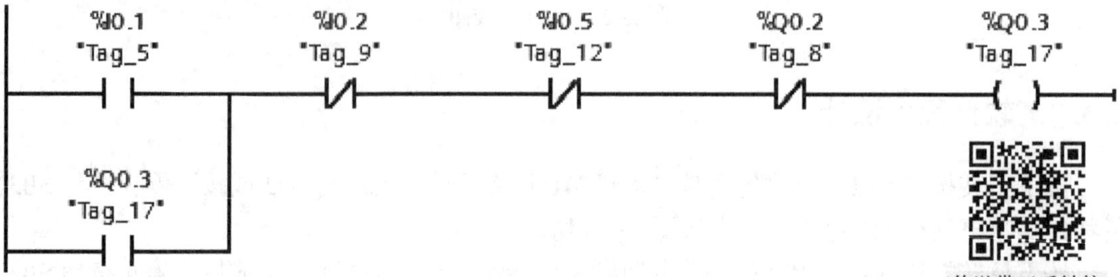

传送带正反转控制调试过程

图 2-29　托盘传送带电动机反转程序

项目拓展

升降机示意图如图 2-30 所示。控制要求：按下正转按钮，电动机立即正转运行；按下反转按钮，电动机立即反转；按下停止按钮，电动机立即停止。

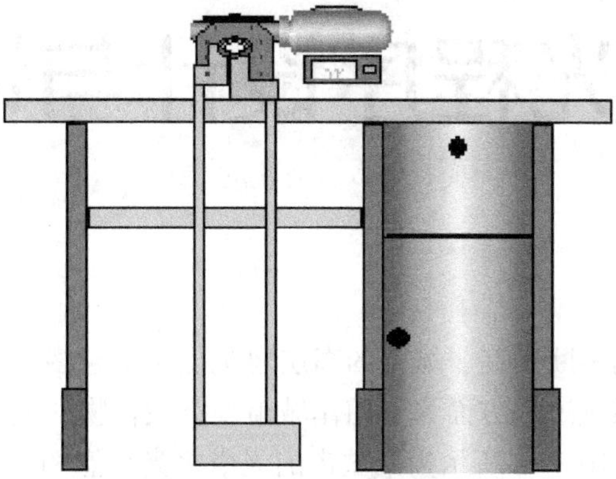

图 2-30　升降机示意图

项目3

天塔之光程序设计与调试

随着社会发展水平的不断提高，城市的高层建筑也越来越多，人们往往在高层建筑的顶部装设形式多样的灯光系统。一方面为了用作城市夜空飞行物的航行警示，另一方面为了达到美化城市夜空的功效，图3-1所示为某城市的天塔之光示意图。

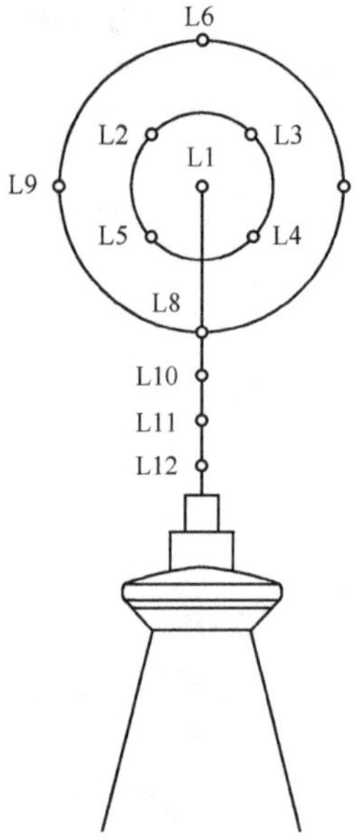

图3-1　天塔之光示意图

3.1　定时器指令和CPU时钟存储器

定时器是一种按时间动作的继电器，相当于继电器控制系统中的时间继电器。一个定时器有很多的常开触点和常闭触点。

根据工作方式不同，定时器可分为五种，如图3-2所示。分别是S5脉冲定时器（S_PULSE）、S5扩展脉冲定时器（S_PEXT）、S5接通延时定时器（S_ODT）、S5保持接通延时定时器（S_ODTS）、S5断开延时定时器（S_OFFDT），图3-2的后五种是前五种的线圈表示形式。

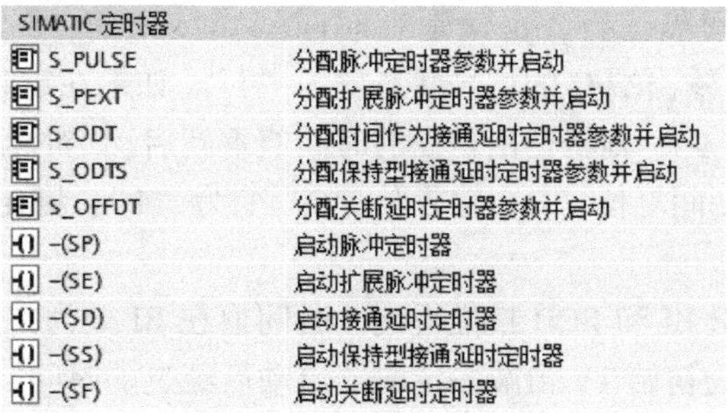

图 3-2 各种定时器指令

西门子 S7-300 PLC 的定时器数量为 128~2048 个，西门子 S7-400 PLC 的定时器数量为 2048 个。越是高级型号的 CPU，定时器的数量越多。

3.1.1 定时器指令的基本功能

1. S5 脉冲定时器（S_PULSE）

S5 脉冲定时器（S_PULSE）的使用方法是：如果在启动（S）输入端有一个上升沿，S_PULSE 将启动指定的定时器。信号变化始终是启用定时器的必要条件。定时器在输入端 S 的信号状态为“1”时运行，但最长周期是由输入端 TV 指定的时间值。只要定时器运行，输出端 Q 的信号状态就为“1”。如果在时间间隔结束前，S 输入端从“1”变为“0”，则定时器将停止。这种情况下，输出端 Q 的信号状态为“0”。

如果在定时器运行期间定时器复位（R）输入从“0”变为“1”，则定时器将被复位。当前时间和时间基准也被设置为零。如果定时器不是正在运行，则定时器 R 输入端的逻辑“1”没有任何作用。

当前时间值可从输出 BI 和 BCD 扫描得到。时间值在 BI 端是二进制编码，在 BCD 端是 BCD 编码。当前时间值为初始 TV 值减去定时器启动后经过的时间。定时器参数如表 3-1 所示。

表 3-1 定时器参数

参　数	数据类型	存 储 区	描　述
T 编号	TIMER	T	定时器标识号，其范围依赖于 CPU
S	BOOL	I、Q、M、L、D	使能输入
TV	S5TIME	I、Q、M、L、D	预设时间值
R	BOOL	I、Q、M、L、D	复位输入
BI	WORD	I、Q、M、L、D	剩余时间值，整型格式
BCD	WORD	I、Q、M、L、D	剩余时间值，BCD 格式
Q	BOOL	I、Q、M、L、D	定时器的状态

2. S5 扩展脉冲定时器（S_PEXT）

S5 扩展脉冲定时器（S_PEXT）的使用方法是：如果在启动（S）输入端有一个上升沿，S_PEXT 将启动指定的定时器。信号变化始终是启用定时器的必要条件。定时器在输入端 TV 指定的预设时间间隔运行，也就是在时间间隔结束前，S 输入端的信号状态变为“0”。只要定时器运行，输出端 Q 的信号状态就为“1”。如果在定时器运行期间输入端 S 的信号状态从“0”变为“1”，则将使用预设的时间值重新启动定时器。

如果在定时器运行期间复位（R）输入从“0”变为“1”，则定时器复位。当前时间和时间基准被设置为零。

当前时间值可从输出 BI 和 BCD 扫描得到。时间值在 BI 处为二进制编码，在 BCD 处为 BCD 编码。当前时间值为初始 TV 值减去定时器启动后经过的时间。

3. S5 接通延时定时器（S_ODT）

接通延时定时器（S_ODT）的使用方法是：如果在启动（S）输入端有一个上升沿，S_ODT（接通延时 S5 定时器）将启动指定的定时器。信号变化始终是启用定时器的必要条件。只要输入端 S 的信号状态为正，定时器就以在输入端 TV 指定的时间间隔运行。定时器达到指定时间而没有出错，并且 S 输入端的信号状态仍为“1”时，输出端 Q 的信号状态为“1”。如果定时器运行期间输入端 S 的信号状态从“1”变为“0”，定时器将停止。这种情况下，输出端 Q 的信号状态为“0”。

如果在定时器运行期间复位（R）输入从“0”变为“1”，则定时器复位。当前时间和时间基准被设置为零。然后，输出端 Q 的信号状态变为“0”。如果在定时器没有运行时 R 输入端有一个逻辑“1”，并且输入端 S 的 RLO 为“1”，则定时期也复位。

当前时间值可从输出 BI 和 BCD 扫描得到。时间值在 BI 处为二进制编码，在 BCD 处为 BCD 编码。当前时间值为初始 TV 值减去定时器启动后经过的时间。

4. S5 保持接通延时定时器（S_ODTS）

保持接通延时定时器（S_ODTS）的使用方法是：如果在启动（S）输入端有一个上升沿，S_ODTS 将启动指定的定时器。信号变化始终是启用定时器的必要条件。定时器以在输入端 TV 指定的时间间隔运行，即在时间间隔结束前，使输入端 S 的信号状态变为“0”。定时器预定时间结束时，输出端 Q 的信号状态为“1”，而无论输入端 S 的信号状态如何。如果在定时器运行时输入端 S 的信号状态从“0”变为“1”，则定时器将以指定的时间重新启动（重新触发）。

如果复位（R）输入从“0”变为“1”，则无论 S 输入端的 RLO 如何，定时器都将复位。然后，输出端 Q 的信号状态变为“0”。

当前时间值可从输出 BI 和 BCD 扫描得到。时间值在 BI 端是二进制编码，在 BCD 端是 BCD 编码。当前时间值为初始 TV 值减去定时器启动后经过的时间。

5. S5 断开延时定时器（S_OFFDT）

断开延时定时器（S_OFFDT）的使用方法是：如果在启动（S）输入端有一个下降沿，S_OFFDT（断开延时 S5 定时器）将启动指定的定时器。信号变化始终是启用定时器的必要条件。如果 S 输入端的信号状态为“1”，或定时器正在运行，则输出端 Q 的信号状态为“1”。如果在定时器运行期间输入端 S 的信号状态从“0”变为“1”时，定时器将复位。输入端 S 的信号状态再次从“1”变为“0”后，定时器才能重新启动。

如果在定时器运行期间复位（R）输入从“0”变为“1”时，定时器将复位。

当前时间值可从输出 BI 和 BCD 扫描得到。时间值在 BI 端是二进制编码，在 BCD 端是 BCD 编码。当前时间值为初始 TV 值减去定时器启动后经过的时间。

定时时间的表示方法如表 3-2 所示。

表 3-2 定时时间的表示方法

进　制	举　例	注　释
十六进制：W#16#Txyz	W#16#1s100	xyz 为 BCD 码格式的定时值
S5 格式：S5T#aH_bM_cS_dMS	S5T#1h2m3s4ms	a、b、c、d 分别为小时、分钟、秒钟、毫秒

3.1.2 定时器指令的应用

1. S5 脉冲定时器应用实例

按下启动按钮 SB1，指示灯 HL1 点亮，10 s 后指示灯熄灭。松开启动按钮 SB1，重新按下启动按钮 SB1，指示灯重新点亮。指示灯点亮期间，将开关打至 OFF 档，指示灯立即熄灭。程序如图 3-3 所示。

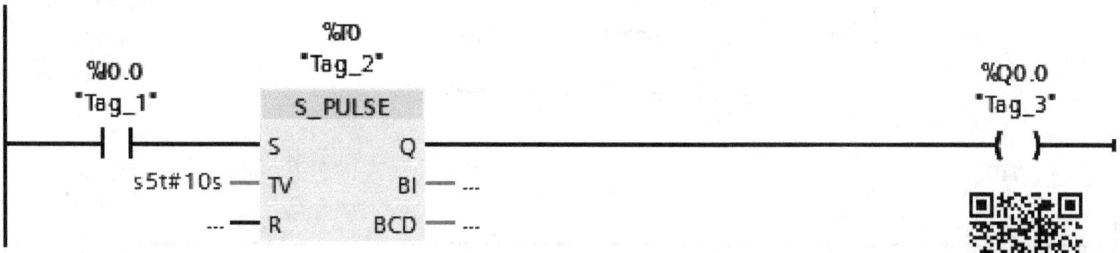

图 3-3 脉冲定时器应用实例程序

脉冲定时器指令

2. S5 扩展脉冲定时器应用实例

按下启动按钮 SB1，指示灯 HL1 点亮，10 s 后指示灯熄灭。期间按下停止按钮 SB2，指示灯 HL1 立即熄灭。程序如图 3-4 所示。

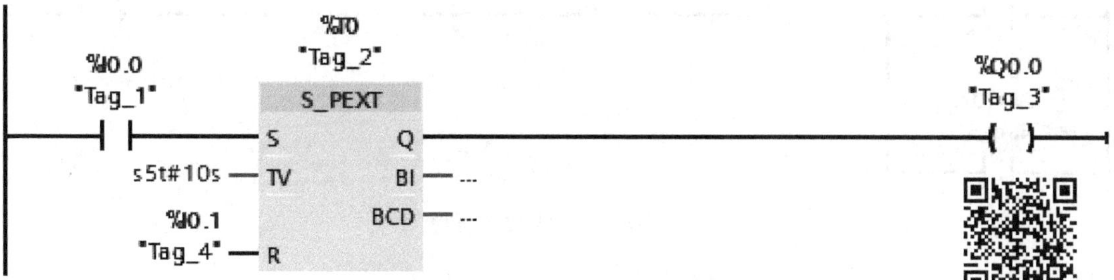

图 3-4 扩展脉冲定时器应用实例程序

扩展脉冲定时器指令

3. S5 接通延时定时器应用实例

按下启动按钮 SB1，延时 10 s 后指示灯 HL1 点亮，按下停止按钮 SB2，指示灯 HL1 立即熄灭。程序如图 3-5～图 3-7 所示。

4. S5 保持接通延时定时器应用实例

按下启动按钮 SB1，延时 10 s 后指示灯 HL1 点亮，按下停止按钮 SB3，指示灯 HL1 立即熄灭。需要按下复位按钮 SB2，然后按下启动按钮 SB1，指示灯 HL1 重新点亮，否则按下启动按钮 SB1 无效。程序如图 3-8～图 3-10 所示。

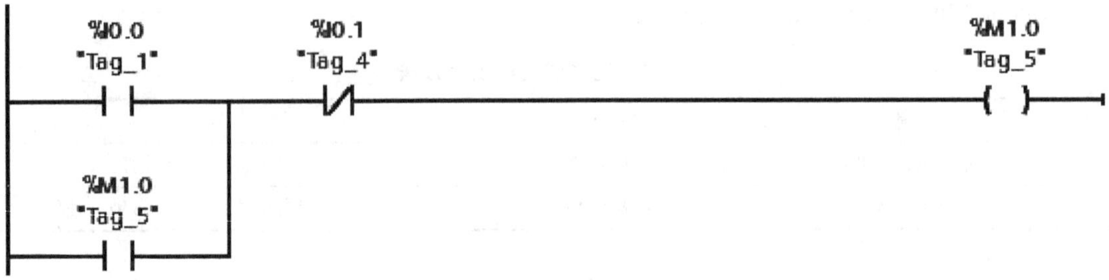

图 3-5　启动与停止程序

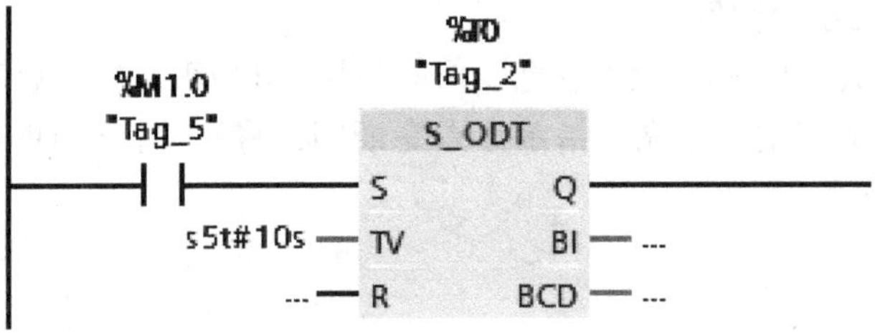

接通延时定时器指令

图 3-6　接通延时定时器程序

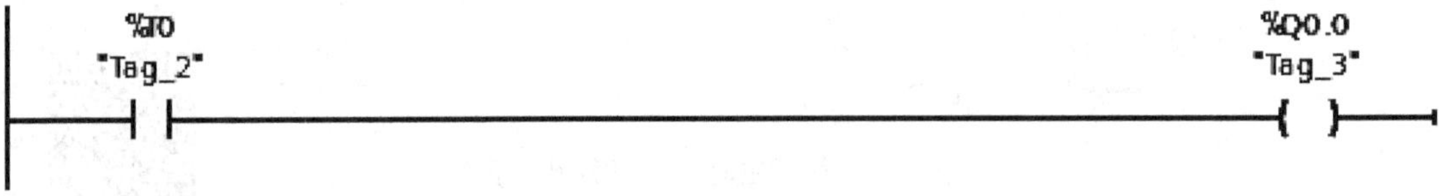

图 3-7　指示灯 HL1 程序

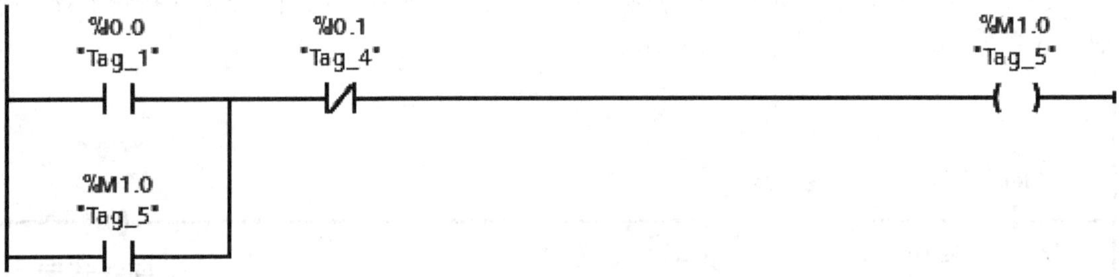

图 3-8　启动与复位程序

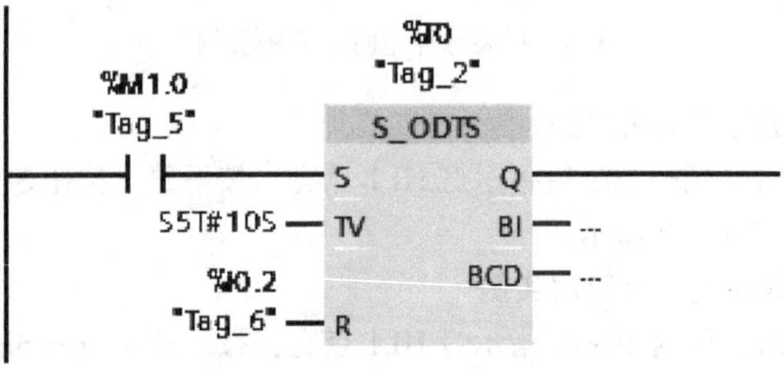

保持接通延时定时器指令

图 3-9　保持接通延时定时器程序

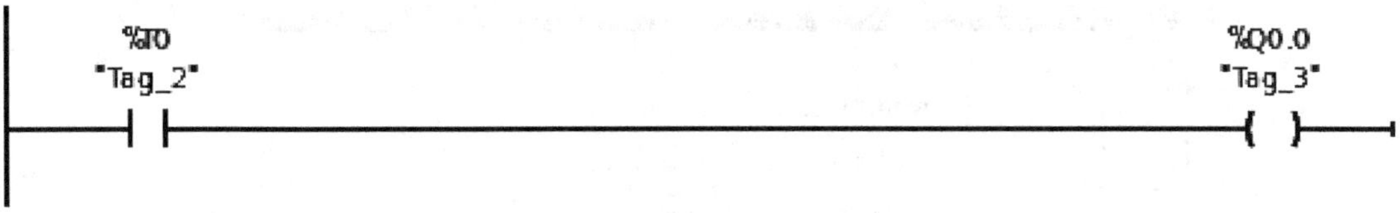

图 3-10　指示灯 HL1 程序

5. S5 断开延时定时器应用实例

按下启动按钮 SB1，指示灯 HL1 点亮，按下停止按钮 SB2，延时 10 s 后指示灯 HL1 熄灭。程序如图 3-11～图 3-13 所示。

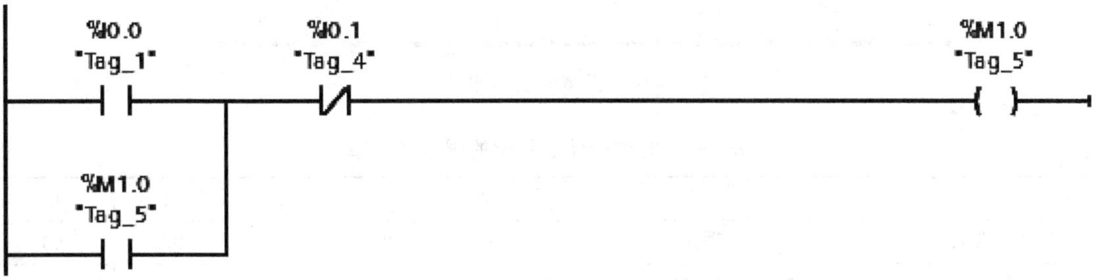

图 3-11　启动与复位程序

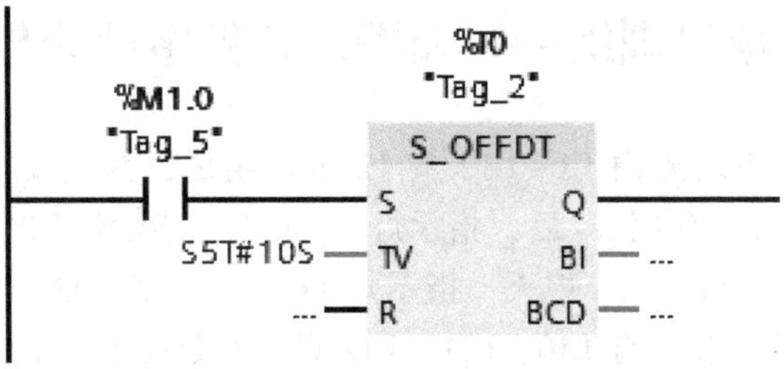

断开延时定时器指令

图 3-12　断开延时定时器程序

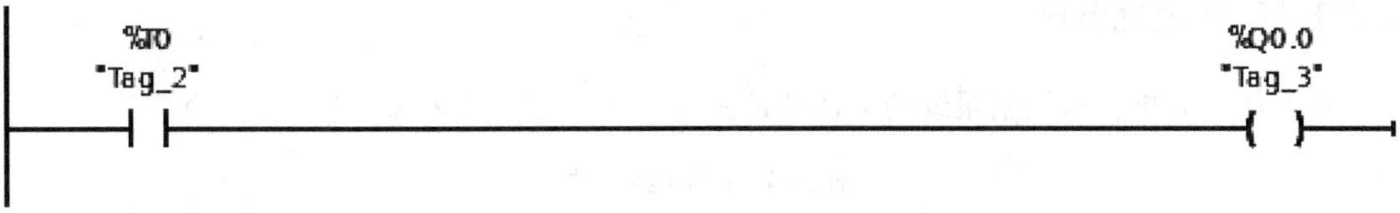

图 3-13　指示灯 HL1 程序

3.1.3　CPU 时钟存储器

在编写 S7-300/400 PLC 定时程序时，除了使用定时器指令外，还可以使用时钟存储器来实现定时功能。如果使用该功能，需要在 CPU 属性中，启用“时钟存储器”功能，如图 3-14 所示。时钟存储器的文本框中的“0”为 MB 地址。

时钟存储器是一种占空比为 50%的脉冲信号，其频率固定，具体见表 3-3。

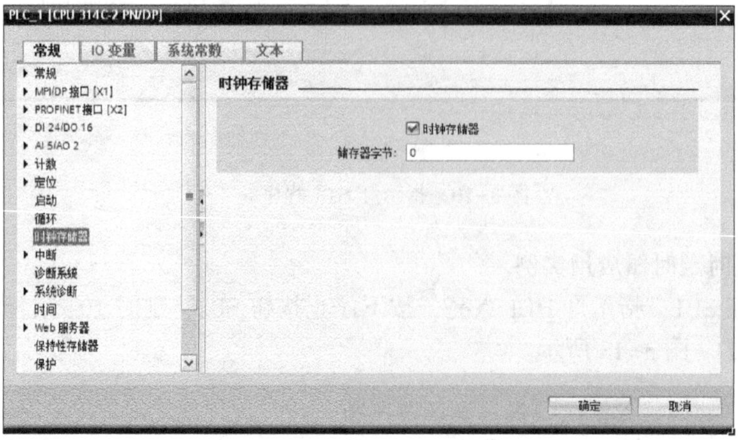

图 3-14 设置时钟存储器

CPU 时钟存储器

表 3-3 时钟存储器各位的周期及频率

位序	7	6	5	4	3	2	1	0
周期/s	2	1. 6	1	0. 8	0. 5	0. 4	0. 2	0. 1
频率/Hz	0. 5	0. 625	1	1. 25	2	2. 5	5	10

3. 2 项目训练——天塔之光程序设计与调试

如图 3-1 所示，天塔之光由 L1～L12 共 12 盏灯组成，控制要求如下：按下启动按钮 SB1，指示灯 L1 首先点亮；延时 5 s 后，指示灯 L1 熄灭，指示灯 L2、L3、L4、L5 点亮；延时 5 s 后，指示灯 L2、L3、L4、L5 熄灭，指示灯 L6、L7、L8、L9 点亮；延时 5 s 后，指示灯 L6、L7、L8、L9 熄灭，指示灯 L10、L11、L12 点亮；延时 5 s 后，指示灯 L10、L11、L12 熄灭，指示灯 L1 点亮，并不断循环。按下停止按钮 SB2 后，所有指示灯全部熄灭。

3. 2. 1 I/O 地址分配

根据任务分析，对控制系统的 I/O 地址进行合理分配，如表 3-4 所示。

表 3-4 I/O 地址分配

输入信号			输出信号		
序号	信 号 名 称	地址	序号	信 号 名 称	地址
1	启动按钮 SB1	I0. 0	1	指示灯 HL1	Q0. 0
2	停止按钮 SB2	I0. 1	2	指示灯 HL2	Q0. 1
—	—	—	3	指示灯 HL3	Q0. 2
—	—	—	4	指示灯 HL4	Q0. 3
—	—	—	5	指示灯 HL5	Q0. 4
—	—	—	6	指示灯 HL6	Q0. 5
—	—	—	7	指示灯 HL7	Q0. 6

（续）

输入信号			输出信号		
序号	信 号 名 称	地址	序号	信 号 名 称	地址
—	—	—	8	指示灯 HL8	Q0.7
—	—	—	9	指示灯 HL9	Q1.0
—	—	—	10	指示灯 HL10	Q1.1
—	—	—	11	指示灯 HL11	Q1.2
—	—	—	12	指示灯 HL12	Q1.3

3.2.2 硬件设计

根据任务分析，I/O 接线图如图 3-15 所示。

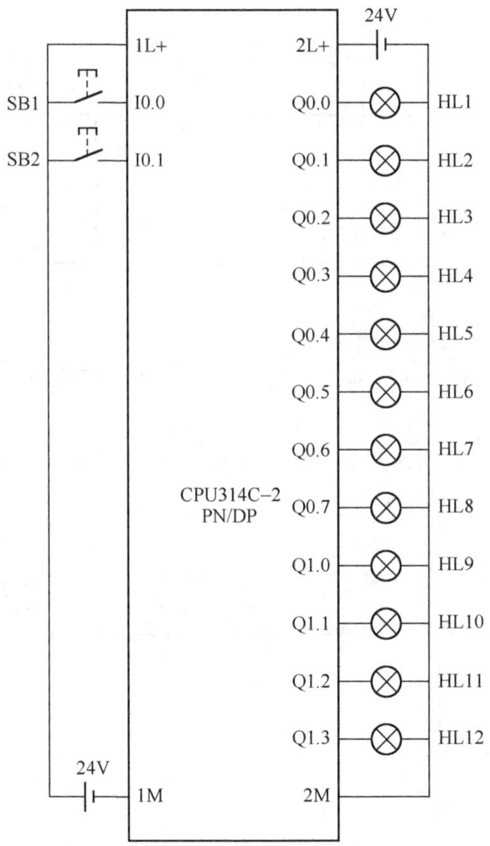

图 3-15　I/O 接线图

3.2.3 软件程序设计

按下启动按钮 SB1，指示灯 L1 点亮，程序如图 3-16 所示。

延时 5 s 后，指示灯 L1 熄灭，指示灯 L2、L3、L4、L5 点亮，程序如图 3-17 所示。

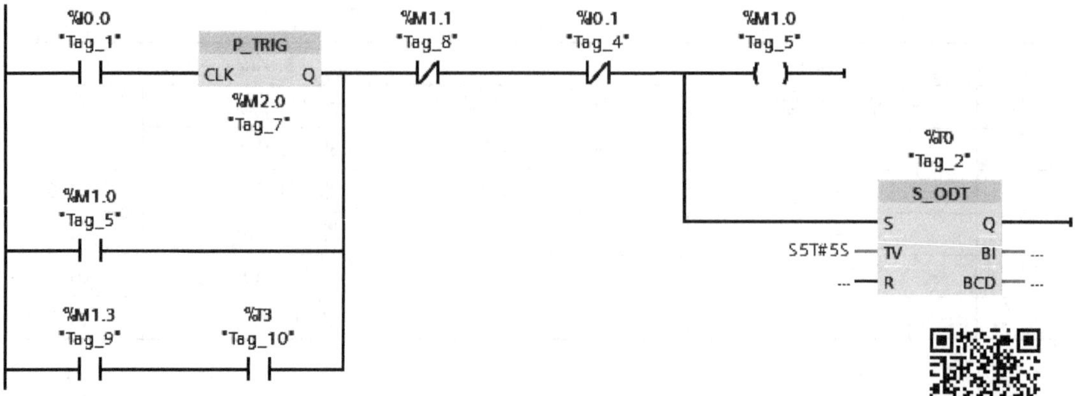

图 3-16　指示灯 L1 点亮程序

天塔之光控制
实施过程

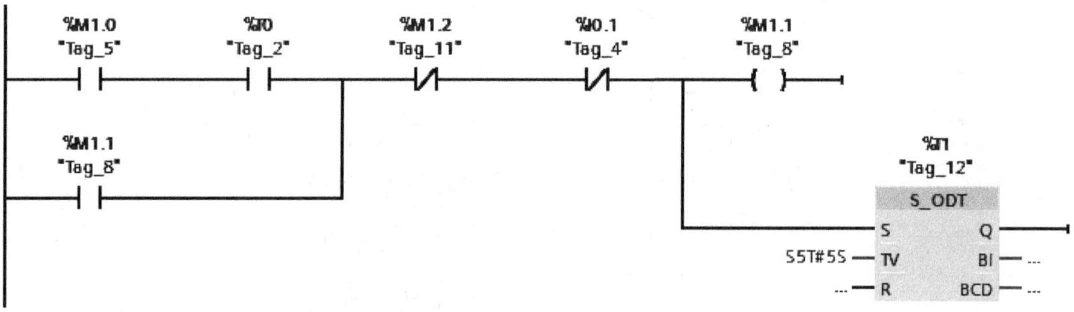

图 3-17　指示灯 L2、L3、L4、L5 点亮程序

延时 5 s 后，指示灯 L2、L3、L4、L5 熄灭，指示灯 L6、L7、L8、L9 点亮，程序如图 3-18 所示。

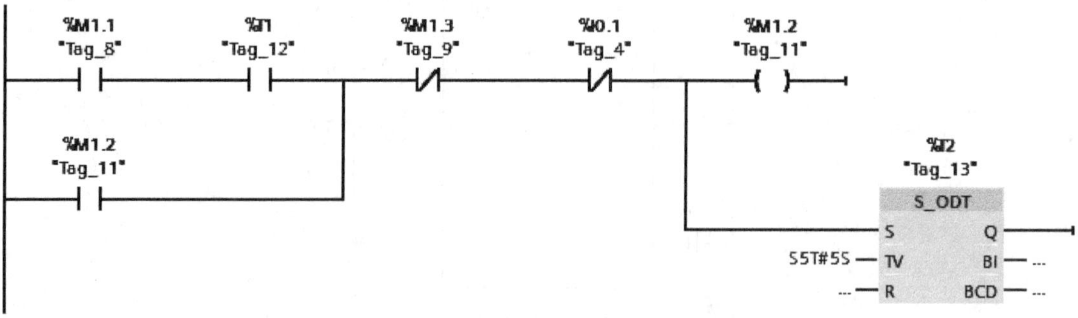

图 3-18　指示灯 L6、L7、L8、L9 点亮程序

延时 5 s 后，指示灯 L6、L7、L8、L9 熄灭，指示灯 L10、L11、L12 点亮，程序如图 3-19 所示。

指示灯程序如图 3-20～图 3-23 所示。

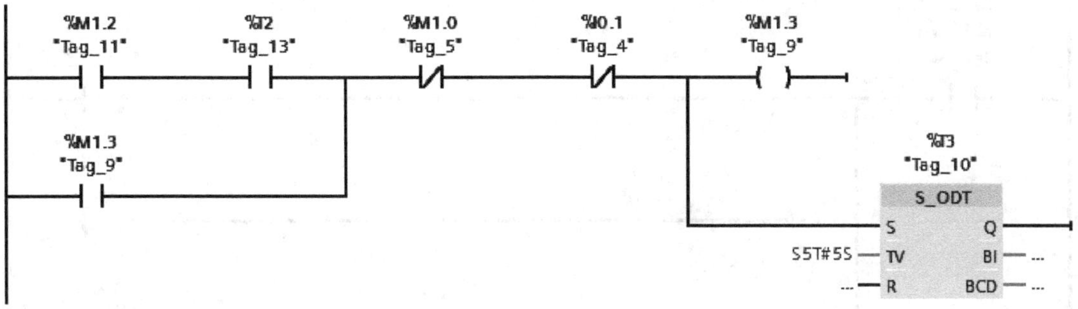

图 3-19 指示灯 L10、L11、L12 点亮程序

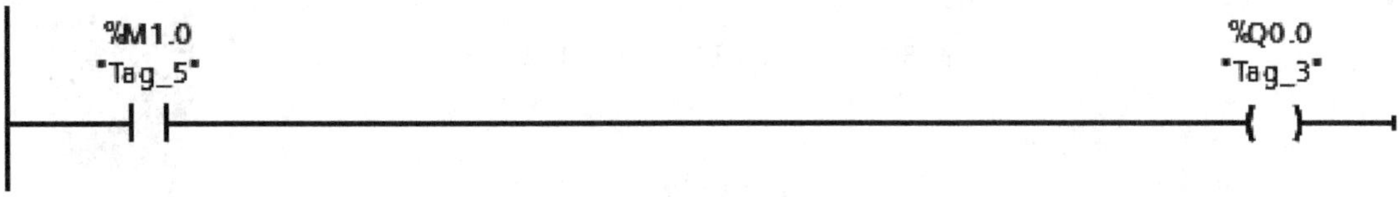

图 3-20 指示灯 L1 程序

图 3-21 指示灯 L2、L3、L4、L5 程序

图 3-22 指示灯 L6、L7、L8、L9 程序

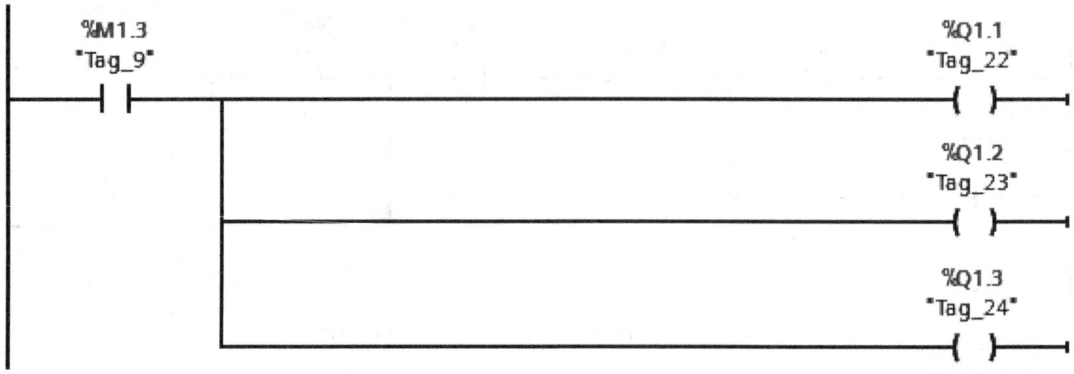

图 3-23　指示灯 L10、L11、L12 程序

天塔之光控制调试过程

项 目 拓 展

空压风机控制系统由三相异步电动机拖动，示意图如图 3-24 所示。按下控制柜正面的启动按钮 SB1，延时 5 s 后电动机开始运行，按下控制柜正面的停止按钮，电动机继续运行 10 s 后停止。

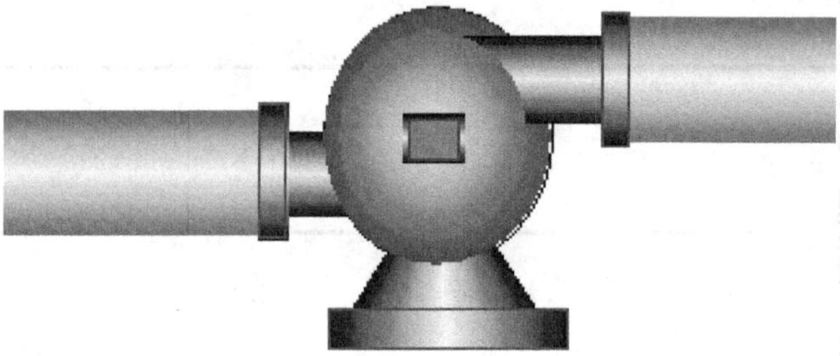

图 3-24　空压风机示意图

项目4

全自动洗衣机程序设计与调试

全自动洗衣机的洗衣桶（外桶）和内桶是以同一中心安放的。外桶固定，用来盛水；内桶可以旋转，用来脱水。内桶的四周有很多小孔，使内、外桶的水能流通。

洗衣机的进水和排水分别由进水电磁阀和排水电磁阀控制。进水时，通过电控系统打开进水阀，水经进水管注入外桶。排水时，通过电控系统打开排水阀，将水由外桶排到机外。洗涤正转、反转由洗涤电动机驱动波盘正、反转来实现，此时脱水桶并不旋转。脱水时，通过电控系统将离合器合上，由洗涤电动机带动内桶正转进行甩干。高、低水位开关分别用来检测高、低水位。

转换开关SA1负责手动/自动切换。当SA1为OFF状态时，为手动模式；当SA1为ON状态时，为自动模式。

手动模式下，按下进水按钮SB3，进水电磁阀打开；松开进水按钮SB3，进水电磁阀关闭。按下排水按钮SB4，排水电磁阀打开；松开排水按钮SB4，排水电磁阀关闭。

自动模式下，按下启动按钮SB1来启动洗衣机，按下停止按钮SB2，洗衣机自动停止，再次按下启动按钮SB1，洗衣机重新运行。

报警指示灯由HL1模拟，脱水离合器由指示灯HL2模拟。转换开关SA2和SA3模拟液位的上下限位。

自动模式下，首先将SA2和SA3选择至OFF档，按下启动按钮SB1，进水电磁阀打开，液位上升。当液位达到低限位时，进水电磁阀继续保持打开状态。当液位达到高限位时，进水电磁阀关闭。洗涤电动机以正转15 s、停5 s、反转15 s、停5 s的规律循环三次后停止。然后排水电磁阀打开，液位开始下降。当液位低于低液位时，等待5 s后，脱水离合器开始工作，洗涤电动机运行10 s后停止，然后脱水离合器停止工作，排水电磁阀关闭，报警指示灯以1 Hz的频率闪烁10 s后停止。

4.1 计数器指令及应用

计数器是用来累计脉冲个数的指令，如图4-1所示。根据工作方式的不同，计数器可分为三种，分别是加计数器（S_CU）、减计数器（S_CD）和加减计数器（S_CUD）。图4-1的后三种是前三种的线圈表示形式。

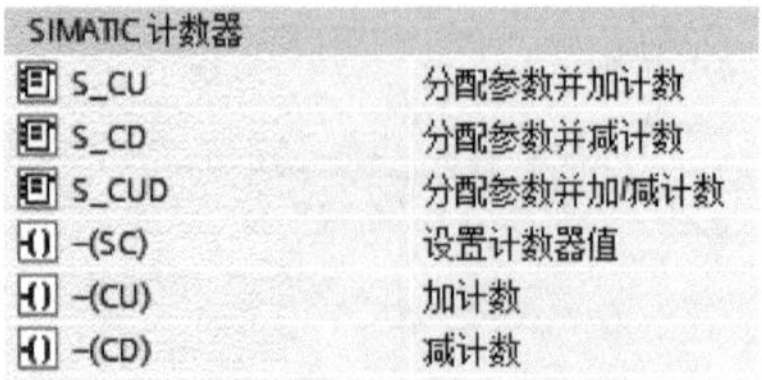

图 4-1　计数器指令

西门子 S7-300 PLC 的计数器数量为 128~2048 个，西门子 S7-400 PLC 的计数器数量为 2048 个。越是高级型号的 CPU，计数器的数量越多。

4.1.1　计数器指令的基本功能

1. 加计数器（S_CU）

加计数器的使用方法是：如果输入 S 有上升沿，则 S_CU 预置为输入 PV 的值。

如果输入 R 为“1”，则计数器复位，并将计数值设置为“0”。

如果输入 CU 的信号状态从“0”切换为“1”，并且计数器的值小于“999”，则计数器的值增 1。

如果已设置计数器，并且输入 CU 的 RLO = 1，则即使没有从上升沿到下降沿或从下降沿到上升沿的切换，计数器也会在下一个扫描周期进行相应的计数。

如果计数值大于 0，则输出 Q 的信号状态为“1”，加计数器的参数如表 4-1 所示。

表 4-1　加计数器参数

参数	数据类型	存储区	描述
C 编号	COUNTER	C	计数器标识号；其范围依赖于 CPU
CU	BOOL	I、Q、M、L、D	升值计数输入
S	BOOL	I、Q、M、L、D	为预设计数器设置输入
PV	WORD	I、Q、M、L、D 或常数	预设计数器的值
R	BOOL	I、Q、M、L、D	复位输入
CV	WORD	I、Q、M、L、D	当前计数器值，十六进制数字
CV_BCD	WORD	I、Q、M、L、D	当前计数器值，BCD 码
Q	BOOL	I、Q、M、L、D	计数器状态

2. 减计数器（S_CD）

减计数器的使用方法是：如果输入 S 有上升沿，则 S_CD 设置为输入 PV 的值。

如果输入 R 为 1，则计数器复位，并将计数值设置为零。

如果输入 CD 的信号状态从“0”切换为“1”，并且计数器的值大于 0，则计数器的值减 1。

如果已设置计数器，并且输入 CD 的 RLO = 1，则即使没有从上升沿到下降沿或从下降沿到上升沿的改变，计数器也会在下一个扫描周期进行相应的计数。

如果计数值大于预设值，则输出 Q 的信号状态为“1”，减计数器和加计数器的参数一样。

3. 加减计数器（S_CUD）

加减计数器的使用方法是：如果输入 S 有上升沿，加减计数器（S_CUD）预置为输入 PV 的值。如果输入 R 为 1，则计数器复位，并将计数值设置为“0”。如果输入 CU 的信号状态从“0”切换为“1”，并且计数器的值小于“999”，则计数器的值增 1。

如果输入 CD 有上升沿，并且计数器的值大于 0，则计数器的值减 1。

如果两个计数输入都有上升沿，则执行两个指令，并且计数值保持不变。如果已设置计数器，并且输入 CU/CD 的 RLO=1，则即使没有从上升沿到下降沿或从下降沿到上升沿的切换，计数器也会在下一个扫描周期进行相应的计数。

如果计数值大于 0，则输出 Q 的信号状态为“1”，加减计数器和加计数器的参数一样。

4.1.2 计数器指令的应用

共享纸巾机一次能放 10 包纸巾，每次放完纸巾后，限位开关 SQ1 会得到一个信号。用户每取一包纸巾，限位开关 SQ2 会得到一个信号。

当共享纸巾机里有纸巾时，指示灯 HL1 点亮，指示灯 HL2 熄灭。否则指示灯 HL1 熄灭，指示灯 HL2 以 1 Hz 频率闪烁。

当放置完纸巾后，限位开关 SQ1 会得到一个信号，I0.0 接通，当前计数值为 0。用户每取一包纸巾，限位开关 SQ2 会得到一个信号，I0.1 接通，执行减 1 功能。程序如图 4-2 所示。

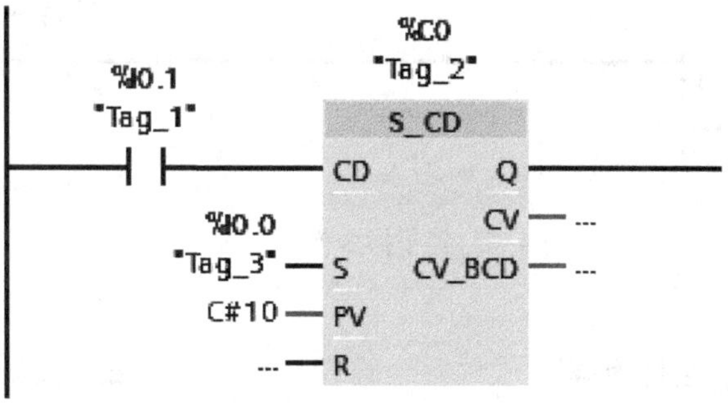

加计数器指令

图 4-2 计数程序

当共享纸巾机里有纸巾时，指示灯 HL1 点亮，程序如图 4-3 所示。

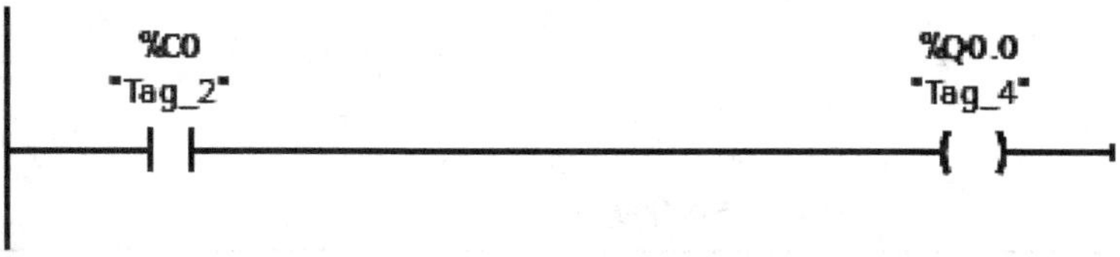

减计数器指令

图 4-3 指示灯 HL1 点亮程序

当共享纸巾机里没有纸巾时，指示灯 HL2 以 1 Hz 频率闪烁，程序如图 4-4 所示。

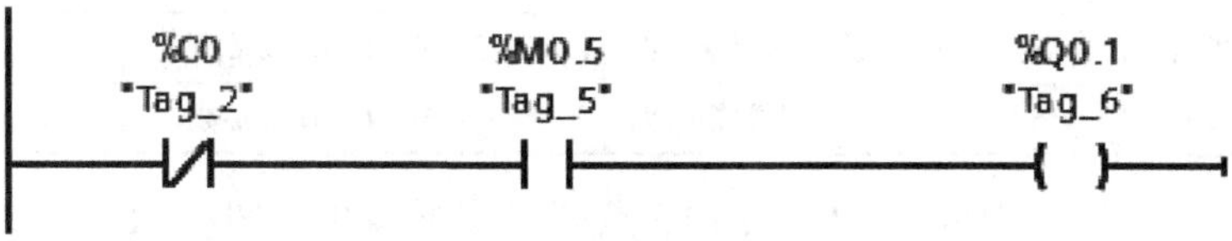

加减计数器指令

图 4-4 指示灯 HL2 闪烁程序

4.2 比较指令和传送指令

4.2.1 比较指令的基本功能

比较指令主要比较两个量的大小，相当于一个有条件的常开触点，和高级编程语言中的关系运算符类似。S7-300/400 PLC 的比较指令一共有六条，分别是“等于”“大于等于”“大于”“小于”“小于等于”和“不等于”。比较指令的两个输入参数的数据类型可以为“BYTE”“WORD”“DWORD”“INT”“DINT”“REAL”和“TIME”，如图 4-5 所示。

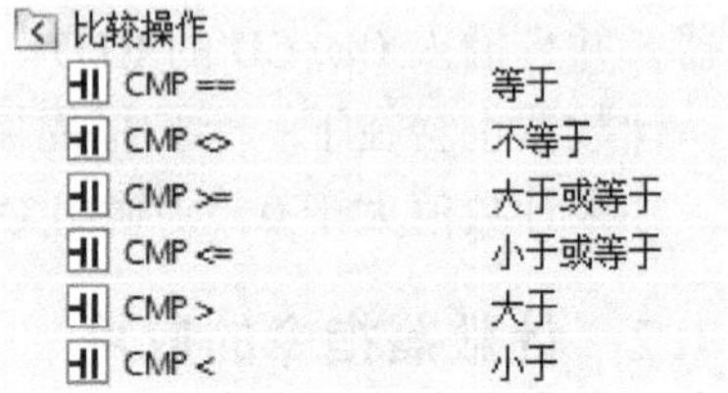

图 4-5　比较指令

以等于指令为例，当变量 MW2 的值等于 MW4 时，输出线圈 Q0.0 结果为 1，否则为 0，程序如图 4-6 所示。其他的比较指令使用方法类似。

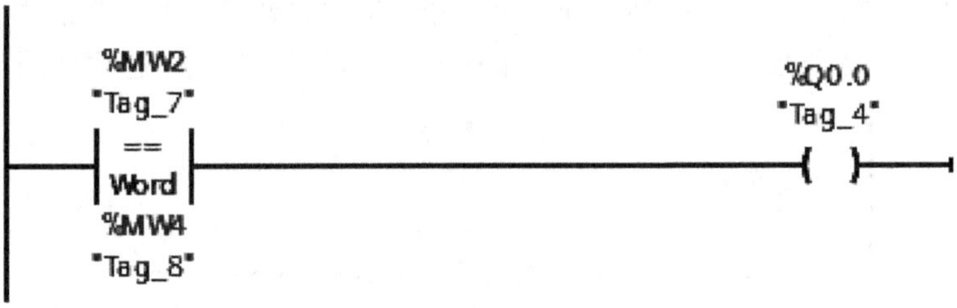

比较指令

图 4-6　等于指令使用方法

4.2.2 传送指令的基本功能

传送指令的功能是将输入端指定的值复制到输出端指定的地址，传送指令框图如图 4-7 所示，传送指令的参数如表 4-2 所示。

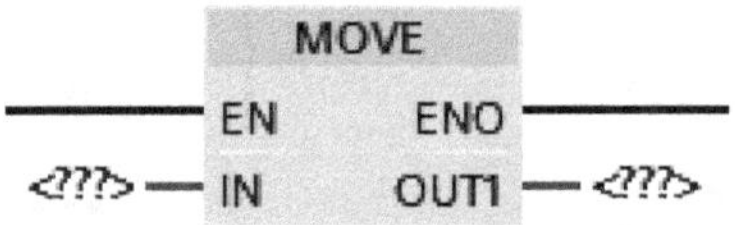

图 4-7　传送指令

传送指令

表 4-2　传送指令参数

参数	数据类型	存储区	描述
EN	BOOL	I、Q、M、L、D	启用输入
ENO	BOOL	I、Q、M、L、D	启用输出
IN	所有长度为 8 位、16 位或 32 位的基本数据类型	I、Q、M、L、D 或常数	源值
OUT	所有长度为 8 位、16 位或 32 位的基本数据类型	I、Q、M、L、D 或常数	目标值

示例： 按下启动按钮，指示灯 HL1～HL16 点亮，按下停止按钮，HL1～HL16 熄灭，程序如图 4-8 和图 4-9 所示。

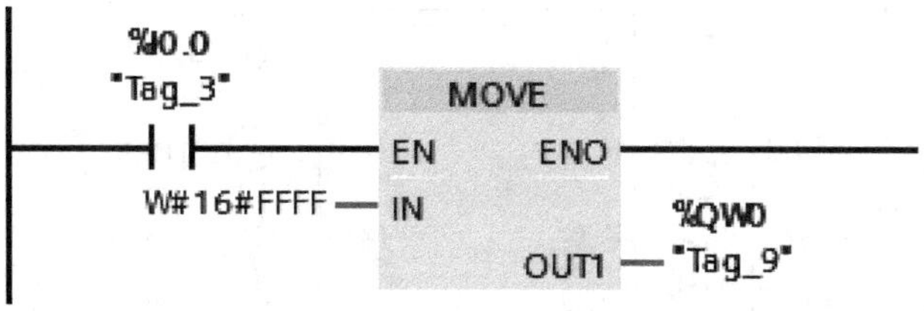

图 4-8 指示灯全部点亮程序

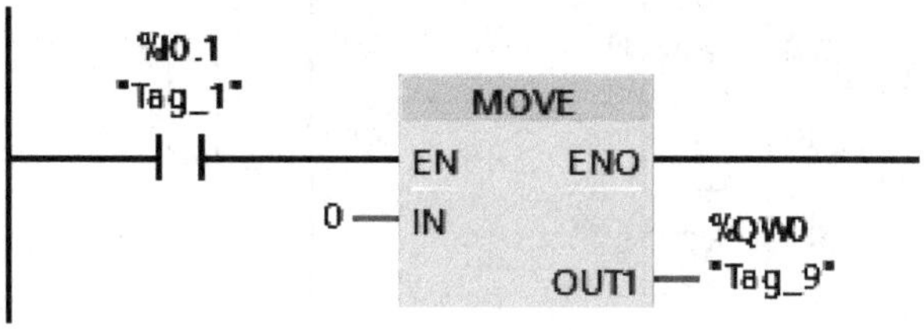

图 4-9 指示灯全部熄灭程序

4.3 项目训练——全自动洗衣机程序设计与调试

4.3.1 I/O 地址分配

根据任务分析，对控制系统的 I/O 地址进行合理分配，如表 4-3 所示。

表 4-3 I/O 地址分配

输入信号			输出信号		
序号	信号名称	地址	序号	信号名称	地址
1	转换开关 SA1	I0.0	1	指示灯 HL1	Q0.0
2	转换开关 SA2	I0.1	2	指示灯 HL2	Q0.1
3	转换开关 SA3	I0.2	3	进水电磁阀	Q0.2
4	启动按钮 SB1	I0.3	4	排水电磁阀	Q0.3
5	停止按钮 SB2	I0.4	5	洗涤电动机正转	Q0.4
6	进水按钮 SB3	I0.5	6	洗涤电磁反转	Q0.5
7	排水按钮 SB4	I0.6	—	—	—

4.3.2 硬件设计

根据任务分析，I/O 接线图如图 4-10 所示。

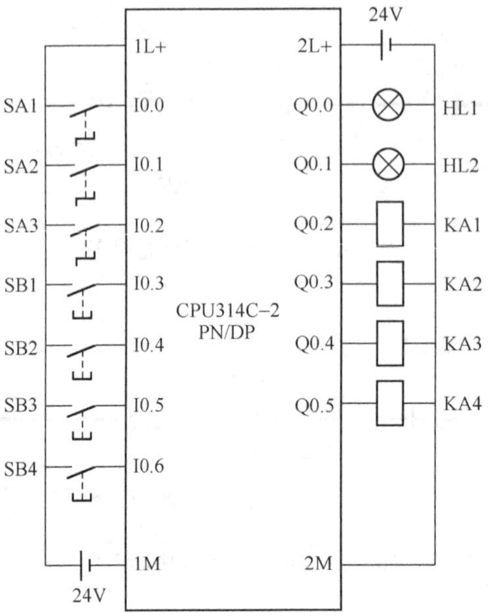

图 4-10　I/O 接线图

4.3.3　软件程序设计

在 CPU 属性中，启用时钟存储器。进入 OB1 编写控制程序，程序如图 4-11～4-28 所示。

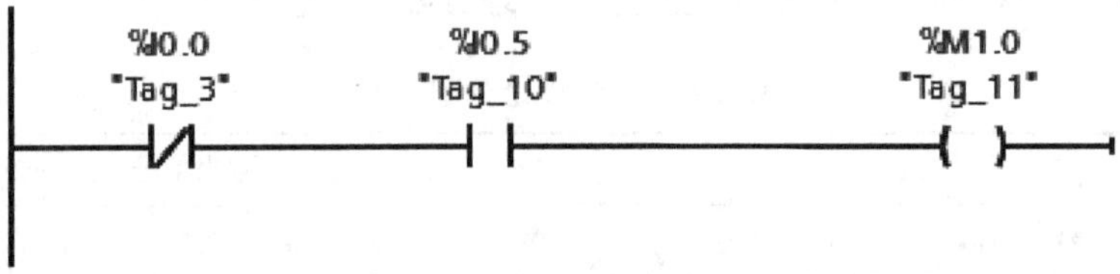

自动洗衣机
控制实施过程

图 4-11　手动模式进水电磁阀打开

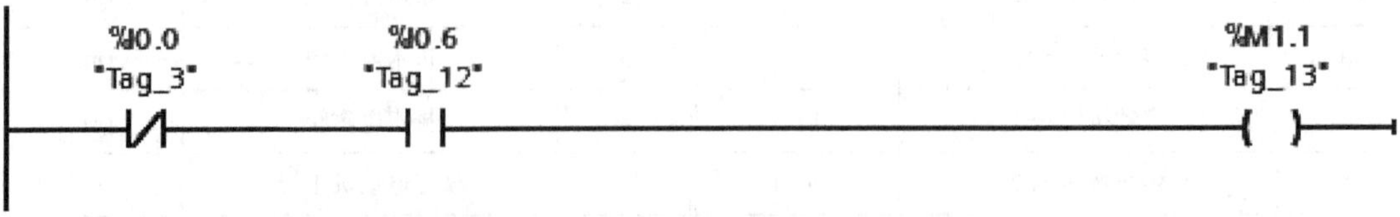

图 4-12　手动模式出水电磁阀打开

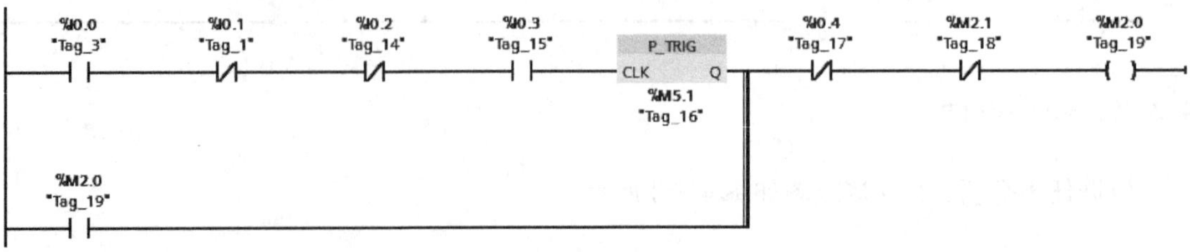

图 4-13　自动模式启动程序

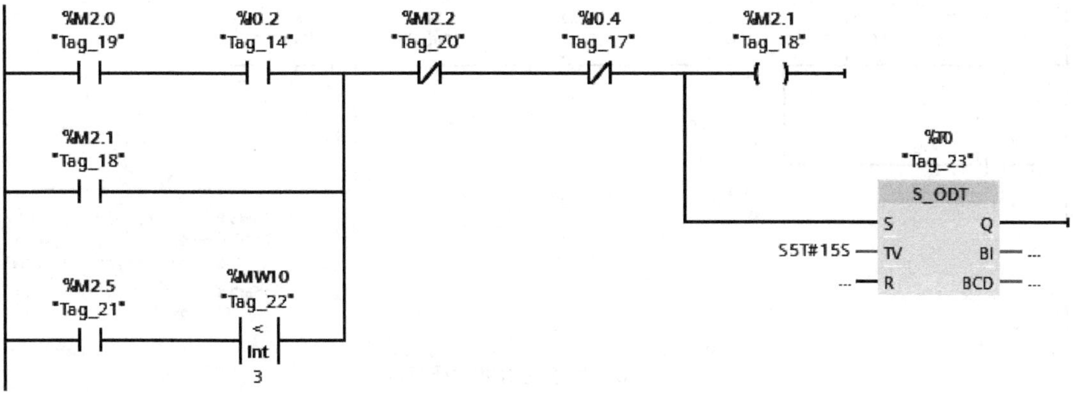

图 4-14 到达高液位后洗涤电动机正转 15 s

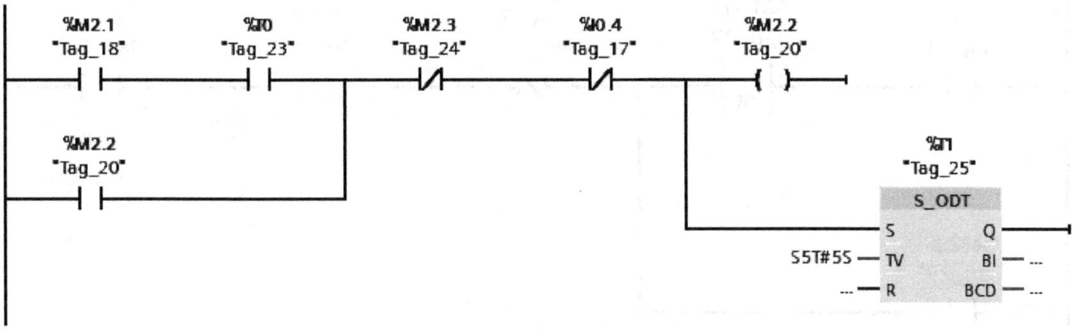

图 4-15 洗涤电动机暂停 5 s

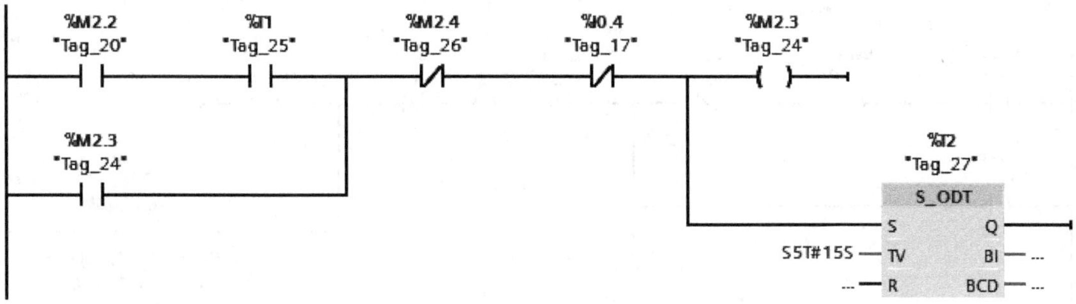

图 4-16 洗涤电动机反转 15 s

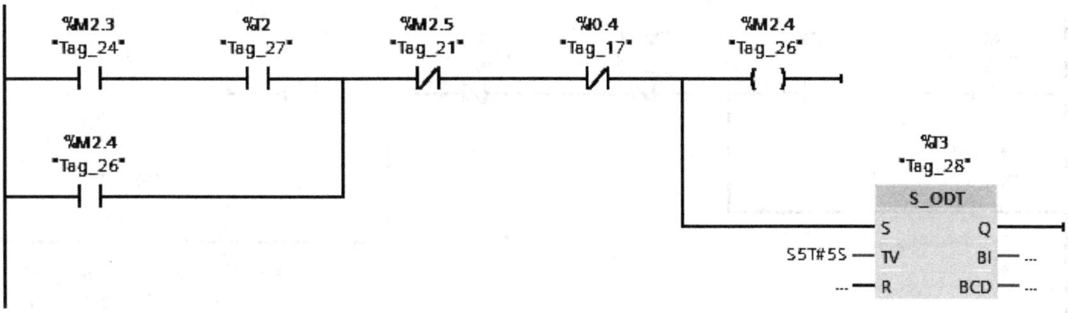

图 4-17 洗涤电动机暂停 5 s

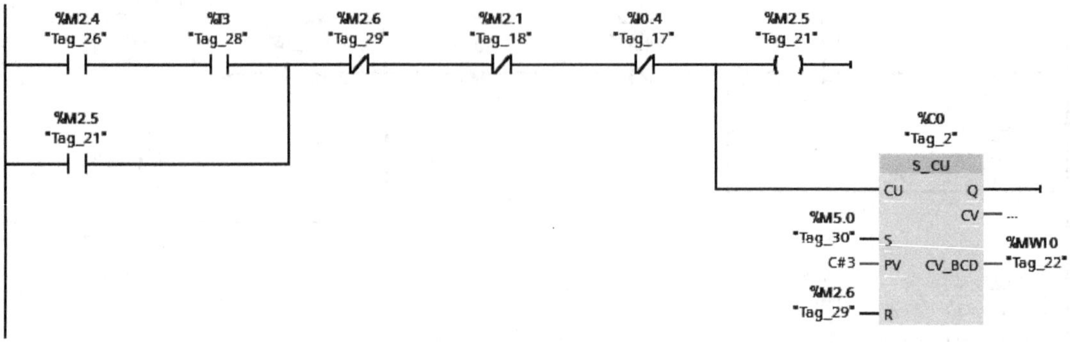

图 4-18　洗涤电动机循环三次

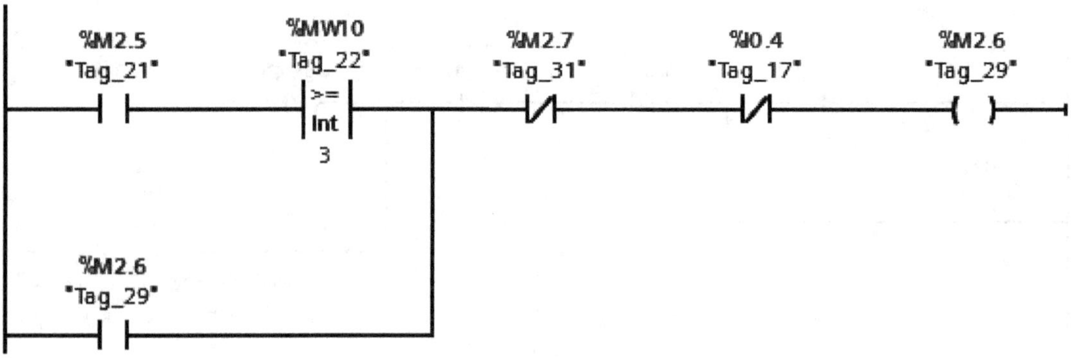

图 4-19　排水电磁阀打开

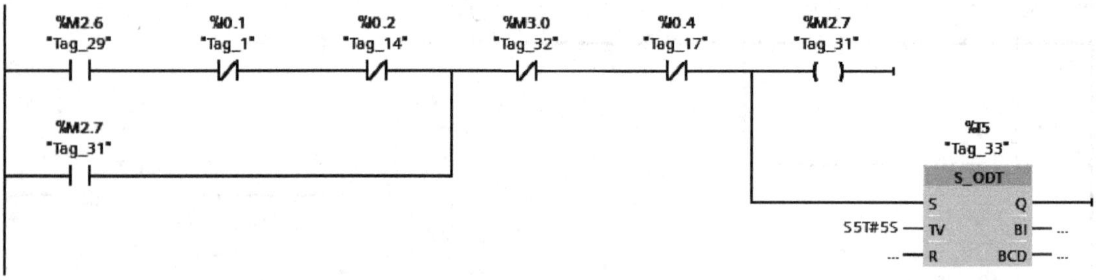

图 4-20　液位低于下限

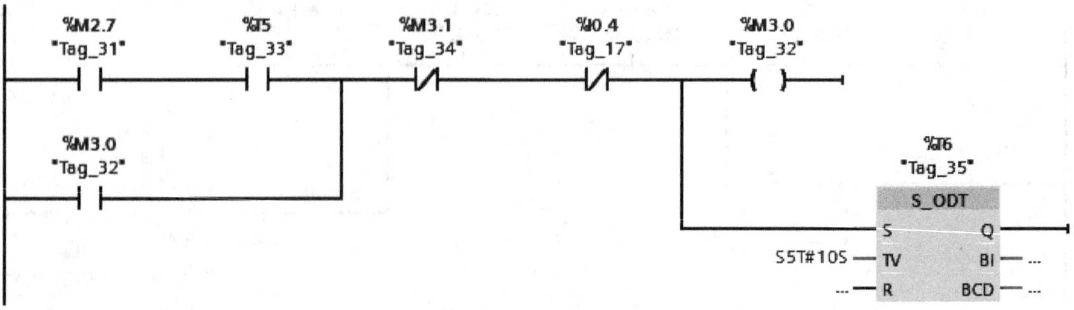

图 4-21　开始进行甩干

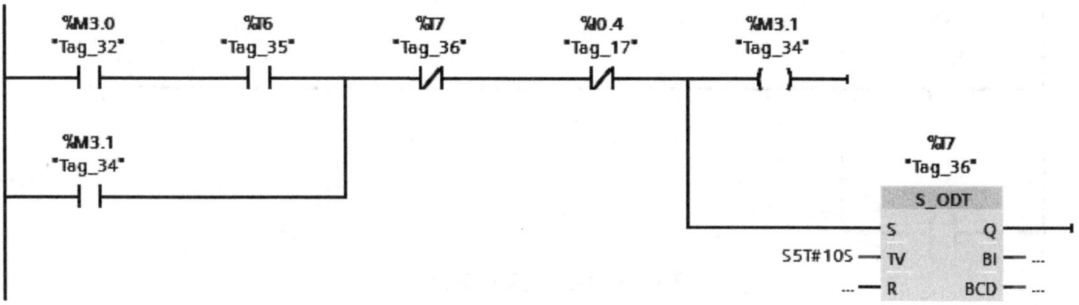

图 4-22 报警指示灯开始闪烁

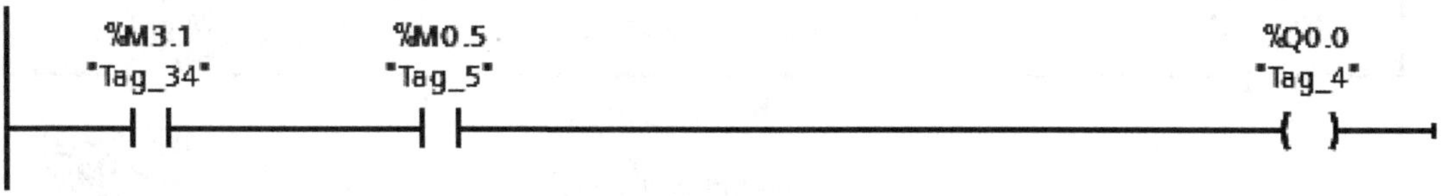

图 4-23 报警指示灯闪烁程序

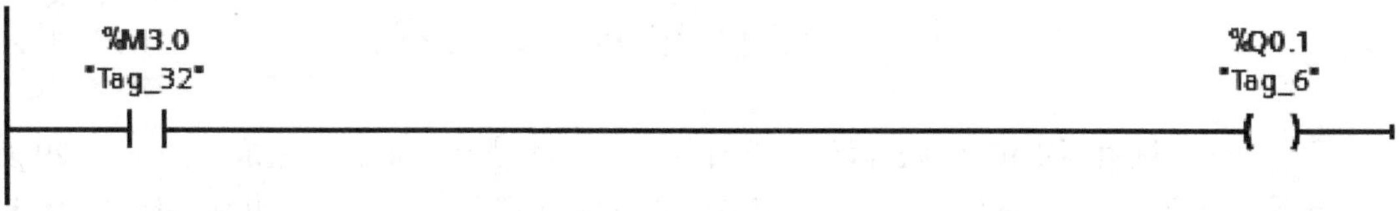

图 4-24 离合器工作程序

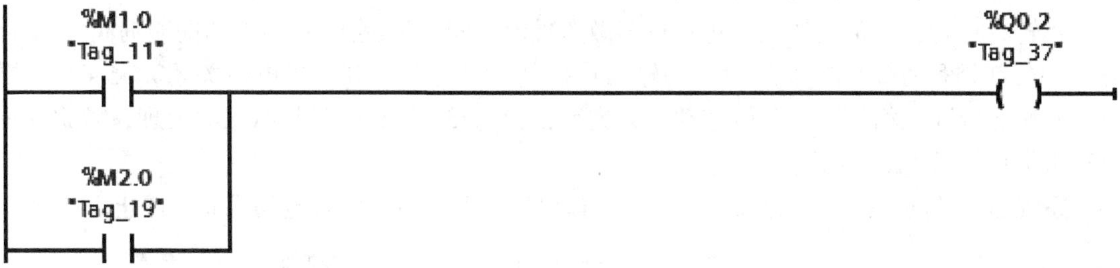

图 4-25 进水电磁阀工作程序

图 4-26 排水电磁阀工作程序

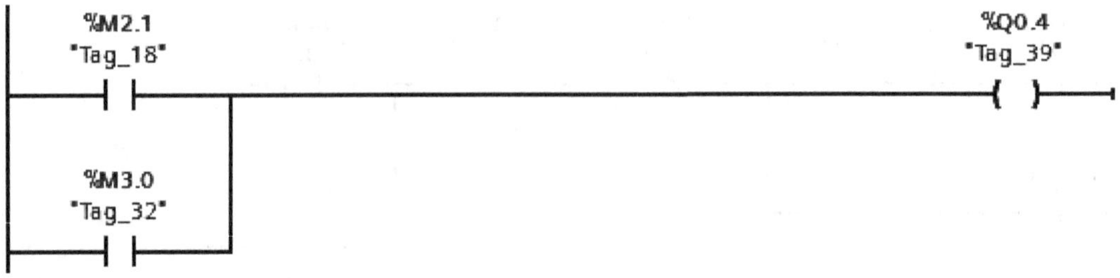

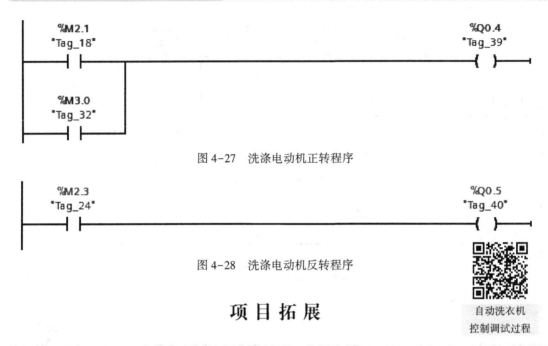

图 4-27　洗涤电动机正转程序

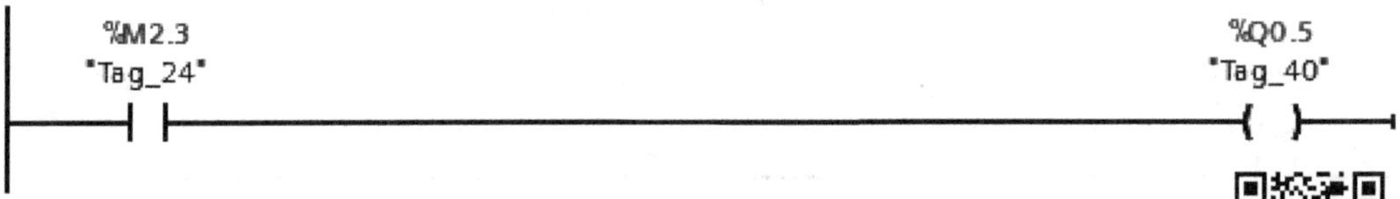

图 4-28　洗涤电动机反转程序

自动洗衣机
控制调试过程

项 目 拓 展

污水净化系统由污水预处理、涡流微絮凝处理、微滤处理三个工序组成，如图 4-29 所示。按下启动按钮 SB1，系统开始运行，首先一级污水输送泵（三相异步电动机拖动，只进行正转）运行，将污水打至预处理池。10 s 后，二级污水输送泵（三相异步电动机拖动，只进行正转）运行，将预处理池的污水打至微絮凝池，同时混凝剂阀 YV1 和助凝剂阀 YV2 打开（混凝剂阀和助凝剂阀都由 PLC 的输出点控制，得电时打开，失电时关闭）。5 s 后，搅拌泵开始运行（三相异步电动机拖动，只进行正转）。5 s 后，开始执行微滤处理，微滤处理过程由指示灯以 1 Hz 频率来模拟。

系统运行期间，按下停止按钮 SB2，所有阀门全部关闭，所有电动机立即停止。

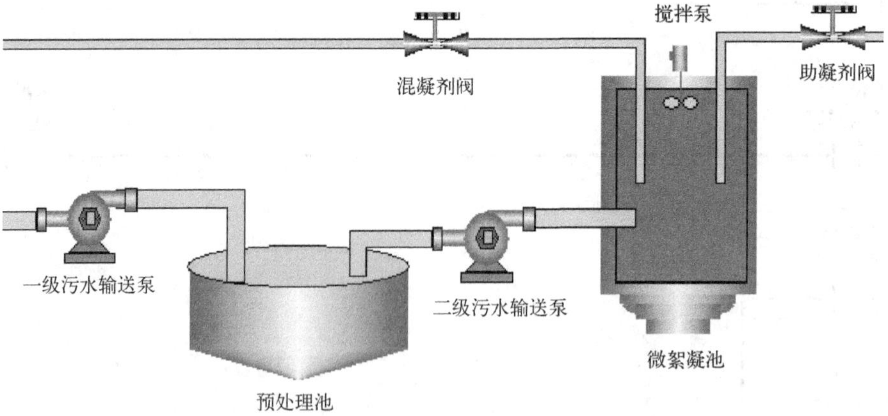

图 4-29　污水净化系统示意图

项目5

自动售货机程序设计与调试

自动售货机是一种能根据投入的钱币自动售货的机器。自动售货机是商业自动化的常用设备，它不受时间、地点的限制，能节省人力、方便交易。是一种全新的商业零售形式，又被称为24小时营业的微型超市。目前常见的自动售卖机共分为四种：饮料自动售货机、食品自动售货机、综合自动售货机、化妆品自动售卖机。

5.1 数据类型基础

S7-300/400 PLC的数据类型有基本数据类型、复杂数据类型和参数数据类型。基本数据类型的长度不超过32位；复杂数据类型是由其他基本数据类型组合而成的，长度超过32位的数据类型；参数数据类型是用于函数FC或函数块FB的数据类型。

5.1.1 基本数据类型

1. 位（bit）

位又称BOOL（布尔型），用来表示开关量的“0”和“1”两种状态。如I0.0，Q0.0，M0.0，DB1.DBX0.0等。

2. 字节（Byte）

一个字节（Byte）由八个位（bit）组成，如图5-1所示。其中0位为最低位，7位为最高位，表示范围为0~255或-128~127。如IB0、QB0、MB0、DB1.DBB0。

IB0

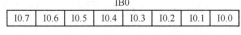

I0.7	I0.6	I0.5	I0.4	I0.3	I0.2	I0.1	I0.0

图5-1 字节数据类型与位数据类型的关系

3. 字（Word）

相邻的两个字节（Byte）组成一个字（Word），如图5-2所示。用来表示一个无符号正数，表示范围为0~65535。如IW0、QW0、MW0、DB1.DBW0。

4. 双字（DWORD）

相邻的两个字（Word）组成一个双字（DWORD），如图5-3所示。用来表示一个双精度无符号正数，表示范围为0~4294967295。如ID0、QD0、MD0、DB1.DBD0。

IW0	
IB0	IB1

图 5-2　字数据类型与字节数据类型的关系

ID0			
IB0	IB1	IB2	IB3

图 5-3　双字数据类型与字节数据类型关系

5. 整数（Int）

整数为有符号数，表示范围为-32768~32767。

6. 双整数（DInt）

双整数为有符号数，表示范围为-2147483648~2147483647

7. 浮点数（Real）

浮点数可以用来表示带小数点的数据，表示范围为±1.175495E-38~±3.402823E+38。

8. 时间（Time）

用于表示时间的一种数据类型，表示范围为 T#0H_0M_0S_10MS~T#2H_46M_30S_0MS。

9. 日期（Date）

用于表示日期的一种数据类型，表示范围为 D#1990_1_1~D#2168_12_31。

5.1.2　复杂数据类型

1. 日期时间数据类型（Data_And_Time）

Data_And_Time 用于表示日期时间的一种数据类型，以 BCD 码的形式存放，占用 8 个字节的内存空间。表示范围为 DT#1990_1_1_00：00：00：000~DT#2089_12_31_23：59：59：999。

2. 字符串类型（String）

String 数据类型包含总字符数（字符串中的字符数）和当前字符数。String 类型提供了多达 256 个字节，用于存储最大总字符数（1 个字节）、当前字符数（1 个字节）以及最多 254 个字符（每个字符占 1 个字节）。

3. 数组类型（Array）

数组可以创建包含多个基本类型元素的集合。数组可以在 OB、FC、FB 和 DB 的块接口编辑器中创建。无法在 PLC 变量编辑器中创建数组。

4. 结构（Struct）

结构是用户自定义数据类型，既可像基本数据类型或复杂数据类型一样用于逻辑块（FC、FB、OB）的变量声明中，也可以用作数据块（DB）中的变量数据类型。其优点就是，只需对特定数据结构定义一次，就能任意多次使用，并给它分配任意数目的变量。

5. 用户定义类型（UDT）

用户定义类型是复杂数据类型，用于定义大于 32 位的数字数据群或包含其他数据类型的数据群。STEP 7 允许下列复杂数据类型：Date_And_Time、String、Array、Struct、UDT、FB 和 SFB。

5.1.3　参数数据类型

1. 指针类型（Pointe）

6 字节指针类型，传递数据块号和数据地址。

2. 指针类型（Any）

10 字节指针类型，传递数据块号、数据地址、数据数量以及数据类型。

5.2 数学运算指令及应用

S7-300/400 PLC 的数学运算指令包括四则运算、返回除法的余数、求二进制补码、绝对值、平方、平方根、自然对数、自然指数和三角函数指令。四则运算可以实现对整数、双整数和实数进行加、减、乘、除算术运算。

5.2.1 整数数学运算指令

整数数学运算指令由整数和长整数数学运算指令组成。

整数数学运算指令有四条，分别是加法指令、减法指令、乘法指令和除法指令，关于它们的使用说明，如表 5-1 所示。

表 5-1 整数数学运算指令

指令名称	梯形图符号	说明
加法指令	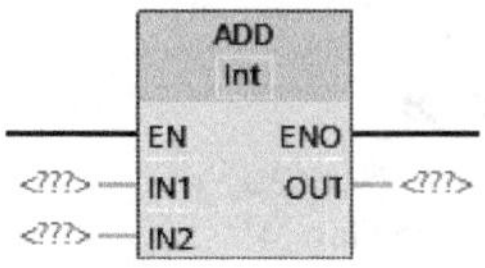	当 EN 输入端通过一个逻辑 1 来执行 ADD_I 指令时，IN1 和 IN2 相加，其结果存放于 OUT。如果该结果超出了整数（16 位）允许的范围，OV 位和 OS 位将为 1 并且 ENO 为逻辑 0
减法指令	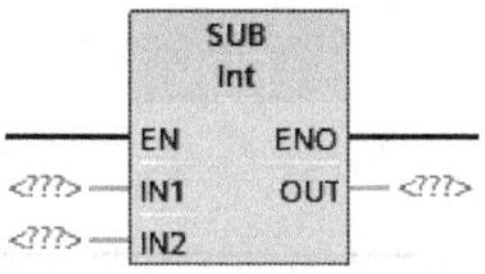	当 EN 输入端通过一个逻辑 1 来执行 SUB_I 指令时，IN1 减去 IN2，其结果存放于 OUT。如果该结果超出了整数（16 位）允许的范围，OV 位和 OS 位将为 1 并且 ENO 为逻辑 0
乘法指令	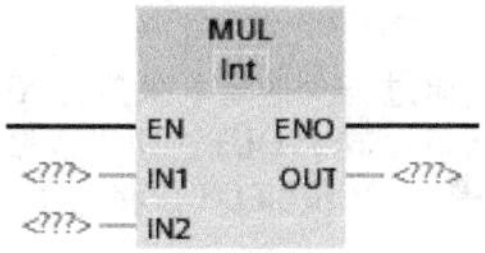	当 EN 输入端通过一个逻辑 1 来执行 MUL_I 指令时，IN1 和 IN2 相乘，其结果存放于 OUT。如果该结果超出了整数（16 位）允许的范围，OV 位和 OS 位将为 1 并且 ENO 为逻辑 0
除法指令	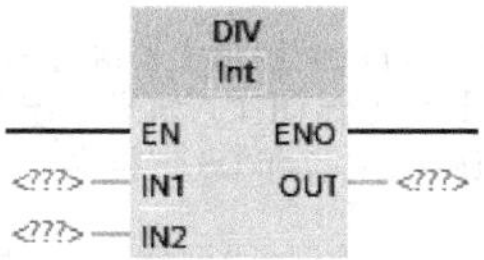	当 EN 输入端通过一个逻辑 1 来执行 DIV_I 指令时，IN1 除以 IN2，其结果存放于 OUT。如果该结果超出了整数（16 位）允许的范围，OV 位和 OS 位将为 1 并且 ENO 为逻辑 0

示例：完成(20+30−10)×2÷5，运算结果存放在 MW20 存储器中。程序设计过程如图 5-4 所示。

长整数数学运算指令有五条，分别是加法指令、减法指令、乘法指令、除法指令和取余，关于它们的使用说明，如表 5-2 所示。

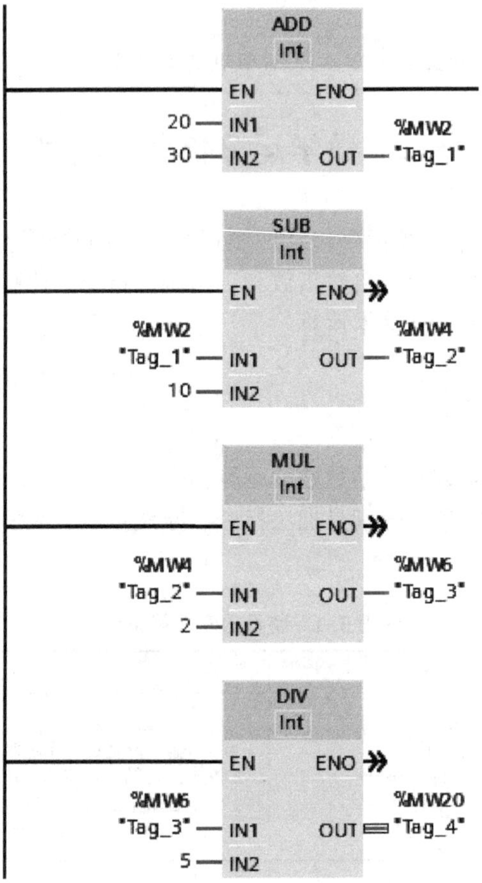

图 5-4　程序实现过程

数学运算指令

表 5-2　长整数数学运算指令

指令名称	梯形图符号	说　明
加法指令	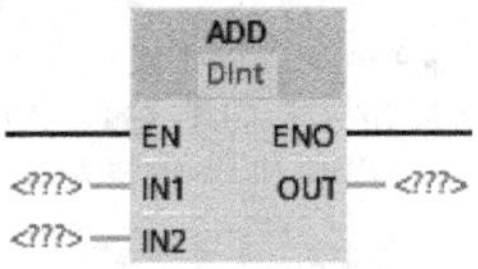	当 EN 输入端通过一个逻辑 1 来执行 ADD_DI 指令时，IN1 和 IN2 相加，其结果存放于 OUT。如果该结果超出了长整数（32 位）允许的范围，OV 位和 OS 位将为 1 并且 ENO 为逻辑 0
减法指令	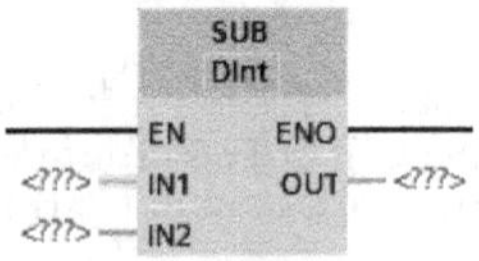	当 EN 输入端通过一个逻辑 1 来执行 SUB_DI 指令时，IN1 减去 IN2，其结果存放于 OUT。如果该结果超出了长整数（32 位）允许的范围，OV 位和 OS 位将为 1 并且 ENO 为逻辑 0
乘法指令	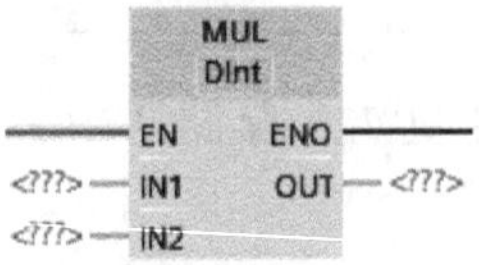	当 EN 输入端通过一个逻辑 1 来执行 MUL_DI 指令时，IN1 和 IN2 相乘，其结果存放于 OUT。如果该结果超出了长整数（32 位）允许的范围，OV 位和 OS 位将为 1 并且 ENO 为逻辑 0
除法指令	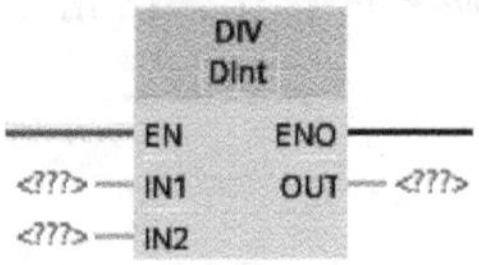	当 EN 输入端通过一个逻辑 1 来执行 DIV_DI 指令时，IN1 除以 IN2，其结果存放于 OUT。如果该结果超出了长整数（32 位）允许的范围，OV 位和 OS 位将为 1 并且 ENO 为逻辑 0

（续）

指令名称	梯形图符号	说　明
返回除法的余数	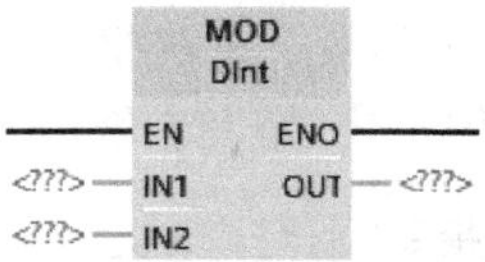	当 EN 输入端通过一个逻辑 1 来执行 MOD_DI 指令时，IN1 除以 IN2，其余数存放于 OUT。如果该结果超出了长整数（32 位）允许的范围，OV 位和 OS 位将为 1 并且 ENO 为逻辑 0

示例：有一个立体仓库，如图 5-5 所示。当输入一个仓位号后，求出该仓位所在的行列号，要求以 1 号仓位为基准计算。输入仓位号的地址为 MD4，输出仓位号的行号为 MD20，输出仓位号的列号为 MD24。

仓位的行号和列号可以由以下公式计算得出：

行号=(仓位号−1)÷列+1

列号=(仓位号−1)MOD 列+1

程序设计过程如图 5-6~5-8 所示。

26	27	28	29	30
21	22	23	24	25
16	17	18	19	20
11	12	13	14	15
6	7	8	9	10
1	2	3	4	5

图 5-5　立体仓库仓位号

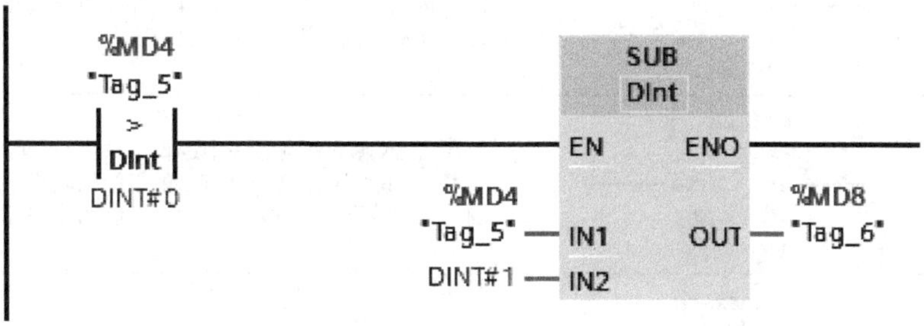

图 5-6　仓位号减 1 程序

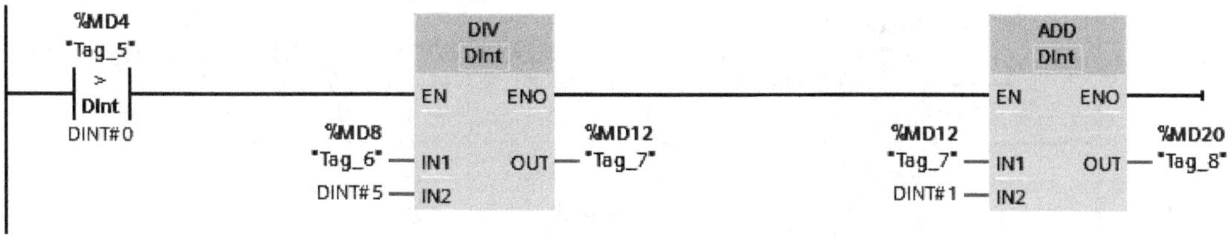

图 5-7　行号程序

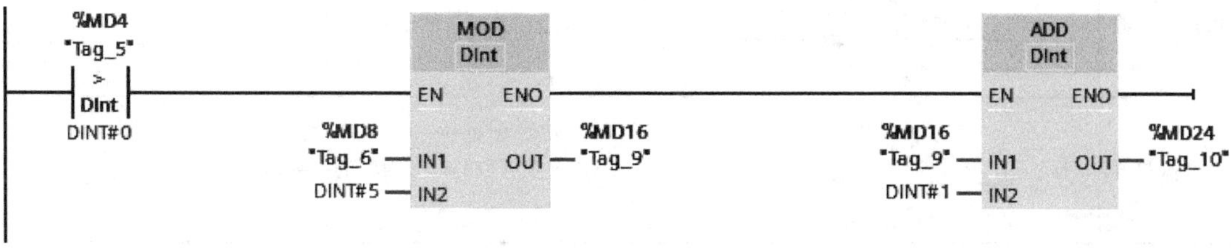

图 5-8　列号程序

5.2.2 浮点数数学运算指令

浮点数数学运算指令有九条，分别是加法指令、减法指令、乘法指令、除法指令、绝对值、平方根、平方、自然对数和指数，关于它们的使用说明，如表 5-3 所示。

表 5-3 浮点数数学运算指令

指令名称	梯形图符号	说　明
加法指令	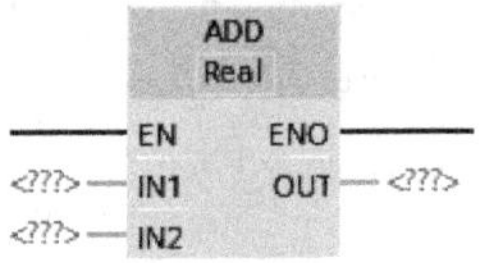	在当 EN 输入端通过一个逻辑 1 来执行 ADD_R 指令。IN1 和 IN2 相加，其结果存放于 OUT。如果结果超出了浮点数允许的范围（溢出或下溢），OV 位和 OS 位将为 1 并且 ENO 为逻辑 0
减法指令	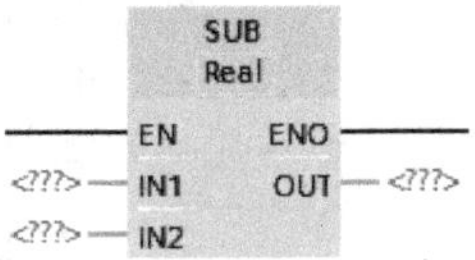	在当 EN 输入端通过一个逻辑 1 来执行 SUB_R 指令。IN1 减去 IN2，其结果存放于 OUT。如果结果超出了浮点数允许的范围（溢出或下溢），OV 位和 OS 位将为 1 并且 ENO 为逻辑 0
乘法指令	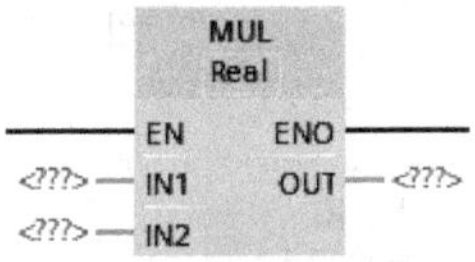	在当 EN 输入端通过一个逻辑 1 来执行 MUL_R 指令。IN1 和 IN2 相乘，其结果存放于 OUT。如果结果超出了浮点数允许的范围（溢出或下溢），OV 位和 OS 位将为 1 并且 ENO 为逻辑 0
除法指令	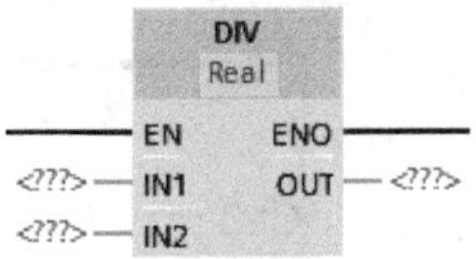	在当 EN 输入端通过一个逻辑 1 来执行 DIV_R 指令。IN1 除以 IN2，其结果存放于 OUT。如果结果超出了浮点数允许的范围（溢出或下溢），OV 位和 OS 位将为 1 并且 ENO 为逻辑 0
求绝对值	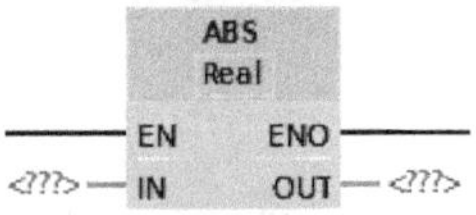	ABS 求浮点数的绝对值
求平方根	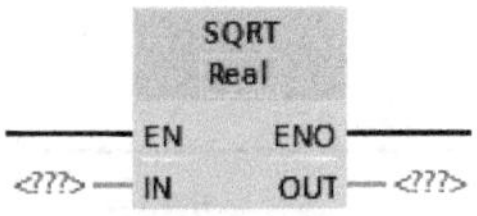	SQRT 求浮点数的平方根。当地址大于 0 时，此指令得出一个正的结果。唯一例外的是，0 的平方根是 0
求平方	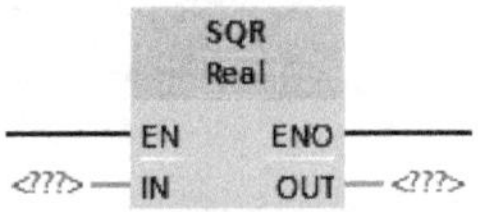	SQR 求浮点数的平方
求自然对数	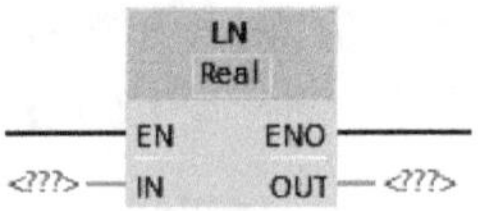	LN 求浮点数的自然对数
计算指数值	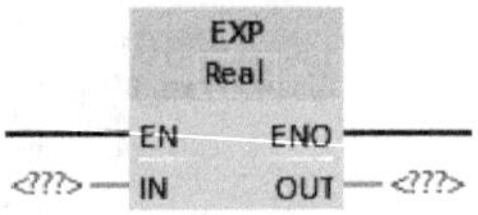	EXP 求浮点数的以 e 为底的指数值

示例： 输入一个数值，输出该值的绝对值。输入数值的地址为 MD4，输出数值的地址为 MD8。程序设计过程如图 5-9 所示。

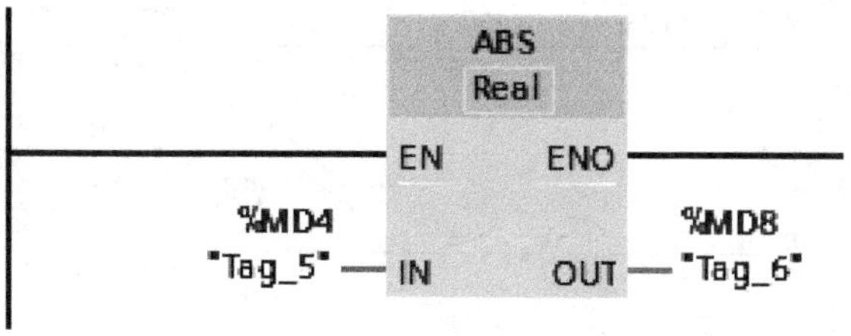

图 5-9　求绝对值程序

5.2.3　三角函数运算指令

三角函数运算指令有六条，分别是正弦、余弦、正切、反正弦、反余弦和反正切，关于它们的使用说明，如表 5-4 所示。

表 5-4　三角函数运算指令

指令名称	梯形图符号	说　明
正弦（SIN）	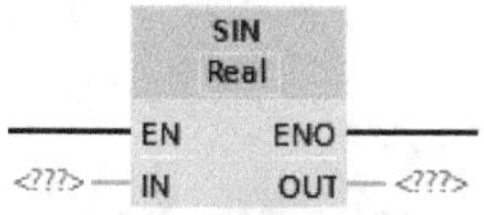	SIN 求浮点数的正弦值。这里浮点数代表以弧度为单位的一个角度
余弦（COS）	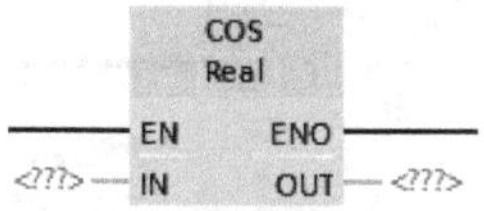	COS 求浮点数的余弦值。这里浮点数代表以弧度为单位的一个角度
正切（TAN）	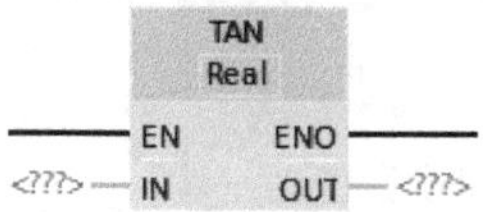	TAN 求浮点数的正切值。这里浮点数代表以弧度为单位的一个角度
反正弦（ASIN）	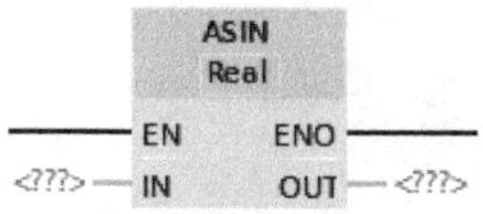	ASIN 求一个定义在$-1\leq$输入值≤ 1范围内的浮点数的反正弦值。结果代表下式范围内的一个以弧度为单位的角度 $-\pi/2\leq \text{output value}\leq +\pi/2$
反余弦（ACOS）	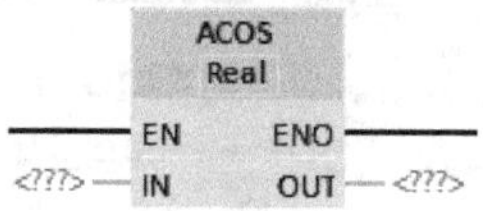	ACOS 求一个定义在$-1\leq$输入值≤ 1范围内的浮点数的反余弦值。结果代表下式范围内的一个以弧度为单位的角度 $0\leq \text{output value}\leq +\pi$
反正切（ATAN）	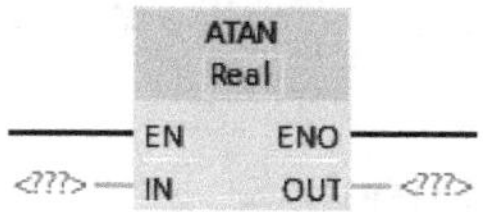	ACOS 求一个定义在$-1\leq$输入值≤ 1范围内的浮点数的反正切值。结果代表下式范围内的一个以弧度为单位的角度 $-\pi/2\leq \text{output value}\leq +\pi/2$

示例：要求在一块长方形铝制肋板上加工 5 个沉头孔和一个三角形通槽，图 5-10 为肋板上孔和槽的加工位置示意图。X 和 Y 两个方向的运动由伺服电动机带动的工作台控制。

工作台进行直线校准，首先设定工作台 Y 轴进给速度，设定范围为 5~15 mm/s，以及 X 轴与 Y 轴之间夹角（设定范围为 0~90°）。按下启动按钮后，两个电动机开始走斜线。

Y 轴的速度存放在 MD4，X 轴与 Y 轴之间夹角存放在 MD8，求 X 轴的速度，X 轴的速度存放在 MD12。

X 轴速度可以由以下公式计算得出：

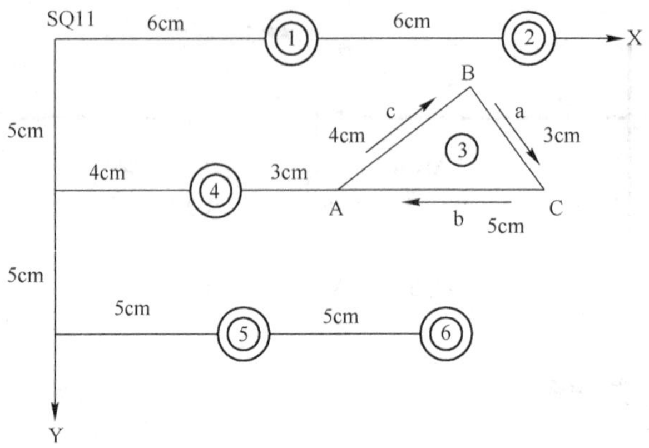

图 5-10　孔和槽加工位置示意图

X 轴速度=tan a×Y 轴速度

公式中 a 为 X 轴与 Y 轴之间夹角。

程序设计过程如图 5-11~图 5-13 所示。

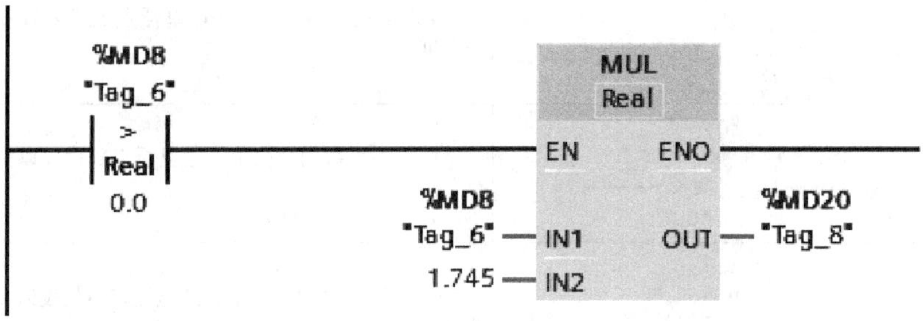

图 5-11　夹角角度数值转换弧度数值

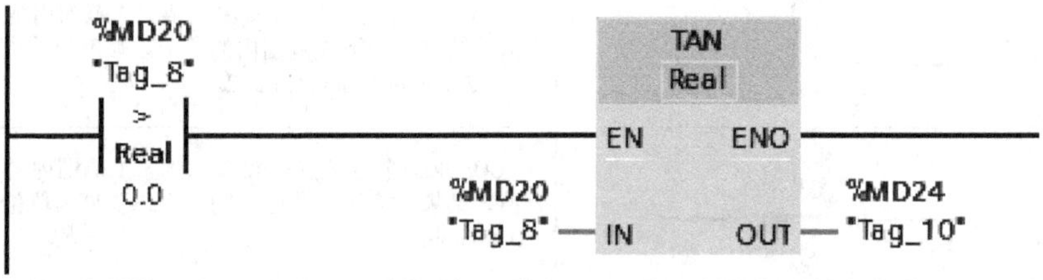

图 5-12　求夹角正切

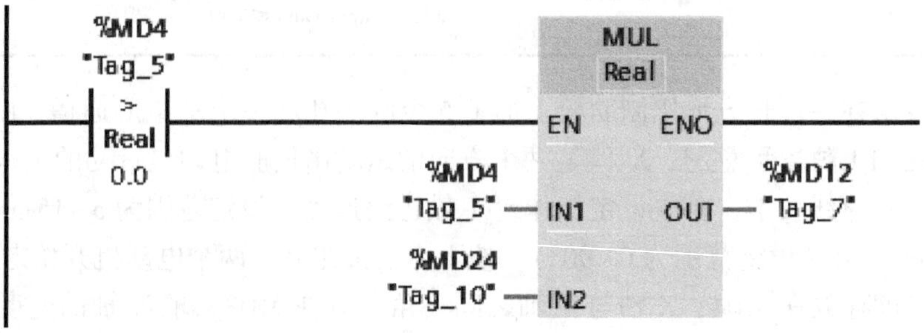

图 5-13　计算 X 轴速度

5.3 项目训练——自动售货机控制程序设计与调试

某自动售货机主要用来销售 1 元矿泉水和 3 元汽水，可投入 1 元硬币或 5 元纸币。使用前，按下需要的饮料按钮，其中选择矿泉水按下 SB1，选择汽水按下 SB2；然后指示灯 HL1 以 1 Hz 频率闪烁 20 s，期间开始投币。转换开关 SA1 模拟 1 元的检测开关，SA2 模拟 5 元的检测开关，当检测到钱币投入后，开始检测投入金额，当投入金额大于等于产品金额时，指示灯 HL1 熄灭，根据选择的饮料相应的气缸动作 3 s，将饮料推出。其中矿泉水由 YV1 推出，汽水由 YV2 推出。饮料推出后，开始找零钱，找零钱的过程由指示灯 HL2 常亮 3 s 模拟。零钱找完后，指示灯 HL1 以 2 Hz 频率闪烁 3 s 后熄灭。如果在 20 s 之内没有投钱币，则取消本次交易，指示灯 HL1 熄灭。如果在 20 s 之内投入金额不够，则指示灯 HL2 常亮 3 s 模拟退钱。

5.3.1 I/O 地址分配

根据对任务的分析，对控制系统的 I/O 地址进行合理分配，如表 5-5 所示。

表 5-5 I/O 地址分配

输入信号			输出信号		
序号	信号名称	地址	序号	信号名称	地址
1	转换开关 SA1	I0.0	1	指示灯 HL1	Q0.0
2	转换开关 SA2	I0.1	2	指示灯 HL2	Q0.1
3	矿泉水选择按钮 SB1	I0.2	3	YV1	Q0.2
4	汽水选择按钮 SB2	I0.3	4	YV2	Q0.3

5.3.2 硬件设计

根据任务分析，I/O 接线图如图 5-14 所示。

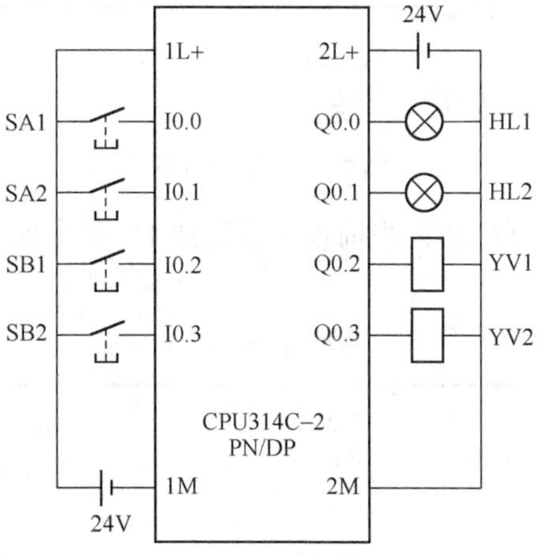

图 5-14 I/O 接线图

5.3.3 软件程序设计

按下矿泉水或汽水按钮后，开始执行程序。当出现投币完成、未投币或投币金额不足三种情况时，该程序执行完毕，程序如图 5-15 所示。

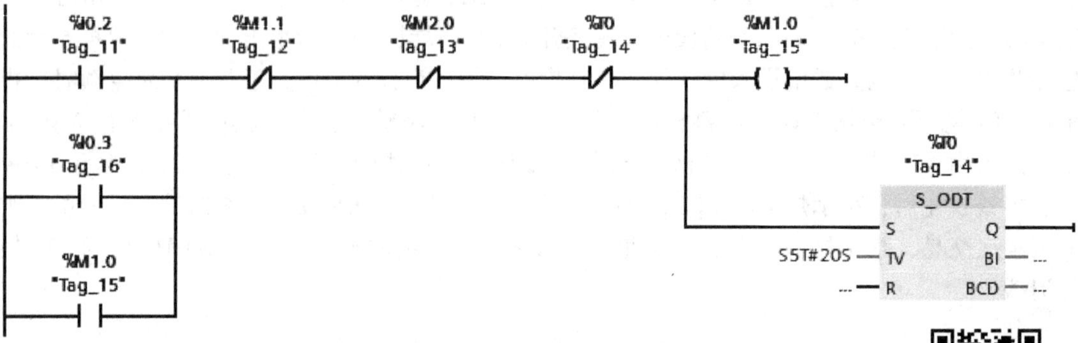

图 5-15　开始执行程序

自动售货机控制实施过程

选择矿泉水时，I0.2 接通，将金额 1 元传送至 MW8，并将购买矿泉水标志位 M4.0 置位为 1，程序如图 5-16 所示。

选择汽水时，I0.3 接通，将金额 3 元传送至 MW8，并将购买汽水标志位 M4.1 置位为 1，程序如图 5-17 所示。

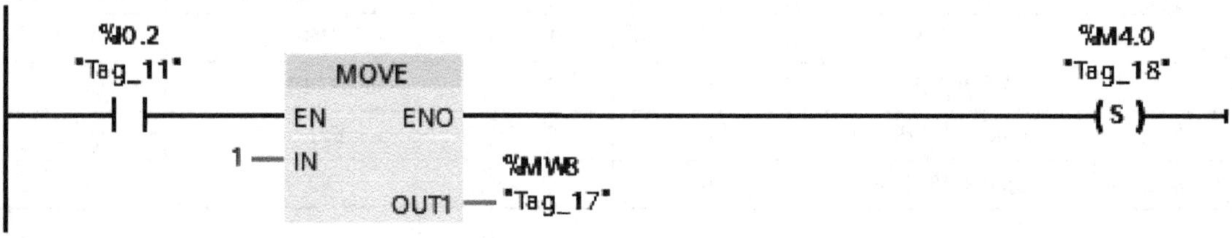

图 5-16　购买矿泉水

图 5-17　购买汽水

当投入 1 元硬币时，I0.0 接通，当前投入金额加 1，程序如图 5-18 所示。

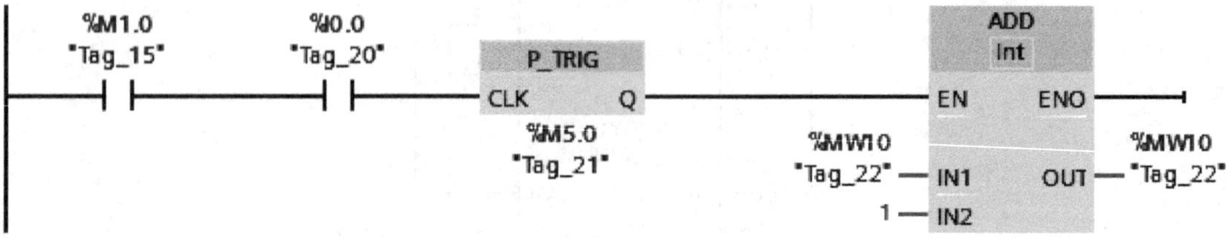

图 5-18　投入 1 元硬币

当投入 5 元纸币时，I0.1 接通，当前投入金额加 5，程序如图 5-19 所示。

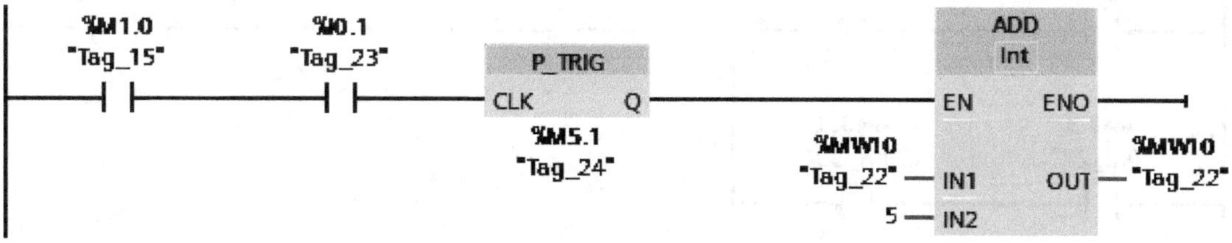

图 5-19 投入 5 元纸币

然后开始判断是否需要找零钱，程序如图 5-20 所示。

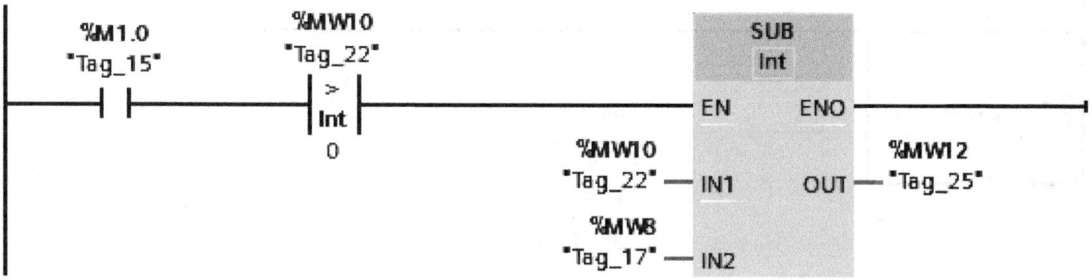

图 5-20 判断是否需要找零钱

当投币金额符合要求，开始推出饮料，程序如图 5-21 所示。

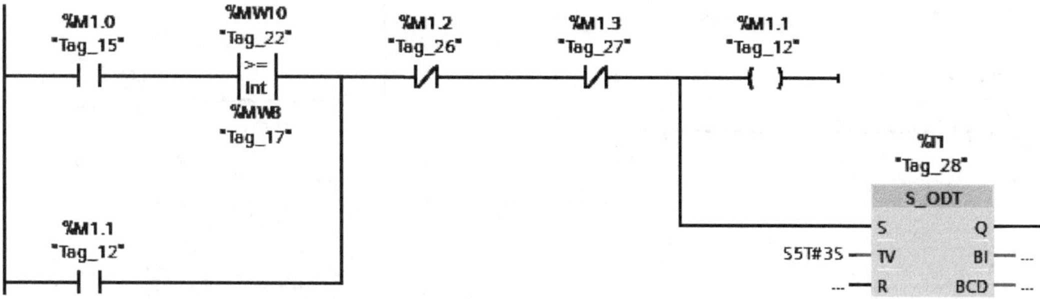

图 5-21 开始推出饮料

各个电磁阀的动作和后续程序如图 5-22~图 5-28 所示。

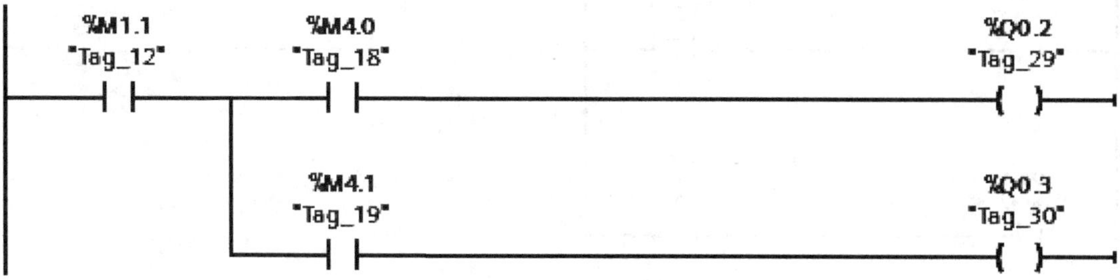

图 5-22 电磁阀动作

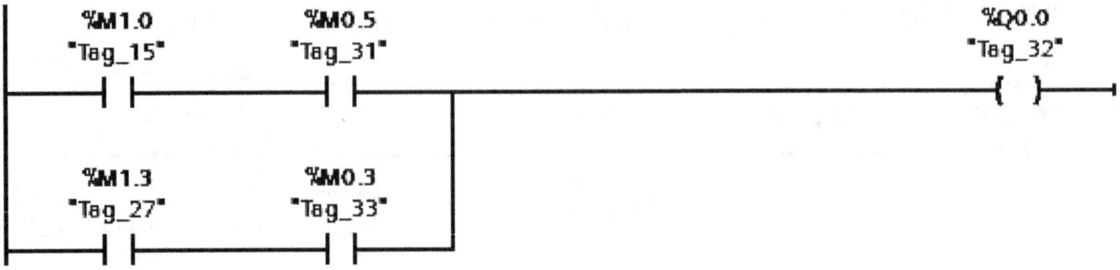

图 5-23　指示灯 HL1 闪烁

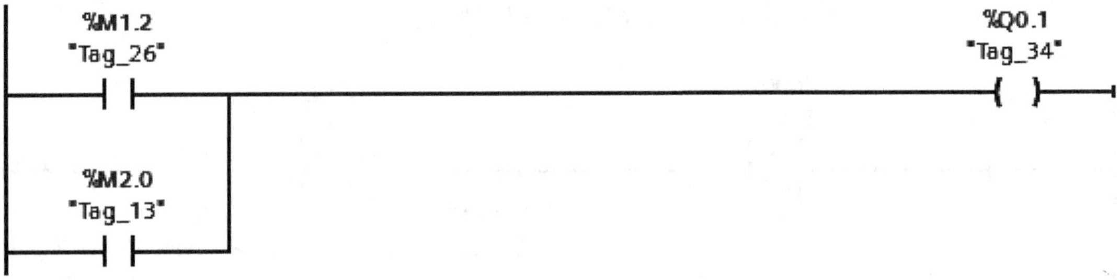

图 5-24　指示灯 HL2 点亮

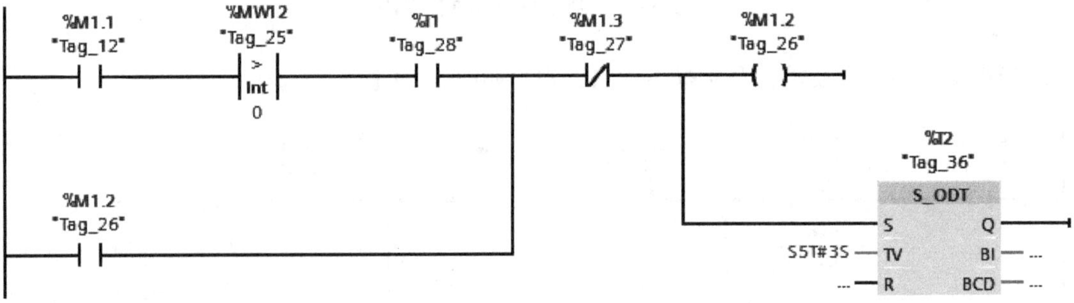

图 5-25　开始找零钱

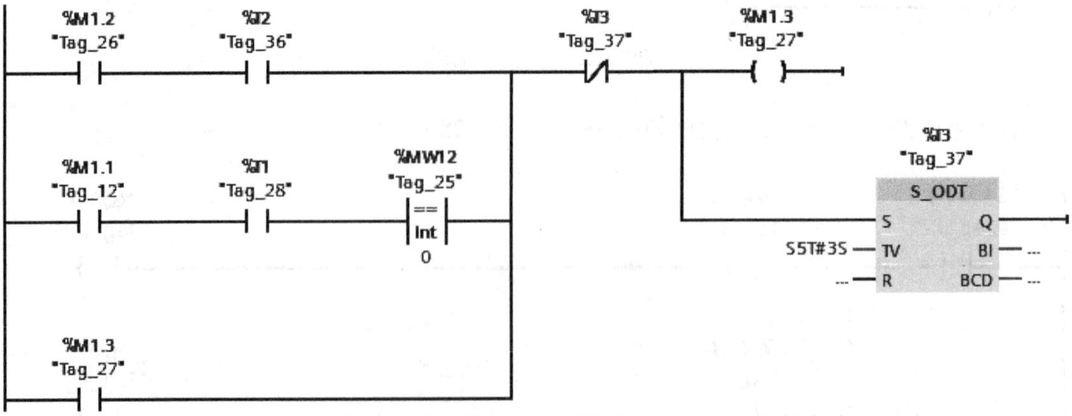

图 5-26　交易完成

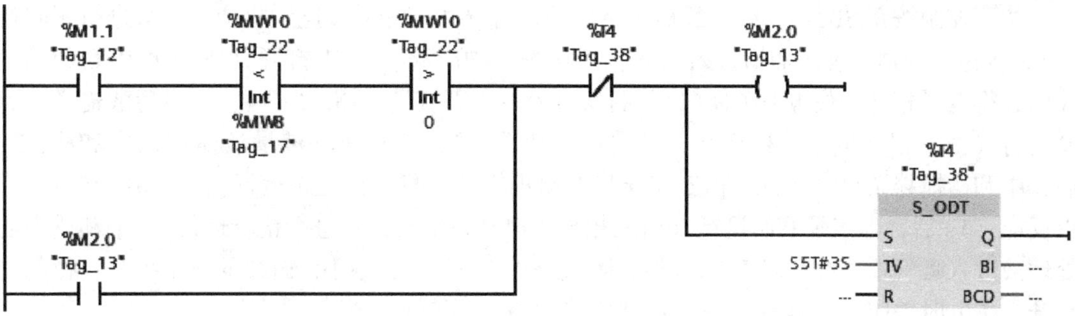

图 5-27 投币金额不足

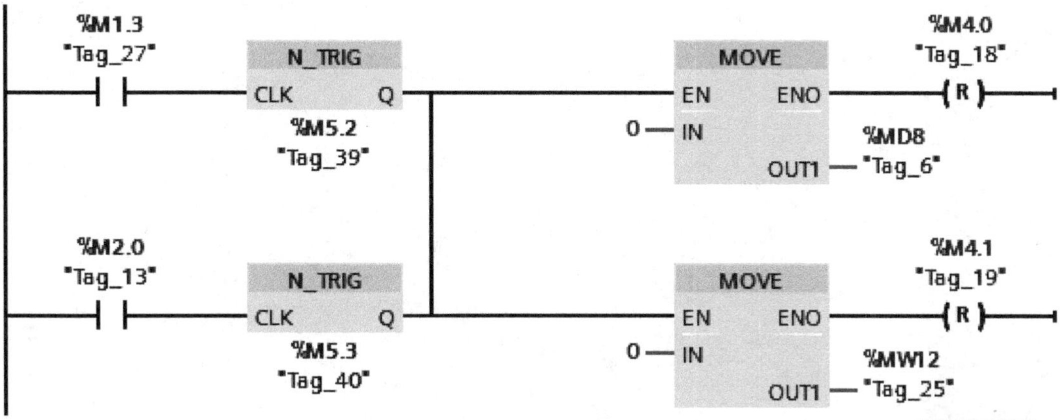

图 5-28 程序执行完毕

自动售货机
控制调试过程

项 目 拓 展

污酸砷回收系统由预处理污酸槽、石灰乳液槽、中和槽、曝气槽和各个输送泵、控制阀等组成，如图 5-29 所示。

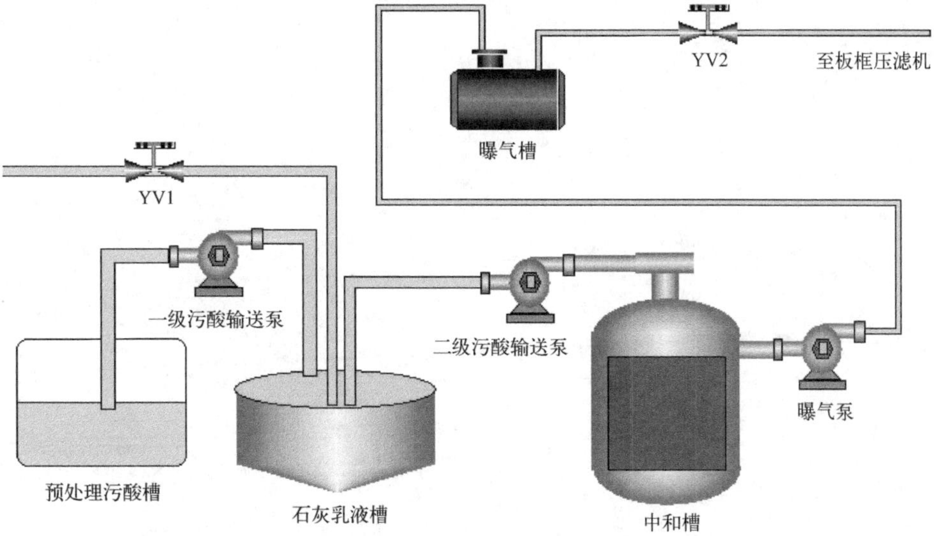

图 5-29 污酸砷回收系统示意图

按下控制按钮 SB1，一级污酸输送泵启动运行（由三相异步电动机拖动，只进行正转运行），将污水从预处理污酸槽打入石灰乳液槽中，同时阀门 YV1 打开（阀门由 PLC 的输出控制，得电时打开，失电时关闭），将石灰乳液打入石灰乳液槽。5 s 后，二级污酸输送泵启动运行（由三相异步电动机拖动，只进行正转运行），将石灰乳液槽液体加入中和槽，2 s 后，中和槽搅拌泵启动运行（由三相异步电动机拖动，只进行正转运行），使污酸与石灰乳液反应。5 s 后，曝气泵开始运行（由三相异步电动机拖动，只进行正转运行），中和槽中的处理液进入曝气槽，中和曝气；5 s 后，曝气阀 YV2 打开（阀门由 PLC 的输出控制，得电时打开，失电时关闭），将曝气槽中的处理液打入板框压滤机。

期间，按下停止按钮 SB2，系统立即停止，再次按下启动按钮，系统开始重新运行。

项目6

音乐喷泉控制程序设计与调试

1930年，德国发明家奥图皮士特先生首先提出音乐喷泉的概念，音乐表演喷泉是在程序控制喷泉的基础上加入了音乐控制系统，计算机通过对音频及乐器数字接口（Musical Instrument Digital Interface，MIDI）信号的识别，进行译码和编码，最终将信号输出到控制系统，使喷泉的造型及灯光的变化与音乐保持同步，从而达到喷泉水型、灯光及色彩的变化与音乐情绪的完美结合，使喷泉表演更加生动，更加富有内涵及体现水的艺术。音乐喷泉可以根据音乐的高低起伏而变化，用户可以在编辑界面编写自己喜爱的音乐程序，实现音乐、水、灯光气氛的统一。

6.1　移位指令及应用

移位指令的功能是将数据向左或向右移动。

6.1.1　移位指令的概述

移位指令将累加器1的低字或累加器1的全部内容左移或右移若干位。无符号数（字或双字）移位后空出来的位填以0，有符号数（整数或双整数）右移后空出来的位填与符号位对应的二进制数，正数的符号位为0，负数的符号位为1。最后移出的位被装入状态字的CC1位。

6.1.2　有符号数移位指令

有符号数移位指令有两条，分别是右移整数和右移长整数，关于它们的使用说明，如表6-1所示。

表6-1　有符号数移位指令

指令名称	梯形图符号	说　明
右移整数	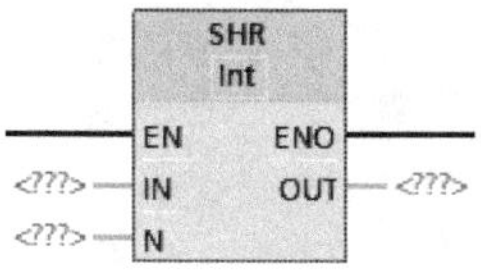	SHR_I指令通过使能输入位置上的逻辑1来激活。SHR_I指令用于将输入IN的0~15位逐位向右移动，16~31位不受影响。输入N用于指定移位的位数，如果N>16，命令将按照N=16的情况执行。自左移入的、用于填补空出位的位置将被赋予位15的逻辑状态（整数的符号位）。这意味着，当该整数为正时，这些位将被赋值0，而当该整数为负时，则被赋值为1。可在输出OUT位置扫描移位指令的结果。如果$N\neq0$，则SHR_I会将CC 0位和OV位设为0

（续）

指令名称	梯形图符号	说　明
右移长整数	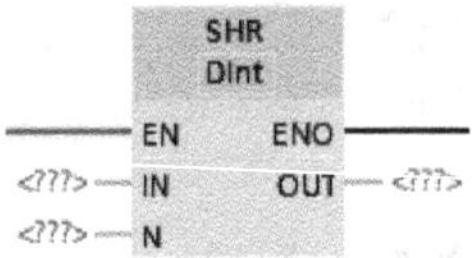	SHR_DI 指令通过使能输入位置上的逻辑 1 来激活。SHR_DI 指令用于将输入 IN 的 0~31 位逐位向右移动。输入 *N* 用于指定移位的位数。如果 *N*>32，命令将按照 *N*=32 的情况执行。自左移入的、用于填补空出位的位置将被赋予位 31 的逻辑状态（整数的符号位）。这意味着，当该整数为正时，这些位将被赋值 0，而当该整数为负时，则被赋值为 1。可在输出 OUT 位置扫描移位指令的结果。如果 *N*≠0，则 SHR_DI 会将 CC 0 位和 OV 位设为 0

6.1.3　无符号数移位指令

无符号数移位指令有四条，分别是向左移位字、向右移位字、向左移位双字和向右移位双字。关于它们的使用说明，如表 6-2 所示。

表 6-2　无符号数移位指令

指令名称	梯形图符号	说　明
向左移位字	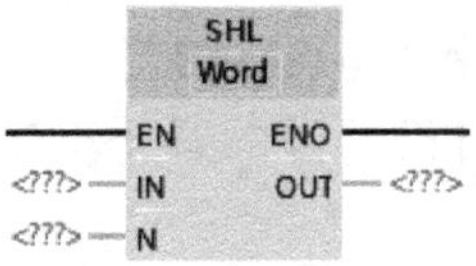	SHL_W 指令通过使能输入位置上的逻辑 1 来激活。SHL_W 指令用于将输入 IN 的 0~15 位逐位向左移动，16~31 位不受影响。输入 *N* 用于指定移位的位数。若 *N*>16，此命令会在输出 OUT 位置上写入 0，并将状态字中的 CC 0 位和 OV 位设置为 0。将自右移入 *N* 个零，用以补上空出的位置。可在输出 OUT 位置扫描移位指令的结果。如果 *N*≠0，则 SHL_W 会将 CC0 位和 OV 位设为 0
向右移位字	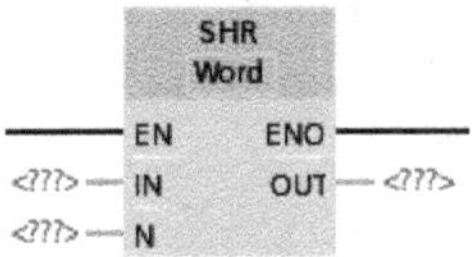	SHR_W 指令通过使能输入位置上的逻辑 1 来激活。SHR_W 指令用于将输入 IN 的 0~15 位逐位向右移动。16~31 位不受影响。输入 *N* 用于指定移位的位数。若 *N*>16，此命令会在输出 OUT 位置上写入 0，并将状态字中的 CC 0 位和 OV 位设置为 0。将自左移入 *N* 个 0，用以补上空出的位置。可在输出 OUT 位置扫描移位指令的结果。如果 *N*≠0，则 SHR_W 会将 CC0 位和 OV 位设为 0
向左移位双字	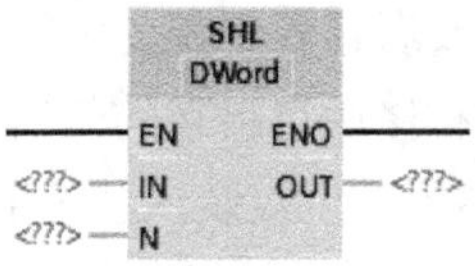	SHL_DW 指令通过使能输入位置上的逻辑 1 来激活。SHL_DW 指令用于将输入 IN 的 0~31 位逐位向左移动。输入 *N* 用于指定移位的位数。若 *N*>32，此命令会在输出 OUT 位置上写入 0 并将状态字中的 CC 0 位和 OV 位设置为 0。将自右移入 *N* 个 0，用以补上空出的位置。可在输出 OUT 位置扫描双字移位指令的结果。如果 *N*≠0，则 SHL_DW 会将 CC 0 位和 OV 位设为 0
向右移位双字	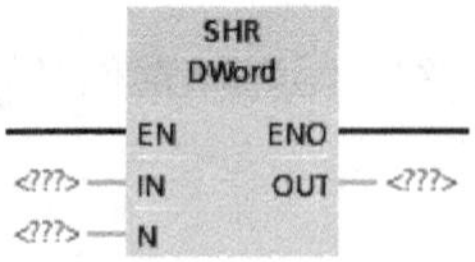	SHR_DW 指令通过使能输入位置上的逻辑 1 来激活。SHR_DW 指令用于将输入 IN 的 0~31 位逐位向右移动。输入 *N* 用于指定移位的位数。若 *N*>32，此命令会在输出 OUT 位置上写入 0 并将状态字中的 CC 0 位和 OV 位设置为 0。将自左移入 *N* 个 0，用以补上空出的位置。可在输出 OUT 位置扫描双字移位指令的结果。如果 *N*≠0，则 SHR_DW 会将 CC 0 位和 OV 位设为 0

6.1.4　移位指令的应用

左移字指令如图 6-1 所示，右移字指令如图 6-2 所示。

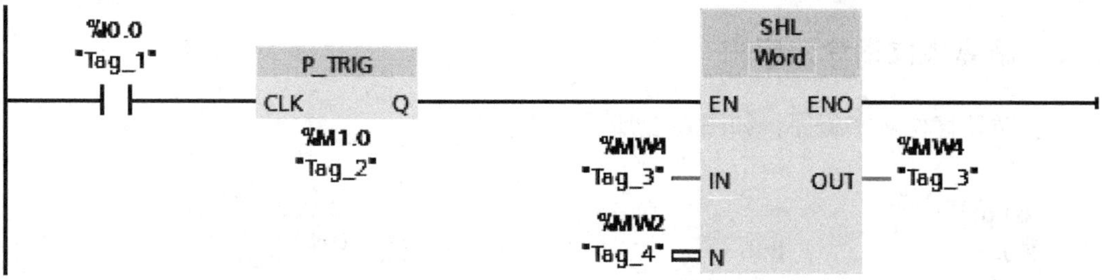

图 6-1 左移字指令

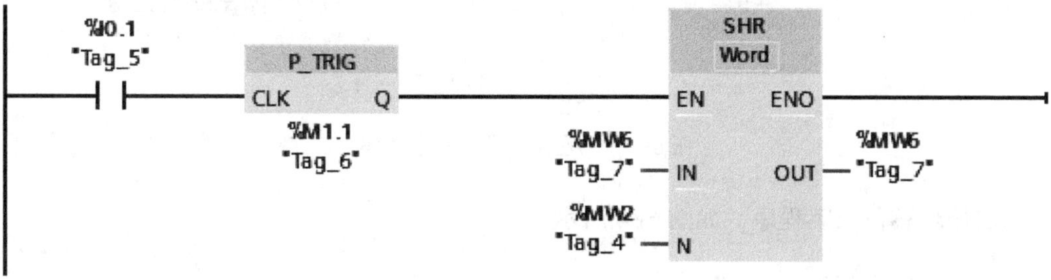

图 6-2 右移字指令

6.2 循环移位指令及应用

循环移位指令将累加器 1 的整个内容逐位循环左移或循环右移若干位，即移出来的位又送回累加器 1 另一端空出来的位，最后移出的位装入状态字的 CC1 位，*N* 为移位的位数，移位的结果保存在输出参数 OUT 指定的地址。

6.2.1 循环移位指令

循环移位指令有两条，分别是向左循环移位双字和向右循环移位双字，关于它们的使用说明，如表 6-3 所示。

表 6-3 循环移位指令

指令名称	梯形图符号	说 明
向左循环移位双字	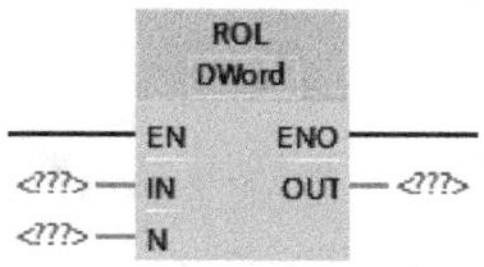	ROL_DW 指令通过使能输入位置上的逻辑 1 来激活。ROL_DW 指令用于将输入 IN 的全部内容逐位向左循环移位。输入 *N* 用于指定循环移位的位数。如果 *N*>32，则双字 IN 将被循环移位（(*N*−1)）对 32 求模，所得的余数+1 位)。自右移入位的位置将被赋予向左循环移出的各个位的逻辑状态。可在输出 OUT 位置扫描双字循环指令的结果。如果 *N*≠0，则 ROL_DW 会将 CC 0 位和 OV 位设为 0
向右循环移位双字	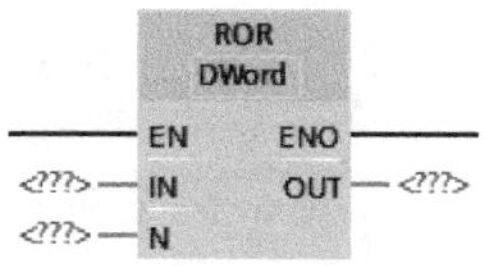	ROR_DW 指令通过使能输入位置上的逻辑 1 来激活。ROR_DW 指令用于将输入 IN 的全部内容逐位向右循环移位。输入 *N* 用于指定循环移位的位数。如果 *N*>32，则双字 IN 将被循环移位（(*N*−1) 对 32 求模，所得的余数+1 位)。自左移入位的位置将被赋予向右循环移出的各个位的逻辑状态。可在输出 OUT 位置扫描双字循环指令的结果。如果 *N*≠0，则 ROR_DW 会将 CC 0 位和 OV 位设为 0

6.2.2 循环移位指令的应用

向左循环移位双字程序，如图 6-3 所示。

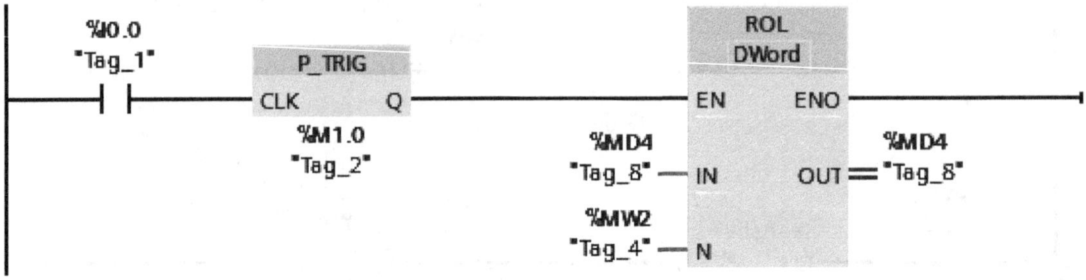

图 6-3 向左循环移位双字程序

向右循环移位双字程序，如图 6-4 所示。

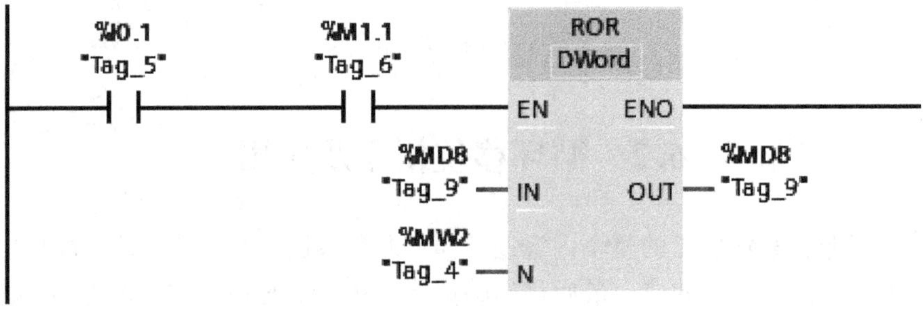

图 6-4 向右循环移位双字程序

6.3 项目训练——音乐喷泉控制程序设计与调试

音乐喷泉的喷头由电磁阀控制（由指示灯 HL 模拟），音乐喷泉示意图如图 6-5 所示。按下启动按钮 SB1，开始喷泉，首先 YV1 打开；YV1 工作 3 s 后，YV2 打开，然后 YV1 关闭；YV2 工作 3 s 后，YV3 打开，然后 YV2 关闭；YV3 工作 3 s 后，YV4 打开，然后 YV3 关闭；YV4 工作 3 s 后，YV5 打开，然后 YV4 关闭；YV5 工作 3 s 后，YV6 打开，然后 YV5 关闭；YV6 工作 3 s 后，YV1 打开，然后 YV6 关闭，一直循环。系统运行期间，按下停止按钮 SB2，系统立即停止。

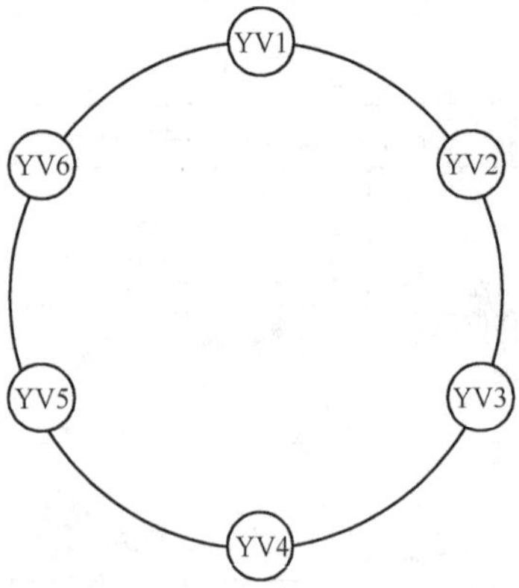

图 6-5 音乐喷泉示意图

6.3.1 I/O 地址分配

根据任务分析，对控制系统的 I/O 地址进行合理分配，如表 6-4 所示。

表 6-4 I/O 地址分配

输入信号			输出信号		
序号	信号名称	地址	序号	信号名称	地址
1	启动按钮 SB1	I0. 0	1	指示灯 HL1	Q0. 0
2	停止按钮 SB2	I0. 1	2	指示灯 HL2	Q0. 1
—	—	—	3	指示灯 HL3	Q0. 2
—	—	—	4	指示灯 HL4	Q0. 3
—	—	—	5	指示灯 HL5	Q0. 4
—	—	—	6	指示灯 HL6	Q0. 5

6. 3. 2 硬件设计

根据任务分析，I/O 接线图如图 6-6 所示。

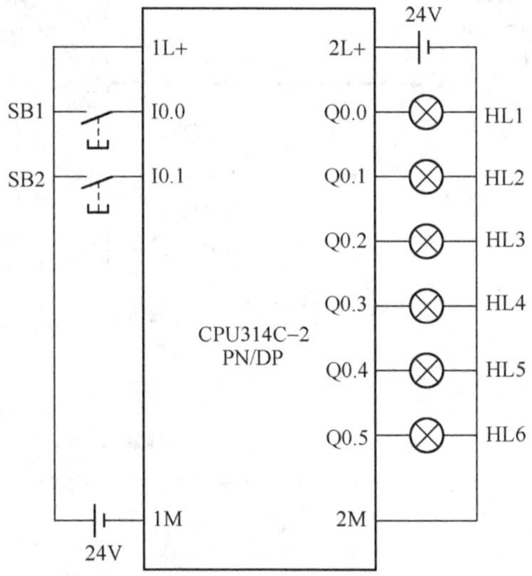

图 6-6 IO 接线图

6. 3. 3 软件程序设计

系统运行程序，如图 6-7 所示。

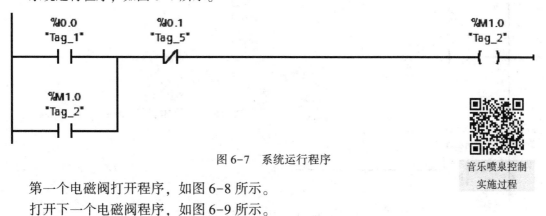

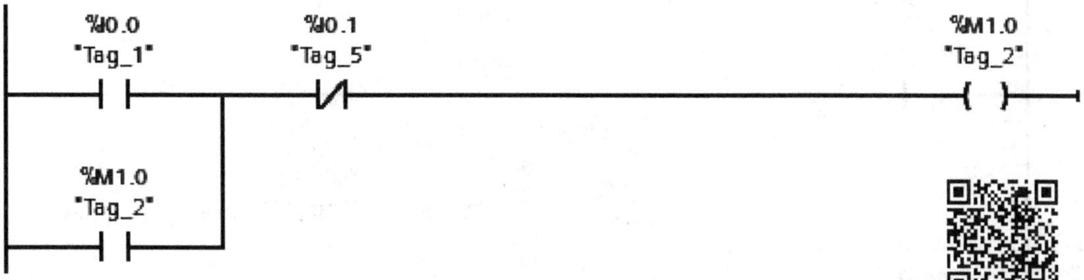

图 6-7 系统运行程序

音乐喷泉控制
实施过程

第一个电磁阀打开程序，如图 6-8 所示。

打开下一个电磁阀程序，如图 6-9 所示。

重新打开第一个电磁阀程序，如图 6-10 所示。

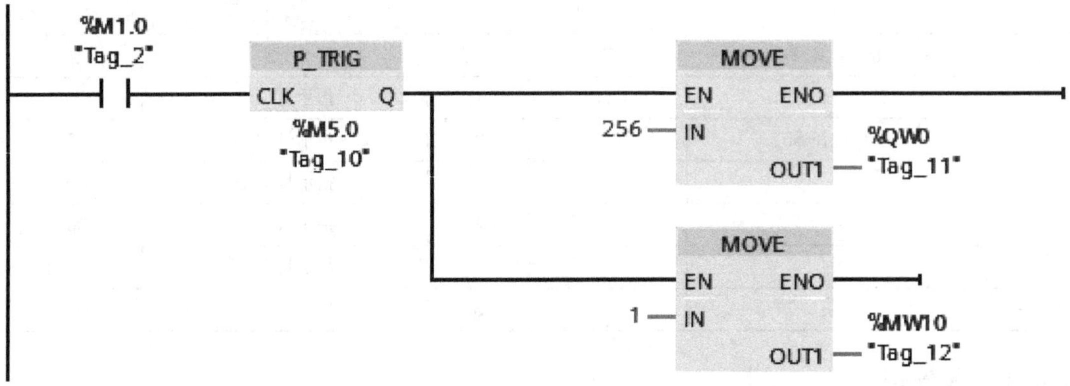

图 6-8　第一个电磁阀打开

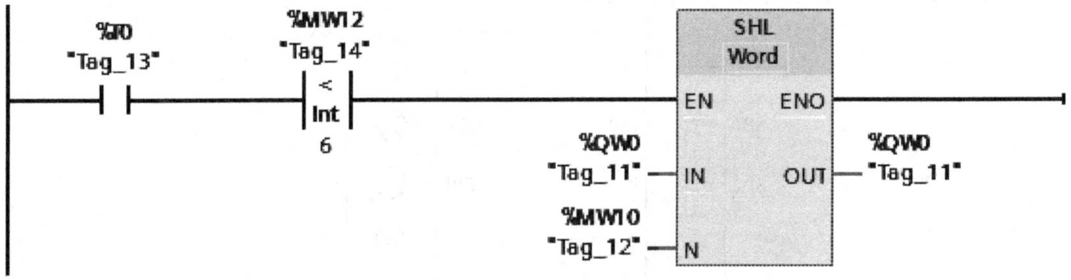

图 6-9　打开下一个电磁阀

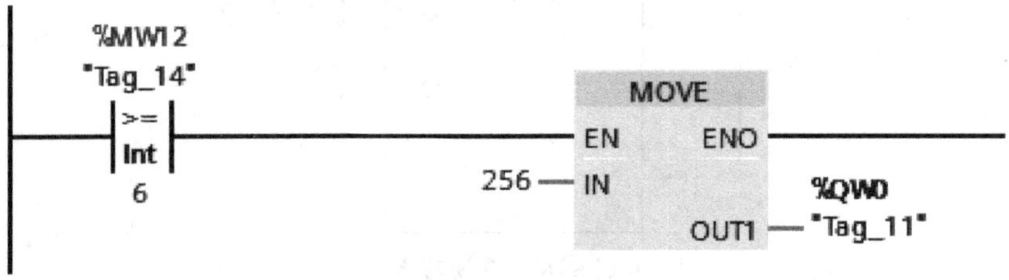

图 6-10　重新打开第一个电磁阀

计数器清零程序，如图 6-11 所示。

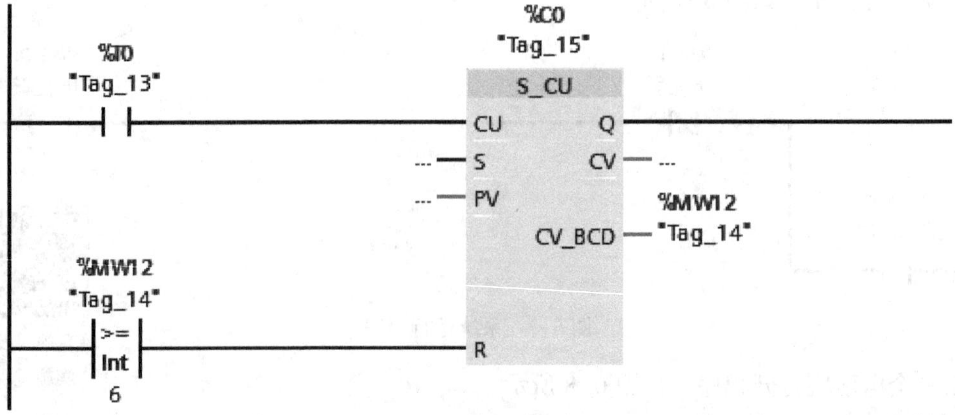

图 6-11　计数器清零

定时 3 s 程序，如图 6-12 所示。

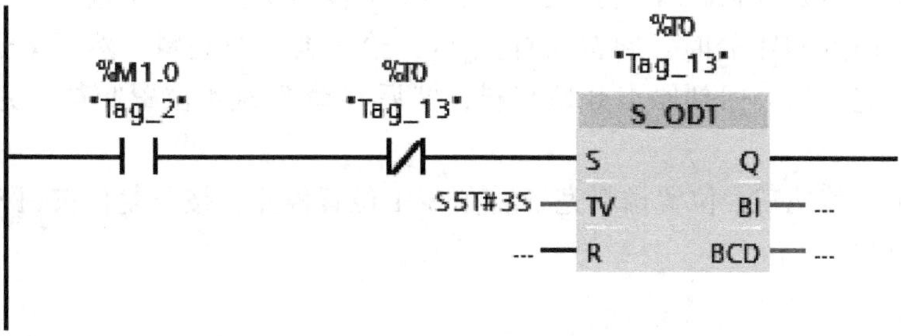

图 6-12 定时 3 s 程序

系统停止程序，如图 6-13 所示。

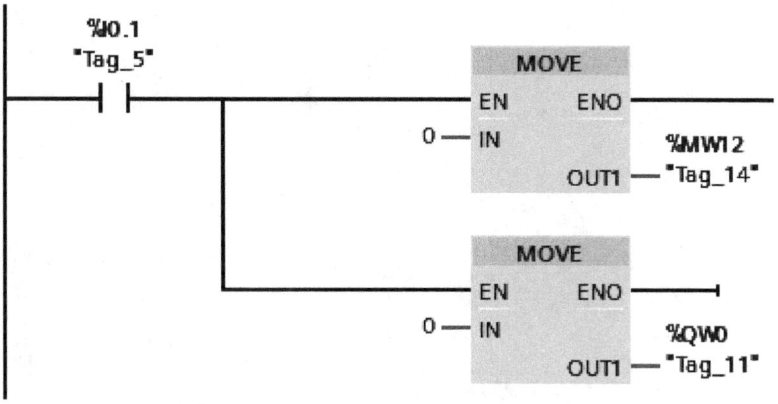

图 6-13 系统停止程序

音乐喷泉控制调试过程

项目拓展

往返运料小车控制系统由运料小车，装料阀 YV1，卸料阀 YV2 组成，如图 6-14 所示，其中 SQ1 是原点位置。系统运行前，小车在原点位置，按下启动按钮 SB1，指示灯 HL1 点

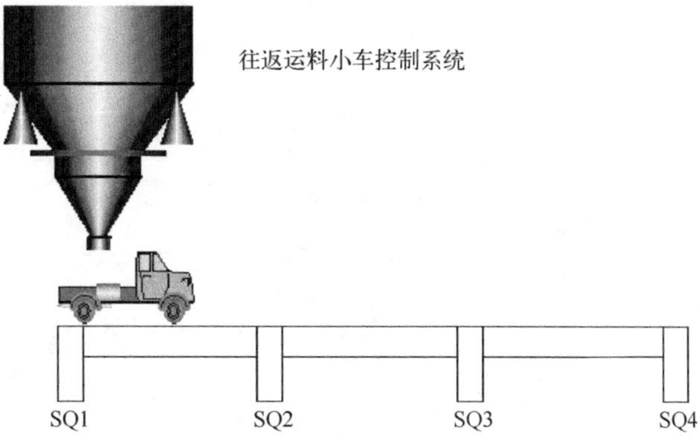

图 6-14 往返运料小车示意图

亮 3 s，模拟装料阀 YV1 打开，然后小车正转移动至 SQ2 位置；当小车移动至 SQ2 时，指示灯 HL2 点亮 3 s，模拟卸料阀 YV2 打开，然后小车反转移动至 SQ1 位置。

当小车达到原点 SQ1 处时，卸料阀打开 3 s，给运料小车装料，然后运送至 SQ3 位置，开始卸料。卸料完毕后，回到原点开始装料，然后移动至 SQ4 位置卸料，完成后回到 SQ1 位置停止。

当运料小车给其他三个位置送料完毕后在 SQ1 位置停止，按下复位按钮 SB2，可以重新执行往返运料过程。

项目 7

水塔液位控制系统程序设计与调试

水塔液位控制系统由水塔、水池、进水阀、进水泵、液位传感器、出水阀和出水泵组成。其中进水阀和出水阀由 PLC 的输出点控制，置位则阀开，复位则阀关；进水泵和出水泵由三相异步电动机拖动，只进行正转；液位传感器负责测量水塔液位，量程范围为 0~1.6 m，由 PLC 的模拟量电流（4~20 mA）测定。

7.1 模拟量信号的应用

模拟量是指变量在一定范围连续变化的量，也就是在一定范围（定义域）内可以取任意值（在值域内）。在工业自动化领域，特别是过程控制行业，有许多连续变化的量，如温度、压力、流量、液位和速度等都是模拟量信号，变频器的频率控制信号、调节阀的位置信号也都是模拟量信号。表 7-1 介绍了常用与 PLC 连接的模拟量设备。

表 7-1 工业现场常见的模拟量信号设备

设备名称	设备信号类型	设备连接对象
压力变送器	无源 4~20 mA	与 PLC 模拟量有源通道连接
温度变送器	无源 4~20 mA	与 PLC 模拟量有源通道连接
温度传感器	电阻、热电势信号	与温度变送器或模拟量温度模块连接
流量变送器	有源 4~20 mA	与 PLC 模拟量无源通道连接
物位变送器	无源 4~20 mA	与 PLC 模拟量有源通道连接
成分变送器	有源 4~20 mA	与 PLC 模拟量无源通道连接
变频器	4~20 mA/0~10 V	接受 PLC 模拟量信号控制
调节阀	4~20 mA	接受 PLC 模拟量信号控制

表 7-1 中的设备信号类型“无源 4~20 mA”的含义是：该设备本身没有连接供电电源，需要 PLC 模拟量通道提供 24 V 直流电，设备根据测量结果反馈 4~20 mA 电流到 PLC 模拟量通道，该类设备也称“两线制仪表”，特点是电源和信号公用。

与“两线制仪表”相对应的是“四线制仪表”，也就是表 7-1 中的设备信号类型“有源 4~20 mA”。如流量变送器，流量变送器本身需要交流 220 V 电源供电，设备根据测量结果反馈 4~20 mA 电流到 PLC 模拟量通道，该模拟量通道本身没有对外输出电源。

两种信号不能接混，否则可能会损坏设备。

西门子 S7-300/400 PLC 在处理模拟量信号时，需要相应的模拟量输入/输出模块，有些型号的 CPU 自身也有一定数量的模拟量通道。本节内容以西门子 314C 2PN/DP 为例，讲述模拟量信号处理过程。

7.1.1 模拟量模块硬件组态

在 CPU 属性窗口中，单击“AI 5/AO 2”，如图 7-1 所示。将通道 0 的测量类型设置为电流，测量范围为 4~20 mA，如图 7-2 所示。

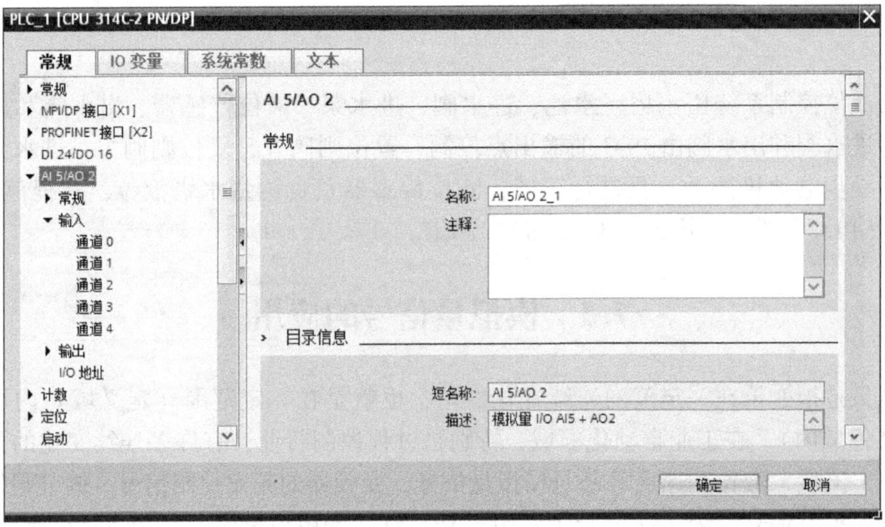

图 7-1　选择模拟量通道

图 7-2　修改模拟量输入参数

7.1.2 缩放 SCALE 的使用

进入 OB1，单击指令栏→“基本指令”→“转换操作”→“SCALE”。

SCALE 的作用是：输入一个整数，转换为以工程单位表示的介于下限和上限之间的浮点数，将结果写入 OUT。

SCALE 功能使用以下等式：$OUT=[((X-K1)/(K2-K1))\times(HI\_LIM-LO\_LIM)]+LO\_LIM$。

等式中的 OUT 为运算结果，X 为 PLC 输入通道的模拟值。K1 为模拟值下限，K2 为模拟值上限；对于单极性 K1=0，K2=27648；对于双极性 K1=-27648，K2=27648。

如果 PLC 的模拟量输入通道的模拟值小于 K1 或大于 K2，则会返回一个错误，ENO 的信号状态将设置为 0，RET_VAL 等于 W#16#0008。SCALE 的参数表见表 7-2。

表 7-2 SCALE 的参数表

参数	描述	数据类型	存储区	描　述
EN	输入	BOOL	I、Q、M、D、L	使能输入
ENO	输出	BOOL	I、Q、M、D、L	使能输出
IN	输入	INT	I、Q、M、D、L、P 或常数	待缩放的输入值
HI_LIM	输入	REAL	I、Q、M、D、L、P 或常数	上限
LO_LIM	输入	REAL	I、Q、M、D、L、P 或常数	下限
BIPOLAR	输入	BOOL	I、Q、M、D、L	指示参数 IN 的值将解释为单极性或者双极性，该参数可采用以下值。 1：双极性 0：单极性
OUT	输出	REAL	I、Q、M、D、L、P	指令的结果
RET_VAL	输出	WORD	I、Q、M、D、L、P	错误信息

7.1.3 模拟量程序编写过程

温度传感器的量程为 0~100℃，压力传感器的量程为-2000~2000 kPa，编写出这两个模拟量的程序，如图 7-3 和图 7-4 所示。

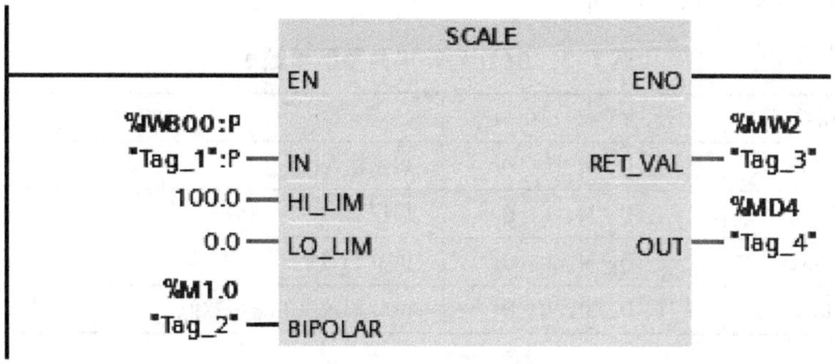

图 7-3 温度传感器程序

使用功能 FC105
处理模拟量信号

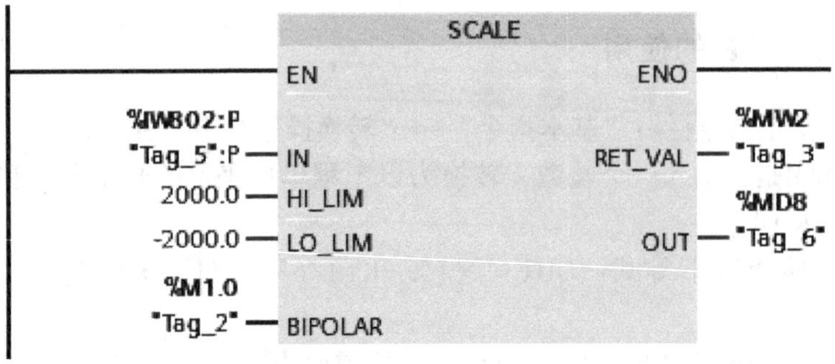

图 7-4　压力传感器程序

7.2　数据转换指令及应用

转换指令的功能是将 N 端的数据进行转换，然后从 OUT 端输出。转换指令如图 7-5 所示。

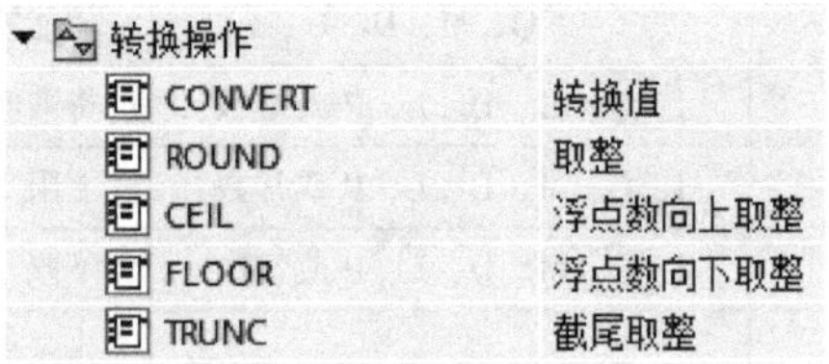

图 7-5　转换指令

7.2.1　数值类型转换指令

数值类型转换指令一共有 6 条，分别是 BCD 码转换为整型、整型转换为 BCD 码、整型转换为长整型、BCD 码转换为长整型、长整型转换为 BCD 码和长整型转换为浮点数。

1. BCD 码转换为整型（BCD_I）

BCD 码转换为整型是将参数 IN 的内容以三位 BCD 码数字（+/-999）读取，并将其转换为整型值（16 位）。整型值的结果通过参数 OUT 输出。ENO 的信号状态始终与 EN 相同，BCD 码转换为整型参数如表 7-3 所示。

表 7-3　BCD 码转换为整型参数表

参数	数据类型	存 储 区	描　　述
EN	BOOL	I、Q、M、L、D	启用输入
ENO	BOOL	I、Q、M、L、D	启用输出
IN	WORD	I、Q、M、L、D	BCD 码数字
OUT	INT	I、Q、M、L、D	BCD 码数字的整型数值

示例：如果输入 I0.0 的状态为 1，则将 MW10 中的内容以三位 BCD 码数字读取，并将其转换为整型值。结果存储在 MW12 中。如果未执行转换（ENO=EN=0），则输出 Q0.0 的

状态为1，程序如图7-6所示。

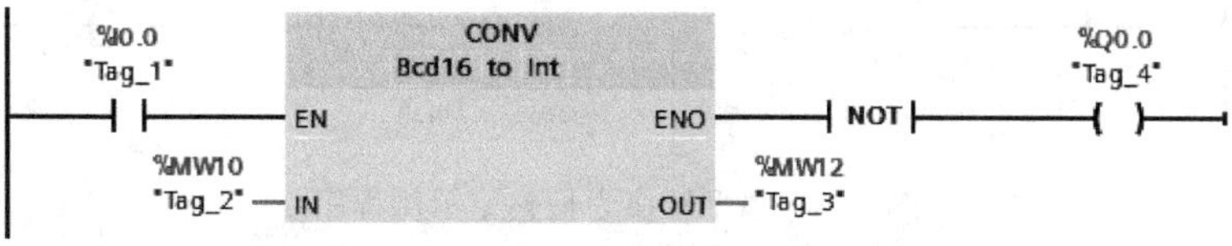

图7-6 BCD码转换为整型指令示例程序

2. 整型转换为BCD码（I_BCD）

整型转换为BCD码是将参数IN的内容以整型值（16位）读取，并将其转换为三位BCD码数字（+/-999）。结果由参数OUT输出。如果产生溢出，ENO的状态为0，整型转换为BCD码参数如表7-4所示。

表7-4 整型转换为BCD码参数表

参数	数据类型	存储区	描述
EN	BOOL	I、Q、M、L、D	启用输入
ENO	BOOL	I、Q、M、L、D	启用输出
IN	INT	I、Q、M、L、D	整数
OUT	WORD	I、Q、M、L、D	整数的BCD码值

示例：如果I0.0的状态为1，则将MW10的内容以整型值读取，并将其转换为三位BCD码数字，结果存储在MW12中。如果产生溢出或未执行指令（I0.0=0），则输出Q0.0的状态为1，程序如图7-7所示。

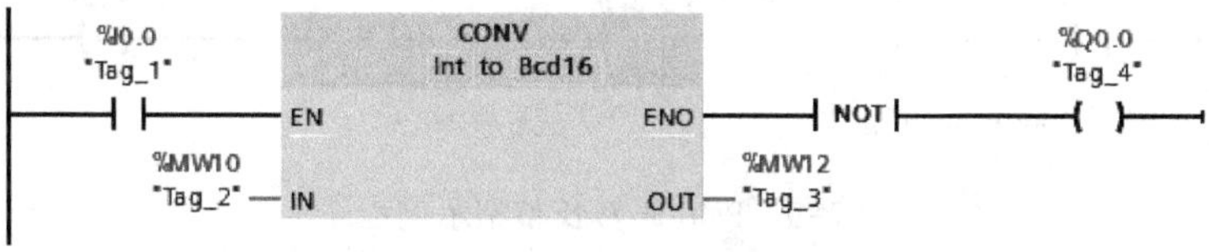

图7-7 整型转换为BCD码示例程序

3. 整型转换为长整型（I_DI）

整型转换为长整型是将参数IN的内容以整型（16位）读取，并将其转换为长整型（32位）。结果由参数OUT输出。ENO的信号状态始终与EN相同，整型转换为长整型参数如表7-5所示。

表7-5 整型转换为长整型参数表

参数	数据类型	存储区	描述
EN	BOOL	I、Q、M、L、D	启用输入
ENO	BOOL	I、Q、M、L、D	启用输出
IN	INT	I、Q、M、L、D	要转换的整型数值
OUT	DINT	I、Q、M、L、D	长整型结果

示例：如果I0.0为1，则MW10的内容以整型读取，并将其转换为长整型。结果存储在MD12中。如果未执行转换（ENO=EN=0），则输出Q0.0的状态为1，程序如图7-8所示。

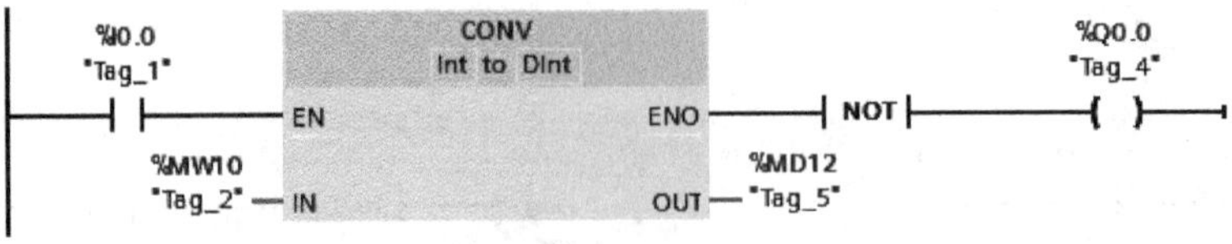

图 7-8　整型转换为长整型示例程序

4. BCD 码转换为长整型（BCD_DI）

将 BCD 码转换为长整型是将参数 IN 的内容以七位 BCD 码（+/-9999999）数字读取，并将其转换为长整型值（32 位）。长整型值的结果通过参数 OUT 输出。ENO 的信号状态始终与 EN 相同，BCD 码转长整型参数如表 7-6 所示。

表 7-6　BCD 码转长整型参数表

参数	数据类型	存　储　区	描　　述
EN	BOOL	I、Q、M、L、D	启用输入
ENO	BOOL	I、Q、M、L、D	启用输出
IN	DWORD	I、Q、M、L、D	BCD 码数字
OUT	DINT	I、Q、M、L、D	BCD 码数字的长整型数值

示例：如果 I0.0 的状态为 1，则将 MD8 的内容以七位 BCD 码数字读取，并将其转换为长整型值。结果存储在 MD12 中。如果未执行转换（ENO＝EN＝0），则输出 Q0.0 的状态为 1，程序如图 7-9 所示。

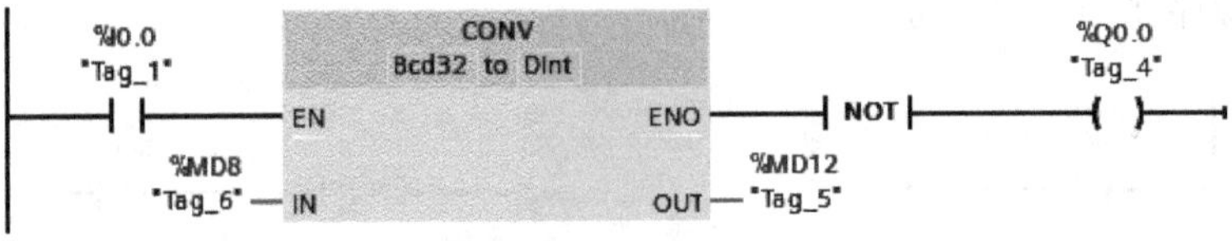

图 7-9　BCD 码转长整型示例程序

5. 长整型转换为 BCD 码（DI_BCD）

长整型转换为 BCD 码是将参数 IN 的内容以长整型值（32 位）读取，并将其转换为七位 BCD 码数字（+/-9999999）。结果由参数 OUT 输出。如果产生溢出，ENO 的状态为 0，长整型转 BCD 码参数如表 7-7 所示。

表 7-7　长整型转 BCD 码参数表

参数	数据类型	存　储　区	描　　述
EN	BOOL	I、Q、M、L、D	启用输入
ENO	BOOL	I、Q、M、L、D	启用输出
IN	DINT	I、Q、M、L、D	长整数
OUT	DWORD	I、Q、M、L、D	长整型的 BCD 码值

示例：如果 I0.0 的状态为 1，则将 MD8 的内容以长整型读取，并将其转换为七位 BCD 码数字。结果存储在 MD12 中。如果产生溢出或未执行指令（I0.0＝0），则输出 Q0.0 的状态为 1，程序如图 7-10 所示。

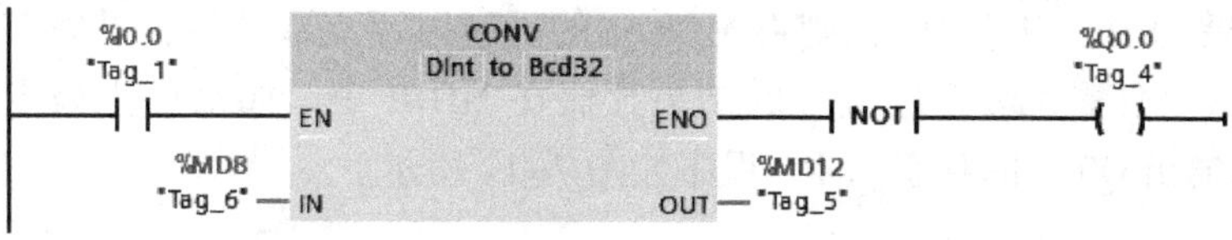

图 7-10 长整型转换为 BCD 码示例程序

6. 长整型转换为浮点数（DI_R）

长整型转换为浮点型是将参数 IN 的内容以长整型读取，并将其转换为浮点数。结果由参数 OUT 输出。ENO 的信号状态始终与 EN 相同，长整型转换为浮点数参数如表 7-8 所示。

表 7-8 长整型转换为浮点数参数表

参数	数据类型	存 储 区	描 述
EN	BOOL	I、Q、M、L、D	启用输入
ENO	BOOL	I、Q、M、L、D	启用输出
IN	DINT	I、Q、M、L、D	要转换的长整型数值
OUT	REAL	I、Q、M、L、D	浮点数结果

示例：如果 I0.0 的状态为 1，则将 MD8 中的内容以长整型读取，并将其转换为浮点数。结果存储在 MD12 中。如果未执行转换（ENO = EN = 0），则输出 Q0.0 的状态为 1，程序如图 7-11 所示。

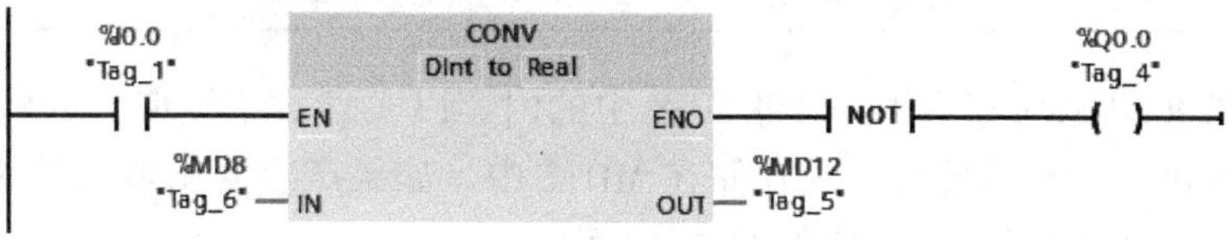

图 7-11 长整型转换为浮点数示例程序

7.2.2 浮点数取整指令

浮点数取整指令一共有 4 条，分别是取整为长整型、截取长整数部分、向上取整和向下取整。

1. 取整为长整型（ROUND）

取整为长整型是将参数 IN 的内容以浮点数读取，并将其转换为长整型（32 位）。结果为最接近的整数（取整到最接近值）。如果浮点数介于两个整数之间，则返回偶数。结果由参数 OUT 输出。如果产生溢出，ENO 的状态为 0，取整为长整型参数如表 7-9 所示。

表 7-9 取整为长整型参数表

参数	数据类型	存 储 区	描 述
EN	BOOL	I、Q、M、L、D	启用输入
ENO	BOOL	I、Q、M、L、D	启用输出
IN	REAL	I、Q、M、L、D	要取整的值
OUT	DINT	I、Q、M、L、D	将 IN 取整至最接近的整数

示例：如果 I0.0 的状态为 1，则将 MD8 中的内容以浮点数读取，并将其转换为最接近的长整数。函数“取整为最接近值”的结果存储在 MD12 中。如果产生溢出或未执行指令（I0.0=0），则输出 Q0.0 的状态为 1，程序如图 7-12 所示。

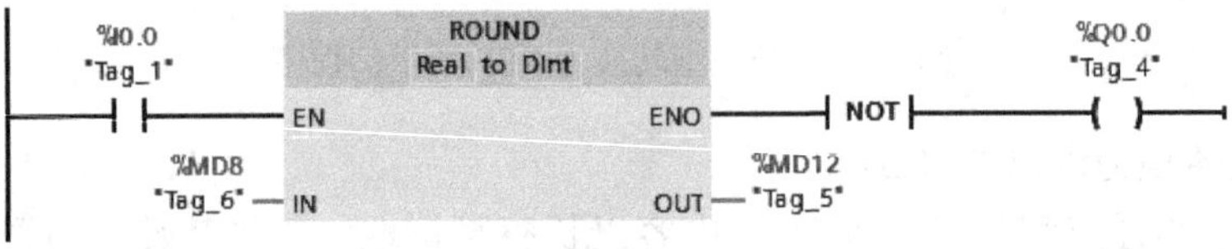

图 7-12　取整为长整型示例程序

2. 截取长整数部分（TRUNC）

截取长整型是将参数 IN 的内容以浮点数读取，并将其转换为长整型（32 位）。“向零取整模式”的长整型结果由参数 OUT 输出。如果产生溢出，ENO 的状态为 0，截取长整数部分参数如表 7-10 所示。

表 7-10　截取长整数部分参数表

参数	数据类型	存 储 区	描　　述
EN	BOOL	I、Q、M、L、D	启用输入
ENO	BOOL	I、Q、M、L、D	启用输出
IN	REAL	I、Q、M、L、D	要转换的浮点数值
OUT	DINT	I、Q、M、L、D	IN 值的所有数字部分

示例：如果 I0.0 的状态为 1，则将 MD8 中的内容以实型数字读取，并将其转换为长整型值。结果为浮点数的整型部分，并存储在 MD12 中。如果产生溢出或未执行指令（I0.0=0），则输出 Q0.0 的状态为 1，程序如图 7-13 所示。

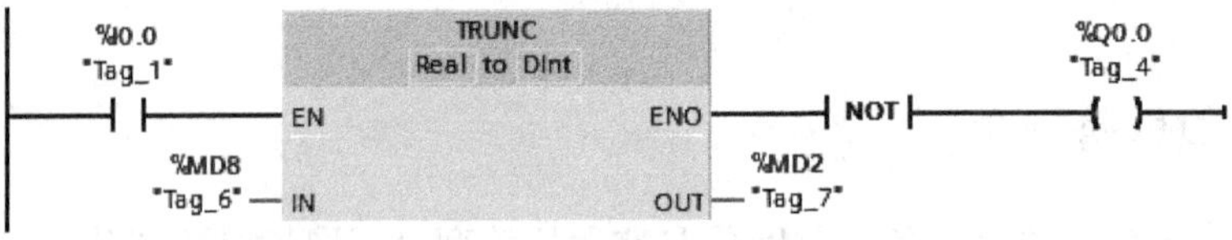

图 7-13　截取长整数部分示例程序

3. 向上取整（CEIL）

向上取整指令是将参数 IN 的内容以浮点数读取，并将其转换为长整型（32 位）。结果为大于该浮点数的最小整数。如果产生溢出，ENO 的状态为 0，向上取整参数如表 7-11 所示。

表 7-11　向上取整参数表

参数	数据类型	存 储 区	描　　述
EN	BOOL	I、Q、M、L、D	启用输入
ENO	BOOL	I、Q、M、L、D	启用输出
IN	REAL	I、Q、M、L、D	要转换的浮点数值
OUT	DINT	I、Q、M、L、D	大于长整型的最小值

示例：如果 I0.0 为 1，则将 MD8 的内容以浮点数读取，并使用取整函数将其转换为长整型。结果存储在 MD12 中。如果出现溢出或未处理指令（I0.0=0），则输出 Q0.0 的状态为 1，程序如图 7-14 所示。

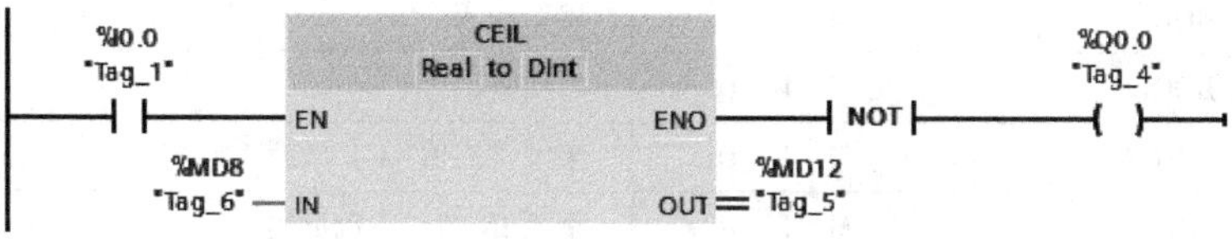

图 7-14 向上取整示例程序

4. 向下取整（FLOOR）

向下取整指令是将参数 IN 的内容以浮点数读取，并将其转换为长整型（32 位）。结果为小于该浮点数的最大整数部分。如果产生溢出，ENO 的状态为 0，向下取整参数如表 7-12 所示。

表 7-12 向下取整参数表

参数	数据类型	存 储 区	描 述
EN	BOOL	I、Q、M、L、D	启用输入
ENO	BOOL	I、Q、M、L、D	启用输出
IN	REAL	I、Q、M、L、D	要转换的浮点数值
OUT	DINT	I、Q、M、L、D	小于长整型的最大值

示例：如果 I0.0 为 1，则将 MD8 的内容以浮点数读取，并按取整到负无穷大模式将其转换为长整型。结果存储在 MD12 中。如果产生溢出或未执行指令（I0.0=0），则输出 Q0.0 的状态为 1，程序如图 7-15 所示。

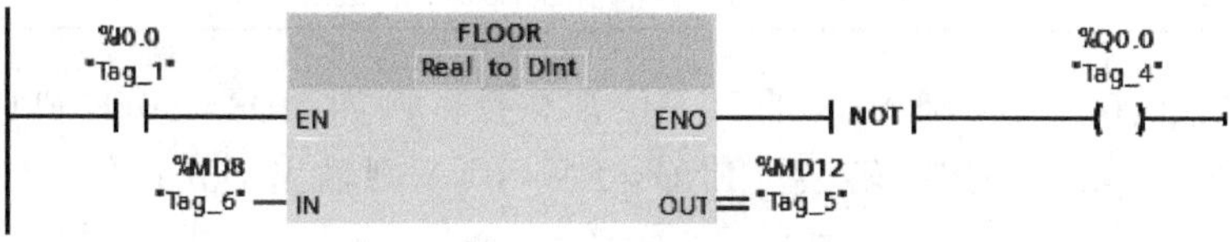

图 7-15 向下取整示例程序

7.2.3 取反求补指令

取反求补指令一共有 5 条，分别是对整数求反码、对长整数求反码、对整数求补码、对长整数求补码和浮点数取反。

1. 对整数求反码（INV_I）

对整数求反码读取 IN 参数的内容，并使用十六进制掩码 W#16#FFFF 执行布尔“异或”运算。此指令将每一位变成相反状态。ENO 的信号状态始终与 EN 相同，对整数求反码参数如表 7-13 所示。

示例：如果 I0.0 为 1，则将 MW8 的每一位都取反，例如 MW8=01000001 10000001 取反结果为 MW10=10111110 01111110。如果未执行转换（ENO=EN=0），则输出 Q0.0 的状

态为 1，程序如图 7-16 所示。

表 7-13　对整数求反码参数表

参数	数据类型	存 储 区	描 述
EN	BOOL	I、Q、M、L、D	启用输入
ENO	BOOL	I、Q、M、L、D	启用输出
IN	INT	I、Q、M、L、D	整型输入值
OUT	INT	I、Q、M、L、D	整型 IN 的二进制反码

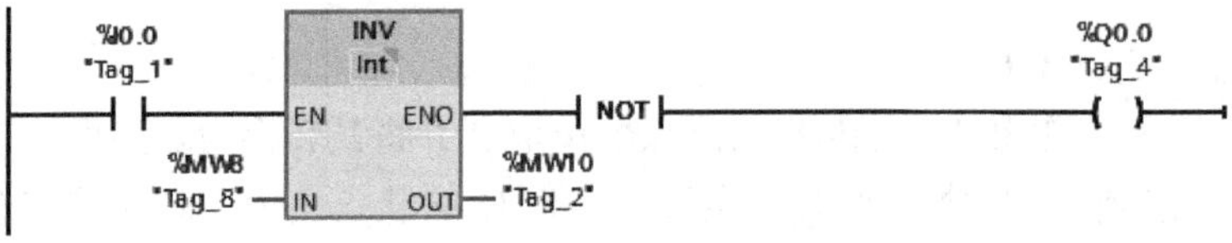

图 7-16　对整数求反码示例程序

2. 对长整数求反码（INV_DI）

对长整型数求反码读取 IN 参数的内容，并使用十六进制掩码 W#16#FFFF FFFF 执行布尔“异或”运算。此指令将每一位转换为相反状态。ENO 的信号状态始终与 EN 相同，对长整数求反码参数如表 7-14 所示。

表 7-14　对长整数求反码参数表

参数	数据类型	存 储 区	描 述
EN	BOOL	I、Q、M、L、D	启用输入
ENO	BOOL	I、Q、M、L、D	启用输出
IN	DINT	I、Q、M、L、D	长整型输入值
OUT	DINT	I、Q、M、L、D	长整型 IN 的二进制反码

示例：如果 I0.0 为 1，则 MD8 的每一位都取反，例如 MD8 = F0FF FFF0 取反结果为 MD12 = 0F00 000F。如果未执行转换（ENO = EN = 0），则输出 Q0.0 的状态为 1，程序如图 7-17 所示。

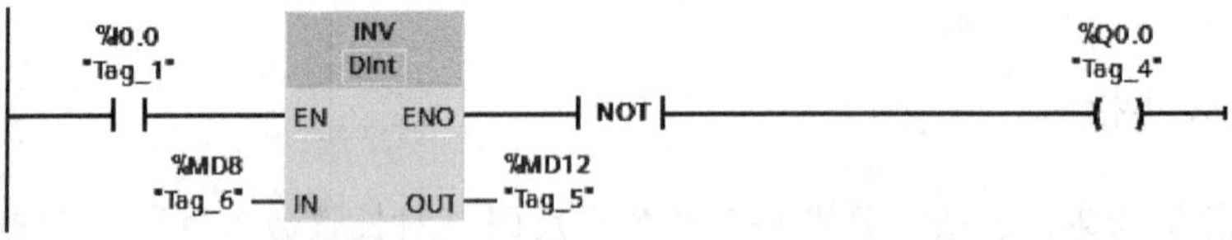

图 7-17　对长整数求反码示例程序

3. 对整数求补码（NEG_I）

对整数求补码读取 IN 参数的内容并执行求二进制补码指令。二进制补码指令等同于乘以（-1）后改变符号（例如：从正值变为负值）。ENO 始终与 EN 的信号状态相同，以下情况例外：如果 EN 的信号状态 = 1 并产生溢出，则 ENO 的信号状态 = 0。对整数求补码参数如表 7-15 所示。

表 7-15 对整数求补码参数表

参数	数据类型	存 储 区	描 述
EN	BOOL	I、Q、M、L、D	启用输入
ENO	BOOL	I、Q、M、L、D	启用输出
IN	INT	I、Q、M、L、D	整型输入值
OUT	INT	I、Q、M、L、D	整型 IN 的二进制补码

示例：如果 I0.0 为 1，则由 OUT 参数将 MW8 的值（符号相反）输出到 MW10。MW8 = +10，结果为 MW10=-10。如果未执行转换（ENO=EN=0），则输出 Q0.0 的状态为 1。如果 EN 的信号状态=1 并产生溢出，则 ENO 的信号状态=0，程序如图 7-18 所示。

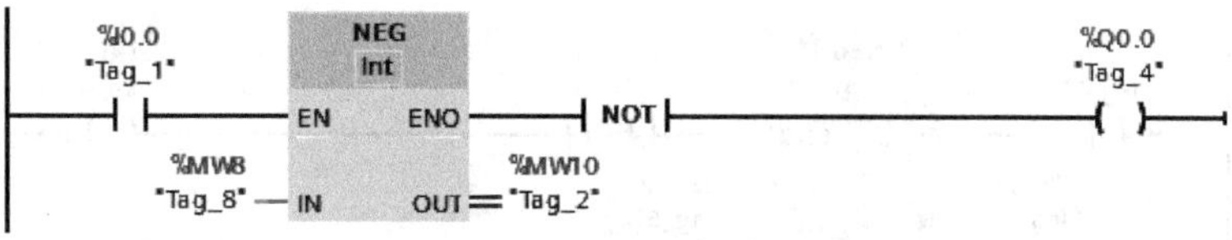

图 7-18 对整数求补码示例程序

4. 对长整数求补码（NEG_DI）

对长整数求补码读取参数 IN 的内容并执行二进制补码指令。二进制补码指令等同于乘以（-1）后改变符号（例如：从正值变为负值）。ENO 始终与 EN 的信号状态相同，以下情况例外：如果 EN 的信号状态=1 并产生溢出，则 ENO 的信号状态=0。对长整数求补码参数如表 7-16 所示。

表 7-16 对长整数求补码参数表

参数	数据类型	存 储 区	描 述
EN	BOOL	I、Q、M、L、D	启用输入
ENO	BOOL	I、Q、M、L、D	启用输出
IN	DINT	I、Q、M、L、D	长整型输入值
OUT	DINT	I、Q、M、L、D	IN 值的二进制补码

示例：如果 I0.0 为 1，则由 OUT 参数将 MD8 的值（符号相反）输出到 MD12。MD8 = +1000，结果为 MD12=-1000。如果未执行转换（ENO=EN=0），则输出 Q4.0 的状态为 1。如果 EN 的信号状态=1 并产生溢出，则 ENO 的信号状态=0，程序如图 7-19 所示。

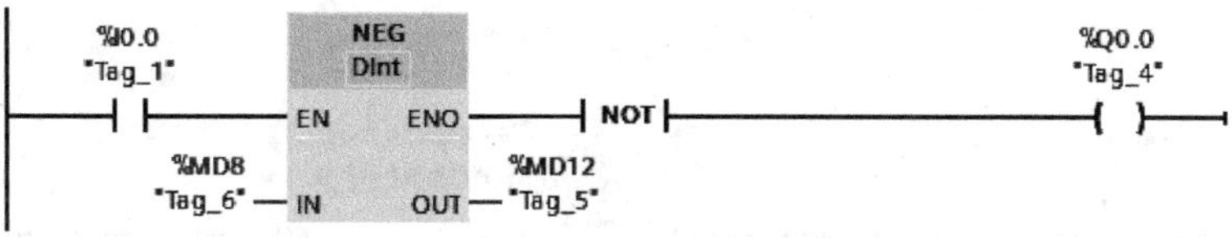

图 7-19 对长整数求补码示例程序

5. 浮点数取反（NEG_R）

取反浮点读取参数 IN 的内容并改变符号。指令等同于乘以（-1）后改变符号（例如：从正值变为负值）。ENO 的信号状态始终与 EN 相同，浮点数取反参数如表 7-17 所示。

表 7-17 浮点数取反参数表

参数	数据类型	存 储 区	描 述
EN	BOOL	I、Q、M、L、D	启用输入
ENO	BOOL	I、Q、M、L、D	启用输出
IN	REAL	I、Q、M、L、D	要转换的浮点数值
OUT	DINT	I、Q、M、L、D	小于长整型的最大值

示例：如果 I0.0 为 1，则由 OUT 参数将 MD8 的值（符号相反）输出到 MD12。MD8 = +6.234，结果为 MD12 = -6.234。如果未执行转换（ENO = EN = 0），则输出 Q4.0 的状态为 1，程序如图 7-20 所示。

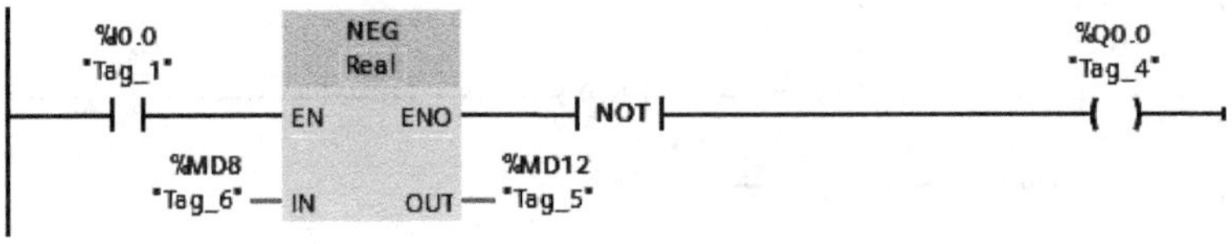

图 7-20 浮点数取反示例程序

7.2.4 数据转换指令的应用

某调节阀反馈开度为 0～100%，信号形式为 4～20 mA。要求不使用 SCALE 的情况下，编写出反馈模拟值对应的阀门开度百分比的程序。其中阀门的反馈模拟值已送至 MW2（0～27648），要求将处理结果存放在 MD4 中。

根据对 SCALE 运算公式的化简，该程序中的数学表达式为 Y = X/27648×100。程序如图 7-21～图 7-23 所示。

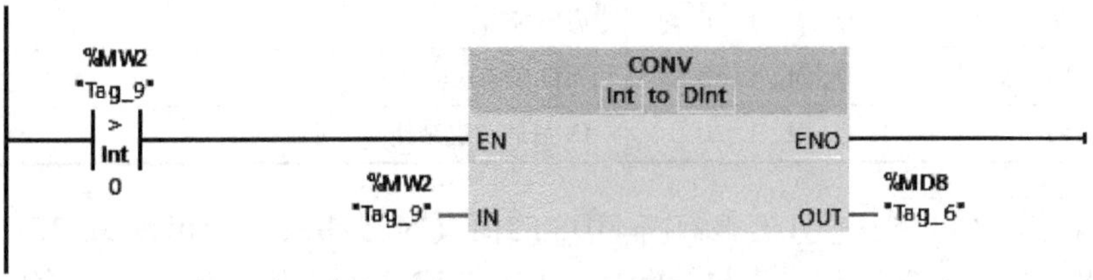

图 7-21 整型转换长整型程序

使用数据转换指令处理模拟量信号

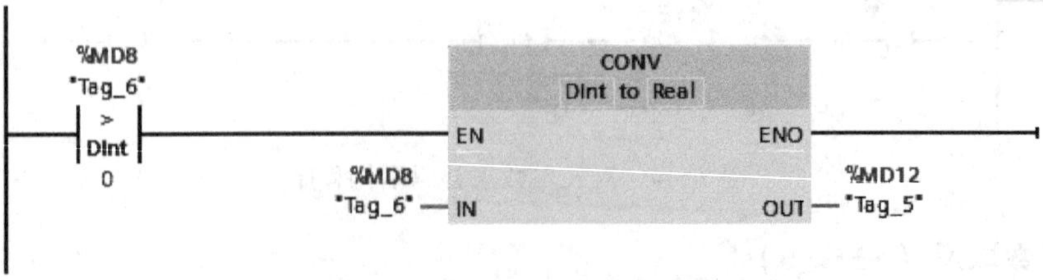

图 7-22 长整型转浮点数程序

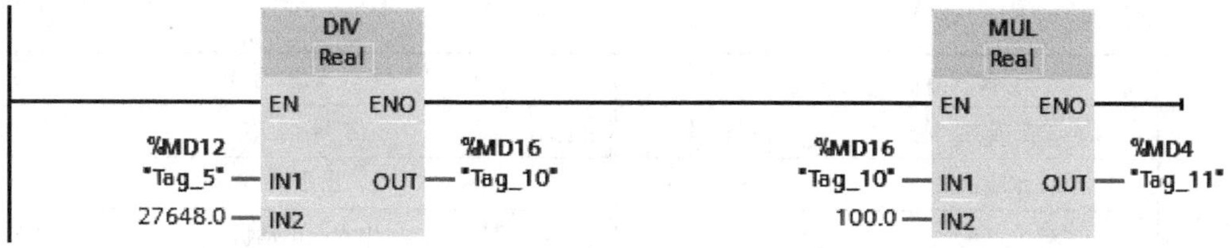

图 7-23 计算完成程序

7.3 项目训练——水塔液位控制系统程序设计与调试

水塔液位控制系统如图 7-24 所示。系统运行前，先将模拟量电流调至 4 mA 左右（不能高于 6 mA），然后按下启动按钮 SB1；首先进水泵启动运行，1 s 后，进水阀打开，液位开始上升（微调恒流源的滑动电阻器）。将电流调至 12 mA，此时液位处于下限位置，进水阀继续保持打开状态，进水泵继续运行。将电流调至 16 mA 以上，此时液位处于上限位置，进水阀首先关闭，1 s 后，进水泵停止运行；在进水阀关闭的同时，出水泵启动运行，1 s 后出水阀打开，水塔液体开始排向水池，液位开始下降（微调恒流源的滑动电阻器）。当液位低于上限位置时，出水阀关闭，1 s 后，出水泵停止。期间按下停止按钮 SB2，电动机立即停止，阀门全部关闭，再次按下启动按钮 SB1，系统从初始状态运行，需要将将模拟量电流调至 4 mA 左右（不能高于 5 mA）。

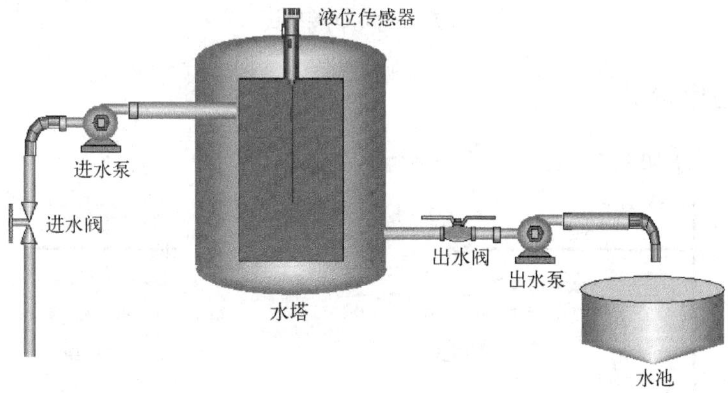

图 7-24 水塔液位控制系统

7.3.1 I/O 地址分配

根据任务分析，对控制系统的 I/O 地址进行合理分配，如表 7-18 所示。

表 7-18 I/O 地址分配表

输入信号			输出信号		
序号	信 号 名 称	地址	序号	信 号 名 称	地址
1	启动按钮 SB1	I0.0	1	进水阀	Q0.0
2	停止按钮 SB2	I0.1	2	进水泵电动机	Q0.1

（续）

输入信号			输出信号		
序号	信号名称	地址	序号	信号名称	地址
3	水塔液位	PIW800	3	出水阀	Q0.2
—	—	—	4	出水泵电动机	Q0.3

7.3.2 硬件设计

根据任务分析，I/O 接线图如图 7-25 所示。

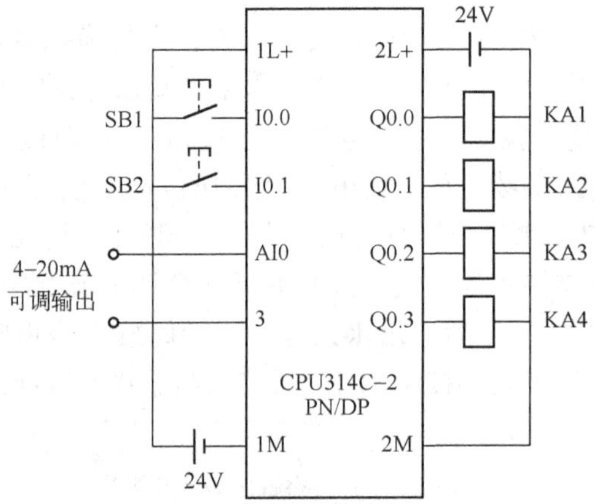

图 7-25 I/O 接线图

7.3.3 软件程序设计

模拟量计算程序如图 7-26~图 7-29 所示。

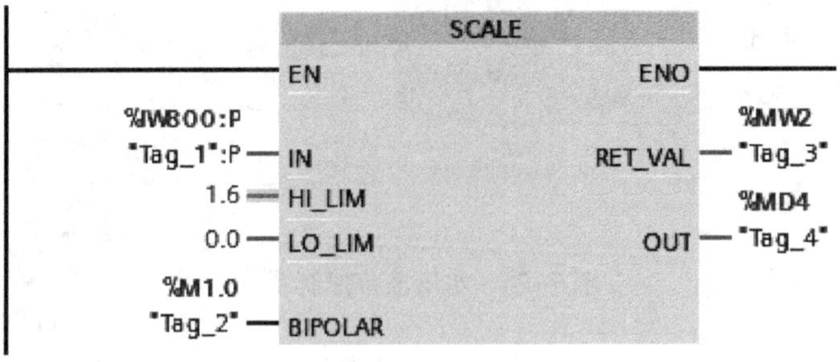

图 7-26 液位计算

水塔液位控制实施过程

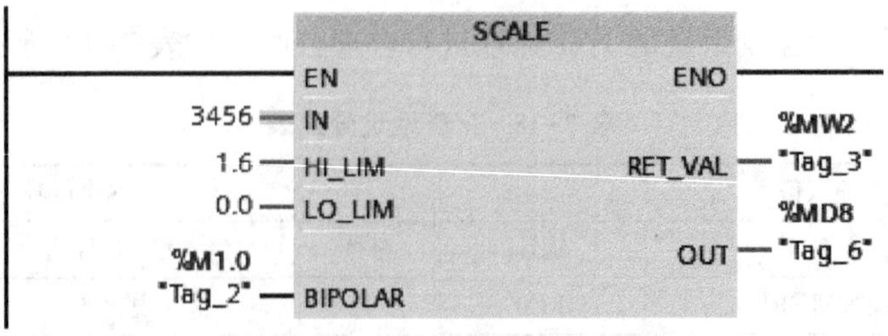

图 7-27 6 mA 电流对应的液位

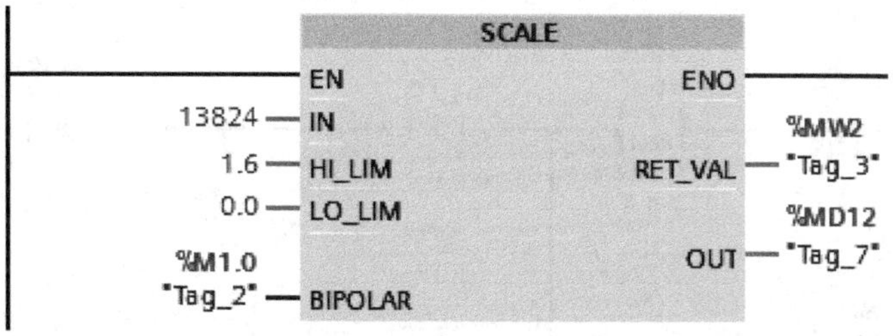

图 7-28　12 mA 电流对应的液位

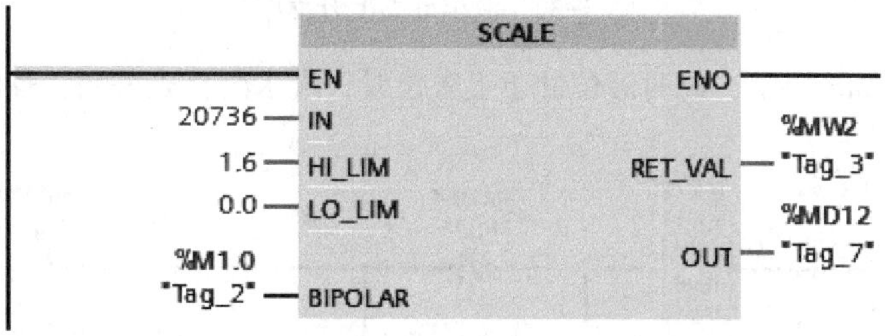

图 7-29　16 mA 电流对应的液位

将模拟量电流调至 4 mA 左右（不能高于 6 mA），然后按下启动按钮 SB1。首先进水泵启动运行，程序如图 7-30 所示。

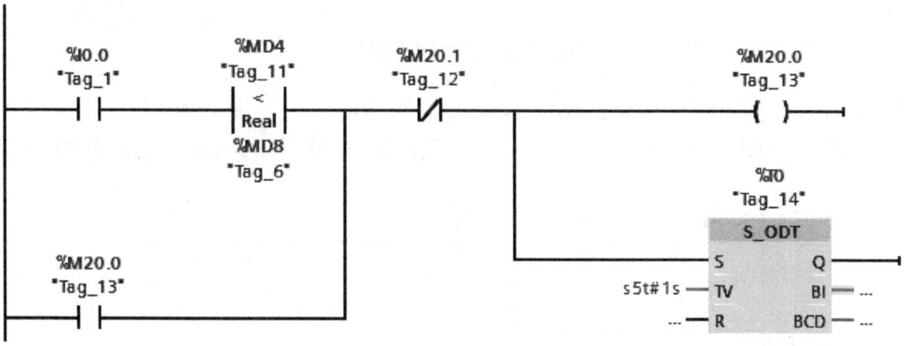

图 7-30　开始运行程序

等待 1 s 后，进水阀打开，液位开始上升（微调恒流源的滑动电阻器），程序如图 7-31 所示。

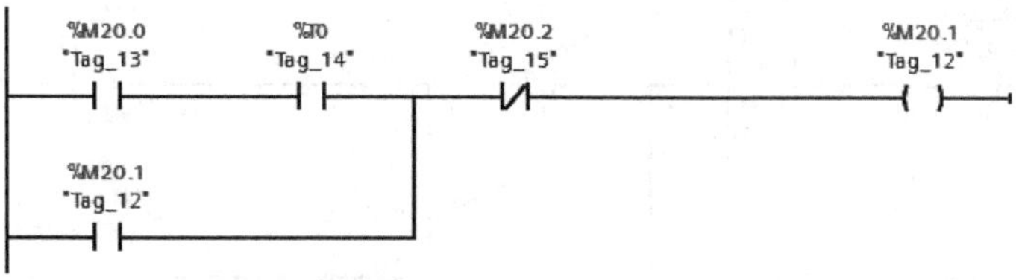

图 7-31　液位开始上升程序

将电流调至 12 mA，此时液位处于下限位置，进水阀继续保持打开状态，进水泵继续运行，程序如图 7-32 所示。

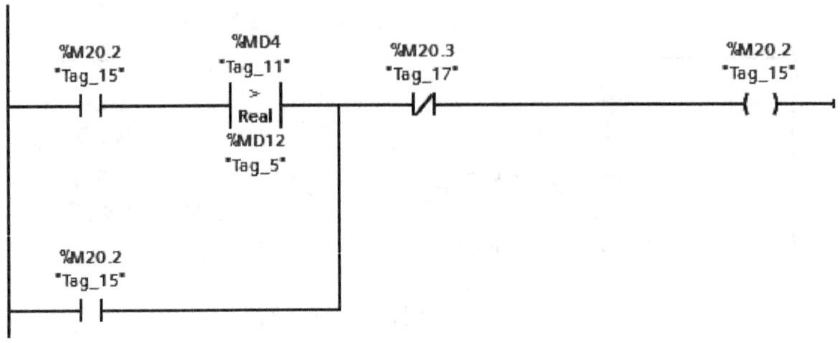

图 7-32　液位继续上升程序

将电流调至 16 mA 以上，此时液位处于上限位置，进水阀首先关闭，程序如图 7-33 所示。

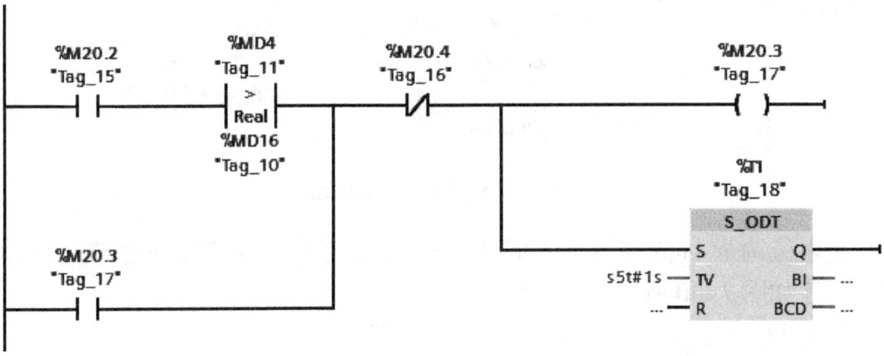

图 7-33　进水阀关闭程序

等待 1 s 后，进水泵停止运行；在进水阀关闭的同时，出水泵启动运行，1 s 后出水阀打开，水塔液体开始排向水池，液位开始下降（微调恒流源的滑动电阻器），程序如图 7-34 所示。

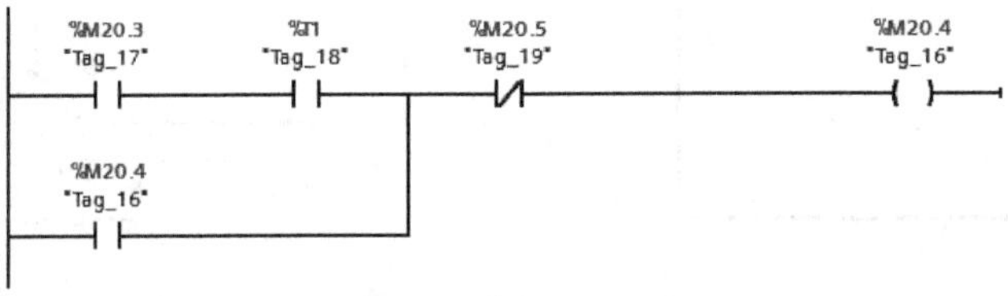

图 7-34　进水泵停止程序

当水池液位低于上限位置时，出水阀关闭，程序如图 7-35 所示。

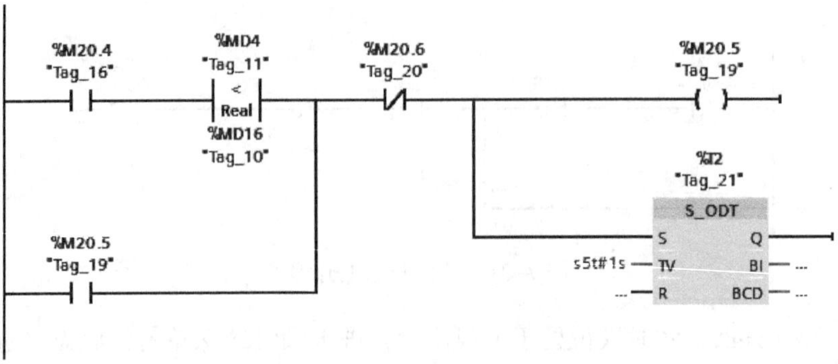

图 7-35　出水阀关闭程序

等待 1 s 后，出水泵停止，程序如图 7-36 所示。

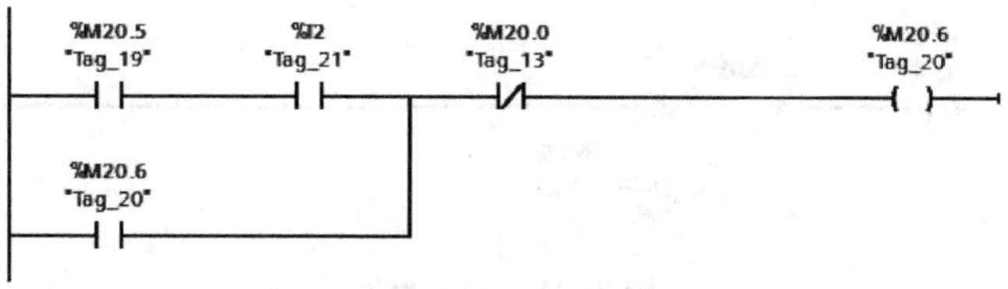

图 7-36 出水泵停止程序

各个电动机的输出程序如图 7-37~图 7-40 所示。

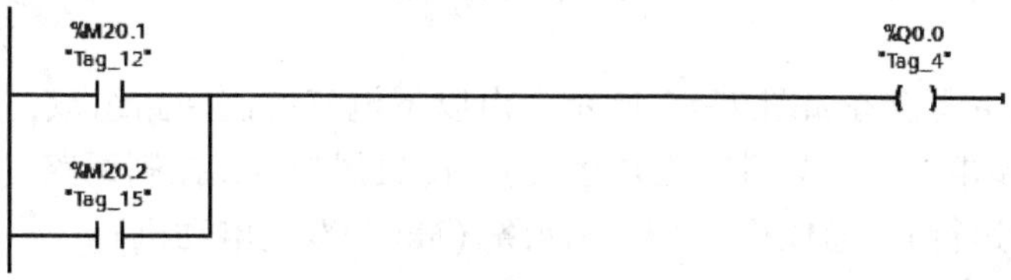

图 7-37 进水阀程序

图 7-38 进水泵程序

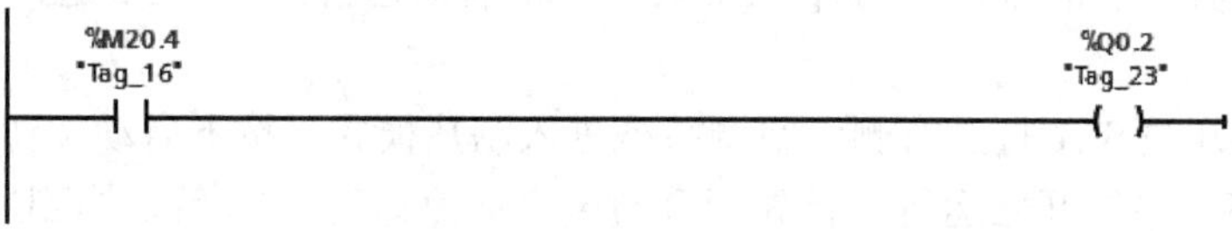

图 7-39 出水阀程序

图 7-40 出水泵程序

期间按下停止按钮 SB2，电动机立即停止，阀门全部关闭，程序如图 7-41 所示。

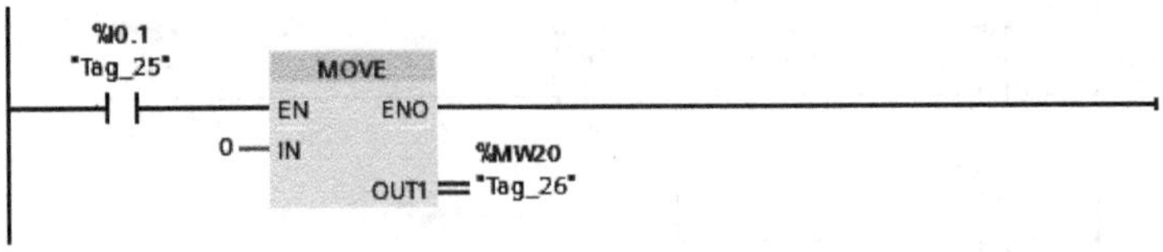

图 7-41　停止程序

水塔液位控制调试过程

项 目 拓 展

汽车空调系统主要设备如图 7-42 所示，由以下电气控制回路组成，压缩机 M1 控制回路（M1 为三相异步电动机，只进行正转运行）。冷凝风机 M2 控制回路（M2 为三相异步电动机，只进行正转运行）。通风机 M3 控制回路（M3 为双速电动机）。

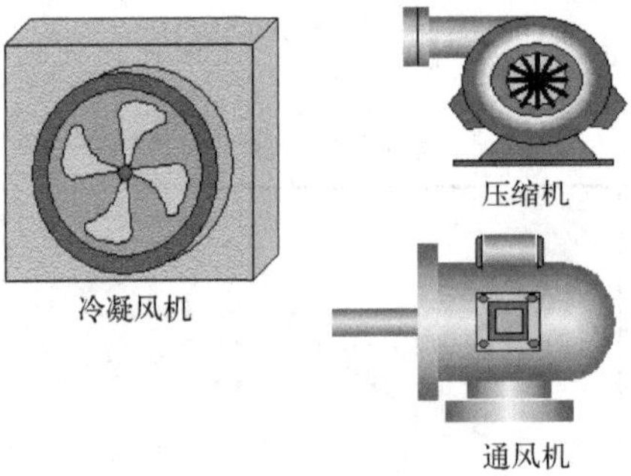

图 7-42　汽车空调系统主要设备示意图

当模式转换开关 SA1 打至左侧，空调系统进入制冷模式，按下启动按钮 SB1，制冷模式指示灯 HL1 长亮，系统开始运行，通风机首先低速运行，5 s 后切换到通风机高速运行并保持；当空气流通监测正常即 SB3 闭合，5 s 后压缩机启动运行，再过 5 s 通风机停止，冷凝风机启动运行。

当模式转换开关 SA1 打至右侧，空调系统进入制热模式，按下启动按钮 SB1，制热模式指示灯 HL2 长亮，系统开始运行。首先闭合通风机低速运行，5 s 后切换到通风机高速运行；当空气流通监测正常即 SB3 闭合，通风机立即停止，加热器开始运行（加热器由指示灯 HL3 模拟）。

系统运行期间，按下停止按钮 SB2，所有电机和指示灯全部停止。

项目 8

液体混合装置控制设计与调试

在炼油、化工、制药、水处理等行业中，将不同液体混合是必不可少的工序，而且这些行业中多存在易燃易爆、有毒有腐蚀性的介质，不适合人工现场操作。本项目中的液体混合装置系统借助 PLC 来控制对提高企业生产和管理自动化水平有很大的帮助，同时又提高了生产效率、使用寿命和质量，减少了企业产品质量的波动。

8.1 用户程序的基本结构

S7-300/400 PLC 的程序分系统程序和用户程序。

系统程序是协调 PLC 内部事务的程序，与控制对象特定的任务无关。系统程序完成 PLC 的启动/停止、I/O 映像区的更新、用户程序的调用、中断的响应、错误及通信处理等任务。

用户程序需要用户使用 TIA STEP 7 编程软件编写程序，然后下载到 CPU 中，可以完成需要的特定控制任务。用户程序由 OB、FC、SFC、FB、SFB、DB 和 DI 等组成。

OB1 相当于 S7-200 用户程序的主程序，除 OB1 外其他的 OB 相当于 S7-200 用户程序的中断程序，FC、SFC、FB 和 SFB 相当于 S7-200 用户程序的子程序，DB 和 DI 相当于 S7-200 用户程序的 V 区。

用户程序根据特定的控制任务，把编写的程序和各程序需要的数据都放在块中，然后通过调用这些块来完成控制。编写的程序和各程序需要的数据都放在块中，这些“块”称为逻辑块，如表 8-1 所示。

表 8-1　逻辑块和数据块

块	说　明	示　例	分　类
OB	组织块：是操作系统与用户程序的接口	OB1	逻辑块
FB	函数块：由用户编写的具有一定功能的程序，有存储区	FB1	逻辑块
FC	函数：由用户编写的具有一定功能的程序，没有存储区	FC1	逻辑块
SFB	系统函数块：由系统自带的特定功能，用户可以调用，有存储区	SFB1	逻辑块
SFC	系统函数：由系统自带的特定功能，用户可以调用，没有存储区	SFC1	逻辑块
DB	共享数据块：存储用户数据，任何逻辑块都可以共享	DB1	数据块
DI	背景数据块：用于保存 FB 和 SFB 的输入输出参数和静态变量	DB2	数据块

8.1.1 用户程序的块

西门子 300/400 PLC 用户程序的块如图 8-1 所示。

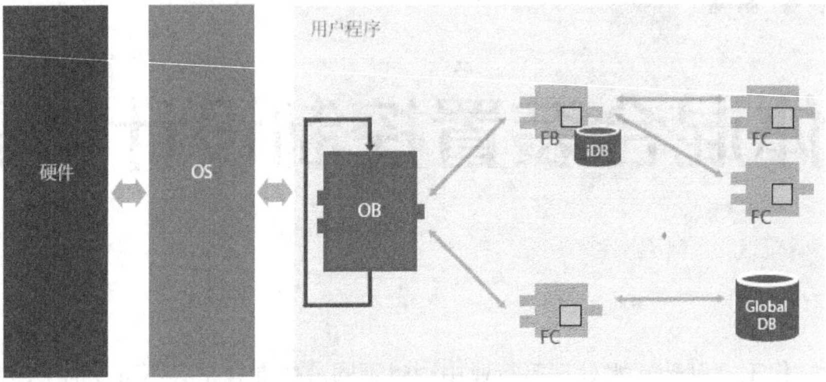

图 8-1 用户程序的块

1. 组织块（Organization Block）

组织块（OB）是操作系统与用户程序的接口，由操作系统调用，用于控制扫描循环和中断程序的执行、PLC 的启动和错误处理等，有的 CPU 只能使用部分组织块。

1）OB1 用于循环处理，是用户程序中的主程序。操作系统在每一次循环中调用一次 OB1。

2）事件中断处理如果出现一个中断事件，例如时间中断、硬件中断和错误处理中断等，当前正在执行的块在当前语句执行完后被停止执行（被中断），操作系统将会调用一个分配给该事件的组织块。该组织块执行完后，被中断的块将从断点处继续执行。

3）中断的优先级 OB 按触发事件分为几个级别，这些级别有不同的优先级，高优先级的 OB 可以中断低优先级的 OB。当 OB 启动时，用它的临时局部变量提供触发它的初始化启动事件的详细信息，这些信息可以在用户程序中使用。

2. 函数（Function）

函数（FC）是用户编写的没有固定存储区的块，其临时变量存储在局域数据堆栈中，功能执行结束后，这些数据就丢失了。用共享数据区来存储那些在功能执行结束后需要保存的数据。

3. 函数块（Function Block）

函数块（FB）是用户编写的有自己的存储区（背景数据块）的块，每次调用功能块时需要提供各种类型的数据给函数块，函数块也要返回变量给调用它的块。这些数据以静态变量的形式存放在指定的背景数据块（DB）中，临时变量 TEMP 存储在局域数据堆栈。

4. 数据块（Data Block）

数据块是用于存放执行用户程序时所需的变量数据的数据区。数据块中没有指令，STEP 7 是按数据生成的顺序自动为数据块中的变量分配地址。数据块可分为共享数据块（Share Data Block）和背景数据块（Instance Data Block）。

5. 系统函数块 SFB 和系统函数 SFC

系统函数块和系统函数是为用户提供的已经编好程序的块，可以调用但不能修改。它们作为操作系统的一部分，不占用户程序空间。SFB 有存储功能，其变量保存在指定给它的背景数据块中。SFC 没有存储功能。

8.1.2 用户程序使用的堆栈

堆栈是 CPU 中的一块特殊的存储区，它采用“先入后出”的规则存入和取出数据。堆栈的操作如图 8-2 所示。堆栈最上面的存储单元称为栈顶，要保存的数据从栈顶“压入堆栈时，堆栈中原有的数据依次向下移动一个位置，最下面的存储单元的数据丢失。在取出栈顶的数据后，堆栈中所有的数据依次向上移动一个位置。堆栈的这种“先入后出”的存取顺序，刚好满足块调用时存储和取出数据的要求，因此堆栈在计算机的程序设计中得到了广泛的应用。

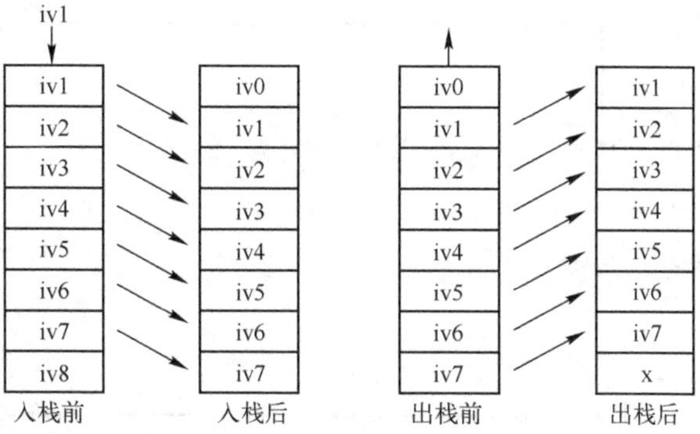

图 8-2 堆栈的操作

STEP 7 中有下面三种不同的堆栈。

1. 局域数据堆栈（L 堆栈）

局域数据堆栈用来存储块的局域数据区的临时变量、组织块的启动信息、块传递参数的信息和梯形图程序的中间结果。可以按位、字节、字和双字来存取，例如 L0.0、LB1、LW2 和 LD4。各逻辑块均有自己的局部变量表，局部变量仅在它被创建的逻辑块中有效。

2. 块堆栈（B 堆栈）

如果一个块的处理因为调用另外一个块，或者被更高优先级的 OB 中止，CPU 将在块堆中存储信息，包括存储被中断的块的类型、编号和返回地址，从 DB 和 DI 寄存器中获得的块被中断时打开的共享数据块和背景数据块的编号，局域数据堆栈的指针。

利用这些数据，可以在中断它的任务处理完后恢复被中断块的处理。在多重调用时可以保持参与嵌套调用的几个块的信息。

3. 中断堆栈（I 堆栈）

如果程序的执行被优先级更高的 OB 中断，操作系统将保存下述寄存器的内容：当前的累加器和地址寄存器的内容、数据块寄存器 DB 和 D 的内容、局域数据的指针，状态字主控继电器和 B 堆栈的指针。

新的 OB 执行完后，操作系统读取中断堆栈中的信息，从被中断块中被中断的地方开始继续执行程序。

8.1.3 用户程序的结构

在 STEP 7 编程中，可以采用三种方式编写用户程序，这三种方式分别是线性编程、模块化编程和结构化编程。

1. 线性编程

线性化编程是指将所有的用户程序都写在组织块 OB1 中，程序从前到后按顺序循环执行。线性化编程不使用函数块（FB）和函数（FC）等，比较容易掌握，如图 8-3 所示。

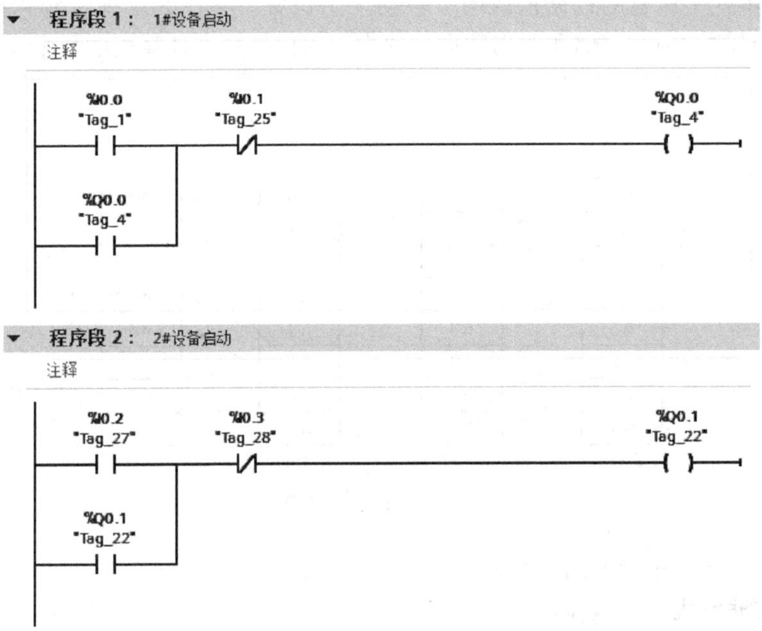

图 8-3　线性编程

对于简单的程序，通常使用线性化编程，如果复杂程序也采用这种方式编程，不但程序可读性变差，调试查错也比较麻烦。由于每个周期 CPU 都要从前往后扫描冗长的程序，会降低 CPU 工作效率。

2. 模块化编程

模块化编程是指将整个程序中具有一定功能的程序段独立出来，写在函数（FC）或函数块（FB）中，然后在主程序的相应位置调用这些逻辑块，模块化编程如图 8-4 所示，程序中的启动 1#设备和 2#设备分别写在 FC1 和 FC2 内，在主程序需执行该程序段的位置放置了调用功能的指令，如图 8-4 所示。

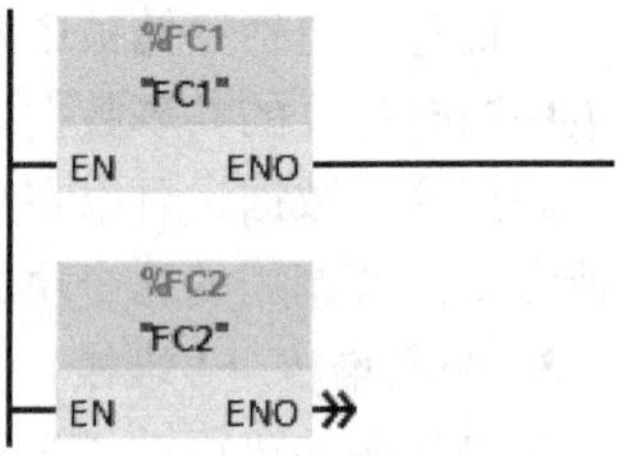

图 8-4　模块化编程

在模块化编程时，程序被划分为若干块，很容易实现多个人同时对一个项目编程，程序易于阅读和调试，又因为只在需要时才调用有关的函数块，所以提高了 CPU 的工作效率。

3. 结构化编程

结构化编程是一种更高效的编程方式，虽然与模块化编程一样都用到函数块或函数，但在结构化编程时，将功能类似而参数不同的多个程序段写成一个通用程序段，放在一个函数块或函数中，在调用时，只需赋予该函数块或函数不同的输入、输出参数，就能完成功能类似的不同任务。

结构化编程如图 8-5 所示，启动 1#设备和 2#设备的过程相同，只是使用了不同的输入点（输入参数）和输出点（输出参数），故可为这两台电动机写一个通用启动程序放在一个函数中。当需要启动 1#设备时，调用该函数，同时将 1#设备的输入参数和输出参数赋予该函数，该函数便完成启动电动机 A 的任务。当需要启动 2#设备时，也调用该函数，同时将启动 2#设备的输入参数和输出参数赋予该函数，该函数就能完成启动 2#设备的任务。

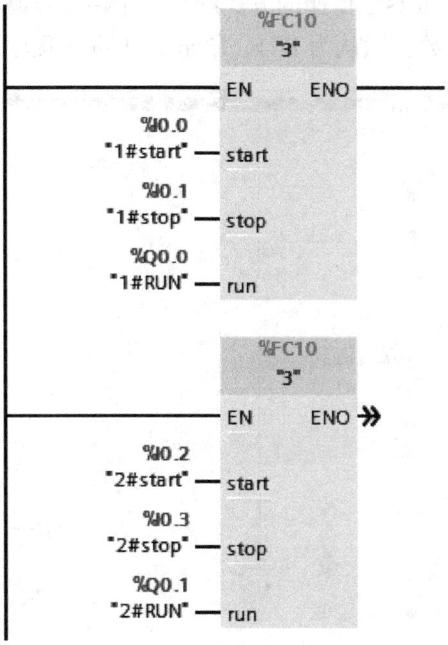

图 8-5 结构化编程

结构化编程可简化设计过程，减小程序代码长度，提高编程效率，阅读、调试和查错都比较方便，比较适合编写复杂的自动化控制任务程序。

8.2 函数块与函数的生成与调用

函数块和函数都是用户编写的子程序，和高级编程语言中的函数使用方法类似。

8.2.1 函数

函数分用户编写的函数（FC）和系统预先定义的函数（SFC）两种，函数都没有存储区。函数在程序分级结构中位于组织块的下面。为使一个函数能被 CPU 处理，必须在程序分级结构中的上一级调用它。

FC 和 SFC 里都有一个局域变量表和块参数。局域变量表里有：IN（输入参数）、OUT（输出参数）、IN_OUT（输入/输出参数）、TEMP（临时数据）、RETURN（返回值 RET_VAL）。

IN（输入参数）只在函数和函数块中使用，将数据传递到被调用的块中进行处理。

OUT（输出参数）是将结果传递到调用块中。

IN_OUT（输入/输出参数）是在函数和函数块中使用，将数据传递到被调用块中，在被调用块中处理数据后，再将从被调用块中发送的结果存储在相同的变量中。

TEMP（临时数据）是块的本地数据，并且在处理块时将其存储在本地数据堆栈（L 堆栈）关闭块并完成处理后，临时数据就变得不能访问。

RETURN 包含返回值“RET_VAL”。

示例：在函数 FC1 用不带参数传递的方式编写一个星三角减压启动程序。

在程序块中添加一个函数，默认为 FC1。单击 FC1 进入程序编辑区，如图 8-6 所示。

图 8-6　添加 FC1

启动程序如图 8-7 所示。

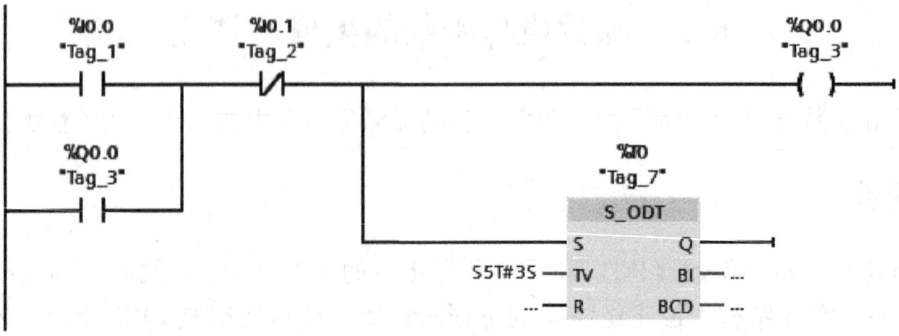

图 8-7　启动程序

星三角切换程序如图 8-8 所示。

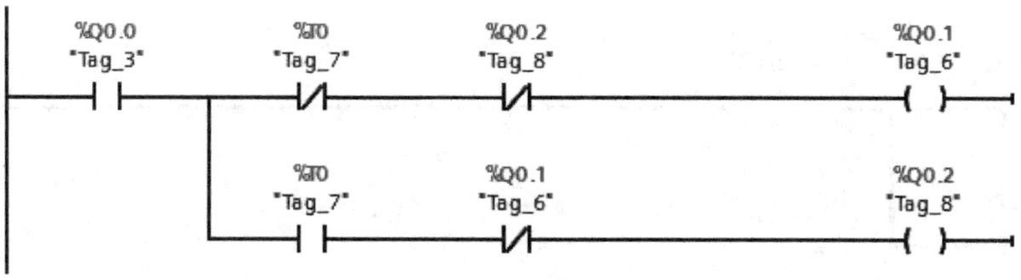

图 8-8 星三角切换程序

调用 FC1 函数如图 8-9 所示。

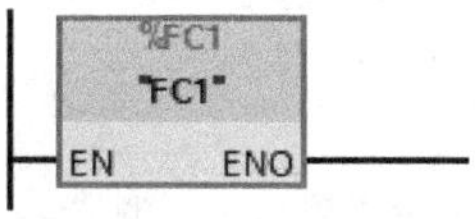

图 8-9 在 OB1 调用 FC1

示例：在函数 FC2 使用参数传递的方式编写电动机启动与停止程序。

在 S7 程序中插入一个函数，默认为 FC2。单击 FC2 进入程序编辑区，如图 8-10 所示。

图 8-10 添加 FC2

在接口变量表添加以下变量，具体见表 8-2。

表 8-2 FC2 接口变量表参数

变量名称	接口类型	数据类型
START	IN	BOOL
STOP	IN	BOOL
RUN	IN_OUT	BOOL

在程序编辑区编写电动机启动与停止程序，如图 8-11 所示。

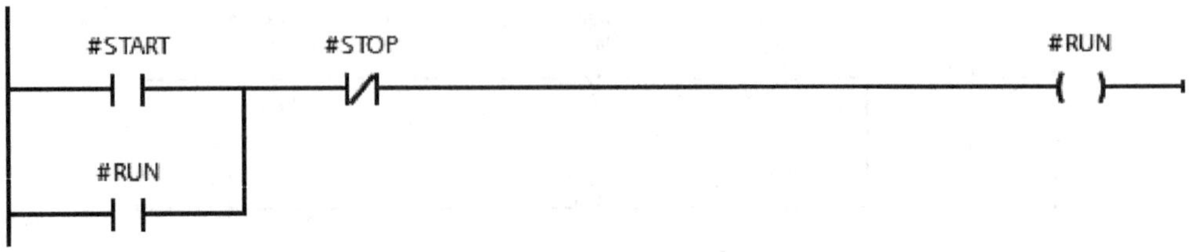

图 8-11　电动机启动与停止程序

进入 OB1，调用 FC2，并填写输入输出参数，如图 8-12 所示。

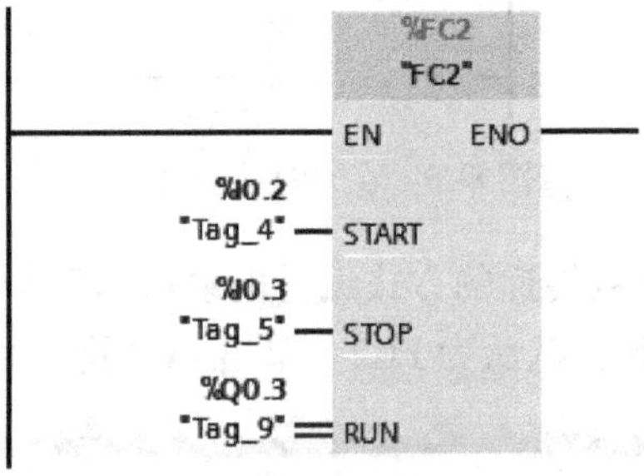

图 8-12　在 OB1 调用 FC2

8.2.2　函数块

函数块可分用户编写的函数块（FB）和系统预先定义的函数块（SFB）两种，函数块都有存储区。函数块在程序分级结构中位于组织块的下面。为使一个函数块能被 CPU 处理，必须在程序分级结构中的上一级调用它。

FB 和 SFB 里都有一个局域变量表和块参数。局域变量表里有：IN（输入参数）、OUT（输出参数）、IN_OUT（输入/输出参数）、STAT（静态参数）、TEMP（临时数据）。

IN（输入参数）只在函数和函数块中使用，将数据传递到被调用的块中进行处理。

OUT（输出参数）是将结果传递到调用块中。

IN_OUT（输入/输出参数）是在函数和函数块中使用，将数据传递到被调用块中，在被调用块中处理数据后，再将从被调用块中发送的结果存储在相同的变量中。

STAT（静态参数）是存储在该函数块的背景数据块中的本地数据。在下次处理函数块之前，会一直保留存储的数据。

TEMP（临时数据）是块的本地数据，并且在处理块时将其存储在本地数据堆栈（L 堆栈）。关闭块并完成处理后，临时数据就变得不能访问。

示例：在函数块 FB1 用不带参数传递的方式编写一个星三角减压启动程序。

在程序块中添加一个函数块，默认为 FB1。单击 FB1 进入程序编辑区，如图 8-13 所示。

在接口变量表的静态变量一览中，添加星三角转换时间的预设值，如图 8-14 所示。

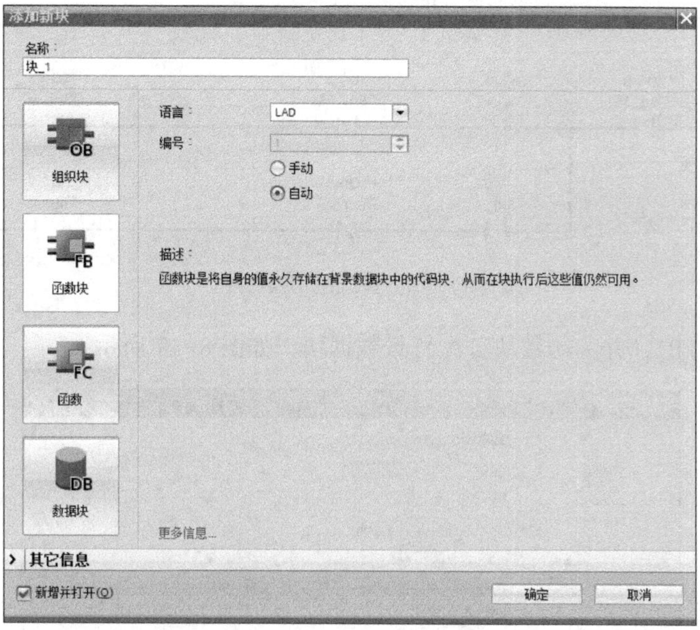

图 8-13　添加 FB1

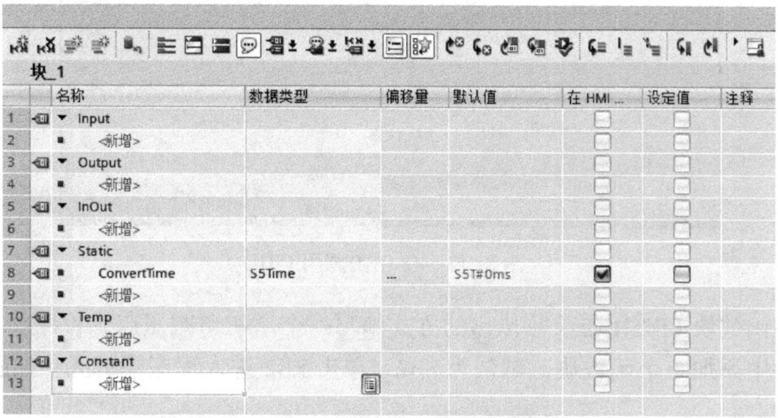

图 8-14　在静态变量声明 ConvertTime

编写星三角启动程序，如图 8-15 所示。

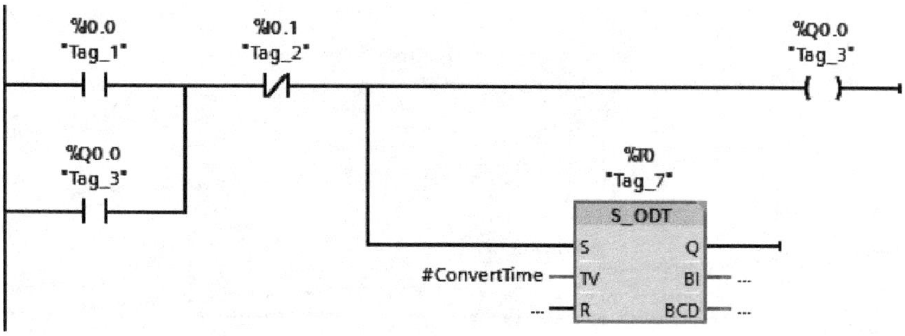

图 8-15　星三角启动程序

编写星三角切换程序，如图 8-16 所示。

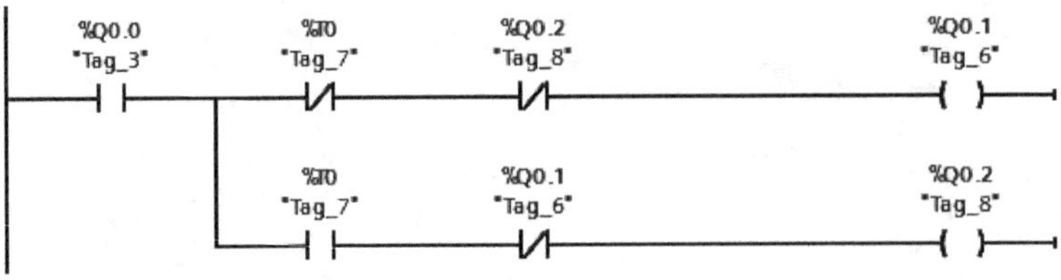

图 8-16　星三角切换程序

调用函数块 FB1，并为函数块分配背景数据块，如图 8-17 所示。

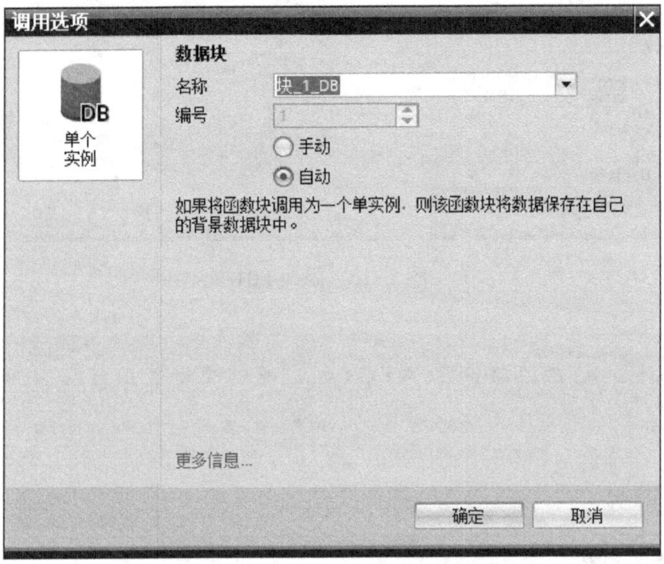

图 8-17　在 OB1 调用 FB1

示例：在函数块 FB2 用带参数传递的方式编写一个星三角减压启动程序。

在程序块中添加一个函数块，默认为 FB2。单击 FB2 进入程序编辑区，如图 8-18 所示。

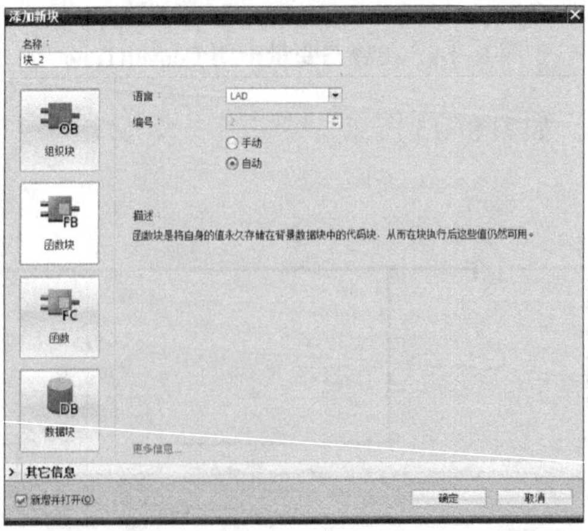

图 8-18　在 OB1 添加 FB2

在接口变量表添加以下变量，具体见表 8-3。

表 8-3　FB2 接口变量表参数

变量名称	接口类型	数据类型
START	BOOL	IN
STOP	BOOL	IN
KM1	BOOL	IN_OUT
KM2	BOOL	OUT
KM3	BOOL	OUT
ConvertTime	S5Time	STAT
timing	timer	IN

在程序编辑区编写星三角启动程序，如图 8-19 所示。

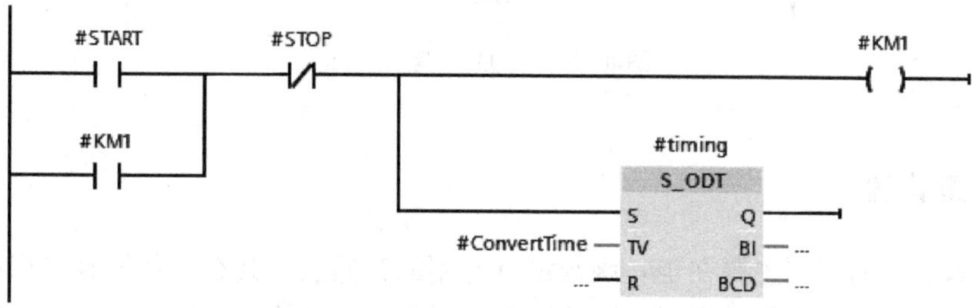

图 8-19　星三角启动程序

编写星三角切换程序，如图 8-20 所示。

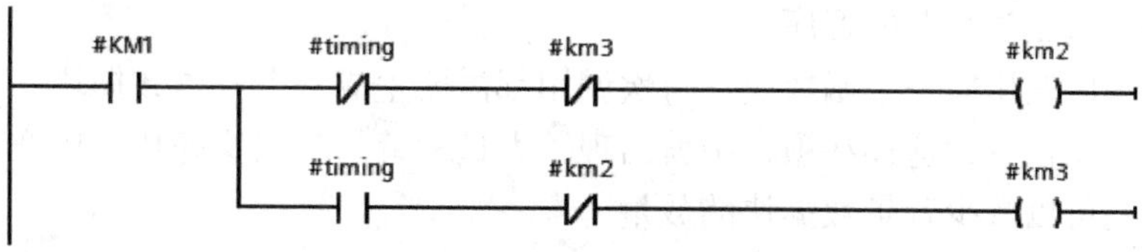

图 8-20　星三角切换程序

为 FB2 分配背景数据块，如图 8-21 所示。

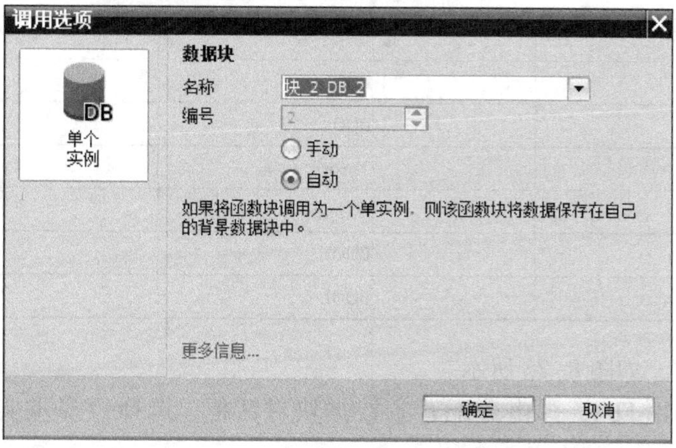

图 8-21　为 FB2 分配背景数据块

调用函数块 FB2，如图 8-22 所示。

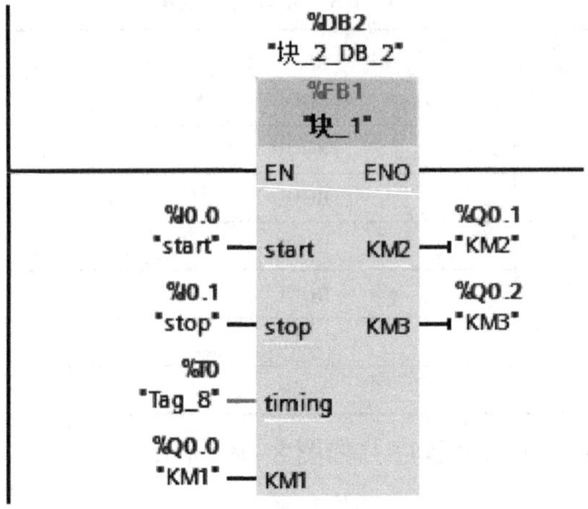

图 8-22　在 OB1 调用 FB2

8.2.3　多重背景

函数与函数块的区别主要在于：函数没有专用的存储区，其有关数据临时保存在局部数据堆栈存储区中，函数执行结束后，这些数据会丢失；函数块有专用的存储区，其有关数据保存在指定的背景数据块中，函数块的程序执行结束后，这些数据不会丢失。也就是说，函数编程时不需要使用数据块，而函数块编程时需要用到数据块，由于有数据块的支持，故可以在函数块中编写更为复杂的程序。

有时需要多次调用同一个函数块，每次调用都需要生成一个背景数据块，但是这个背景数据块中的变量又很少，这样在项目中就出现了大量的背景数据块碎片，用户程序中使用多重背景数据块就可以减少背景数据块的数量。

在程序块中添加两个函数块，分别为 FB1 和 FB2。进入 FB2，在接口变量表添加以下变量，具体见表 8-4。

表 8-4　FB2 接口变量表参数

变量名称	接口类型	数据类型
start_btn	BOOL	IN
stop_btn	BOOL	IN
TimeNum	Timer	IN
SetTime	S5Time	IN
Motor_Run	BOOL	OUT
Cooling_run	BOOL	IN_OUT

编写控制程序，如图 8-23 所示。

进入 FB1，调用 FB2，弹出分配背景数据块对话框，选择“多重实例”，如图 8-24 所示。

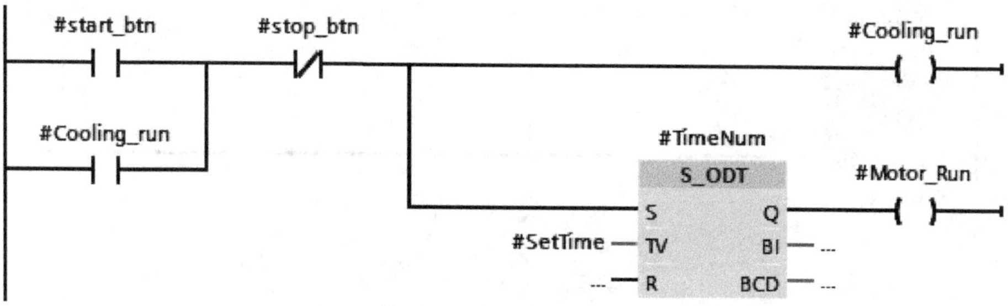

图 8-23 编写控制程序

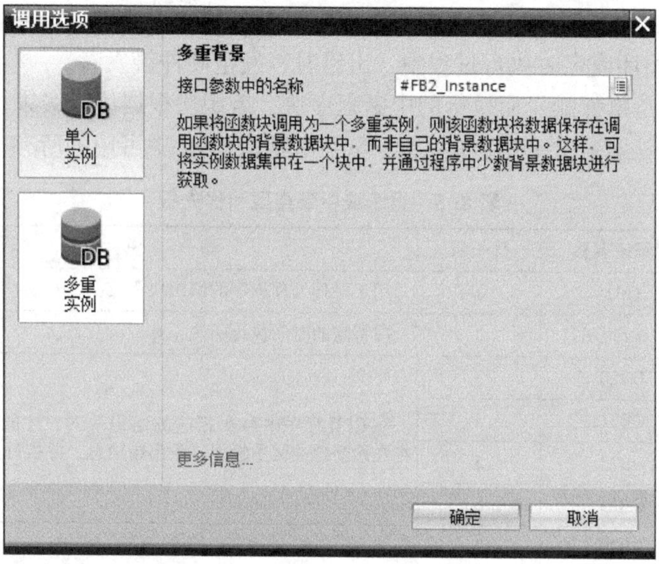

图 8-24 分配多重背景数据块

为 FB2 的输入输出参数赋值，如图 8-25 所示。

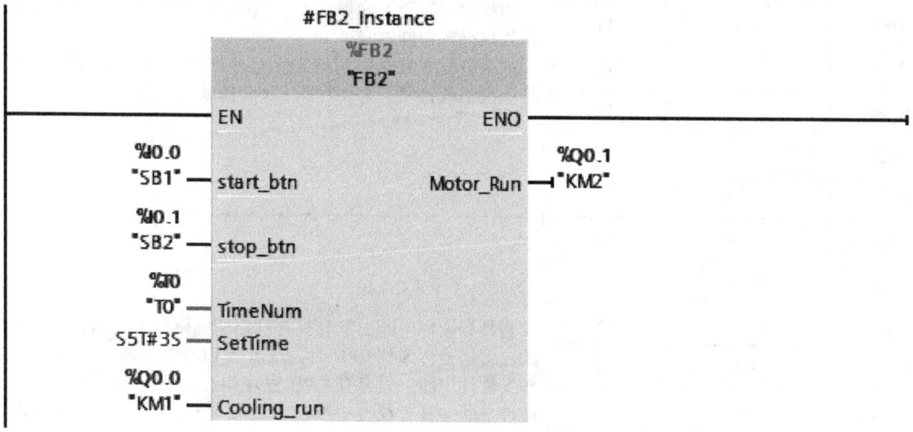

图 8-25 为 FB2 赋值

进入 OB1 调用 FB1，如图 8-26 所示。

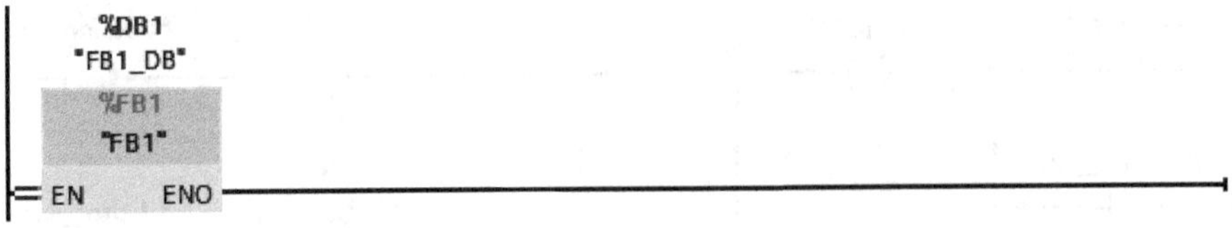

图 8-26　调用 FB1

8.3　组织块与中断处理

组织块是 CPU 的操作系统与用户程序之间的接口。不同种类的 OB 启动的时间不同：启动 CPU 时、在循环或定时执行过程中、出错时、发生硬件触发时。

组织块 OB 都是事件触发而执行的中断程序块，组织块根据优先级来执行，CPU 的组织块参考表 8-5。请注意，并非所有的 CPU 均可处理 STEP 7 中可用的所有 OB。

表 8-5　组织块中断类型和优先级

中断类型	组织块名称	优先级	说　明
主程序扫描	OB1	1	用于循环处理程序的组织块
时间中断	OB10 到 OB17	2	在特定的时间执行一次
延时中断	OB20	3	在 CPU 程序中存在相应的组织块时，才能执行延时中断。否则，将在诊断缓冲区中输入一条出错消息，并执行异步错误处理
延时中断	OB21	4	
延时中断	OB22	5	
延时中断	OB23	6	
循环中断	OB30	7	循环中断每隔一段时间触发。间隔的启动时间是模式转换从 STOP 切换到 RUN 的时刻 当指定间隔时，确保在单个循环中断的启动事件之间有足够的时间来处理循环中断本身 如果分配参数时取消选定循环中断 OB，将不能再启动它们。CPU 将识别编程错误，并切换到 STOP 模式
循环中断	OB31	8	
循环中断	OB32	9	
循环中断	OB33	10	
循环中断	OB34	11	
循环中断	OB35	12	
循环中断	OB36	13	
循环中断	OB37	14	
循环中断	OB38	15	
硬件中断	OB40	16	当具有硬件中断功能和具有已启用的硬件中断的信号模块将接收到的过程信号传递到 CPU 时，或者当 CPU 的功能模块发送中断信号时，触发硬件中断。只有在 CPU 程序中存在相应的组织块时，才能执行硬件中断。具有硬件中断功能的信号模块的每个通道都能触发硬件中断
硬件中断	OB41	17	
硬件中断	OB42	18	
硬件中断	OB43	19	
硬件中断	OB44	20	
硬件中断	OB45	21	
硬件中断	OB46	22	
硬件中断	OB47	23	

（续）

中断类型	组织块名称	优先级	说明
DPV1 中断	OB55	2	状态中断可以因模块的操作状态转变而触发
DPV1 中断	OB56	2	插槽被重新组态后，可以触发更新中断
DPV1 中断	OB57	2	触发制造商特定中断的事件可以由 DPV1 从站的制造商指定
多值计算中断	OB60	25	对于一个 CPU 而言，用户程序太大，内存已经耗尽
同步循环中断	OB61	25	如果某个驱动工程或其他应用程序需要短时和可再生的（是可重复、等长度的）过程响应时间，那么，子部件的单个自由周期将对整个响应时间产生不利的影响
同步循环中断	OB62	25	
同步循环中断	OB63	25	
同步循环中断	OB64	25	
冗余错误	OB70	25	如果在 PROFIBUS DP 上发生丢失冗余，或通过切换 I/O 从 DP 从站切换到激活的 DP 主站，那么 H CPU 的操作系统调用 OB70
冗余错误	OB72	28	如果发生下列其中一件事情，那么 H CPU 的操作系统调用 OB72：CPU 丢失冗余；比较错误（例如，RAM、PIQ）；备用主站切换；同步错误；SYNC 子模块错误；更新过程失败；伴随启动事件之后，由位于 RUN 模式或 STARTUP 模式的所有 CPU 执行 OB72
异步错误	OB80	26，28	时间错误。超出最大周期、通过向前调整时间时，跳过时间中断或处理优先级时，时延太大时，CPU 操作系统调用 OB80
异步错误	OB81	26，28/25，28	电源错误。如果在 CPU 或扩展单元中下列其中一个发生故障，那么 CPU 操作系统调用 OB81：24V 电源、电池或备用系统
异步错误	OB82	26，28/25，28	诊断中断。当具有诊断能力并启用诊断中断的模块检测到错误，以及消除错误时，CPU 操作系统调用 OB82
异步错误	OB83	26，28/25，28	插入/删除模块中断。接通电源后，CPU 检查通过 STEP 7 创建的组态表中所列的所有模块是否都确实已经插入。如果出现所有模块，那么保存实际组态，并且该组态用作循环监控模块的参考值。在每个扫描周期中，最新检测到的实际组态与以前的实际组态进行比较。如果组态之间存在差异，那么发出插入/删除模块中断信号，并在诊断缓冲区和系统状态列表中生成一个条目。在 RUN 模式下，插入/删除模块中断 OB 启动
异步错误	OB84	26，28/25，28	CPU 硬件故障。当检测到连接至 MPI 网络、通信总线或分布式 I/O 的网卡的接口上存在错误时，CPU 的操作系统调用 OB84；当在线路上检测到错误的信号电平时，消除故障时也调用该 OB
异步错误	OB85	26，28/25，28	程序顺序错误。在下列情况下，CPU 操作系统调用 OB85：存在中断 OB 的启动事件，但由于还没有将该 OB 下载到 CPU 而不能执行该 OB；访问系统功能块的背景数据块时发生错误；在更新过程映像表的过程中发生错误（模块已组态但不存在或模块已组态但有缺陷）
异步错误	OB86	26，28/25，28	机架故障。CPU 操作系统在检测到下列其中一个事件时，调用 OB86：中央扩展机架（不适用于 S7-300）故障，如断线、机架上的分布式电源故障；主站系统、从站（PROFIBUS DP）故障，或 I/O 系统、I/O 设备（PROFINET IO）故障
异步错误	OB87	26，28/25，28	当使用通信功能块进行数据交换或在全局数据通信期间发生通信出错时，CPU 操作系统调用 OB87，例如：接收到全局数据时，检测到错误帧标识符；全局数据的状态信息的数据块不存在或太短
背景周期	OB90	29	如果使用 STEP 7 指定了最小扫描周期时间，且该时间长于实际扫描周期时间，则在循环程序结束时，CPU 仍有处理时间可用。该时间用于执行背景组织块。如果 CPU 上没有 OB90，则 CPU 等待，直到指定的最小扫描周期时间用完为止。然后，可使用 OB90 运行时间不紧急的过程，从而避免等待时间

（续）

中断类型	组织块名称	优先级	说明
启动	OB100	27	暖启动
异步错误	OB121	引起错误的 OB 的优先级	已寻址的定时器不存在或没有加载所调用的块，CPU 操作系统调用 OB121
异步错误	OB122		当 STEP 7 指令访问在最后一次热重启动时没有分配模块的信号模块的输入或输出时，CPU 操作系统调用 OB122

8.3.1 中断的基本概念

中断处理用来实现对特殊内部事件或外部事件的快速响应。如果没有中断，CPU 循环执行组织块 OB1。除了背景循环中断组织块 OB90 以外，OB1 的终端优先级最低，CPU 检测到中断源的中断请求时，操作系统在执行完当前程序的当前指令（即断点处）后，立即响应中断。CPU 暂停正在执行的程序，调用中断源对应的中断程序。在 S7-300/400 中，中断用组织块（OB）来处理。执行完中断程序后，返回被中断程序的断点处继续执行原程序。

8.3.2 启动组织块与循环中断组织块

当 PLC 接通电源以后，CPU 有 3 种启动方式，可以在 STEP 7 中设置 CPU 的属性时选择其一：暖启动 OB100、热启动 OB101、冷启动 OB102。

不同的 CPU 具有不同的启动方式。S7-300 PLC 除了 CPU318 可以选择暖启动或者冷启动外，其他的 CPU 只有暖启动的方式，对于 S7-400 PLC 系列，根据不同的 CPU 型号，都可以选择热启动，或者选择暖启动、冷启动。

1. 暖启动

手动暖启动：将 CPU 的模式选择开关扳到 STOP 位置，“STOP” LED 指示灯亮，然后再扳到 RUN 位置。

自动暖启动：启动时将复位过程映像寄存器及非保持的存储器位，复位定时器和计数器。在 STEP 7 中设置 CPU 的属性时设置的具有保持功能的器件将保留原数据。重新开始运行程序，执行 OB100 或 OB1。

2. 热启动

如果 PLC 在运行期间突然停电，又重新上电，CPU 将执行一个初始化程序 OB101，自动完成热启动，从上次 RUN 模式下中断处继续执行，不对计数器等复位。

3. 冷启动

手动冷启动：将 CPU 的模式选择开关扳到 STOP 位置，“STOP” 的 LED 指示灯亮，再扳到 MRES 位置，STOP 指示灯灭 1 s、亮 1 s、再灭 1 s，然后常亮，最后将模式开关再扳到 RUN 位置。

自动冷启动：过程映像区的所有过程映像数据、存储器位、定时器、计数器、数据块以及有保持功能的器件的数据，都被复位到“0”。如果用户程序希望在启动后继续使用原有的值，也可以选择不将过程映像区清“0”。

在设置 CPU 模块属性的对话框中，选择启动选项，可以设置启动的各种参数，如图 8-27 所示。

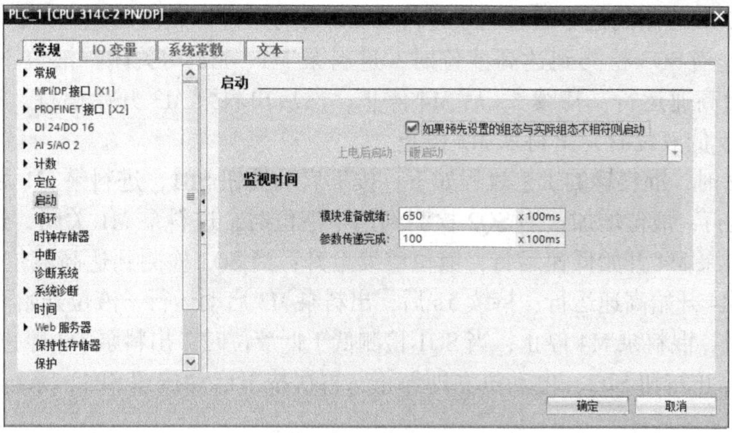

图 8-27　CPU 启动选项

8.4　项目训练——液体混合装置控制设计与调试

液体混合装置如图 8-28 所示。电气控制系统由以下电气控制回路组成：进料泵 1 由电动机 M1 驱动（M1 为三相异步电动机，只进行单向正转运行）。进料泵 2 由电动机 M2 驱动（M2 为三相异步电动机，只进行单向正转运行）。出料泵由电动机 M3 驱动（M3 为三相异步电动机，只进行单向正转运行）。混料泵由电动机 M4 驱动（M4 为双速电动机，需要考虑过载、联锁保护）。

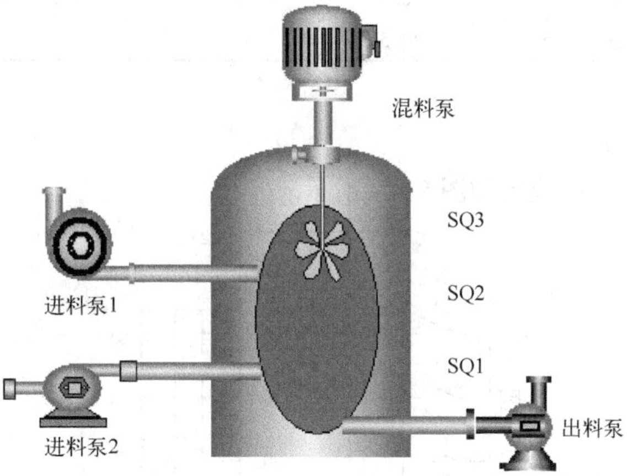

图 8-28　液位混合装置示意图

系统的输入信号包括：启动按钮 SB1、停止按钮 SB2、配方选择开关 SA1、液位下限位置检测开关 SQ1（由 SA2 模拟）、液位中限位置检测开关 SQ2（由 SA3 模拟）、液位上限位置检测开关 SQ3（由 SA4 模拟）。

系统运行之前，首先应对系统的配方进行选择：转换开关 SA1 为 OFF 状态时，选择配方 1，转换开关 SA1 为 ON 状态时，选择配方 2。

初始状态下，液位低于 SQ1。

选择配方 1 时，液体混合装置工艺流程如下：按下启动按钮 SB1，进料泵 M1 启动运行，液位增加；当SQ2检测到达中液位时，进料泵M2启动运行，液位加速上升，同时混料泵M4开始低速运行；当SQ3检测到达高液位时，进料泵M1、M2均关闭，液位不再上升，同时混料泵M4开始高速运行；持续5 s后M4停止，然后出料泵M3开始运行，液位开始下降；当SQ1检测低于低液位时，出料泵M3停止。

选择配方2时，混料罐的工艺流程如下：按下启动按钮SB1，进料泵M1启动运行，进料泵M2也启动运行，液位增加；当SQ2检测到达中液位时，进料泵M1关闭，进料泵M2继续运行，同时混料泵M4开始低速运行，液位继续上升；当SQ3检测到达高液位时，进料泵M2关闭，混料泵M4开始高速运行；持续5 s后，出料泵M3启动运行，液位开始下降，当SQ2检测到达中液位时，混料泵M4停止；当SQ1检测低于低液位时，出料泵M3停止。

期间按下停止按钮SB2，电动机立即停止，再次按下启动按钮SB1，系统继续运行。

8.4.1 I/O地址分配

根据对任务分析，对控制系统的I/O地址进行合理分配，如表8-6所示。

表8-6 I/O地址分配表

输入信号			输出信号		
序号	信号名称	地址	序号	信号名称	地址
1	启动按钮SB1	I0.0	1	进料泵1	Q0.0
2	停止按钮SB2	I0.1	2	进料泵2	Q0.1
3	转换开关SA1	I0.2	3	出料泵	Q0.2
4	低液位检测开关SQ1	I0.3	4	混料泵低速	Q0.3
5	中液位检测开关SQ2	I0.4	5	混料泵高速	Q0.4
6	高液位检测开关SQ3	I0.5	—	—	—

8.4.2 硬件设计

根据任务分析，I/O接线图如图8-29所示。

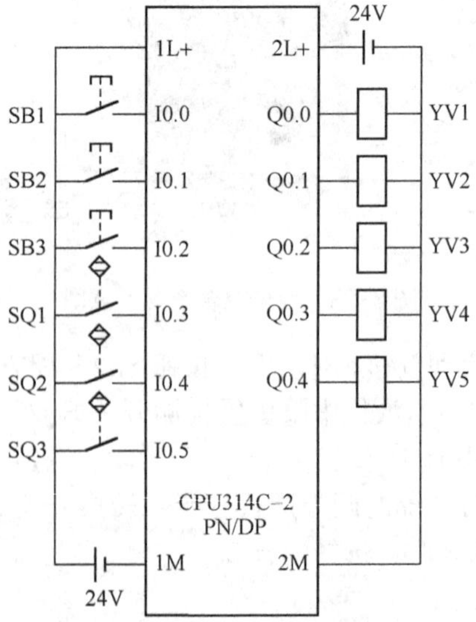

图8-29 I/O接线图

8.4.3 软件程序设计

打开 CPU 模块属性，弹出 CPU 属性对话框；在保持存储器界面中，将“从 T0 开始的 S7 定时器”的数目设置为“10”，如图 8-30 所示，保存后关闭该界面。

图 8-30 修改定时器保持型

单击程序块添加 OB100、FC1、FC2、FC3 和 FC4；单击 FC4，进入函数 FC4 的程序编写界面，编写复位程序，如图 8-31 所示。

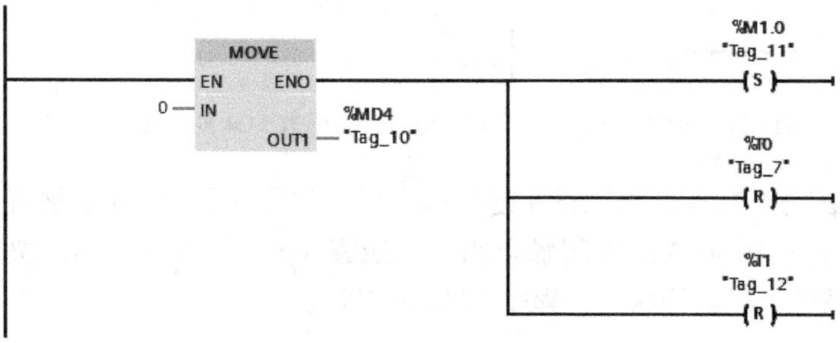

图 8-31 复位程序

液体混合装置实施过程

进入 OB100，调用函数 FC4。这样在 CPU 上电后，首先执行函数 FC4 的复位程序，如图 8-32 所示。

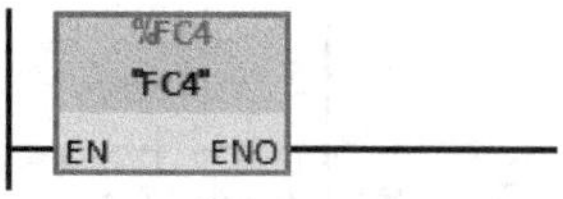

图 8-32 调用功能 FC4 程序

进入 OB1，编写调用各个函数的程序。当转换开关 SA1 为 OFF 状态时，I0.2 常闭触点闭合，调用函数 FC1，执行配方 1 程序；当转换开关 SA1 为 ON 状态时，I0.2 常闭触点断开，经过 M1.1 下降沿检测信号，位寄存器 M2.0 接通一个周期，程序如图 8-33 所示。

当转换开关 SA1 为 ON 状态时，I0.2 常开触点闭合，调用函数 FC2，执行配方 2 程序；当转换开关 SA1 为 OFF 状态时，I0.2 常开触点断开，经过 M1.2 下降沿检测信号，位寄存

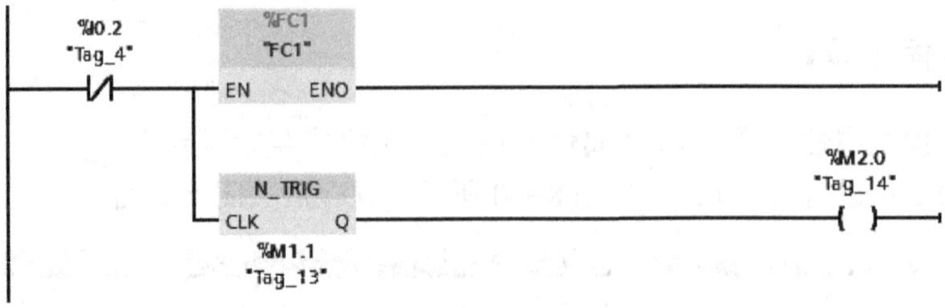

图 8-33　调用配方 1 程序

器 M2.1 接通一个周期，程序如图 8-34 所示。

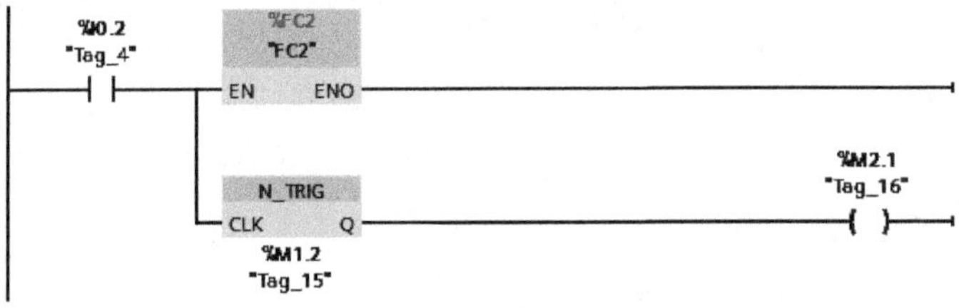

图 8-34　调用配方 2 程序

CPU 得电期间，一直调用函数 FC3，FC3 是两种工艺的公共程序，程序如图 8-35 所示。当 M2.0 或 M2.1 接通时，调用复位程序 FC4，程序如图 8-36 所示。

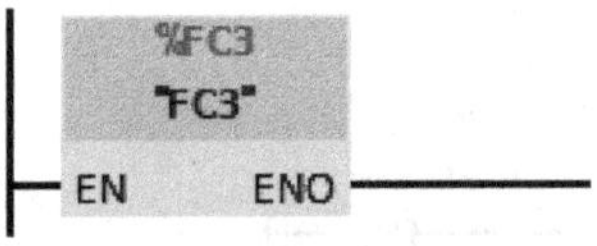

图 8-35　调用函数 FC3 程序

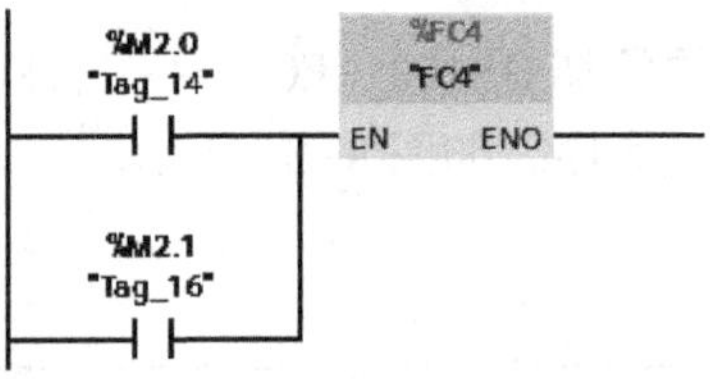

图 8-36　调用函数 FC4 复位程序

进入函数 FC1，编写配方 1 程序。在执行完复位程序后，位寄存器 M1.0 会被置位，液位在低液位以下时，输入寄存器 I0.3 的常闭触点闭合，线圈 M4.0 闭合并自锁，位寄存器 M1.0 会被复位。此时，系统处于等待状态，程序如图 8-37 所示。

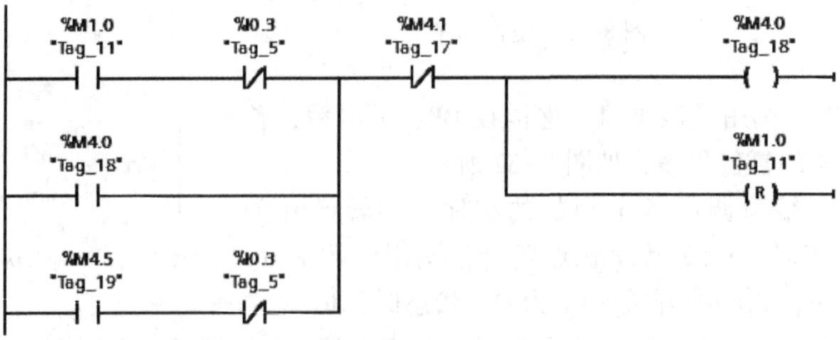

图 8-37　配方 1 初始化状态

按下启动按钮 SB1，进料泵 M1 启动运行，液位增加，程序如图 8-38 所示。

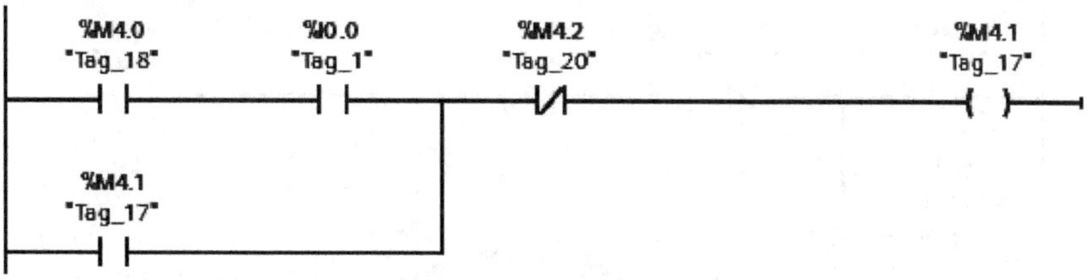

图 8-38 系统开始运行

当 SQ2 检测到达中液位时，进料泵 M2 启动运行，液位加速上升，同时混料泵 M4 开始低速运行，如图 8-39 所示。

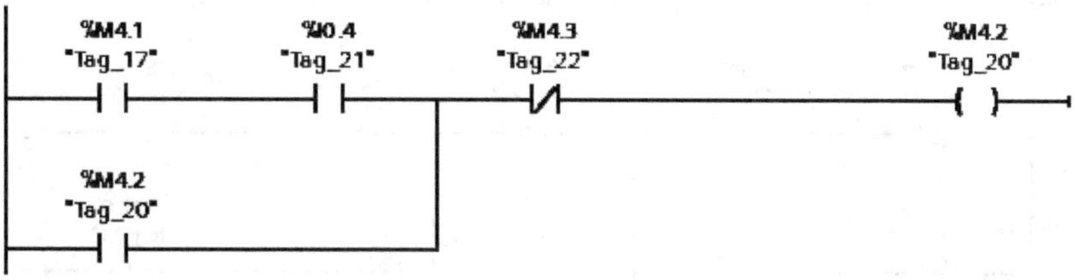

图 8-39 液位到达 SQ2 处

当 SQ3 检测到达高液位时，进料泵 M1、M2 均关闭，液位不再上升，同时混料泵 M4 开始高速运行，程序如图 8-40 所示。

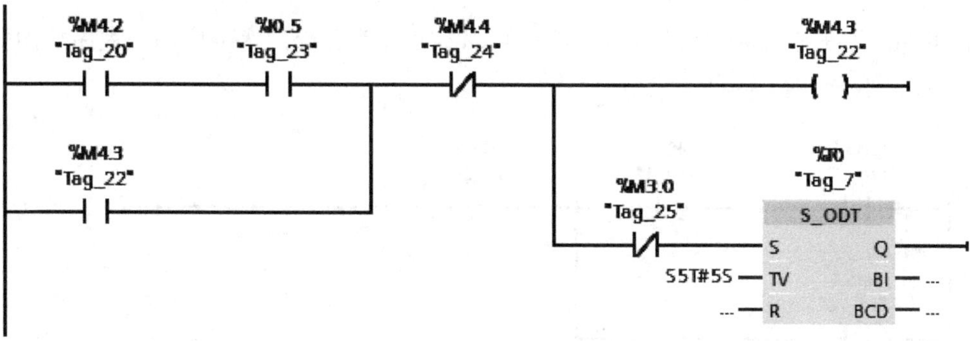

图 8-40 液位到达 SQ3 处

持续 5 s 后 M4 停止，然后出料泵 M3 开始运行，液位开始下降，程序如图 8-41 所示。

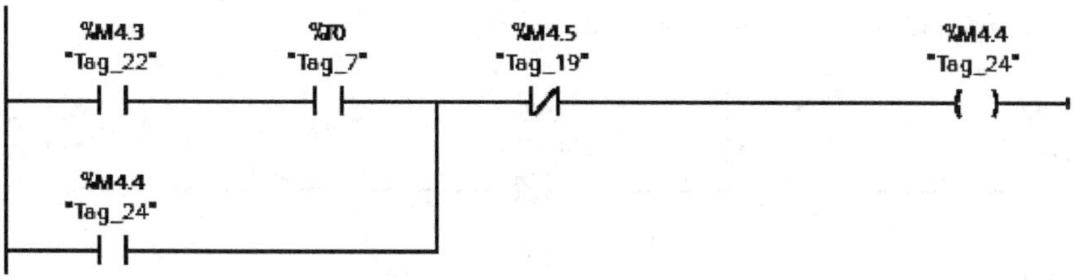

图 8-41 液位开始下降

当 SQ1 检测低于低液位时，出料泵 M3 停止，程序如图 8-42 所示。

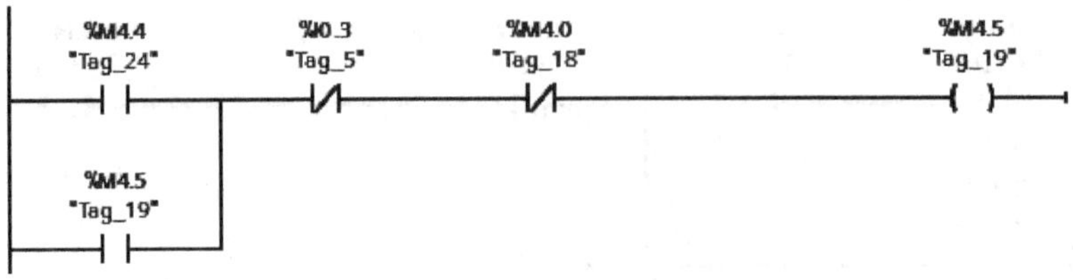

图 8-42　液位低于 SQ1

进入函数 FC2，编写配方 2 程序。在执行完复位程序后，位寄存器 M1.0 会被置位，液位在低液位以下时，输入寄存器 I0.3 的常闭触点闭合，线圈 M5.0 闭合并自锁，位寄存器 M1.0 会被复位。此时，系统处于等待状态，程序如图 8-43 所示。

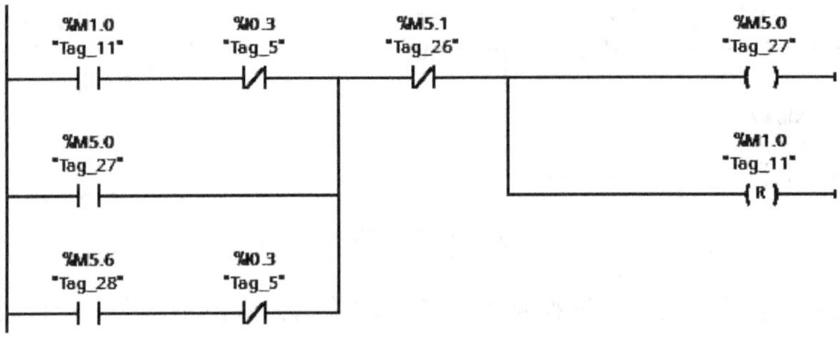

图 8-43　配方 2 初始状态

按下 SB1，进料泵 M1 启动运行，进料泵 M2 也启动运行，液位增加，程序如图 8-44 所示。

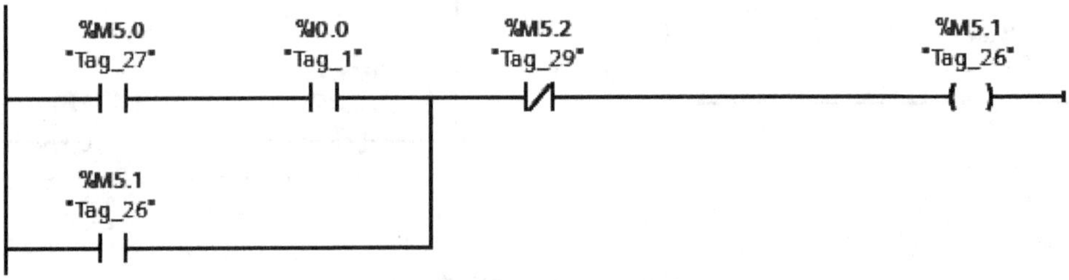

图 8-44　系统开始运行

当 SQ2 检测到达中液位时，进料泵 M1 关闭，进料泵 M2 继续运行，同时混料泵 M4 开始低速运行，液位继续上升，程序如图 8-45 所示。

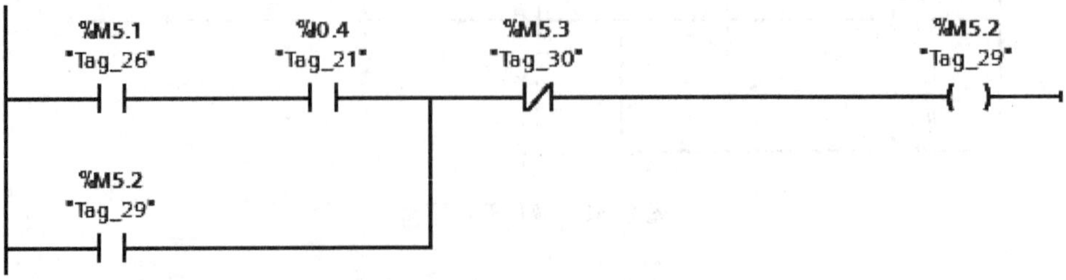

图 8-45　液位到达 SQ2 处

当 SQ3 检测到达高液位时，进料泵 M2 关闭，混料泵 M4 开始高速运行，程序如图 8-46 所示。

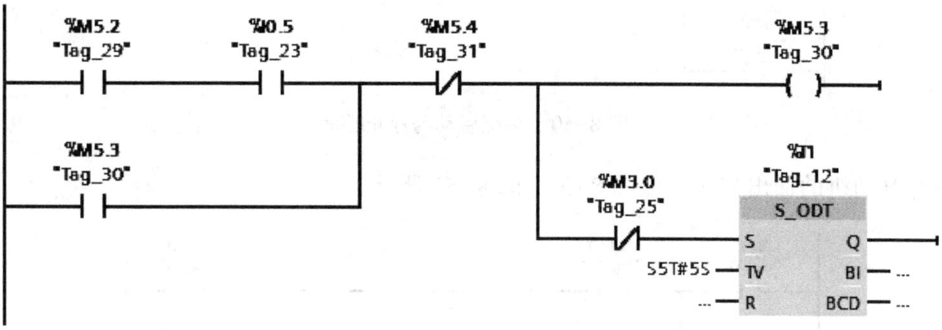

图 8-46 液位到达 SQ3 处

持续 5 s 后，出料泵 M3 启动运行，液位开始下降，程序如图 8-47 所示。

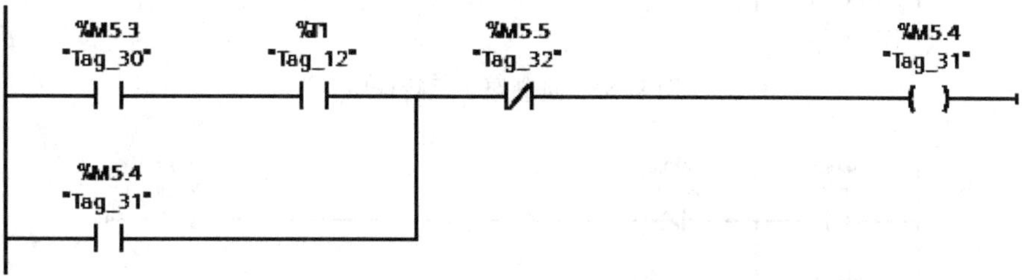

图 8-47 液位开始下降

当 SQ2 检测到达中液位时，混料泵 M4 停止，程序如图 8-48 所示。

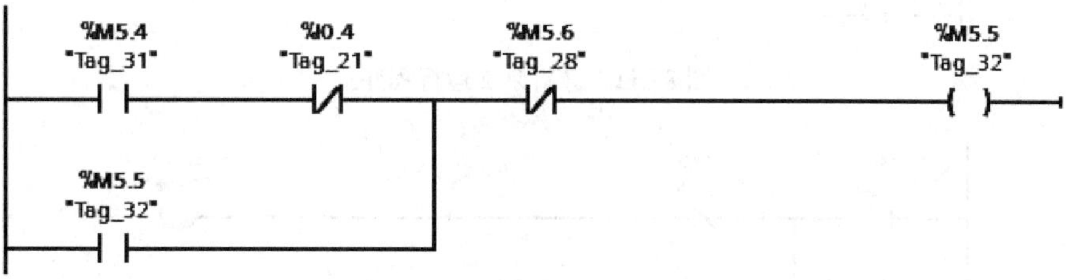

图 8-48 液位到达 SQ2 处

当 SQ1 检测低于低液位时，出料泵 M3 停止，程序如图 8-49 所示。

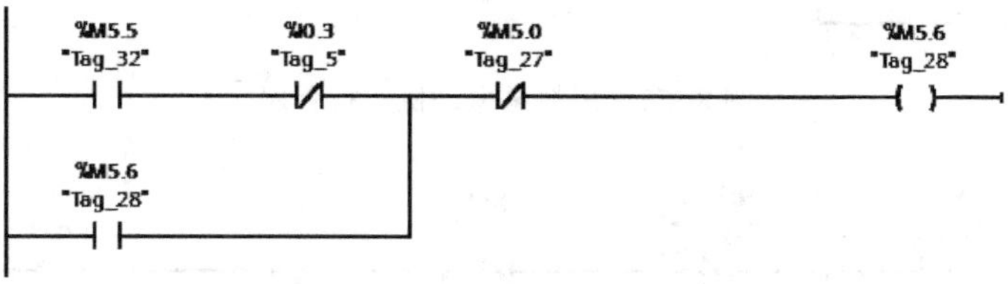

图 8-49 液位低于 SQ1

期间按下停止按钮 SB2，电动机立即停止，再次按下启动按钮 SB1，系统继续运行，程序如图 8-50 所示。

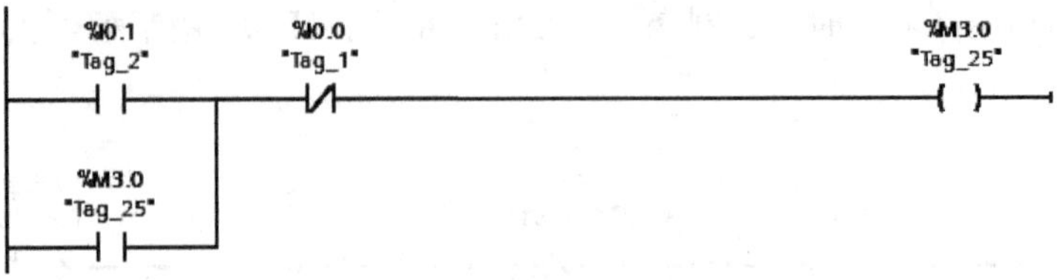

图 8-50　系统启动与停止控制

所有电动机的输出程序，如图 8-51～图 8-55 所示。

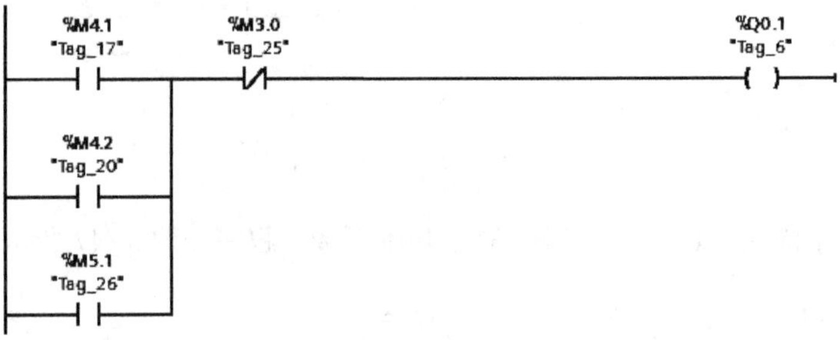

图 8-51　进料泵 1 运行程序

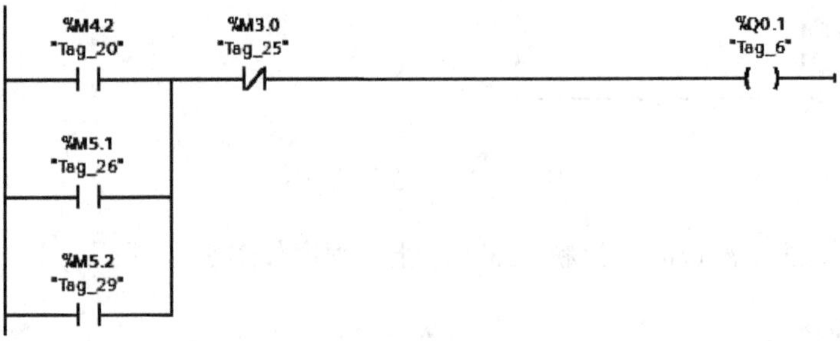

图 8-52　进料泵 2 运行程序

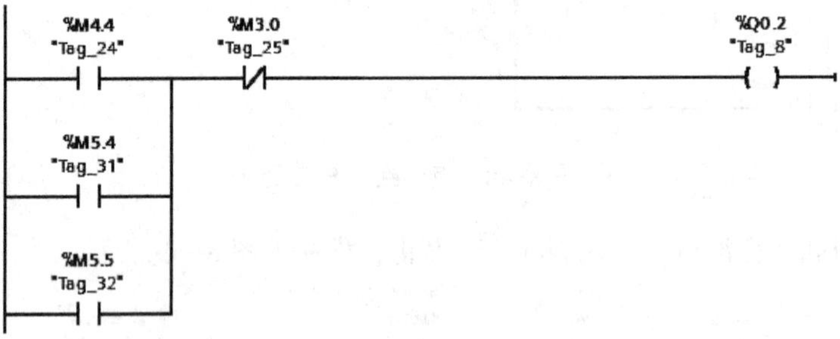

图 8-53　出料泵电动机运行程序

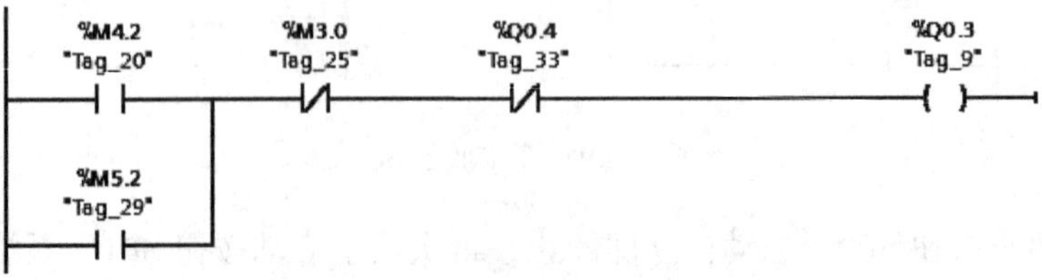

图 8-54　混料泵电动机低速运行程序

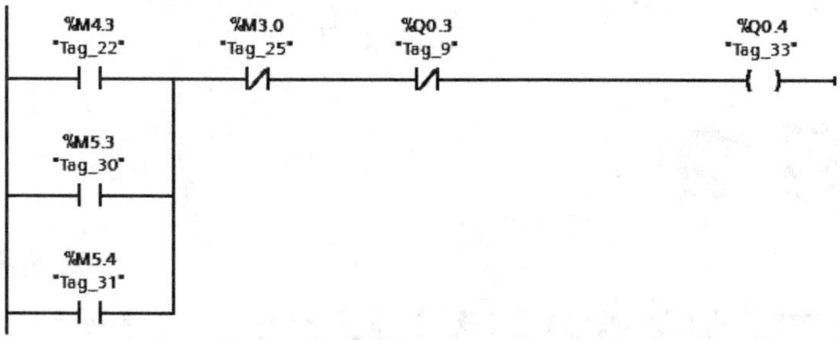

图 8-55 混料泵高速运行程序

项目拓展

工件刷漆生产线系统由储存罐、进料阀、喷涂进料泵、搅拌机、喷涂电动机和排风扇组成，如图 8-56 所示。

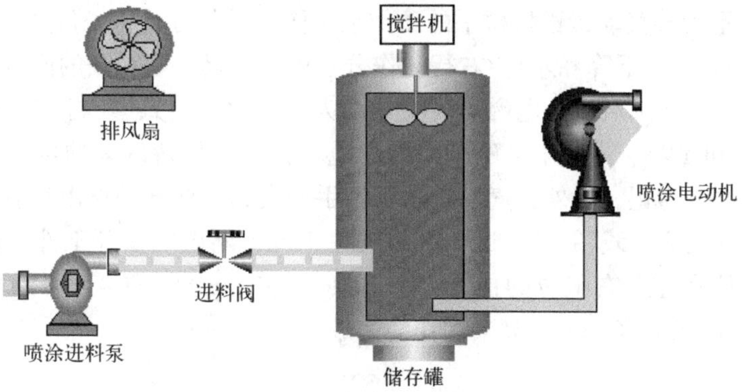

图 8-56 工件刷漆生产线示意图

按下启动按钮 SB1，喷涂进料泵启动运行（喷涂进料泵由三相异步电动机拖动，只进行正转），进料阀打开，储存罐液位开始上升，同时搅拌机开始运行（搅拌机由三相异步电动机拖动，只进行正转）。

5 s 后，喷涂电动机开始运行（喷涂电动机由三相异步电动机拖动，只进行正转），刷漆期间，排风扇开始打开（排风扇由三相异步电动机拖动，只进行正转）。

按下停止按钮 SB2，生产线准备停止，喷涂进料泵停止，搅拌机停止；3 s 后进料阀关闭，喷涂电动机停止；当生产线完全停止后，排风扇继续运行，10 s 后停止。

项目 9

机械手控制设计与调试

机械手是工业自动控制领域中经常遇到的一种控制对象。机械手可以完成许多工作，如装配、切割和喷染等，应用非常广泛。

如图 9-1 所示为某气动传送机械手的工作示意图，其任务是将工件从 A 点向 B 点移送。气动传送机械手的上升/下降和左行/右行动作分别由两个具有双线圈的两位电磁阀驱动气缸来完成。其中上升与下降对应的电磁阀线圈分别为 YV1 和 YV2；左行与右行对应的电磁阀线圈分别为 YV3 和 YV4。当某个电磁阀线圈通电，就一直保持现有的机械动作，直到相对应的另一个线圈通电为止。另外，气动传送机械手的夹紧、松开动作由只有一个线圈的两位电磁阀驱动的气缸完成。线圈 YV5 通电时将夹住工件，断电时松开工件。机械手的工作臂都设有上、下限位和左、右限位的位置开关 SQ1、SQ2、SQ3、SQ4，夹紧装置不带限位开关，它是通过 3 s 的延时来表示其夹紧动作的完成。

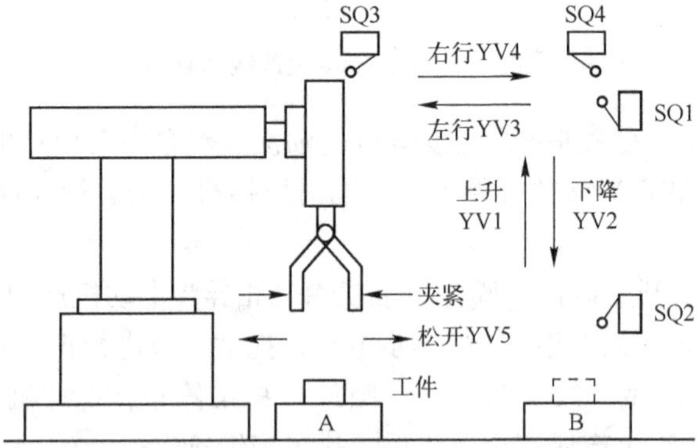

图 9-1　传送机械手工作示意图

9.1　顺序控制设计法

9.1.1　顺序控制与顺序功能图

前面的内容主要讲述了西门子 S7-300/400 PLC 的原理和指令两个方面，但学习

PLC 主要还是学习 PLC 的编程，即 PLC 的程序设计方法。PLC 程序设计主要有以下几种方法。

1. 经验设计法

PLC 发展的初期，沿用了设计继电器电路图的方法来设计比较简单的 PLC 梯形图，即在一些典型电路的基础上，根据被控对象对控制系统的具体要求，不断地修改和完善梯形图。有时需要多次反复地调试和修改梯形图，增加一些中间编程元件和触点，最后才能得到一个较为满意的结果。

这种 PLC 梯形图的设计方法没有普遍的规律可以遵循，具有很大的试探性和随意性，最后的结果不是唯一的，设计所用的时间、设计的质量与设计者的经验有很大的关系，所以有人把这种设计方法叫作经验设计法，它可以用于较简单的梯形图（如手动程序）的设计。

梯形图的经验设计法是目前使用比较广泛的一种设计方法，该方法的核心是输出线圈，这是因为 PLC 的动作就是从线圈输出的（可以称为面向输出线圈的梯形图设计方法），其基本步骤如下。

1）分解控制功能，画输出线圈梯形图。根据控制系统的工作过程和工艺要求，将要编制的梯形图程序分解成独立的子梯形图程序。以输出线圈为核心画出梯形图，并画出该线圈的得电条件、失电条件和自锁条件。在画图过程中，注意程序的启动、停止、连续运行、选择性分支和并联分支。

2）建立中间继电器，如果不能直接使用输入条件逻辑组合作为输出线圈的得电和失电条件，则需要使用工作位、定时器或计数器以及功能指令的执行结果作为条件，建立输出线圈的得电和失电条件。

3）画出互锁条件和保护条件。互锁条件是可以避免同时发生互相冲突的动作，保护条件可以在系统出现异常时，使输出线圈动作，保护控制系统和生产过程。

在设计梯形图程序时，要注意先画基本梯形图程序，当基本梯形图程序的功能能够满足要求后，再增加其他功能，在使用输入条件时，注意输入条件是电平、脉冲还是边沿。调试时要将梯形图分解成小功能块调试完毕后，再调试全部功能。

经验设计法面对简单逻辑时具有设计速度快等优点，但是在控制任务变得复杂时，难免会出现设计漏洞。

2. 顺序控制设计法

所谓顺序控制，就是按照生产工艺预先规定的顺序，在各个输入信号的作用下，根据内部的状态和时间顺序，在生产过程中各个执行机构自动有序地运行。

如图 9-1 所示的抓料动作，该过程为：按下启动按钮，系统开始运行→下降电磁阀通电，机械手开始下降→下降到底时，碰到下限位开关，下降电磁阀断电，停止下降；然后接通夹紧电磁阀，机械手夹紧→夹紧后，上升电磁阀开始通电，机械手上升→上升到顶时，碰到上限位开关，上升电磁阀断电，停止上升；然后接通右移电磁阀，机械手右移→右移到位时，碰到右移限位开关，右移电磁阀断电，停止右移；然后下降电磁阀接通，机械手下降→下降到底时碰到下限位开关，下降电磁阀断电，停止下降；然后夹紧电磁阀断电，机械手放松→放松后，上升电磁阀通电，机械手上升→上升碰到限位开关，上升电磁阀断电，停止上升；然后接通左移电磁阀，机械手左移。至此，机械手完成了一个循环。

从以上描述可以看出，加工过程由一系列步或功能组成，这些步或功能按顺序由转换条件激活，始终用顺序控制来实现。顺序控制的典型场景是自动化生产线、交通信号灯控制系统等，即传统方法中采用步进指令或定时器来实现控制过程。相反，电梯控制是采用逻辑操作控制的典型例子，在这种控制中不存在按一定顺序重复的“步”，因此要根据具体的控制要求采用不同的控制方式。

使用顺序控制设计法时，首先根据系统的工艺过程画出顺序功能图，然后根据顺序功能图画出梯形图。TIA STEP 7 编程软件为用户提供了顺序功能图语言，在编程软件中生成顺序功能图后便完成了编程工作。

在 PLC 编程时，绘制的顺序功能图也称状态转移图。顺序控制有三要素：转移条件、转移目标和工作任务。当上一个工序需要转到下一个工序时必须满足一定的转移条件（或称转换条件），如工序 1 要转到工序 2 时，须按下启动按钮，若不按下启动按钮，就无法进行工序 2，按下启动按钮即为转移条件。当转移条件满足后，需要确定转移目标，如工序 1 转移目标是工序 2。每个工序都有具体的工作任务，如工序 2 的工作任务是“机械手开始下降”。

顺序控制有单序列、选择序列和并行序列三种方式，这三种顺序控制既可以用置位、复位指令编程，也可以使用 S7 Graph 工具编程。

9.1.2 单序列顺序控制方式及编程

单序列顺序控制的工序图和顺序功能图如图 9-2 和图 9-3 所示，单序列顺序功能图的每个步后面只有一个转换，每个转换后面只有一个步。

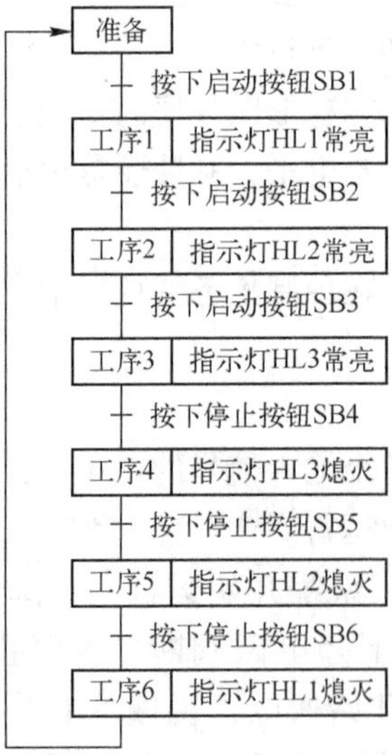

图 9-2 单序列顺序控制的工序图

单序列顺序控制
程序设计

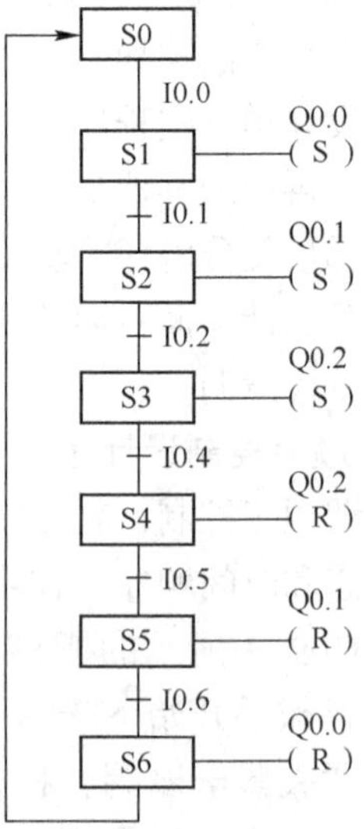

图 9-3 单序列顺序控制的顺序功能图

示例：根据图 9-2 的工序图，编写出对应的 PLC 程序。

在程序块选项中，单击添加程序块，添加 OB100 用来编写复位程序。

将 0 传送给 MD4，然后将 M4.0 置位，系统处于初始状态，程序如图 9-4 所示。

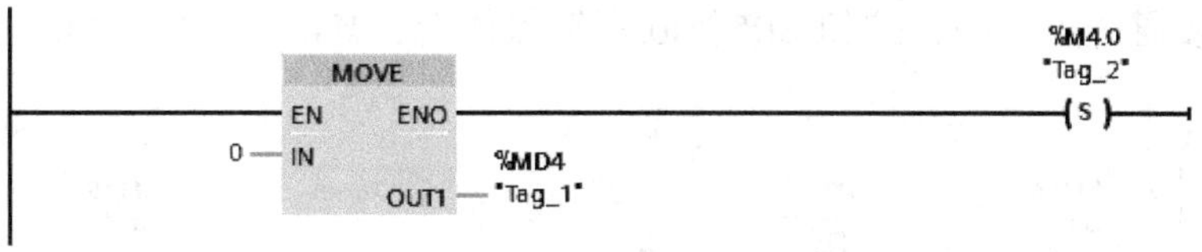

图 9-4 复位程序

当 M4.0 接通，按下启动按钮 SB1，I0.0 触点闭合，M4.1 置位，M4.0 复位，程序如图 9-5 所示。

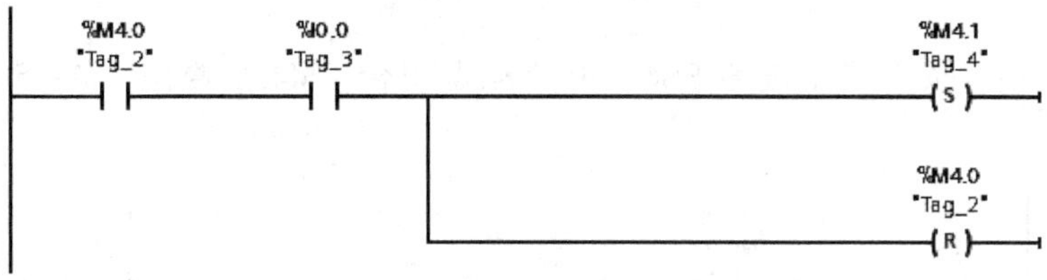

图 9-5 工序 1 程序

当 M4.1 接通，按下启动按钮 SB2，I0.1 触点闭合，M4.2 置位，M4.1 复位，程序如图 9-6 所示。

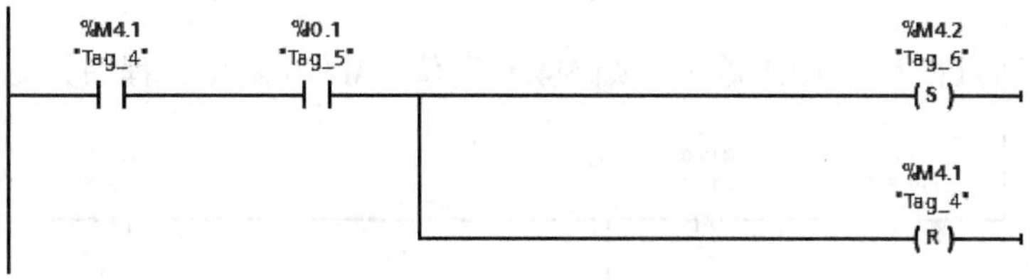

图 9-6 工序 2 程序

当 M4.2 接通，按下启动按钮 SB3，I0.2 触点闭合，M4.3 置位，M4.2 复位，程序如图 9-7 所示。

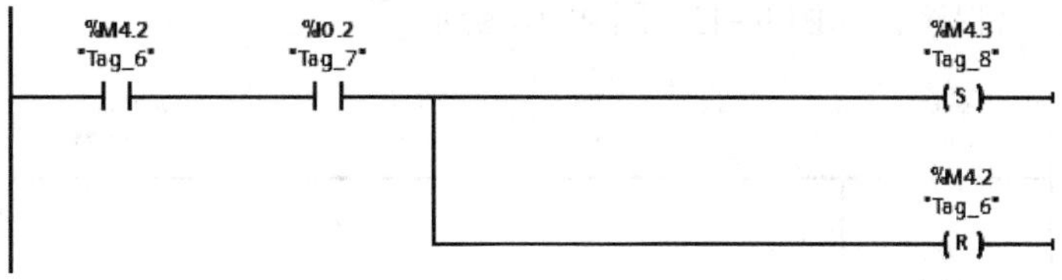

图 9-7 工序 3 程序

当 M4.3 接通，按下停止按钮 SB4，I0.3 触点闭合，M4.4 置位，M4.3 复位，程序如图 9-8 所示。

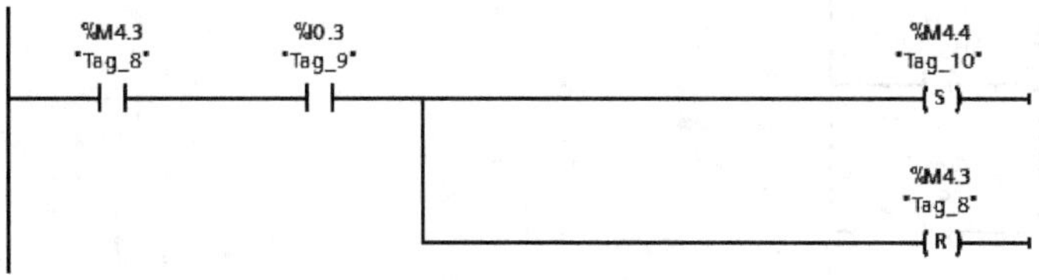

图 9-8 工序 4 程序

当 M4.4 接通，按下停止按钮 SB5，I0.4 触点闭合，M4.5 置位，M4.4 复位，程序如图 9-9 所示。

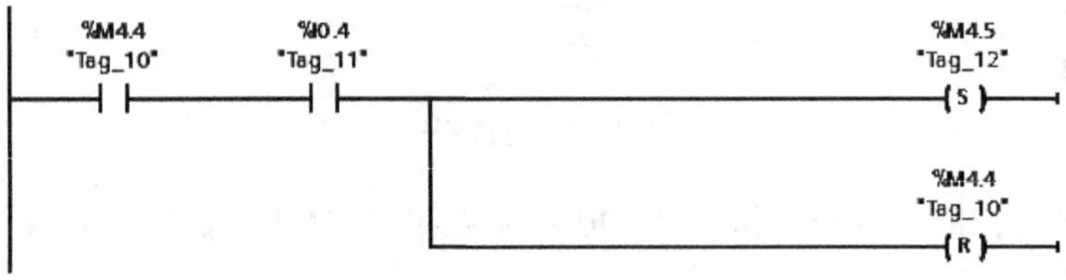

图 9-9　工序 5 程序

当 M4.5 接通，按下停止按钮 SB6，I0.5 触点闭合，M4.6 置位，M4.5 复位，程序如图 9-10 所示。

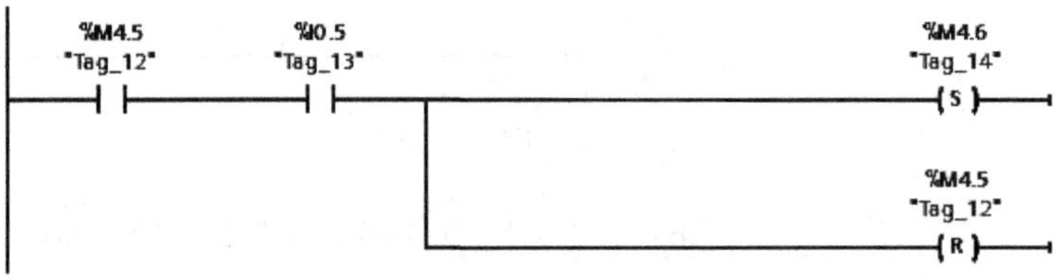

图 9-10　工序 6 程序

当 M4.6 接通且指示灯 HL1 熄灭，则 M4.0 置位，M4.6 复位，程序如图 9-11 所示。

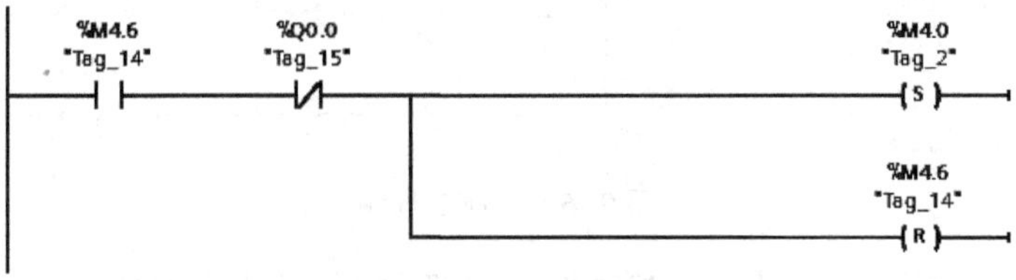

图 9-11　回到初始状态程序

各个线圈的输出程序，如图 9-12～图 9-14 所示。

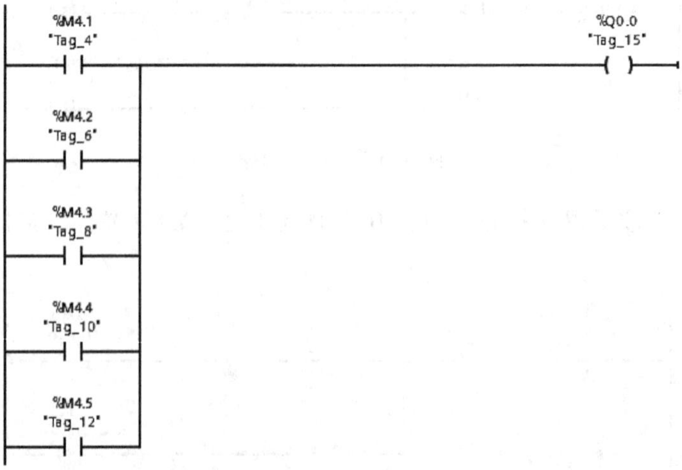

图 9-12　指示灯 HL1 输出程序

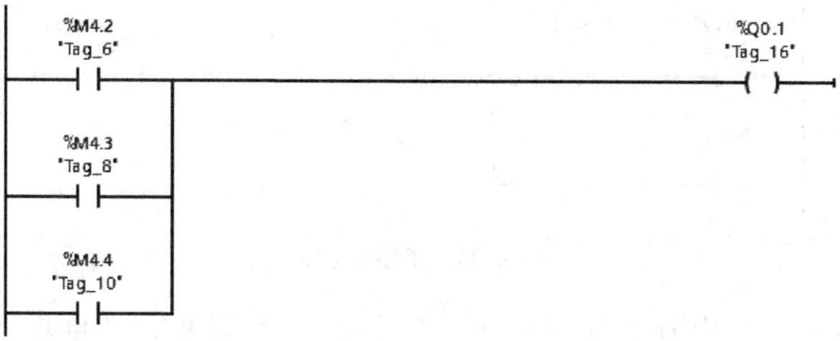

图 9-13 指示灯 HL2 输出程序

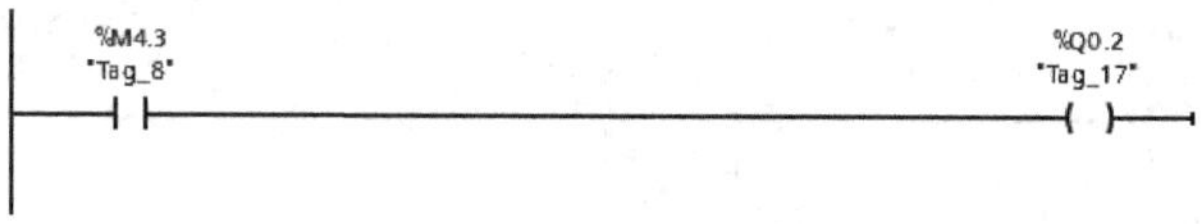

图 9-14 指示灯 HL3 输出程序

另外，还可以用“起保停”的方法来设计顺序控制程序。首先还是编写复位程序，见图 9-4。

当 M4.0 或工序 6 的标志位 M4.6 接通，按下启动按钮 SB1，I0.0 触点闭合，线圈 M4.1 得电并且自锁保持，M4.0 被复位。当 M4.2 接通，则线圈 M4.1 失电断开，程序如图 9-15 所示。

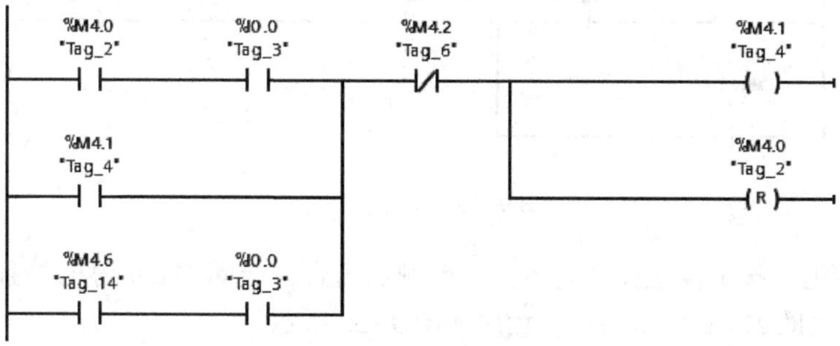

图 9-15 工序 1 程序

当 M4.1 接通，按下启动按钮 SB2，I0.1 触点闭合，线圈 M4.2 得电并且自锁保持。当 M4.3 接通，则线圈 M4.2 失电断开，程序如图 9-16 所示。

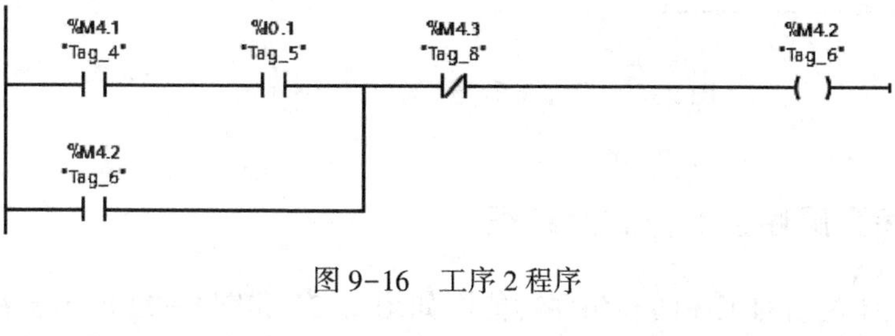

图 9-16 工序 2 程序

当 M4.2 接通，按下启动按钮 SB3，I0.2 触点闭合，线圈 M4.3 得电并且自锁保持。当 M4.4 接通，则线圈 M4.3 失电断开，程序如图 9-17 所示。

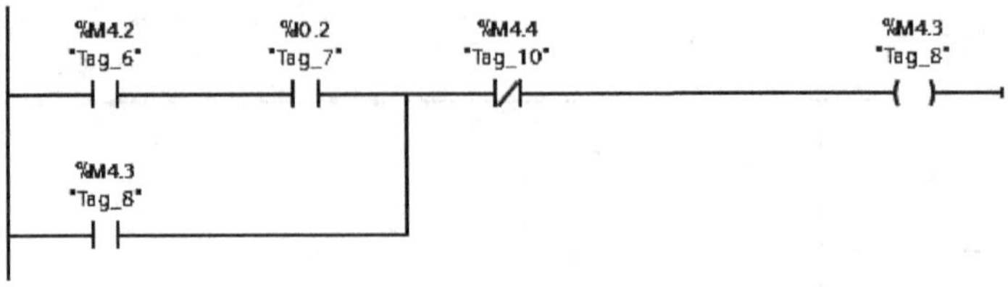

图 9-17　工序 3 程序

当 M4.3 接通，按下停止按钮 SB4，I0.3 触点闭合，线圈 M4.4 得电并且自锁保持。当 M4.5 接通，则线圈 M4.4 失电断开，程序如图 9-18 所示。

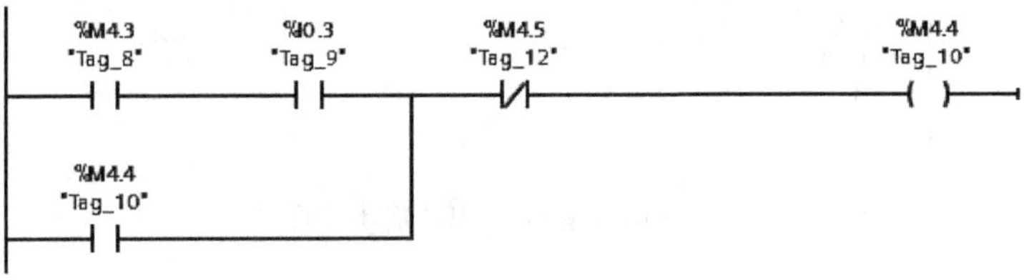

图 9-18　工序 4 程序

当 M4.4 接通，按下停止按钮 SB5，I0.4 触点闭合，线圈 M4.5 得电并且自锁保持。当 M4.6 接通，则线圈 M4.5 失电断开，程序如图 9-19 所示。

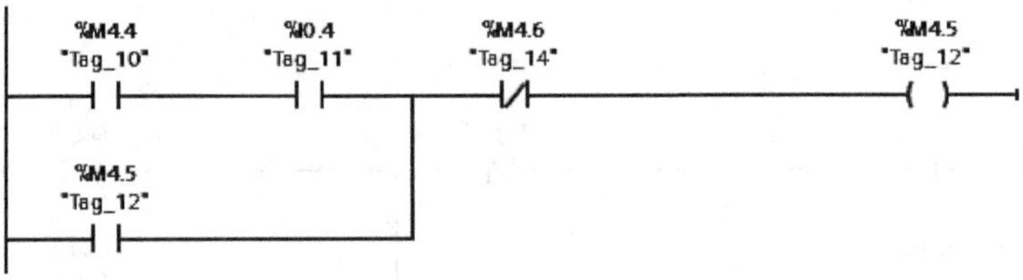

图 9-19　工序 5 程序

当 M4.5 接通，按下停止按钮 SB6，I0.5 触点闭合，线圈 M4.6 得电并且自锁保持。当 M4.1 接通，则线圈 M4.6 失电断开，程序如图 9-20 所示。

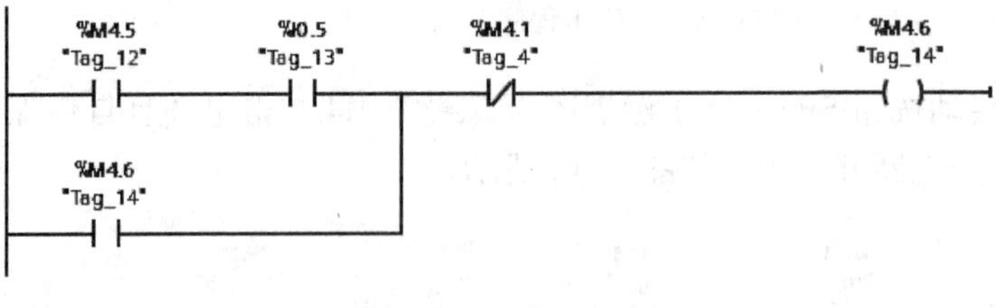

图 9-20　工序 6 程序

单序列顺序控制程序调试过程

9.1.3　选择序列顺序控制方式及编程

选择序列顺序控制的工序图和顺序功能图如图 9-21 和图 9-22 所示，在工序 1 后面有两条可以选择的分支，当按下启动按钮 SB2 时，执行工序 2 所在的分支；当按下启动按钮 SB3 时，执行工序 3 所在的分支；两个分支不能同时进行。

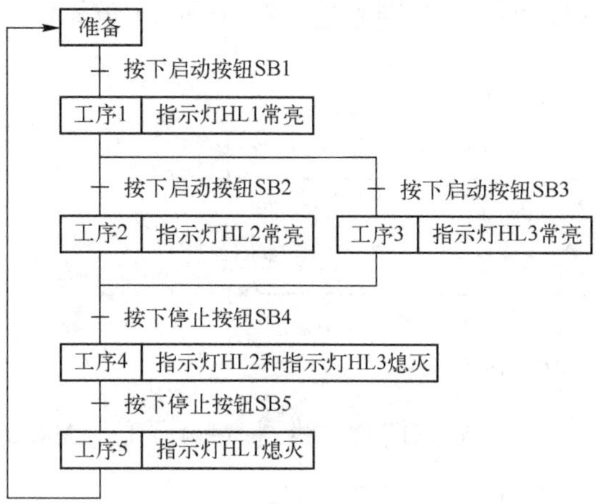

图 9-21　选择序列顺序控制的工序图

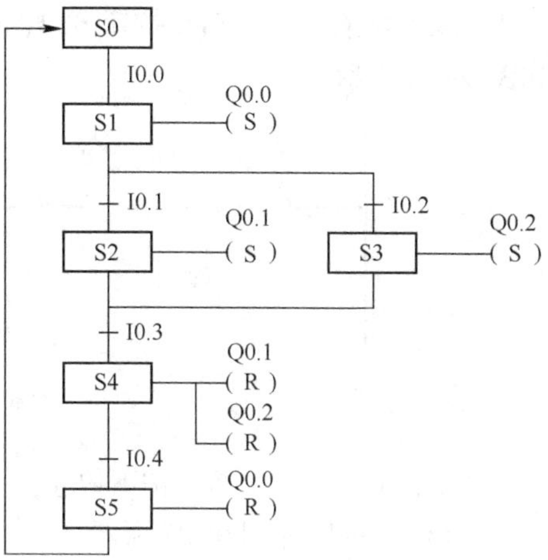

图 9-22　选择序列顺序控制的顺序功能图

示例：根据图 9-21 的工序图，编写出对应的 PLC 程序。

在程序块选项中，单击添加程序块，添加 OB100 用来编写复位程序。

将 0 传送给 MD4，然后将 M4.0 置位，系统处于初始状态，程序如图 9-23 所示。

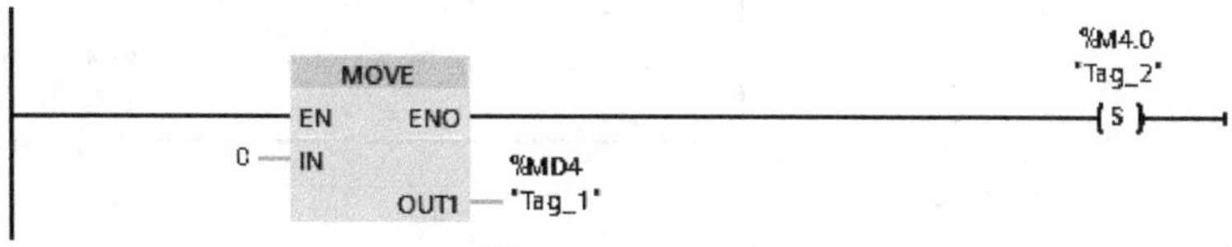

图 9-23　复位程序

当 M4.0 接通，按下启动按钮 SB1，I0.0 触点闭合，线圈 M4.1 置位，M4.0 被复位，程序如图 9-24 所示。

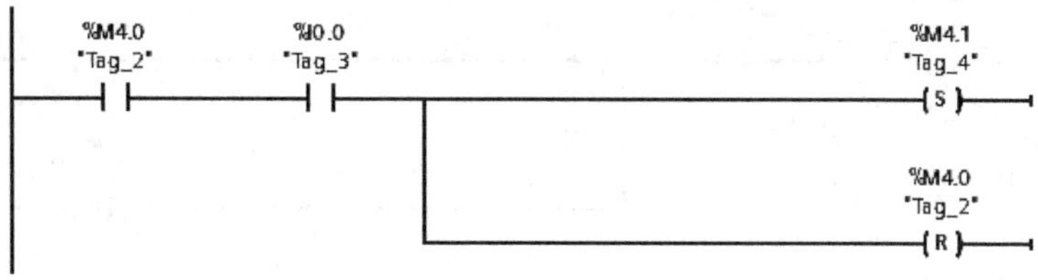

图 9-24　工序 1 程序

当 M4.1 接通，按下启动按钮 SB2，I0.1 触点闭合，线圈 M4.2 置位，M4.1 被复位，程序如图 9-25 所示。

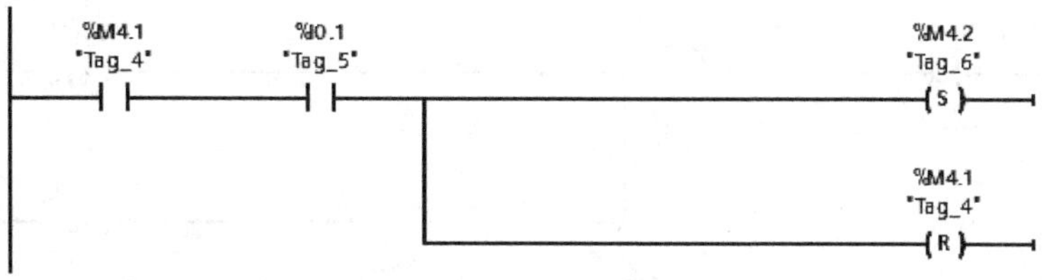

图 9-25　工序 2 程序

当M4.1接通，按下启动按钮SB3，I0.2触点闭合，线圈M4.3置位，M4.1被复位，程序如图9-26所示。

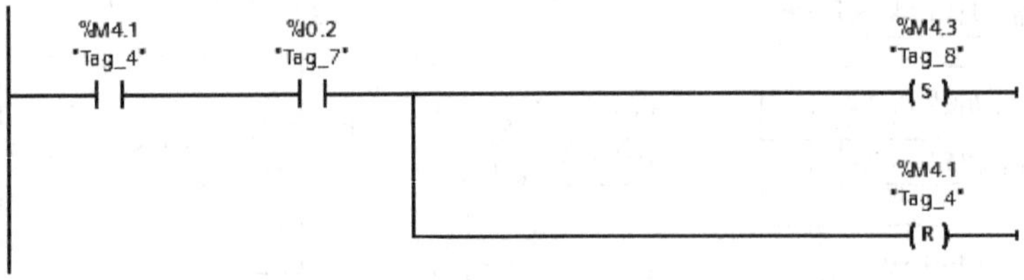

图9-26　工序3程序

当M4.2或M4.3接通，按下停止按钮SB4，I0.3触点闭合，线圈M4.4置位，M4.2和M4.3被复位，程序如图9-27所示。

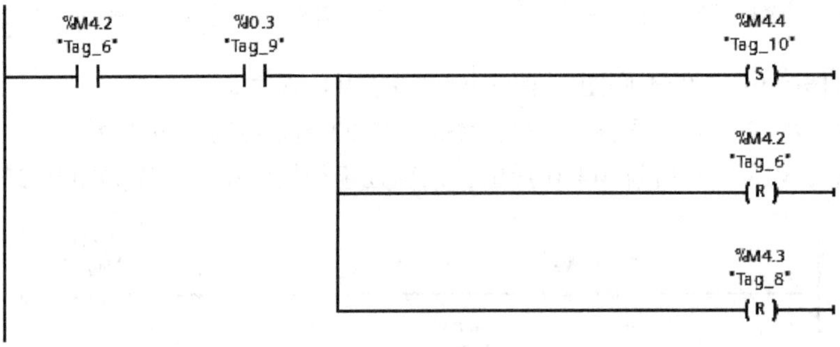

图9-27　工序4程序

当M4.4接通，按下停止按钮SB5，I0.4触点闭合，线圈M4.5置位，M4.4被复位，程序如图9-28所示。

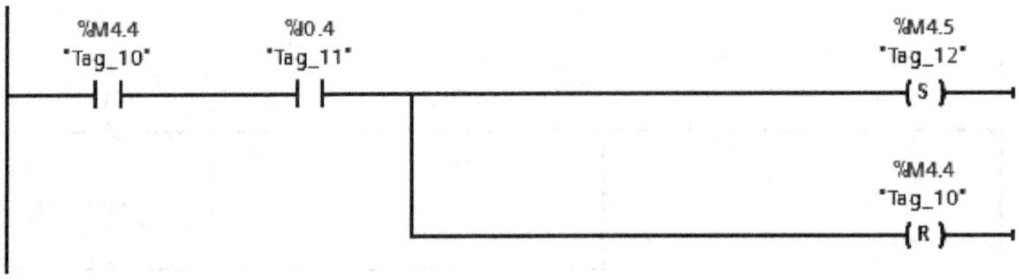

图9-28　工序5程序

当M4.5接通，指示灯HL1熄灭情况下，线圈M4.0置位，M4.5被复位，程序如图9-29所示。

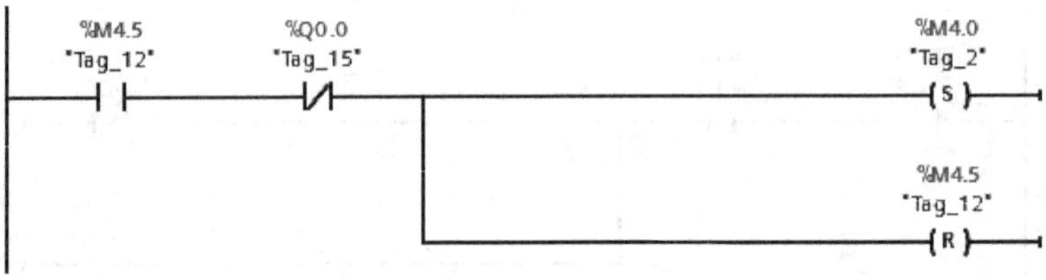

图9-29　回到初始状态

各个线圈的输出程序如图 9-30~图 9-32 所示。

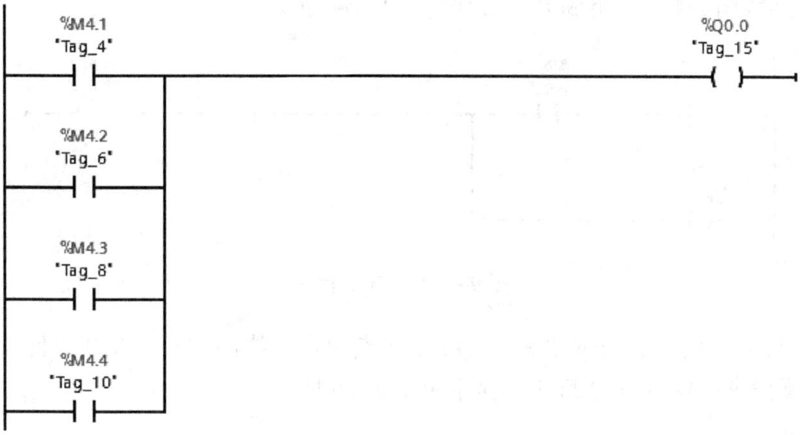

图 9-30 指示灯 HL1 点亮程序

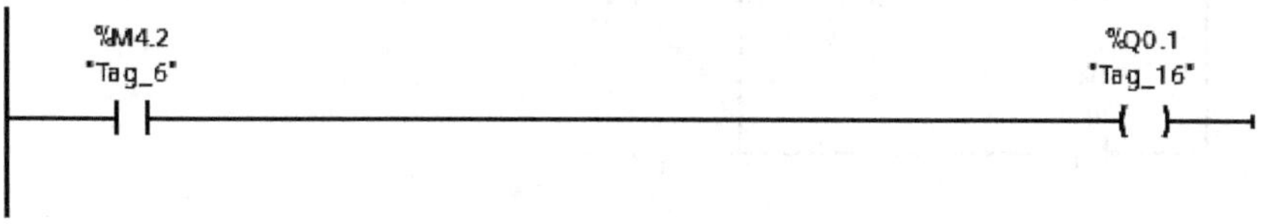

图 9-31 指示灯 HL2 点亮程序

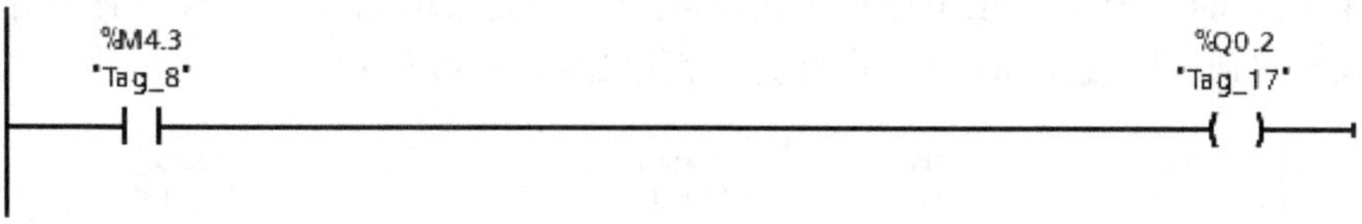

图 9-32 指示灯 HL3 点亮程序

另外，还可以用“起保停”的方法来设计顺序控制程序。首先还是编写复位程序，见图 9-23。

当 M4.0 或工序 5 的标志位 M4.5 接通，按下启动按钮 SB1，I0.0 触点闭合，线圈 M4.1 得电并且自锁保持，M4.0 被复位。当 M4.2 或 M4.3 接通，则线圈 M4.1 失电断开，程序如图 9-33 所示。

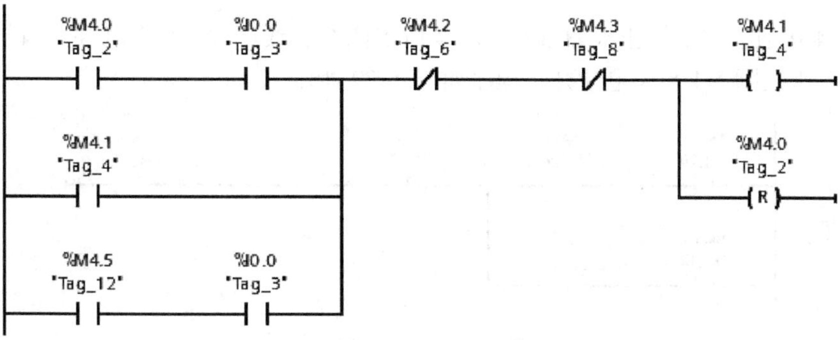

图 9-33 工序 1 程序

当M4.1接通，按下启动按钮SB2，I0.1触点闭合，线圈M4.2得电并且自锁保持。当M4.4接通，则线圈M4.2失电断开，程序如图9-34所示。

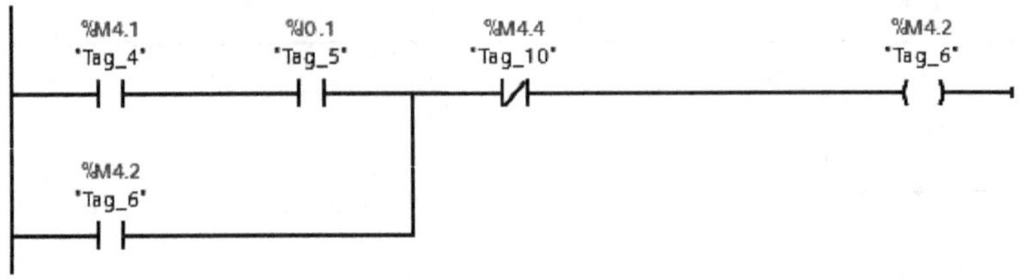

图9-34　工序2程序

当M4.1接通，按下启动按钮SB3，I0.2触点闭合，线圈M4.3得电并且自锁保持。当M4.4接通，则线圈M4.3失电断开，程序如图9-35所示。

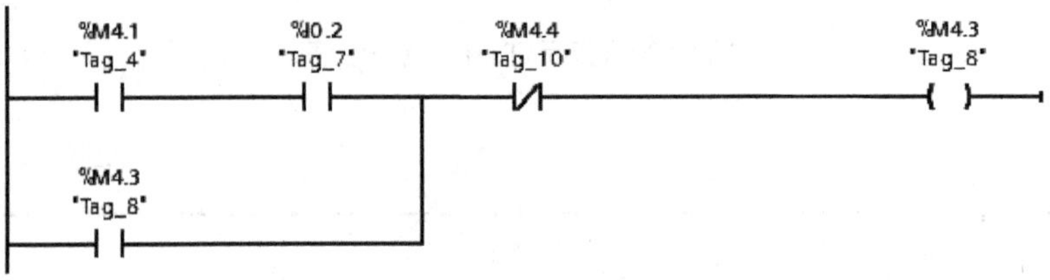

图9-35　工序3程序

当M4.2或M4.3接通，按下停止按钮SB4，I0.3触点闭合，线圈M4.4得电并且自锁保持。当M4.5接通，则线圈M4.4失电断开，程序如图9-36所示。

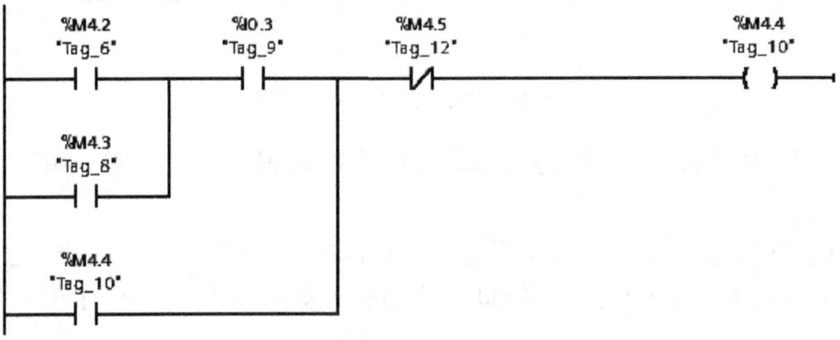

图9-36　工序4程序

当M4.4接通，按下停止按钮SB5，I0.4触点闭合，线圈M4.5得电并且自锁保持。当M4.1接通，则线圈M4.5失电断开，程序如图9-37所示。

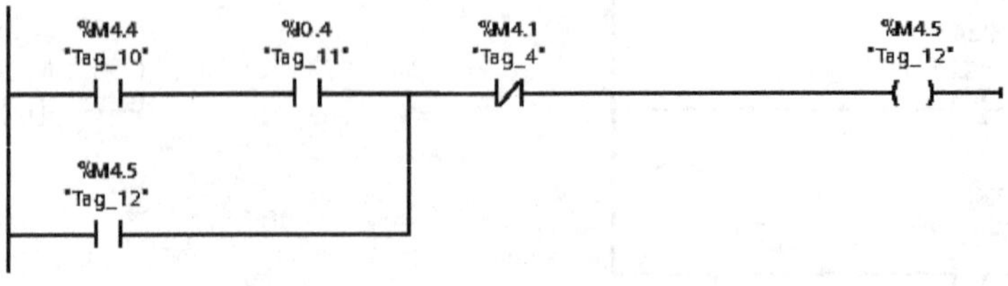

图9-37　工序5程序

9.1.4 并行序列顺序控制方式及编程

示例：根据图 9-38 的工序图，编写出对应的 PLC 程序（其功能顺序图见图 9-39）。

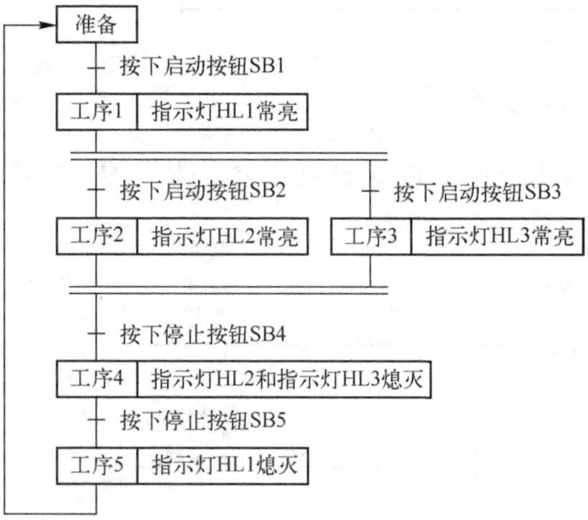

图 9-38　选并行序列顺序控制的工序图

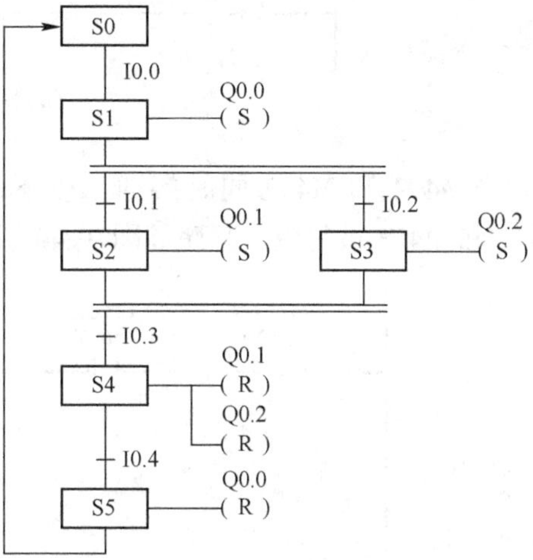

图 9-39　并行序列顺序控制的顺序功能图

在程序块选项中，单击添加程序块，添加 OB100 用来编写复位程序。

将 0 传送给 MD4，然后将 M4.0 置位，系统处于初始状态，程序如图 9-40 所示。

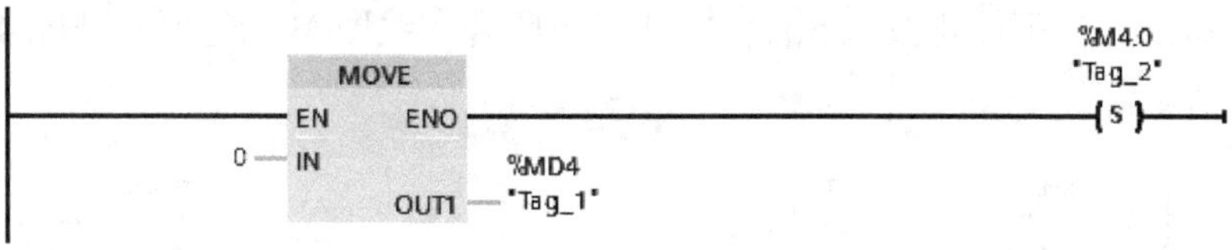

图 9-40　复位程序

当 M4.0 接通，按下启动按钮 SB1，I0.0 触点闭合，线圈 M4.1 置位，M4.0 被复位，程序如图 9-41 所示。

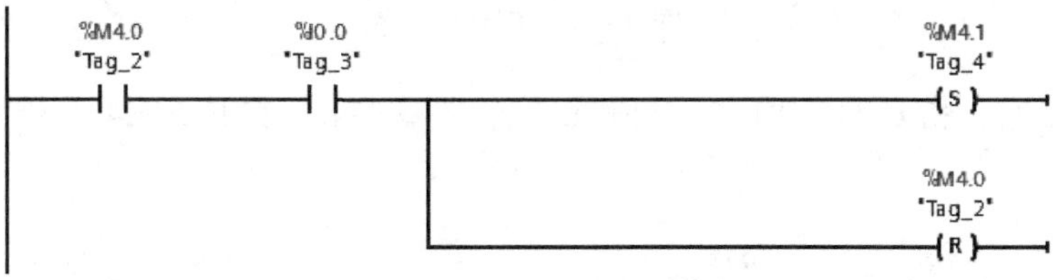

图 9-41　工序 1 程序

当 M4.1 接通，按下启动按钮 SB2，I0.1 触点闭合，线圈 M4.2 置位，程序如图 9-42 所示。

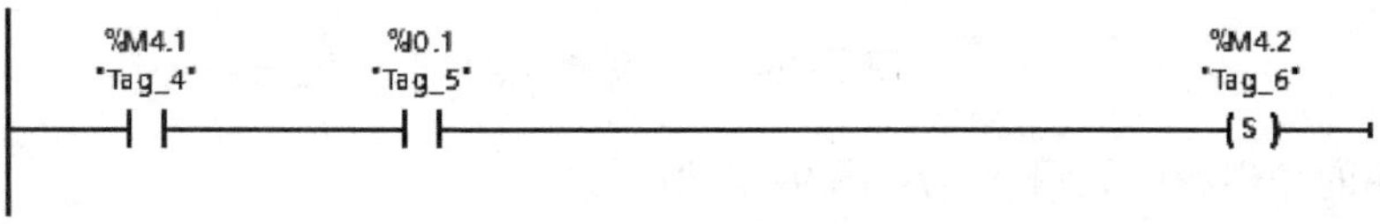

图 9-42　工序 2 程序

当 M4.1 接通，按下启动按钮 SB3，I0.2 触点闭合，线圈 M4.3 置位，程序如图 9-43 所示。

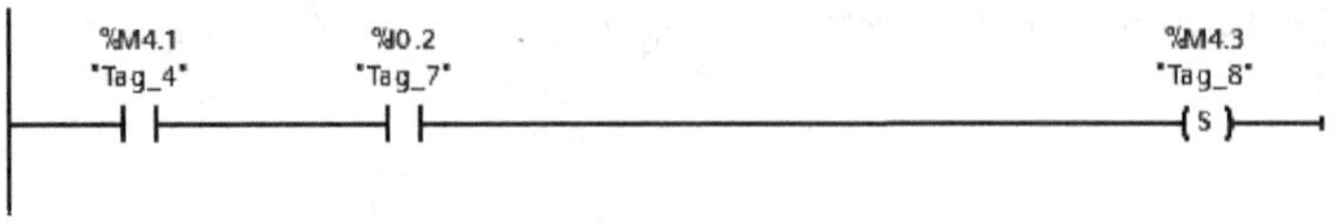

图 9-43　工序 3 程序

当 M4.2 和 M4.3 同时接通，按下停止按钮 SB4，I0.3 触点闭合，线圈 M4.4 置位，M4.2 和 M4.3 被复位，程序如图 9-44 所示。

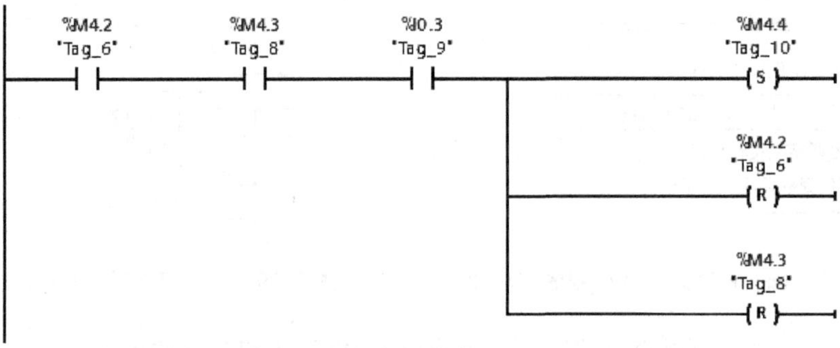

图 9-44　工序 4 程序

当 M4.4 接通，按下停止按钮 SB5，I0.4 触点闭合，线圈 M4.5 置位，M4.4 被复位，程序如图 9-45 所示。

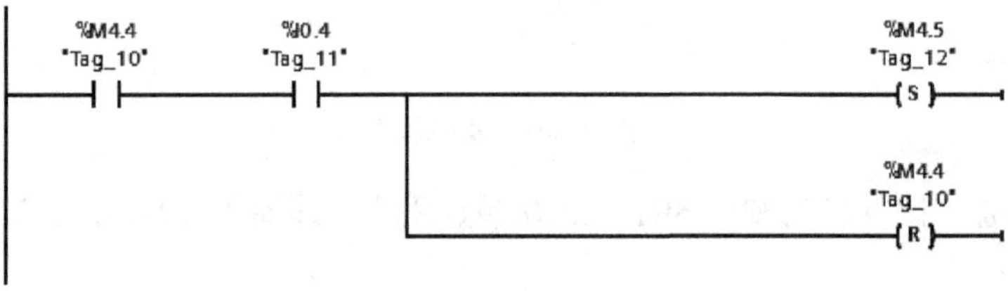

图 9-45　工序 5 程序

当 M4.5 接通，指示灯 HL1 熄灭情况下，线圈 M4.0 置位，M4.5 被复位，程序如图 9-46所示。

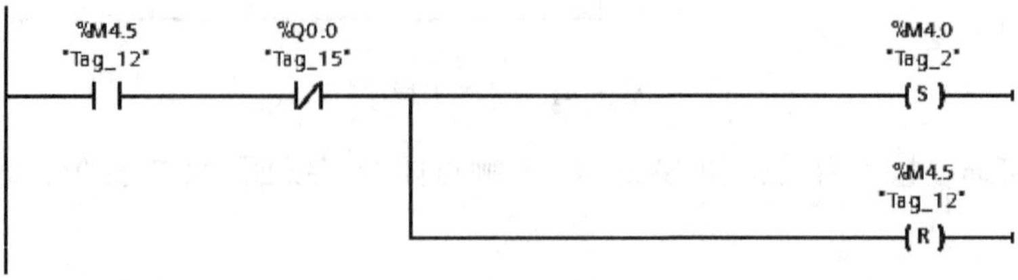

图 9-46　回到初始状态

各个线圈的输出程序如图 9-47～图 9-49 所示。

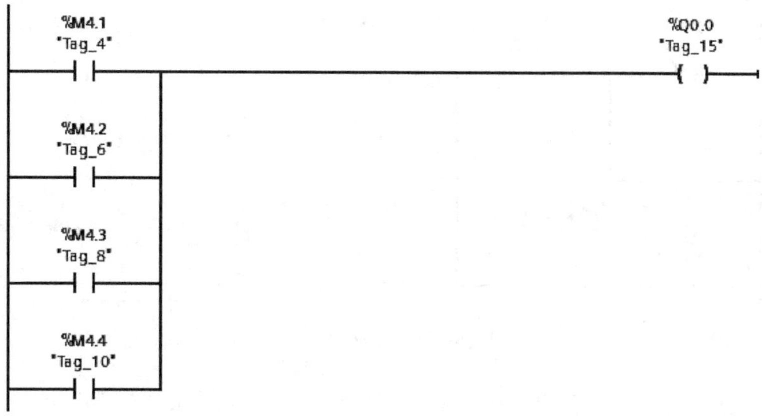

图 9-47 指示灯 HL1 点亮程序

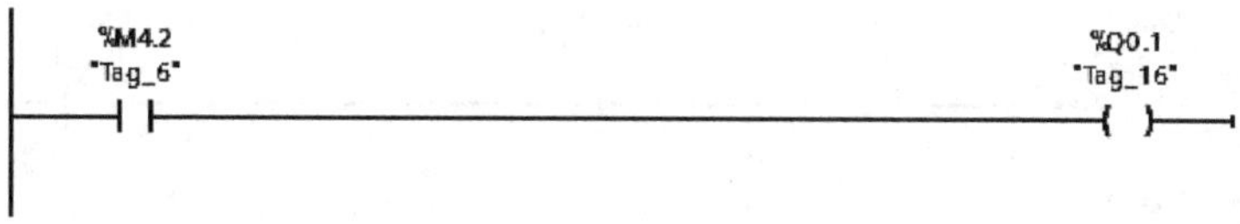

图 9-48 指示灯 HL2 点亮程序

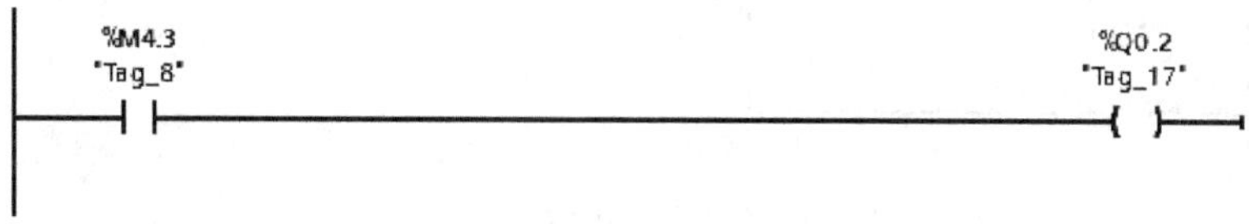

图 9-49 指示灯 HL3 点亮程序

另外，还可以用“起保停”的方法来设计顺序控制程序。首先还是编写复位程序，见图 9-40。

当 M4.0 或工序 5 的标志位 M4.5 接通，按下启动按钮 SB1，I0.0 触点闭合，线圈 M4.1 得电并且自锁保持，M4.0 被复位。当 M4.2 或 M4.3 接通，则线圈 M4.1 失电断开，程序如图 9-50 所示。

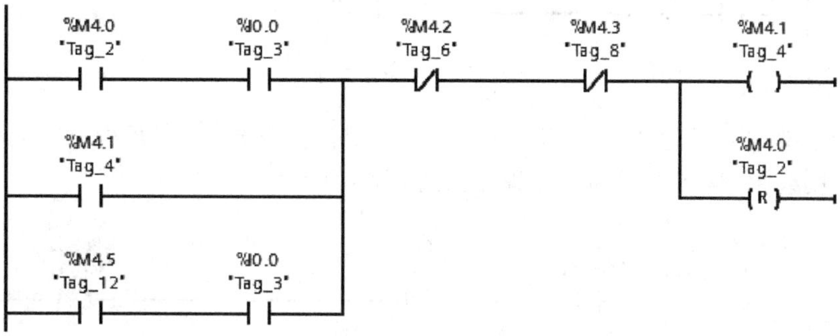

图 9-50 工序 1 程序

当 M4.1 接通，按下启动按钮 SB2，I0.1 触点闭合，线圈 M4.2 得电并且自锁保持。当 M4.4 接通，则线圈 M4.2 失电断开，程序如图 9-51 所示。

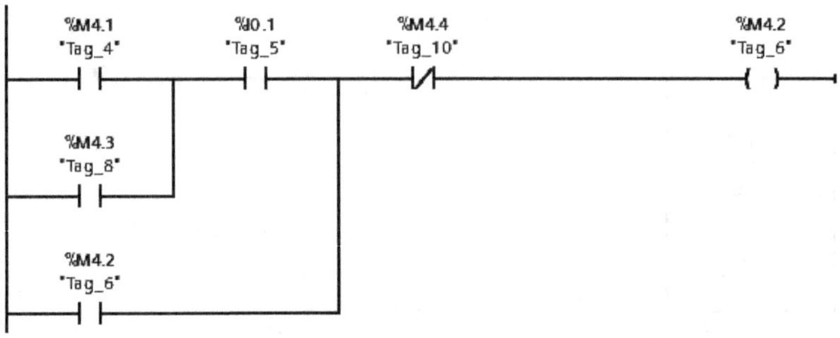

图 9-51 工序 2 程序

当 M4.1 接通，按下启动按钮 SB3，I0.2 触点闭合，线圈 M4.3 得电并且自锁保持。当 M4.4 接通，则线圈 M4.3 失电断开，程序如图 9-52 所示。

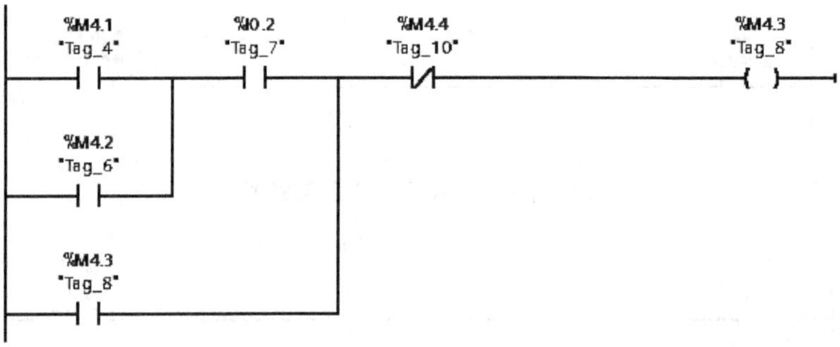

图 9-52 工序 3 程序

当 M4.2 和 M4.3 同时接通，按下停止按钮 SB4，I0.3 触点闭合，线圈 M4.4 得电并且自锁保持。当 M4.5 接通，则线圈 M4.4 失电断开，程序如图 9-53 所示。

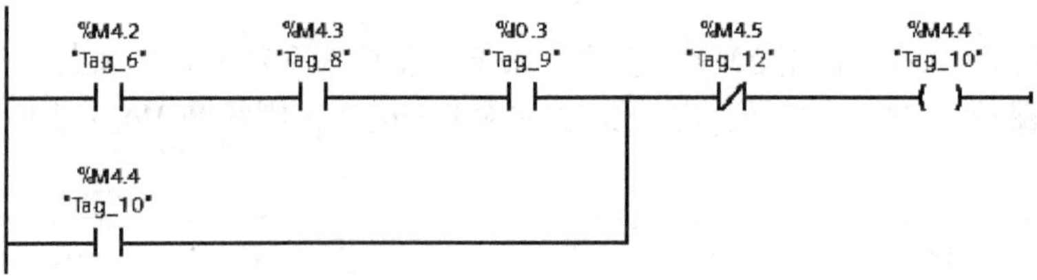

图 9-53 工序 4 程序

当 M4.4 接通，按下停止按钮 SB5，I0.4 触点闭合，线圈 M4.5 得电并且自锁保持。当 M4.1 接通，则线圈 M4.5 失电断开，程序如图 9-54 所示。

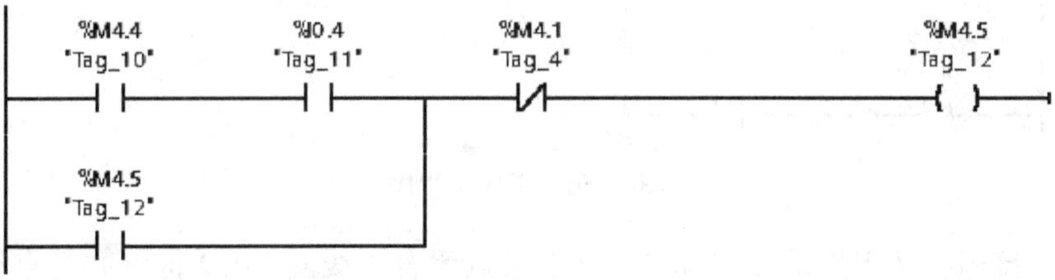

图 9-54 工序 5 程序

9.2 S7-Graph 和 S7-SCL 编程语言的使用

S7-300/400 PLC 除了可以使用梯形图、语句表和功能块三种编程语言外，还可以使用 S7-Graph 和 S7-SCL 编程语言。这两种语言如果使用 TIA Protal 编程软件，可以直接在添加 FB/FC 块时选择使用，无须再像 STEP 7 BASIC 版那样安装语言包。

S7-Graph 是创建顺序控制系统的图形编程语言。使用顺控程序，可以更为快速便捷和直观地对顺序进行编程。S7-SCL（Structured Control Language，结构化控制语言）是一种基于 PASCAL 的高级编程语言，这种语言基于标准 DIN EN 61131-3（国际标准为 IEC 1131-3）。根据该标准，可对用于 PLC 的编程语言进行标准化。SCL 编程语言实现了该标准中定义的 ST 语言（结构化文本）的 PLCopen 初级水平。

9.2.1 S7-Graph 编程语言概述

在 GRAPH 函数块中，可以按照顺序控制程序的格式编写程序。顺序控制程序既可以处理多个独立任务，也可以将一个复杂任务分解成多个顺序控制程序。如果顺序控制程序处理多个独立任务，则这些顺序控制程序将在程序流中并行处理。

如果使用多个顺序控制程序将一个复杂任务分解成更小的部分，则必须将相关的顺序控制程序与程序跳转相关联。可以将程序划分为顺序控制程序中的各个步。在最简单的情况下，各个步将以线性方式逐个处理。但也可使用选择分支或并行分支，创建结构更为复杂的顺序控制程序。程序将始终从定义为初始步的步开始执行，一个顺序控制程序可以有一个或多个初始步，初始步可以在顺序控制程序中的任何位置。

激活一个步时，将执行该步中的动作。也可以同时激活多个步，一旦满足所有条件而且没有未决监控错误时，转换条件会立即切换到下一步，该步将变成活动步。结束顺序控制程序时，可使用跳转或顺序结尾，跳转目标可以是同一顺序控制程序中的任意步，也可以是其他顺序控制程序中的任意步。这样，可以支持顺序控制程序的循环执行。

顺序控制系统可通过预定义的顺序对过程进行控制，并受某些条件的限制。顺序控制系统的复杂度取决于自动化任务。在顺序控制系统中，至少包含三个块。

1. GRAPH 函数块

在 GRAPH 函数块中，可以定义一个或多个顺序控制程序中的单个步和顺序控制系统的转换条件。

2. 背景数据块

背景数据块中包含顺序控制系统的数据和参数。可以将背景数据块分配给 GRAPH 函数块，并由系统自动生成。

3. 调用代码块

要在循环中执行 GRAPH 函数块，则必须从较高级的代码块中调用该函数块。该块可以是一个组织块（OB）、函数（FC）或其他函数块（FB）。通常将 GRAPH 函数块调用为一个单背景。

顺序控制程序的执行从活动顺序的初始步开始。在并行分支中只能使用多个初始步，一旦激活一个步时，将立即执行该步中的动作。在此，需考虑各动作的互锁条件，执行了所有动作之后，将首先检查是否存在监控错误，如果没有监控错误并满足转换条件，则将激活序列的下一步。如果存在监控错误或者不满足转换条件，则当前步仍处于活动状态，直到错误消除或者满足转换条件。在顺序控制程序的末尾，可以使用跳转激活顺序控制程序的循环处理，也可以使用循序结尾终止顺序控制程序。

S7 Graph 是 STEP 7 标准编程功能的补充，是针对顺序控制系统进行编程的图形编程语言。S7 Graph 中包含了顺序器（S7 Graph 程序）的创建、每个“步”的内容、跳转和转移的规范。同时 S7 Graph 还表示了顺序的结构，以方便进行编程、调试和查找故障。

1. 步

一个顺序控制过程可分为若干阶段，这些阶段称为步或状态。每个步都有不同的动作(但初始步有可能没有动作)。当相邻两步之间的转换条件满足时，就将实现步与步之间的转换，即上一个步的动作结束而下一个步的动作开始。步与步之间实现转换应该同时满足两个条件：前级步必须是活动步，对应的转换条件成立。

（1）步的划分

顺序控制设计法最基本的思想是将系统的一个工作周期划分为若干步。步是根据输出量的状态变化来划分的，在任何一步之内，各输出量的 ON/OFF 状态不变，但是相邻两步输出量总的状态是不同的。步的这种划分方法使代表各步的编程元件的状态与各输出量的状态之间有着极为简单的逻辑关系。

（2）初始步

与系统的初始状态相对应的步称为初始步。初始状态一般是系统等待启动命令的相对静止的状态。每一个顺序功能图至少应该有一个初始步（初始状态）。

（3）活动步

当系统正处于某一步所在的阶段时，该步处于活动状态，称该步为“活动步”。步处于活动状态时，相应的动作被执行；处于不活动状态时，相应的非存储型动作被停止执行。

编程时可以为每一步规定等待时间和监控时间，等待时间作为下一步的转换条件参与逻辑运算，监控时间被当作故障信号处理。

2. 有向连线

在顺序功能图中，随着时间的推移和转换条件的实现，将会发生步的活动状态的进展，这种进展按有向连线规定的路线和方向进行。在画顺序功能图时，将代表各步的方框按它们成为活动步的先后次序顺序排列，并用有向连线将它们连接起来。步的活动状态习惯的进展方向是从上到下或从左至右，在这两个方向有向连线上的箭头可以省略。如果不是上述的方向，应在有向连线上用箭头注明进展方向。在可以省略箭头的有向连线上，为了更易于理解也可以加箭头。

3. 转换条件

转换条件是指被激活的活动步进入下一步转换的条件。当转换条件满足时，自动从当前步跳到下一步。转换条件在当前步下面，用短水平线引出并放置在线的旁边。

4. 动作

动作命令放在步框的右边，表示与当前步有关的指令，一般用输出类指令（如输出、置位、复位等）。步相当于这些指令的左母线，这些动作命令平时不被执行，只有当对应的步被激活时才被执行。

在 S7-Graph 环境下，一个完整的顺序控制系统包括四个部分：方式选择、顺控器、命令输出、故障信号和状态信号。

1. 方式选择

在方式选择部分主要处理各种运行方式的条件和封锁信号。运行方式在操作台上通过选择开关或按钮进行设置和显示。设置的结果形成使能信号或封锁信号，并影响“顺控器”和“命令输出”。通常，基本的运行方式如下。

1）自动方式：在该方式下，系统将按照顺控器中确定的控制顺序，自动执行各控制环节的功能，一旦系统启动后就不再需要操作人员的干预，但可以响应停止和急停操作。

2）单步方式：在该方式下，系统依据控制按钮，在操作人员的控制下一步一步完成整个系统的功能，但并不是每一步都需要操作人员确认。

3）键控方式：在该方式下，各执行机构（输出端）的动作需要由手动控制实现，不需要 PLC 程序。

2. 顺控器

顺控器是顺序控制系统的核心，是实现按时间、顺序控制工业生产过程的一个控制装置。这里所讲的顺控器专指用 S7-Graph 语言编写的一段 PLC 控制程序，使用顺序功能图描述控制系统的控制过程、功能和特性。

3. 命令输出

命令输出部分主要实现控制系统各控制步的具体功能，如驱动执行机构。

4. 故障信号和状态信号

故障信号和状态信号部分主要处理控制系统运行过程中的故障及状态信号，如当前系统工作于哪种方式，已经执行到哪一步，工作是否正常等。

9.2.2 顺序功能图设置与调试

1. S7-Graph 的特点

1）适用于顺序控制程序。

2）符合国际标准 IEC 61131-3。

3）PLCopen 基础级认证。

4）适用于 SIMATIC S7-300（推荐 CPU314 以上）、S7-400、S7-1500、C7 and WinAC

5）S7-Graph 针对顺序控制程序做了优化处理，它不仅具有 PLC 典型的元素（例如输入/输出，定时器，计数器），而且增加了如下概念。

- 多个顺控器（最多 8 个）。
- 步骤（每个顺控器最多 250 个）。

- 每个步骤的动作（每步最多 100 个）。
- 转换条件（每个顺控器最多 250 个）。
- 分支条件（每个顺控器最多 250 个）。
- 逻辑互锁（最多 32 个条件）。
- 监控条件（最多 32 个条件）。
- 事件触发功能。
- 切换运行模式（手动、自动及点动模式）。

2. S7-Graph 的安装

STEP 7 标准版不包括 S7-Graph 软件包及授权，需单独购买。STEP 7 Professional 版包括了 S7-Graph 的软件包及授权，安装即可。在 S7 程序中，S7-Graph 块可以与其他 STEP 7 编程语言生成的块互相调用。S7-Graph 生成的块也可以作为库文件被其他语言引用。

3. S7-Graph 编辑器

在 S7 文件单击“插入”→“功能块”，在弹出的功能块中，创建语言选择为“GRAPH”。双击该功能块，进入 S7-Graph 编辑器界面，如图 9-55 所示。

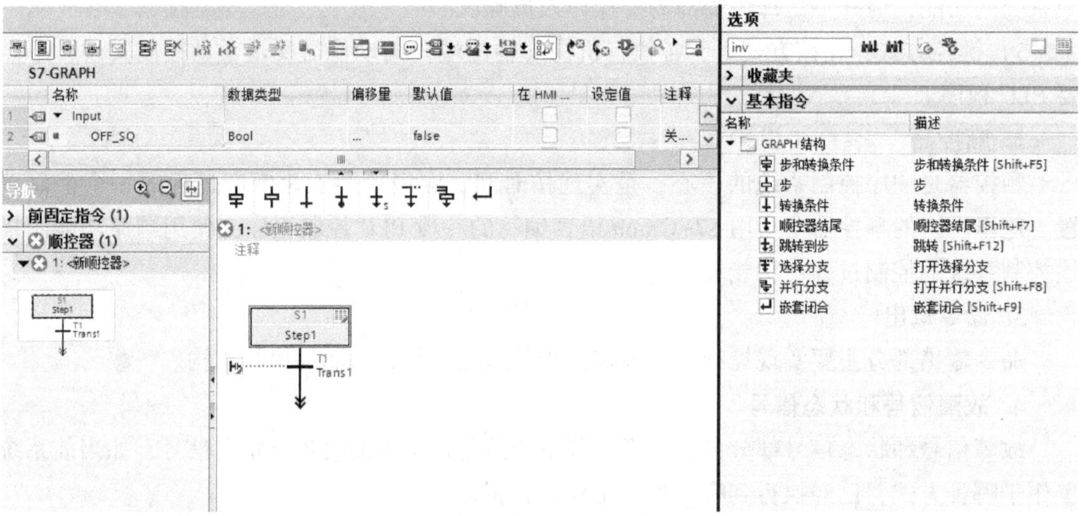

图 9-55　S7-Graph 界面

可以在编程窗口中执行以下任务。

- 编写前固定指令和后固定指令。
- 编写顺控程序。
- 指定联锁条件和监控条件报警。

根据要编程的内容，可以在以下视图间切换。

- 顺序视图。
- 单步视图。
- 前固定指令。
- 后固定指令。

● 报警视图。

工作区和可用指令及收藏夹随具体视图而有所不同。

（1）导航工具栏

在导航工具栏中可执行以下操作。

1）放大或缩小导航中的元素。可以使用放大和缩小按钮放大或缩小导航视图中固定指令和顺序的图形元素。可分别设置每个面板的缩放系数。当 GRAPH 函数块关闭时，对缩放系数设置的所有更改都会被放弃。如果要保留缩放系数，可以通过“记住布局”（Remember Layout）按钮实现。

2）同步导航。启用该按钮时，将同步导航和工作区域，以确保始终显示相同元素。禁用该按钮时，在导航和工作区域中可显示不同的对象。

（2）工作区

在工作区内可以对顺控程序的各个元素进行编程。为此可以在不同视图中显示 GRAPH 程序。可以使用缩放功能缩放这些视图。

（3）顺序视图的功能

顺序视图以轻松易读的格式显示顺控程序的结构，并允许添加以下元素。

● 步。
● 转换条件。
● 跳转。
● 分支。
● 顺序结尾。

此外，可以通过单击鼠标展开步和转换条件，以显示或编辑步的动作和转换条件。

（4）单步视图的功能

单步视图允许对步的以下元素进行编程。

● 互锁条件。
● 监控条件。
● 动作。
● 转换条件。

此外，还可以指定步的标题及注释。

9.2.3 S7-SCL 编程语言概述

S7-SCL 除了包含 PLC 的典型元素（如输入、输出、定时器或存储器位）外，还具有高级编程语言的特点，并且提供了简便的指令进行程序控制。SCL 特别适用于数据管理、过程优化、配方管理和数学计算。

1. S7-SCL 表达式

表达式将在程序运行期间进行运算，然后返回一个值。一个表达式由操作数（如常数、变量或函数调用）和与之搭配的操作符（如 *、/、+ 或 -）组成，通过运算符可以将表达式连接在一起或相互嵌套。表达式将按照相关运算符的优先级、从左到右的顺序和括号进行运算。

不同的运算符，分别可使用以下不同类型的表达式。

（1）算术表达式

算术表达式既可以是一个数字值，也可以是由带有算术运算符的两个值或表达式组合而成。

（2）关系表达式

关系表达式将对两个操作数的值进行比较，然后得到一个布尔值。如果比较结果为真，则结果为 TRUE，否则为 FALSE。

（3）逻辑表达式

逻辑表达式由两个操作数以及逻辑运算符（AND、OR 或 XOR）或取反操作数（NOT）组成。

2. 算术表达式

算术表达式既可以是一个数字值，也可以是由带有算术运算符的两个值或表达式组合而成。算术运算符可以处理当前 CPU 所支持的各种数据类型。如果在该运算中有 2 个操作数，那么可根据以下条件来确定结果的数据类型。

1）如果这 2 个操作数均为有符号的整数，但长度不同，那么结果将采用长度较长的那个整数数据类型，例如，INT+DINT=DIN。

2）如果这 2 个操作数均为无符号整数，但长度不同，那么结果将采用长度较长的那个整数数据类型，例如，USINT+UDINT=UDINT。

3）如果一个操作数为有符号整数，另一个为无符号整数，那么结果将采用另一个长度较大的有符号数据类型，其包含此无符号整数，例如，SINT+USINT=INT。只有在未设置 IEC 检查时，才能执行具有此类操作数的运算。

4）如果一个操作数为整数，另一个为浮点数，那么结果将采用浮点数的数据类型，例如，INT+REAL=REAL。

5）如果 2 个操作数均为浮点数，但长度不同，结果将采用长度较长的那个浮点数的数据类型，例如，REAL+LREAL=LREAL。

6）对于操作数为“时间”和“日期和时间”数据类型组，运算结果的数据类型请参见《STEP 7 Professional V14 系统手册》中的“算术表达式的数据类型”部分的表格。

3. 关系表达式

关系表达式将两个操作数的值或数据类型进行比较，然后得到一个布尔值。如果比较结果为真，则结果为 TRUE，否则为 FALSE。

关系运算符可以处理当前 CPU 所支持的各种数据类型。结果的数据类型始终为 BOOL。编写关系表达式时，请注意以下规则。

1）整数/浮点数、二进制数和字符串都可以进行比较。

2）对于以下数据类型/数据组，只能比较相同类型的变量。TIME 和 LTIME、日期和时间、PLC 数据类型、ARRAY、STRUCT、Any 指向的变量、VARIANT 指向的变量。

3）STRING 比较是对以 Windows 字符集编码的字符进行比较；而 WSTRING 比较则是对 UTF-16 编码的字符进行比较。在比较过程中，将比较变量的长度及各字符对应的数值。

4）S5TIME 变量不能作为比较操作数。需要将 S5TIME 显式转换为 TIME 或 LTIME 数据类型。

5）比较浮点数时，待比较的操作数必须具有相同的数据类型，而无须考虑具体的"IEC 检查"（IEC Check）设置。

对于无效运算的运算结果（如-1 的平方根），这些无效浮点数（NaN）的特定位模式不可比较。即一个操作数的值为 NaN，则比较表达式"==：等于"和"<>：不等于"的结果将为 FALSE。

6）比较字符串时，系统将对各字符的代码进行比较（如"a"大于"A"）。并按照从左到右的顺序进行比较。第一个不同的字符将确定比较的结果。

7）无效比较定时器、日期和时间的位模式（如 DT#2015-13-33-25:62:99.999_999_999），无法比较。即某个操作数的值无效，则指令"==：等于"和"<>：不等于"的结果将为 FALSE。

并非所有时间类型都可以直接相互比较，如 S5TIME。此时，需要将其显式转换为其他时间类型（如 TIME），然后再进行比较。

如果要比较不同数据类型的日期和时间，则需将较小的日期或时间数据类型显式转换为较大的日期或时间数据类型。例如，比较日期和时间数据类型 DATE 和 DTL 时，将基于 DTL 进行比较。

4. S7-SCL 的控制语句

（1）赋值语句

通过赋值运算，可以将一个表达式的值分配给一个变量。赋值表达式的左侧为变量，右侧为表达式的值。

函数名称也可以作为表达式。赋值运算将调用该函数，并返回其函数值，赋给左侧的变量。赋值运算的数据类型取决于左边变量的数据类型。右边表达式的数据类型必须与该数据类型一致。

（2）IF 条件执行

使用"条件执行"指令，可以根据条件控制程序流的分支。该条件是结果为布尔值（TRUE 或 FALSE）的表达式。可以将逻辑表达式或比较表达式作为条件。

执行该指令时，将对指定的表达式进行运算。如果表达式的值为 TRUE，则表示满足该条件；如果其值为 FALSE，则表示不满足该条件。

```
IF <condition> THEN <instructions>
END_IF;
```

如果满足该条件，则将执行 THEN 后编写的指令。如果不满足该条件，则程序将从 END_IF 后的下一条指令开始继续执行。

IF 和 ELSE 分支：

```
IF <condition> THEN <instructions1>
    ELSE <Instructions0>
```

```
END_IF;
```

如果满足该条件，则将执行 THEN 后编写的指令。如果不满足该条件，则将执行 ELSE 后编写的指令。程序将从 END_IF 后的下一条指令开始继续执行。

IF、ELSIF 和 ELSE 分支：

```
IF <condition1> THEN <instruction1>
ELSIF <condition2> THEN <instruction2>
ELSE <instructions0>
END_IF;
```

如果满足第一个条件（<condition1>），则将执行 THEN 后的指令（<instruction1>）。执行这些指令后，程序将从 END_IF 后继续执行。

如果不满足第一个条件，则将检查第二个条件（<condition2>）。如果满足第二个条件（<condition 2>），则将执行 THEN 后的指令（<instruction2>）。执行这些指令后，程序将从 END_IF 后继续执行。

如果不满足任何条件，则先执行 ELSE 后的指令（<instruction0>），再执行 END_IF 后的程序部分。

在 IF 指令内可以嵌套任意多个 ELSIF 和 THEN 组合。可以选择对 ELSE 分支进行编程。

（3）CASE 创建多路分支

使用“创建多路分支”指令，可以根据数字表达式的值执行多个指令序列中的一个。表达式的值必须为整数。执行该指令时，会将表达式的值与多个常数的值进行比较。如果表达式的值等于某个常数的值，则将执行紧跟在该常数后编写的指令。

可按如下方式声明此指令：

```
CASE <Tag> OF
<constant1>: <instruction1>;
<constant2>: <instruction2>;
<常量 X>: <指令 X>; // X >= 3
ELSE <instruction0>;
END_CASE;
```

（4）FOR 在计数循环中执行

使用“在计数循环中执行”指令，重复执行程序循环，直至运行变量不在指定的取值范围内。也可以嵌套程序循环。在程序循环内，可以编写包含其他运行变量的其他程序循环。

通过指令“复查循环条件”（CONTINUE），可以终止当前连续运行的程序循环。通过指令“立即退出循环”（EXIT）终止整个循环的执行。

（5）WHILE 满足条件时执行

使用“满足条件时执行”指令可以重复执行程序循环，直到不满足执行条件为止。该条件是结果为布尔值（TRUE 或 FALSE）的表达式。可以将逻辑表达式或比较表达式作为条件。

执行该指令时，将对指定的表达式进行运算。如果表达式的值为 TRUE，则表示满足该条件；如果其值为 FALSE，则表示不满足该条件。

也可以嵌套程序循环，在程序循环内，可以编写包含其他运行变量的其他程序循环。

（6）REPEAT 不满足条件时执行

使用“不满足条件时执行”指令可以重复执行程序循环，直到不满足执行条件为止。该条件是结果为布尔值（TRUE 或 FALSE）的表达式。可以将逻辑表达式或比较表达式作为条件。

执行该指令时，将对指定的表达式进行运算。如果表达式的值为 TRUE，则表示满足该条件；如果其值为 FALSE，则表示不满足该条件。

即使满足终止条件，此指令也只执行一次。

可以嵌套程序循环。在程序循环内，可以编写包含其他运行变量的其他程序循环。

（7）CONTINUE 复查循环条件

使用“复查循环条件”指令，可以结束 FOR、WHILE 或 REPEAT 循环的当前程序运行。执行该指令后，将再次计算继续执行程序循环的条件。该指令将影响其所在的程序循环。

（8）EXIT 立即退出循环

使用“立即退出循环”指令，可以随时取消 FOR、WHILE 或 REPEAT 循环的执行，而无须考虑是否满足条件。在循环结束（END_FOR、END_WHILE 或 END_REPEAT）后继续执行程序。

该指令将影响其所在的程序循环。

（9）GOTO 跳转

使用“跳转”指令，可以从标注为跳转标签的指定点开始继续执行程序。

跳转标签和“跳转”指令必须在同一个块中。在一个块中，跳转标签的名称只能指定一次。每个跳转标签可以是多个跳转指令的目标。

不允许从“外部”跳转到程序循环内，但允许从循环内跳转到“外部”。

（10）RETURN 退出块

使用“退出块”指令，可以终止当前处理块中的程序执行，并在调用块中继续执行。如果该指令出现在块结尾处，则可以跳过。

9.2.4 S7-SCL 编程语言的使用

本节内容将详细介绍梯形图程序与 SCL 编程的区别，拿最常用的程序举例。

1. 电动机启动保持停止控制

按下启动按钮，电动机启动并保持运行，按下停止按钮，电动机立即停止。电动机运行期间，指示灯 HL1 点亮，电动机停止后熄灭。

根据对任务的分析，对控制系统的 I/O 地址进行合理分配，如表 9-1 所示。

表 9-1　I/O 地址分配表

输入信号			输出信号		
序　号	信号名称	地　址	序　号	信号名称	地　址
1	启动按钮 SB1	I0.0	1	电动机启动 KM1	Q0.0
2	停止按钮 SB2	I0.1	2	指示灯 HL1	Q0.1

完成项目创建之后，单击“PLC 变量”，进入“默认变量表”界面，添加如图 9-56 所示的变量。

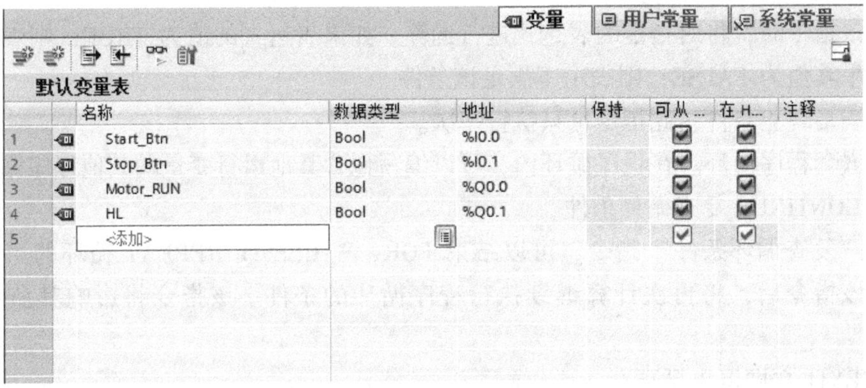

图 9-56　添加变量

首先编写梯形图程序，其中图 9-57 采用“起保停”设计法，图 9-58 采用“置位复位”设计法。

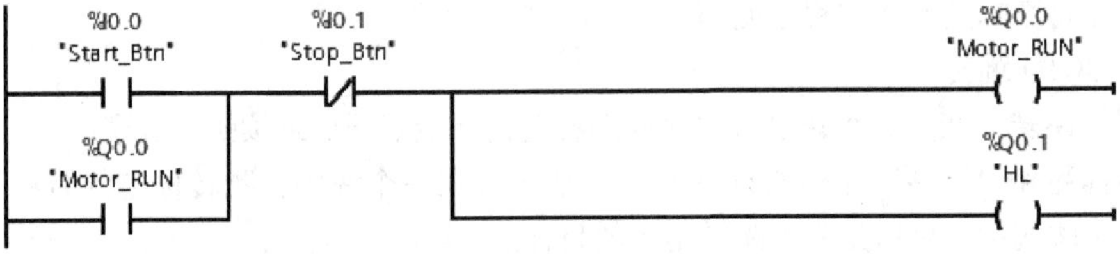

图 9-57　“起保停”设计法

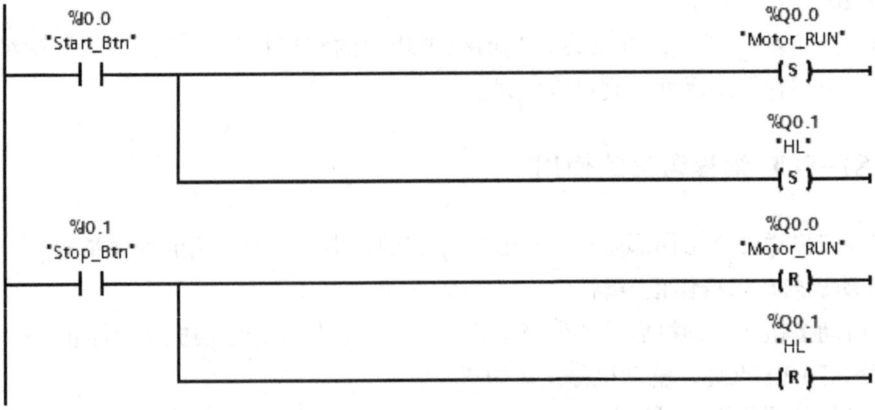

图 9-58　“置位复位”设计法

S7-SCL 语言只能在 FB/FC 中使用，单击“程序块”→“添加新块”，选择“FC”，语言选择为“SCL”，如图 9-59 所示。

图 9-59 添加 FC 函数

进入 FC 中，编写控制程序，如图 9-60 所示。

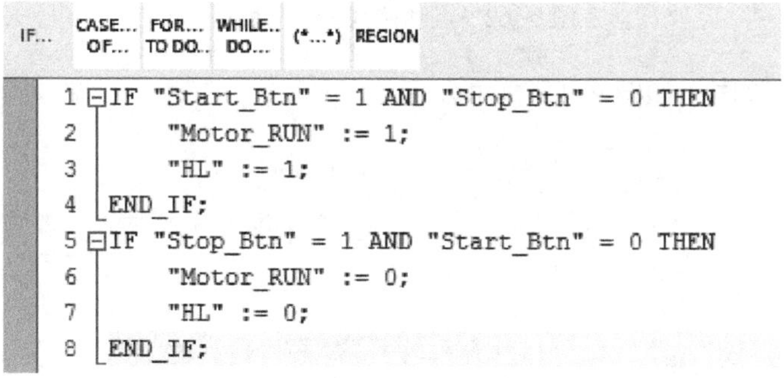

图 9-60 SCL 控制程序

程序编辑区第 1 行的含义为“当按下启动按钮，且没有按下停止按钮”；第 2 行的含义为“则电动机启动运行”；第 3 行的含义为“指示灯点亮”。

程序编辑区第 5 行的含义为“当按下停止按钮，且没有按下启动按钮”；第 6 行的含义为“则电动机停止运行”；第 3 行的含义为“指示灯熄灭”。

根据对比，发现 SCL 语言的赋值语句和置位复位等效。

2. 电动机点动运行控制

按下启动按钮，电动机启动运行；松开启动按钮，电动机立即停止。

根据对任务的分析，对控制系统的 I/O 地址进行合理分配，如表 9-2 所示。

表 9-2　I/O 地址分配表

输入信号			输出信号		
序　号	信号名称	地　址	序　号	信号名称	地　址
1	启动按钮 SB1	I0.0	1	电动机启动 KM1	Q0.0

完成项目创建之后，单击“PLC 变量”，进入“默认变量表”，添加如图 9-61 所示的变量。

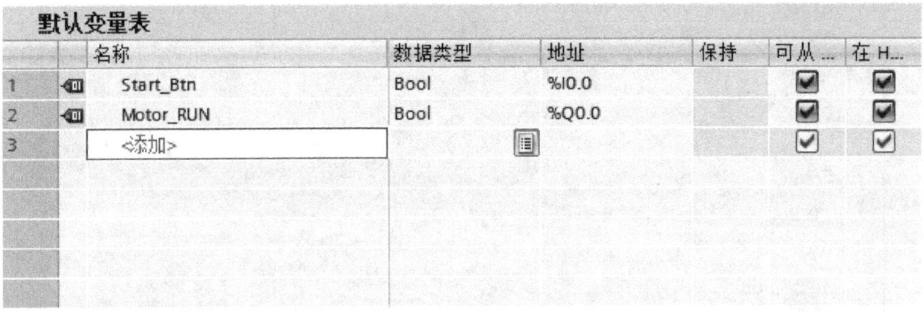

图 9-61　添加变量

首先编写梯形图程序，如图 9-62 所示。

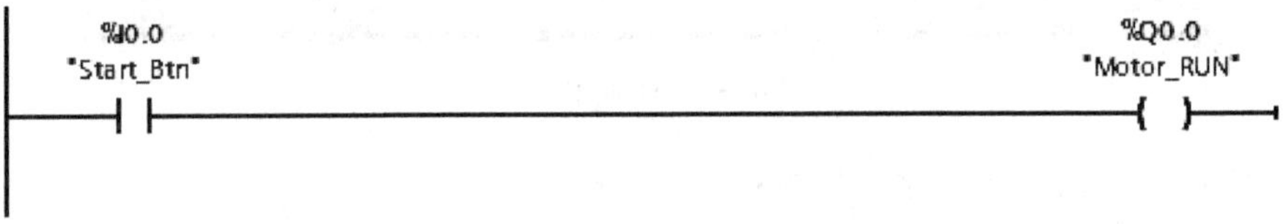

图 9-62　点动控制梯形图程序

然后编写 SCL 程序，如图 9-63 所示。

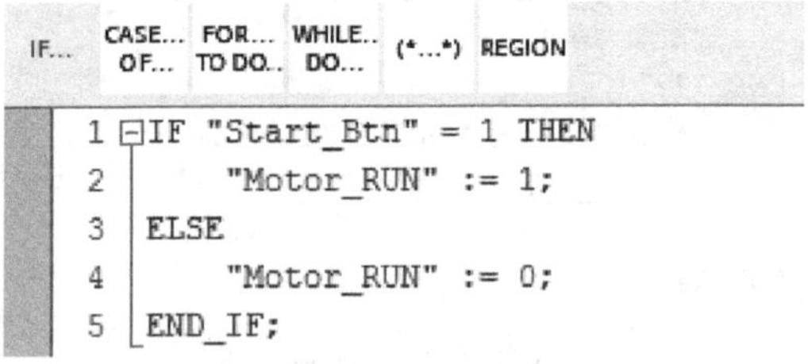


```
IF "Start_Btn" = 1 THEN
    "Motor_RUN" := 1;
ELSE
    "Motor_RUN" := 0;
END_IF;
```

图 9-63　点动控制 SCL 程序

3. 电动机顺序启动控制程序

按下 SB1 按钮，M1 电动机开始启动运行；3 s 后，M2 电动机开始运行；然后按下 SB2 按钮，M3 电动机开始运行；5 s 后，M4 电动机启动运行；按下 SB3 按钮，M5 电动机启动运行；4 s 后，M6 电动机启动运行。

按下 SB4 按钮，M6 电动机首先停止，5 s 后，M5 电动机停止；然后按下 SB5 按钮，M4 电动机立即停止，3 s 后，M3 电动机停止。按下 SB6 按钮，M2 电动机停止运行，4 s 后，M1

电动机停止。

根据对任务的分析，对控制系统的 I/O 地址进行合理分配，如表 9-3 所示。

表 9-3 I/O 地址分配表

输入信号			输出信号		
序号	信号名称	地址	序号	信号名称	地址
1	SB1 按钮	I0.0	1	M1run	Q0.0
2	SB2 按钮	I0.1	2	M2run	Q0.1
3	SB3 按钮	I0.2	3	M3run	Q0.2
4	SB4 按钮	I0.3	4	M4run	Q0.3
5	SB5 按钮	I0.4	5	M5run	Q0.4
6	SB6 按钮	I0.5		M6run	Q0.5

完成项目创建之后，单击"PLC 变量"，进入"默认变量表"，添加变量，具体如表 9-4 所示。

表 9-4 添加变量

序号	名称	数据类型	地址
1	SB1	Bool	I0.0
2	SB2	Bool	I0.1
3	SB3	Bool	I0.2
4	SB4	Bool	I0.3
5	SB5	Bool	I0.4
6	SB6	Bool	I0.5
7	M1run	Bool	Q0.0
8	M2run	Bool	Q0.1
9	M3run	Bool	Q0.2
10	M4run	Bool	Q0.3
11	M5run	Bool	Q0.4
12	M6run	Bool	Q0.5
13	Step1	Bool	M4.0
14	Step2	Bool	M4.1
15	Step3	Bool	M4.2
16	Step4	Bool	M4.3
17	Step5	Bool	M4.4
18	Step6	Bool	M4.5
19	Step7	Bool	M4.6
20	Step8	Bool	M4.7
21	Step9	Bool	M5.0
22	Step10	Bool	M5.1
23	Step11	Bool	M5.2
24	Step12	Bool	M5.3

单击“程序块”→“添加新块”，选择“FB”，语言选择为“SCL”，如图9-64所示。

图9-64　添加FB块

进入FB1，编写以下程序：

```
( * 按下 SB1 按钮,M1 电动机开始启动运行 * )
IF "SB1" = 1 THEN
    "Step1" := 1;
    "Step12" := 0;
END_IF;
#t0(IN := "Step1",
PT := t#3s);
( * 3 s 后,M2 电动机开始运行 * )
IF "Step1" = 1 AND #t0.Q = 1 THEN
    "Step2" := 1;
    "Step1" := 0;
END_IF;
( * 按下 SB2 按钮,M3 电动机开始运行 * )
IF "Step2" = 1 AND "SB2" = 1 THEN
    "Step3" := 1;
    "Step2" := 0;
END_IF;
#t1(IN:="Step3",
    PT:=t#5s);
( * 5 s 后,M4 电动机启动运行 * )
IF "Step3" = 1 AND #t1.Q = 1 THEN
    "Step4" := 1;
```

```
    "Step3" := 0;
END_IF;
(*按下 SB3 按钮,M5 电动机启动运行*)
IF "Step4" = 1 AND "SB3" = 1 THEN
    "Step5" := 1;
    "Step4" := 0;
END_IF;
#t2(IN:="Step5",
    PT:=t#4s);
(*4s 后,M6 电动机启动运行*)
IF "Step5" = 1 AND #t2.Q = 1 THEN
    "Step6" := 1;
    "Step5" := 0;
END_IF;
(*按下 SB4 按钮,M6 电动机首先停止*)
IF "Step6" = 1 AND "SB4" = 1 THEN
    "Step7" := 1;
    "Step6" := 0;
END_IF;
#T3(IN:="Step7",
    PT:=T#5s);
(*5s 后,M5 电动机停止*)
IF "Step7" = 1 AND #T3.Q = 1 THEN
    "Step8" := 1;
    "Step7" := 0;
END_IF;
(*按下 SB5 按钮,M4 电动机立即停止*)
IF "Step8" = 1 AND "SB5" = 1 THEN
    "Step9" := 1;
    "Step8" := 0;
END_IF;
#T4(IN := "Step9",
PT := T#3s);
(*3s 后,M3 电动机停止*)
IF "Step9" = 1 AND #T4.Q = 1 THEN
    "Step10" := 1;
    "Step9" := 0;
END_IF;
(*按下 SB6 按钮,M2 电动机停止运行*)
IF "Step10" = 1 AND "SB6" = 1 THEN
    "Step11" := 1;
    "Step10" := 0;
END_IF;
```

```
#T5(IN := "Step11",
PT := T#4s);
(*4s 后,M1 电动机停止*)
IF "Step11" = 1 AND #T5.Q = 1 THEN
    "Step12" := 1;
    "Step11" := 0;
END_IF;
(*M1 电动机输出程序*)
IF "Step1" = 1 THEN
    "M1run" := 1;
END_IF;
IF "Step12" = 1 THEN
    "M1run" := 0;
END_IF;
(*M2 电动机输出程序*)
IF "Step2" = 1 THEN
    "M2run" := 1;
END_IF;
IF "Step11" = 1 THEN
    "M2run" := 0;
END_IF;
(*M3 电动机输出程序*)
IF "Step3" = 1 THEN
    "M3run" := 1;
END_IF;
IF "Step10" = 1 THEN
    "M3run" := 0;
END_IF;
(*M4 电动机输出程序*)
IF "Step4" = 1 THEN
    "M4run" := 1;
END_IF;
IF "Step9" = 1 THEN
    "M4run" := 0;
END_IF;
(*M5 电动机输出程序*)
IF "Step5" = 1 THEN
    "M5run" := 1;
END_IF;
IF "Step8" = 1 THEN
    "M5run" := 0;
END_IF;
(*M6 电动机输出程序*)
```

```
IF "Step6" = 1 THEN
    "M6run" := 1;
END_IF;
IF "Step7" = 1 THEN
    "M6run" := 0;
END_IF;
```

进入 OB1，调用 FB1，弹出分配背景数据块界面，单击确定，如图 9-65 所示。

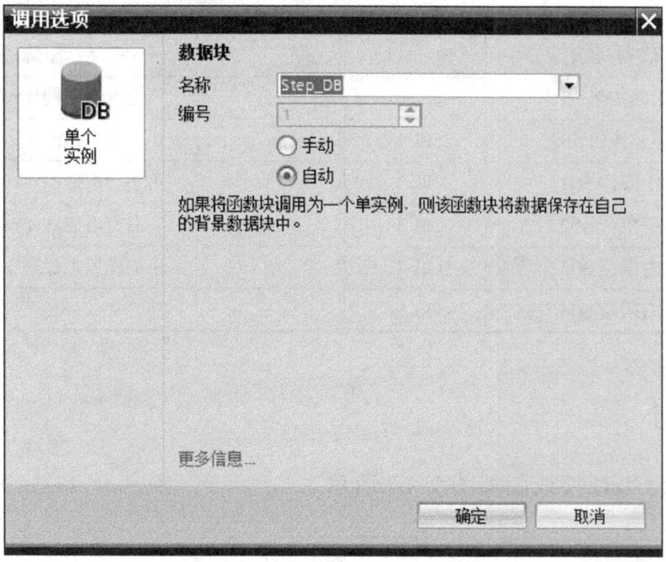

图 9-65　为 FB1 分配背景数据块

9.3　项目训练——机械手控制设计与调试

机械手将工件从 A 点移到 B 点再回到原位的过程共有 8 步动作，如图 9-66 所示。从原位开始，按下启动按钮时，下降电磁阀通电，机械手开始下降；下降到底时，碰到下限位开关，下降电磁阀断电，停止下降；同时接通夹紧电磁阀，机械手夹紧，夹紧后，上升电磁阀开始通电，机械手上升；上升到顶时，碰到上限位开关，上升电磁阀断电，停止上升；同时接通右移电磁阀，机械手右移，右移到位时，碰到右移限位开关，右移电磁阀断电，停止右移；然后下降电磁阀接通，机械手下降；下降到底时碰到下限位开关，下降电磁阀断电，停止下降；然后夹紧电磁阀断电，机械手放松，放松后，上升电磁阀通电，机械手上升，上升碰到限位开关，上升电磁阀断电，停止上升；同时接通左移电磁阀，机械手左移；左移到原位时，碰到左限位开关，左移电磁阀断电，停止左移。至此，机械手经过 8 步动作完成了一个循环。

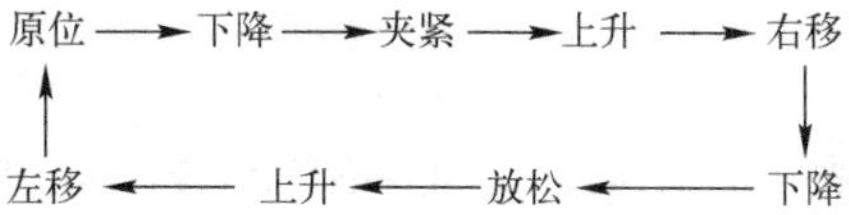

图 9-66　机械手工作流程

当完成一个周期后，等待 2 s，系统重新开始运行。当按下停止按钮 SB2 后，系统运行本次周期结束后停止，再次按下启动按钮 SB1，系统重新开始运行。

9.3.1 I/O 地址分配

根据任务分析，对控制系统的 I/O 地址进行合理分配，如表 9-5 所示。

表 9-5 I/O 地址分配表

输入信号			输出信号		
序号	信号名称	地址	序号	信号名称	地址
1	启动按钮 SB1	I0.0	1	上升电磁阀 YV1	Q0.0
2	停止按钮 SB2	I0.1	2	下降电磁阀 YV2	Q0.1
3	上限位 SQ1	I0.2	3	左行电磁阀 YV3	Q0.2
4	下限位 SQ2	I0.3	4	右行电磁阀 YV4	Q0.3
5	左限位 SQ3	I0.4	5	手抓抓紧电磁阀 YV5	Q0.4
6	右限位 SQ4	I0.5	—	—	—

9.3.2 硬件设计

根据任务分析，I/O 接线图如图 9-67 所示。

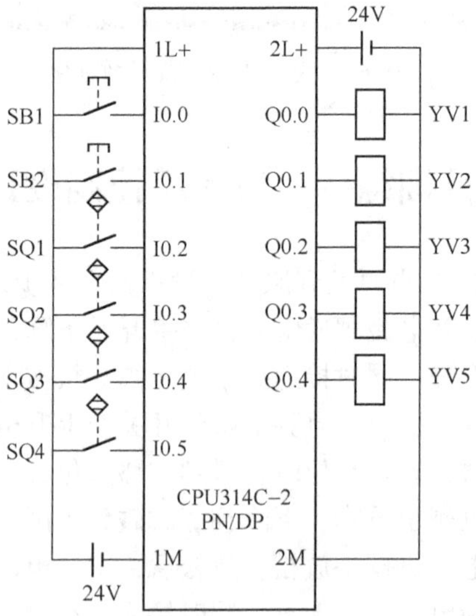

图 9-67 I/O 接线图

9.3.3 软件程序设计

在程序块选项中，单击添加程序块，添加 OB100、FC1、FC2 和 FC3；单击 FC3，进入函数 FC3，编写复位程序，程序如图 9-68 所示。

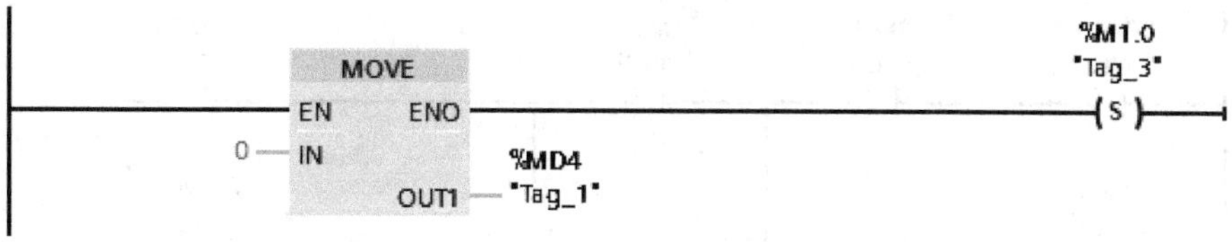

图 9-68 复位程序

进入 OB100，调用函数 FC3 复位程序，程序如图 9-69 所示。

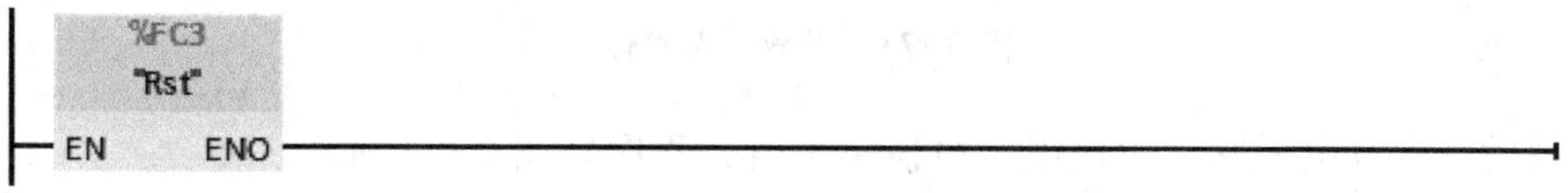

图 9-69 复位程序

进入 OB1，调用函数 FC1，函数 FC1 的程序主要是整个过程的步，程序如图 9-70 所示。

图 9-70 调用函数 FC1 程序

调用函数 FC2，函数 FC2 的程序主要是所有线圈的输出，程序如图 9-71 所示。

图 9-71 调用函数 FC2 程序

进入函数 FC1，编写控制程序。按下启动按钮时，下降电磁阀通电，机械手开始下降，程序如图 9-72 所示。

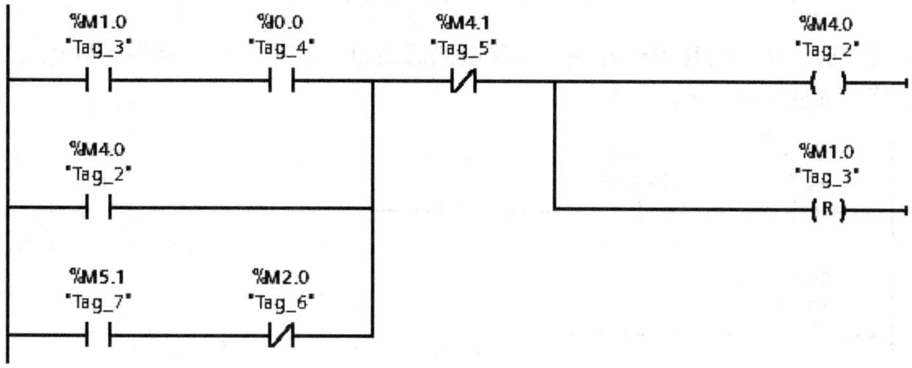

图 9-72 系统开始运行程序

下降到底时，碰到下限位开关，下降电磁阀断电，停止下降；同时接通夹紧电磁阀，机械手夹紧，程序如图 9-73 所示。

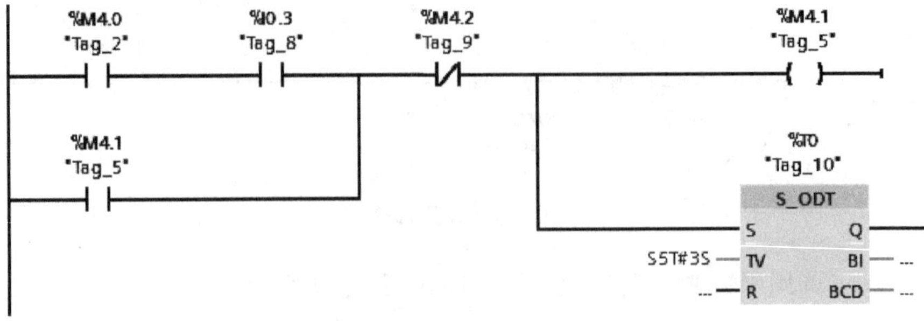

图 9-73　机械手夹紧程序

夹紧后，上升电磁阀开始通电，机械手上升，程序如图 9-74 所示。

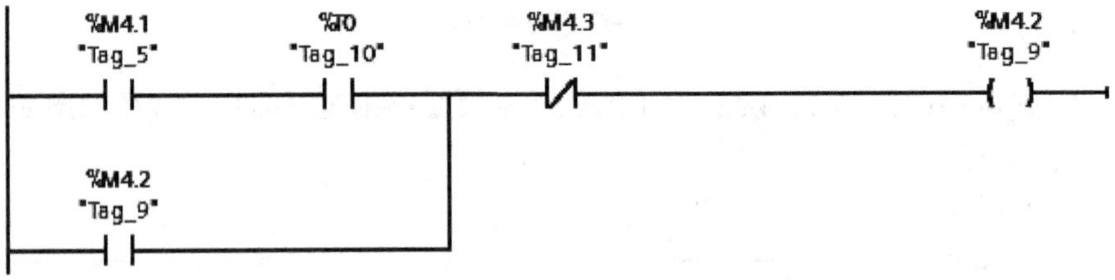

图 9-74　机械手上升程序

上升到顶时，碰到上限位开关，上升电磁阀断电，停止上升；同时接通右移电磁阀，机械手右移，如图 9-75 所示。

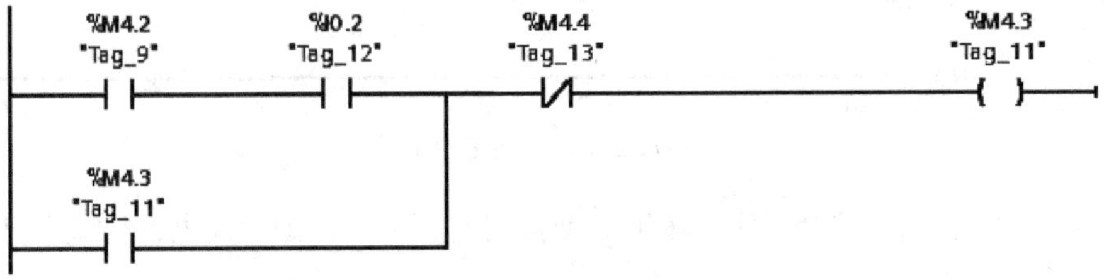

图 9-75　机械手右移程序

右移到位时，碰到右移限位开关，右移电磁阀断电，停止右移。然后下降电磁阀接通，机械手下降，如图 9-76 所示。

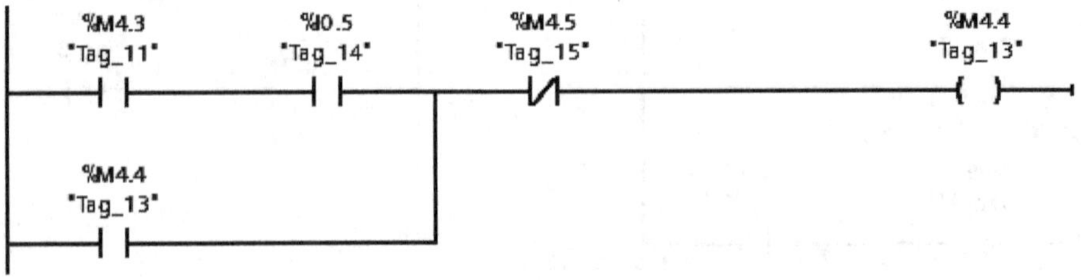

图 9-76　机械手下降程序

下降到底时碰到下限位开关，下降电磁阀断电，停止下降；然后夹紧电磁阀断电，机械手放松，如图 9-77 所示。

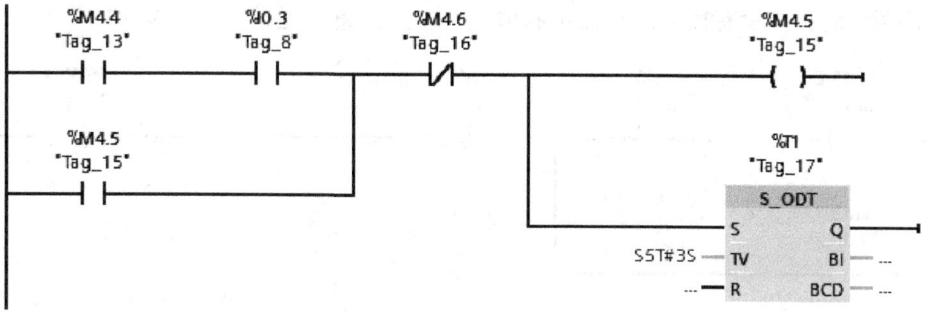

图 9-77　机械手放松程序

放松后，上升电磁阀通电，机械手上升，如图 9-78 所示。

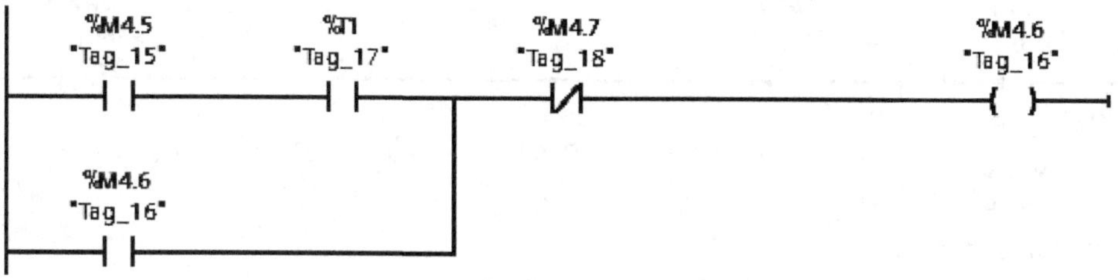

图 9-78　机械手上升程序

上升碰到限位开关，上升电磁阀断电，停止上升；同时接通左移电磁阀，机械手左移，如图 9-79 所示。

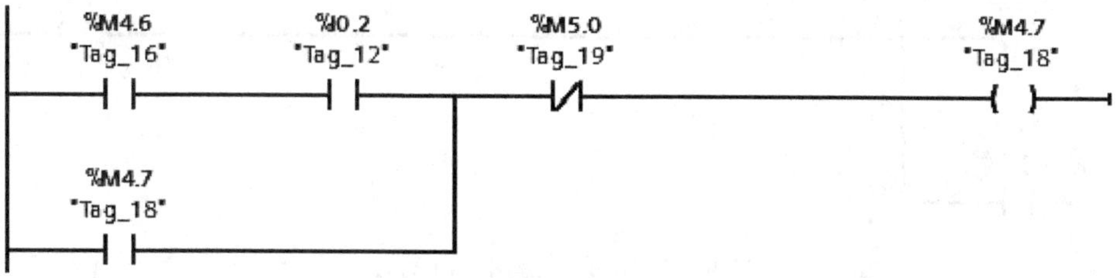

图 9-79　机械手左移程序

左移到原位时，碰到左限位开关，左移电磁阀断电，停止左移。至此，机械手经过 8 步动作完成了一个循环。等待 2 s，系统重新运行，如图 9-80 所示。

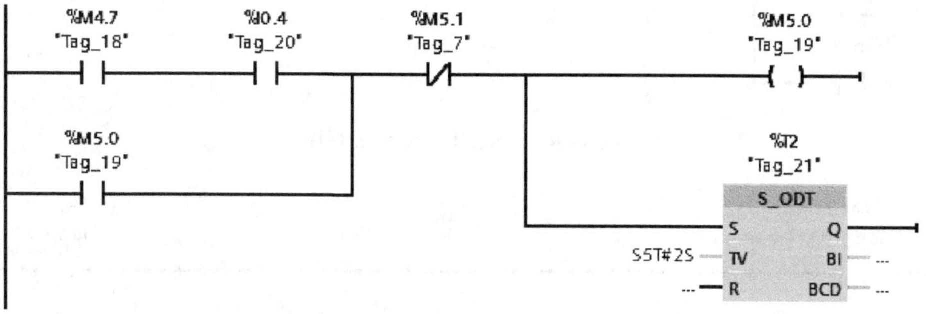

图 9-80　机械手回到原点程序

等待两 s 后，在没有按下停止按钮的情况下，系统重新运行，如图 9-81 所示。

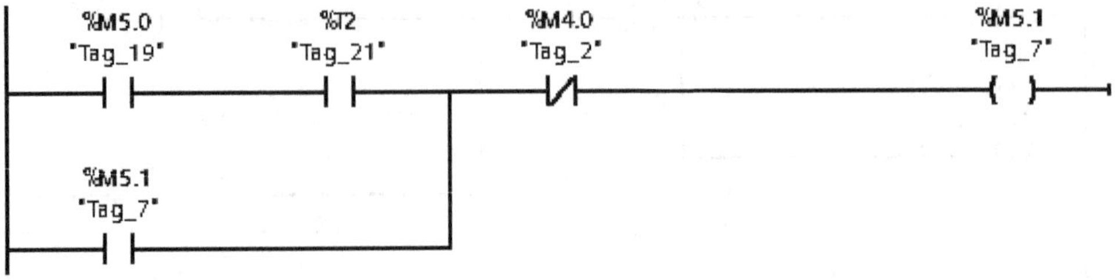

图 9-81　系统重新运行程序

进入函数 FC2，编写输出程序，如图 9-82 所示。

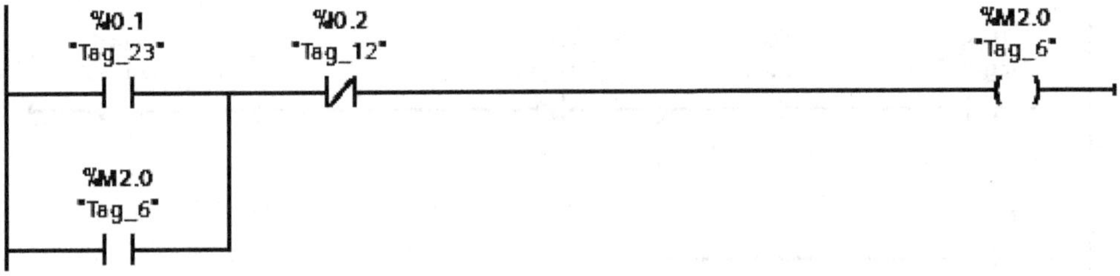

图 9-82　启动与停止程序

所有电磁阀的输出程序，如图 9-83～图 9-87 所示。

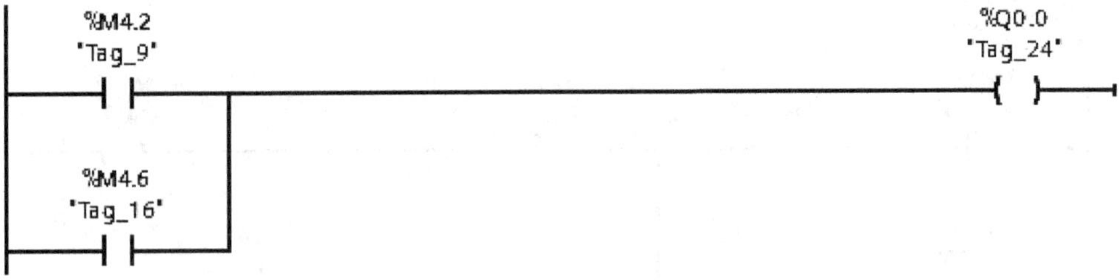

图 9-83　上升电磁阀 YV1 程序

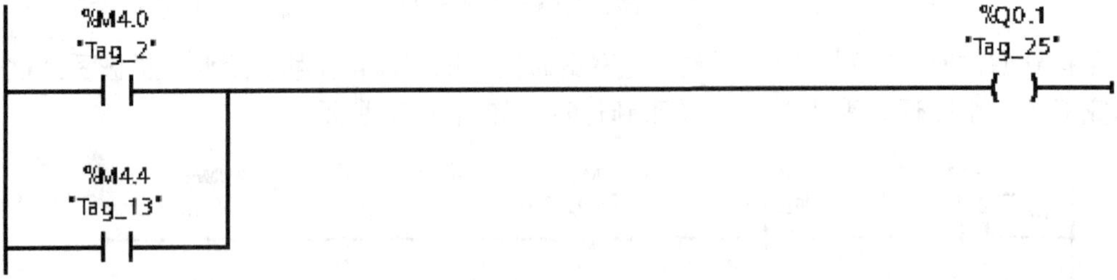

图 9-84　下降电磁阀 YV2 程序

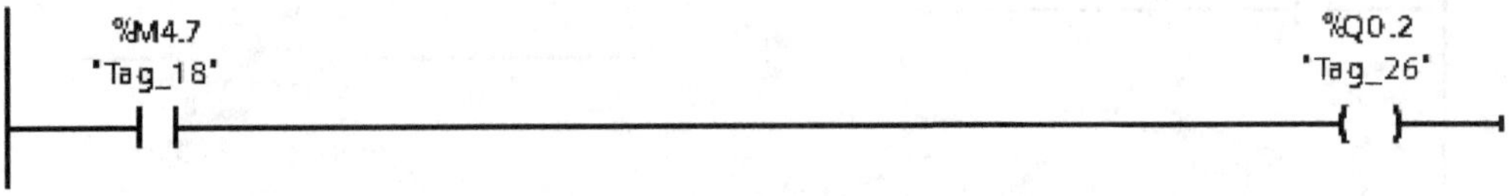

图 9-85　左行电磁阀 YV3 程序

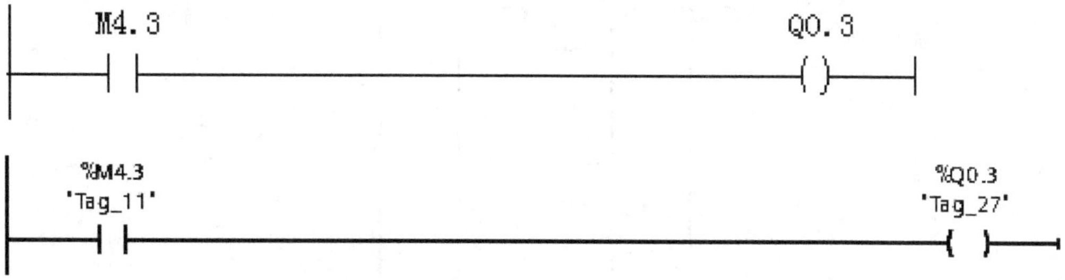

图 9-86 右行电磁阀 YV4 程序

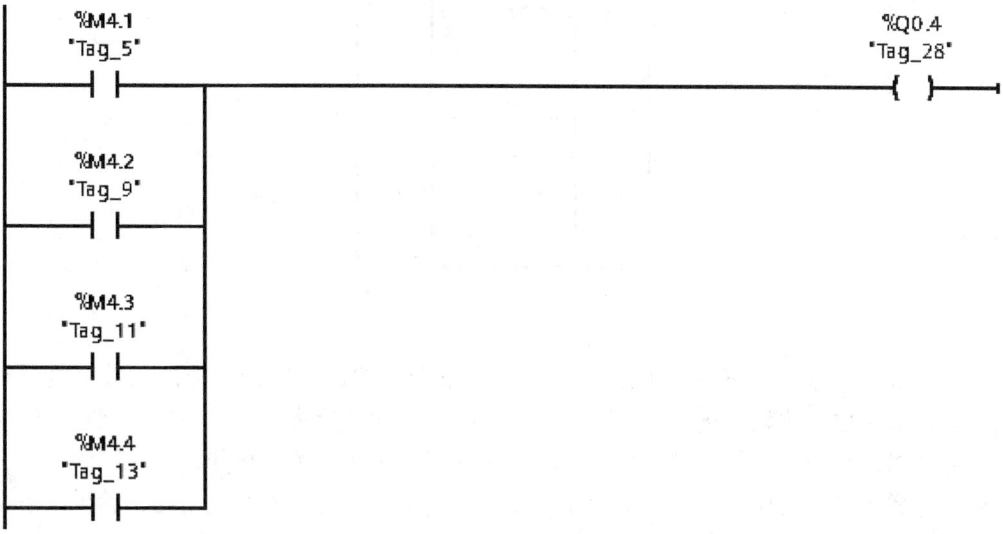

图 9-87 手抓抓紧电磁阀 YV5 程序

项 目 拓 展

四层电梯控制系统如图 9-88 所示。四层电梯控制系统的输入信号有一楼选层、二楼选层、三楼选层、四楼选层、一楼平层限位 SQ1、二楼平层限位 SQ2、三楼平层限位 SQ3、四楼平层限位 SQ4、开门按钮 SB1、关门按钮 SB2、一层上行按钮、二层上行按钮、二层下行按钮、三层上行按钮、三层下行按钮、四层下行按钮；输出信号有电动机上行、电动机下行、电梯开门、电梯关门、一层开门、一层关门、二层开门、二层关门、三层开门、三层关门、四层开门、四层关门、一楼选层指示灯、二楼选层指示灯、三楼选层指示灯、四楼选层指示灯。

控制要求为：初始状态下，电梯在一楼，即一楼平层限位 SQ1 接通，此时二至四楼的用户可以按下上行或下行按钮，然后电动机上行（M1 电动机正转运行），当相应层数的平层限位接通后，M1 电动机停止；然后电梯门打开（M2 电动机正转运行），对应的层数门也打开，5 s 后电梯门打开完毕，M2 电动机停止，此时用户可以进出电梯，当按下开门按钮 SB1 后，电梯门一直打开，否则 10 s 后电梯门关闭（M2 电动机反转运行），对应的层数门也关闭；在用户进出期间的 10 s 内，按下关门按钮 SB2，电梯门立即关闭，对应的层数门也立

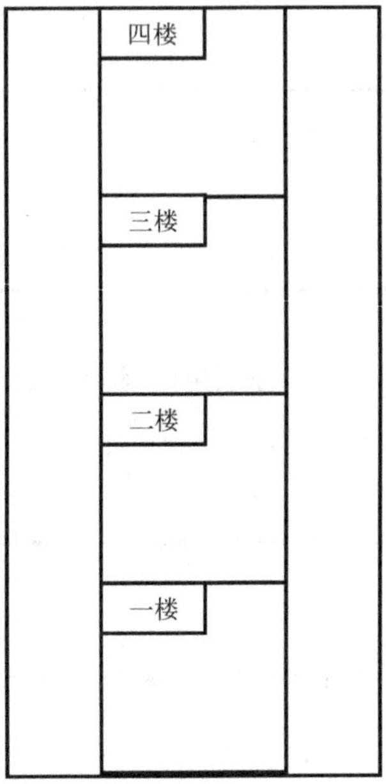

图 9-88　四层电梯示意图

即关闭。5 s 后，电梯门完全关到位，然后开始按下选层按钮，选择相应的层数，电梯根据当前位置与选层位置比较，进行上行或下行，期间对应的选择指示灯点亮。当到达目标层数后，对应的指示灯熄灭，然后继续执行开门、等待用户进出、关门操作。

由于电梯控制系统比较复杂，本程序在设计时，不用考虑太多突发情况，满足以下操作即可：当电梯在上行或下行期间，按钮操作无效，在当前电梯任务完成，处于空闲状态时，可以操作上行或下行按钮。

项目10

网络通信设计与调试

一般的自动化系统都是以单元生产设备为中心进行检测和控制，不同单元的生产设备间缺乏信息交流，难以满足生产过程的统一管理。

当今市场竞争日益激烈，企业不但需要不同单元的生产设备之间能够互相交流信息，以使生产现场不同的单元设备之间能够互相配合，更加需要从生产现场到工厂管理级进行信息交流，实现生产现场级与管理级的信息共享、效率提高、成本降低，从而提高自身在市场上的竞争力。

为了提高整个企业在市场上的竞争力，实现最佳经济效益，必须将自动化控制、制造执行系统（Manufacturing Execution System，MES）和企业资源规划（Enterprise Resource Planning，ERP）系统互相协调形成一个整体。

制造执行系统强调生产过程的优化，其需要收集生产过程中的大量实时数据并对实时事件及时处理，同时又需要与计划层及控制层保持双向信息交流，达到从上下两层接收数据并发送处理结果和生产任务命令。

西门子全集成自动化解决方案顺应了当今自动化的需求，TIA 从统一的组态和编程、统一的数据管理及统一的通信集成在一起。从现场级到管理级，TIA 通信覆盖了整个企业，其优越的通信网络适应各种应用，如工业以太网、PROFIBUS、多点接口（Multi Point Interface，MPI）、AS-i 总线。

西门子工业自动化通信网络如图 10-1 所示。

10.1 西门子工业自动化网络

SIMATIC 的通信网络如表 10-1 所示。

西门子 PLC 有很强的通信功能，其通信类型如表 10-2 所示。CPU 模块集成有 MPI 通信接口，有的 CPU 模块还集成有 PROFIBUS-DP、PROFINET 或点对点通信接口，此外还可以使用 PROFIBUS-DP、以太网和点对点通信处理器（CP）模块。通过 PROFINET 或 PROFIBUS-DP 现场总线 CPU 与分布式 I/O 模块之间可以周期性地自动交换数据。在自动化系统之间，PLC 与计算机和 HMI（人机界面）之间，均可以交换数据。数据通信可以周期性地自动进行，或者基于事件驱动。

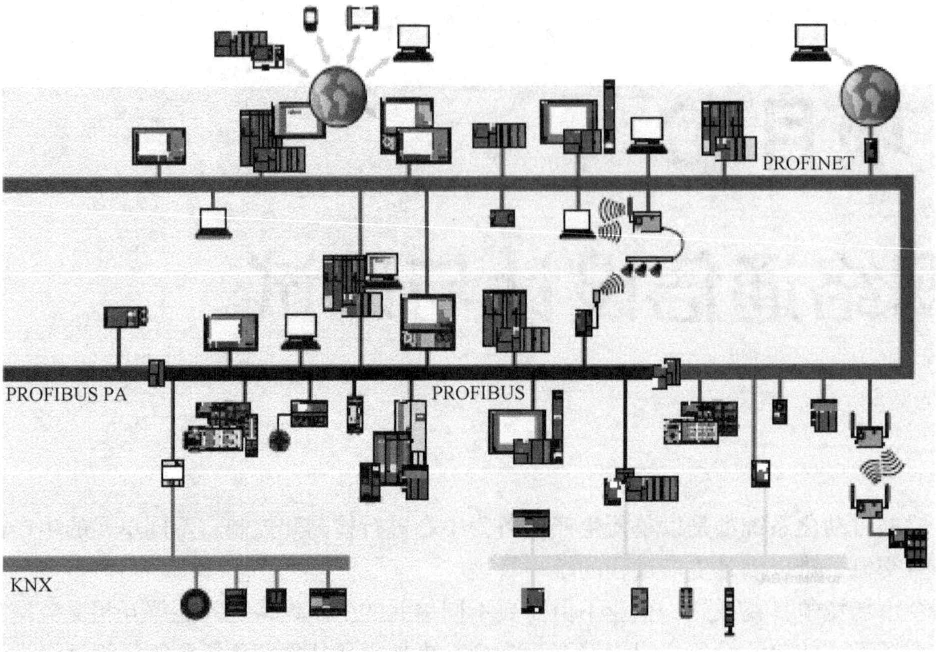

图 10-1 西门子工业自动化通信网络

表 10-1 SIAMTIC 通信网络

网 络	说 明
PPI	专为 S7-200 系列 PLC 开发的通信协议
MPI	专为 S7-300/400 系列 PLC 开发的通信协议
PROFIBUS	适用于现场区域的国际标准和现场总线的市场风向标
PROFINET	适用于自动化的开放式工业以太网标准
工业以太网	适用于所有级别的工业网络标准
AS-i	用于连接传感器和执行器的低成本系统，可以作为电缆束的替代品
点对点通信	通信双方的串行耦合
KONNEX（KNX/EIB）	用于完整家庭和楼宇技术的通用总线系统

表 10-2 4 种 PLC 的通信类型

PLC 类型	通 信 类 型
S7-200SMART	基于 CPU 自身通信端口：PPI、自由口、USS、MODBUS、以太网、PROFINET 基于扩展板：自由口、USS、MODBUS、PROFIBUS-DP、MPI
S7-300	基于 CPU 自身通信端口：MPI、PROFIBUS-DP、以太网（TCP/IP） 基于扩展模块：PROFIBUS-DP、PtP、MODBUS、以太网、AS-i
S7-1200	基于 CPU 自身通信端口：PROFINET、以太网（TCP/IP） 基于扩展模块：I-Device、PROFIBUS-DP、PtP、MODBUS、AS-i
S7-1500	基于 CPU 自身通信端口：PROFIBUS-DP、以太网（TCP/IP） 基于扩展模块：PROFIBUS-DP、PtP、MODBUS、以太网（TCP/IP）

10.1.1 MPI 网络概述

MPI 通信是 S7-300/400 CPU 默认的一种通信方式，也是一种比较简单的通信方式，MPI 网络通信的速率是 19.2~12000 kbit/s，MPI 网络最多支持连接 32 个节点，最大通信距离为 50 m，可以通过中继器扩展通信距离，但中继器也占用节点。

西门子 S7-200/300/400 CPU 上的 RS485 接口不仅是编程接口，同时也是一个 MPI 的通信接口，不增加任何硬件就可以实现 PG/OP、全局数据通信及少量数据交换的 S7 通信等功能。MPI 网络节点通常可以挂西门子 PLC、人机界面、编程设备、智能型 ET200S 及 RS485 中继器等网络元器件。

西门子 PLC 与 PLC 之间的 MPI 通信一般有 3 种通信方式：全局数据包通信方式、无组态连接通信方式和组态连接通信方式。

1. 全局数据包通信方式

全局数据包通信（GD 通信）是集成在 S7-300 和 S7-400 CPU 操作系统中的一种简单通信方式。GD 通信将允许通过多点接口在 CPU 之间对数据进行循环交换。循环数据交换将随正常的过程映像产生。

GD 通信只能在 S7-300 与 S7-300、S7-400 与 S7-400 或 S7-300 与 S7-400 之间进行，用户不需要编写任何程序，在硬件组态时组态所有 MPI 通信的 PLC 站间的发送区与接收区就可以了。

2. 无组态连接通信方式

无组态连接的 MPI 通信适合在 S7-300 与 S7-400、S7-200 之间进行，调用系统函数 X_SEND、X_RCV、X_GET、X_PUT 或 X_ABORT 来实现。值得注意的是，无组态连接通信方式不能与全局数据包通信方式混合使用。

无组态连接的通信又分两种：双边编程通信方式与单边编程通信方式。

1）双边编程通信方式：本地与远程两方都要编写通信程序，发送方使用 X_SEND 来发送数据，接收方用 X_RCV 来接收数据，这些系统函数只有 S7-300/400 才有，因此双边编程通信方式只能在 S7-300/400 之间进行，不能与 S7-200 通信。

2）单边编程通信方式：只在一方编写程序，类似于客户机与服务器的访问模式，编写程序一 方就像是客户机，不编写程序一方就像是服务器。这种通信方式符合 S7-200 与 S7-300/400 之间的通信，如果是 S7-200 CPU 那就只能做服务器。使用 X_GET 系统函数，读取对方指定的地址数据，存放到本地机指定的地址，使用 X_PUT 系统函数，将本地机指定的数据发送到对方指定的地址区域存放。

3. 组态连接通信方式

如果通信交换的信息较大时，可以选择组态连接通信方式，这种通信方式只能在 S7-300 与 S7-400 或 S7-400 与 S7-400 之间进行。在 S7-300 与 S7-400 之间通信时，S7-300 只能做服务器，S7-400 只能做客户机；在 S7-400 与 S7-400 之间进行通信时，任意一个 CPU 都可以做服务器或客户机。

10.1.2 PROFIBUS 网络概述

PROFIBUS 是一种国际化、开放式、不依赖于设备生产商的现场总线标准，广泛适用于制造业自动化、流程工业自动化和楼宇、交通电力等其他领域自动化。它由三个可相互兼容部分组成，即 PROFIBUS-DP、PROFIBUS-PA 和 PROFIBUS-FMS，如表 10-3 所示。

表 10-3　PROFIBUS 性能对比

名　称	PROFIBUS-FMS	PROFIBUS-DP	PROFIBUS-PA
用途	通用自动化	工厂自动化	过程自动化
目的	通用	快速	面向应用
特点	大范围联网通信多主通信	即插即用、高效、廉价	总线供电本质安全
传输介质	RS485 或光纤	RS485 或光纤	IEC1158-2

PROFIBUS-DP 是一种高速低成本通信模块，用于设备级控制系统与分散式 I/O 的通信，使用 PROFIBUS-DP 可取代 DC 24 V 或 4-20 mA 信号传输。

PROFIBUS-PA 专为过程自动化设计，可使传感器和执行机构连在一根总线上，并有本质安全规范。

PROFIBUS-FMS 用于车间级监控网络，是一个令牌结构的实时多主网络。

1. PROFIBUS 介绍

PROFIBUS 是一种用于工厂自动化车间级监控和现场设备层数据通信与控制的现场总线技术，可实现现场设备层到车间级监控的分散式数字控制和现场通信网络，从而为实现工厂综合自动化和现场设备智能化提供了可行的解决方案。与其他现场总线系统相比，PROFBUS 的最大优点在于具有稳定的国际标准 EN50170 做保证，并经实际应用验证具有普遍性。目前已应用的领域包括加工制造、过程控制和自动化等。

PROFIBUS 的开放性和不依赖于厂商的通信的设想，已在 10 万多个成功应用中得以实现。市场调查确认，在欧洲市场中，PROFIBUS 占开放性工业现场总线系统的市场份额超过 40%。PROFIBUS 有国际著名自动化技术装备的生产厂商支持，它们都具有各自的技术优势，并能提供广泛的优质新产品和技术服务。

PROFIBUS 现场总线可以与支持 PROFIBUS 的第三方设备进行通信、与远程的 ET200 通信、与智能的从站通信、与多个从站直接通信、与多个主站直接通信，而且这些通信只须通过硬件组态就可以实现，不依赖用户编写程序。当然，如果需要保持非常好的实时性，可以使用系统功能 SFC14/SFC15，通过打包方式进行发送和接收。

PROFIBUS 现场总线网络由主站设备、从站设备和通信介质组成，是一个多主站的主从通信网络。典型的 PROFIBUS 现场总线网络配置如图 10-2 所示。

2. PROFIBUS 在工厂自动化的位置

典型的自动化工厂应该是三级网络结构，分别是：现场设备层、车间监控层和工厂管理层。

（1）现场设备层

现场设备层主要功能是连接现场设备，完成现场设备控制及设备间联锁控制，如分布式 I/O、传感器、驱动器、执行机构、开关设备等。主站（PC 或其他控制器）负责总线通信管理及所有从站的通信。

（2）车间监控

车间级监控用来完成车间主生产设备之间的连接，如一个车间多条生产线主控制器之间

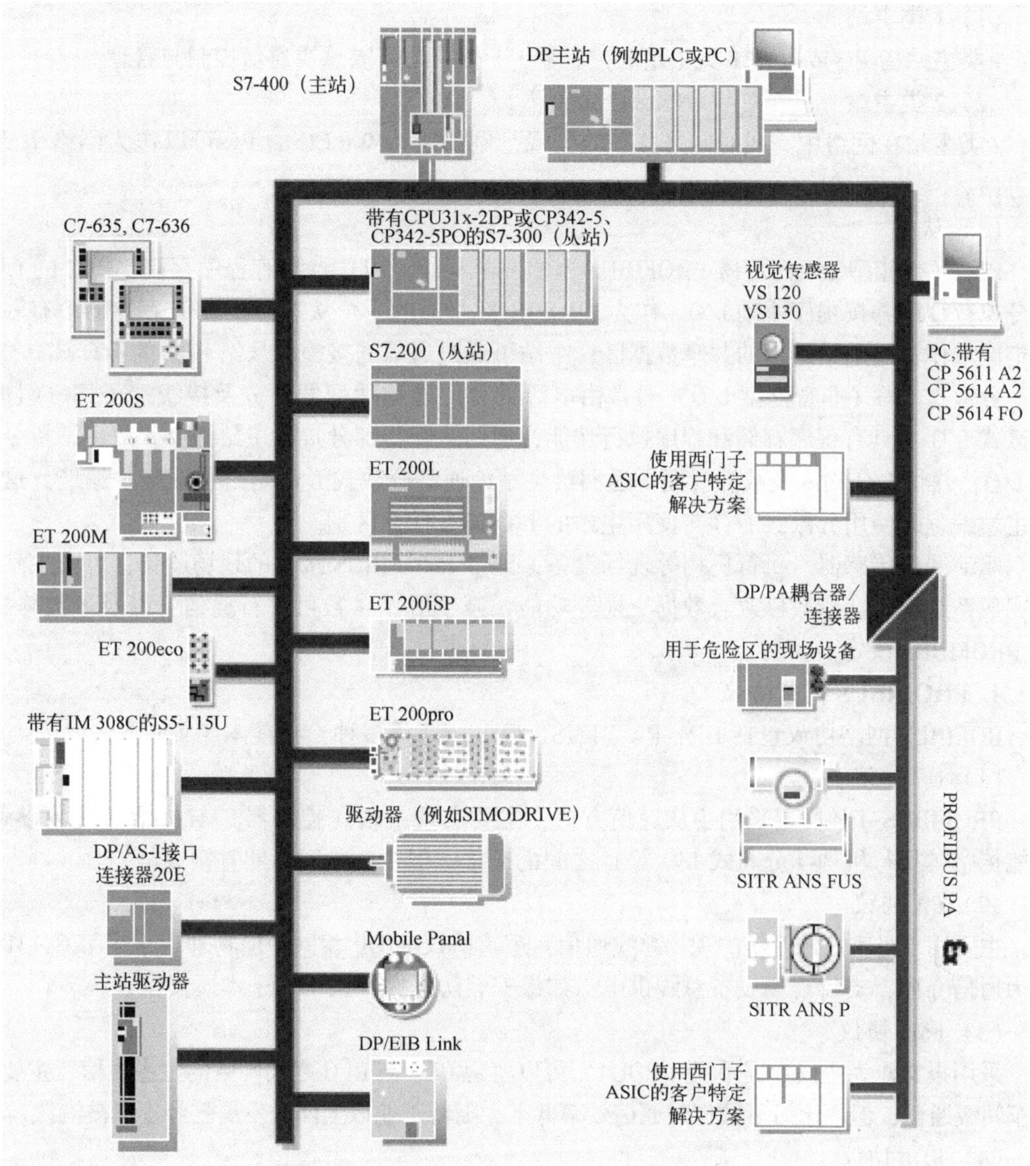

图 10-2 PROFIBUS 现场总线网络配置

的连接，完成车间级设备监控，车间级监控包括生产设备状态在线监控、设备故障报警及维护等。

这一级数据传输速度不是最重要的，最重要的是能够传输大容量信息。

（3）工厂管理

车间操作员工作站通过以太网集线器与车间办公管理网连接，将车间生产数据送到车间管理层。车间管理网作为工厂主网的一个子网，连接到厂区骨干网，将车间数据集成到工厂管理层。

3. PROFIBUS 控制系统的组成

PROFIBUS 控制系统的组成包括以下几个部分。

（1）1类主站

1类主站指PC或可做1类主站的控制器，1类主站完成总线通信控制与管理。

（2）2类主站

2类主站在网络中完成对网络状态的监视，例如运行WinCC的PC可以作为网络中的2类主站。

（3）从站

PLC（智能型I/O）可做PROFIBUS上的一个从站。PLC自身有程序存储，PLC的CPU部分执行程序并按程序驱动I/O。作为PROFIBUS主站的一个从站，在CPU存储器中有一段特定区域作为与主站通信的共享数据区，主站可通过通信间接控制从站PLC的I/O。

分散式I/O（非智能型I/O）通常由电源部分、通信适配器部分及接线端子部分组成。分散式I/O不具有程序存储和程序执行功能，通信适配器部分接收主站指令，按主站指令驱动I/O，并将I/O输入及故障诊断等返回给主站，通常分散式I/O是由主站统一编址，这样在主站编程时使用分散式I/O与使用主站的I/O没有什么区别。

驱动器、传感器、执行机构等现场设备，即带PROFIBUS接口的现场设备，可由主站在线完成系统配置、参数修改、数据交换等功能，至于哪些参数可进行通信，以及参数格式，由PROFIBUS决定。

4. PROFIBUS 网络协议

ROFIBUS网络协议包括DP、PA、FMS、FDL、S7等多种，其具体含义如下。

（1）DP协议

PROFIBUS-DP协议采用主从通信方式，主要实现主站（控制器）与从站（现场设备、智能传感、执行机构、分布式I/O等）之间的通信，但主站之间不能直接通信。

（2）PA协议

主要用于过程控制系统的现场总线通信，逻辑协议与DP相同，但物理层采用IEC1131-1作为通信介质，支持现场设备总线供电，如果安装防爆栅，则可用于本质安全系统。

（3）FMS协议

采用报文作为协议数据单元（PDU），可以实现PLC与PLC之间网络的主主通信，主要用于车间级通信，但用于海量数据时通信效率低下，随着工业以太网的发展已经逐渐被淘汰。

（4）FDL协议

数据链路层通信协议，协议数据单元为数据帧，CP342-5和CP442-5支持该协议，可以实现简单的主主通信。

（5）S7协议

S7协议是SIEMENS S7系列产品之间通信使用的标准协议，其优点是通信双方无论是在同一MPI总线上、同一PROFIBUS总线上或同一工业以太网中，都可通过S7协议建立通信连接，使用相同的编程方式进行数据交换而与使用何种总线或网络无关。

5. PROFIBUS-DP 网络连接器制作过程

1）准备电缆和剥线器，剥好一端的PROFIBUS电缆与快速剥线器，如图10-3所示。使用FC技术不用剥出裸露的铜线。

2）打开PROFIBUS网络连接器。首先打开电缆张力释放压块，然后掀开芯线锁，如图10-4所示。

图 10-3 西门子快速剥线器和电缆

图 10-4 打开的 PROFIBUS 连接器

3）去除 PROFIBUS 电缆芯线外的保护层，将芯线按照相应的颜色标记插入芯线锁，再把锁块用力压下，使内部导体接触。应注意使电缆剥出的屏蔽层与屏蔽连接压片接触，如图 10-5 所示。

4）由于通信频率比较高，因此通信电缆采用双端接地。电缆两头都要连接屏蔽层。复位电缆压块，拧紧螺钉，消除外部拉力对内部连接的影响。

如图 10-6 所示，网络连接器主要分为两种类型：带编程口和不带编程口的。不带编程口的插头用于一般联网，带编程口的插头可以在联网的同时仍然提供一个编程连接端口，用于编程或者连接 HMI 等。图 10-6 左侧为不带编程口的网络连接器，右侧的是带编程口的网络连接器。

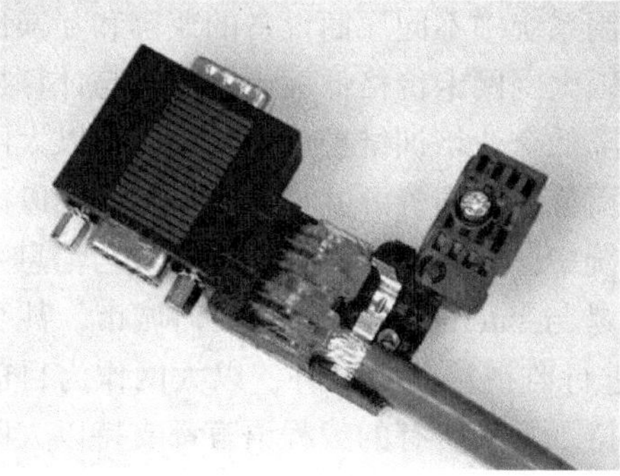

图 10-5 插入电缆

图 10-6 两种不同的网络连接器

通过 PROFIBUS 电缆连接网络插头，构成总线型网络结构。在图 10-6 中，网络连接器 A、B、C 分别插到三个通信站点的通信口上；电缆 a 把插头 A 和 B 连接起来，电缆 b 连接插头 B 和 C。线型结构可以照此扩展。

注意圆圈内的“终端电阻”开关设置。网络终端的插头，其终端电阻开关必须放在“ON”的位置；中间站点的插头其终端电阻开关应放在“OFF”位置，如图 10-7 所示。

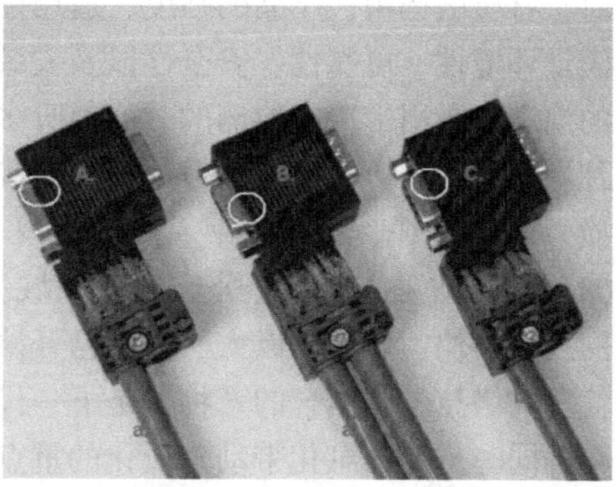

图 10-7 网络连接器的终端电阻开关设置

使用 PROFIBUS 通信时，建议采用西门子原装的电缆接头，第三方的电缆和接头无法保证通信的可靠性。

PROFIBUS 现场总线可用双绞屏蔽电缆、光缆或混合配置方式安装。PROFIBUS 现场总线网络中的节点共享传输介质，所以系统必须要控制对网络的访问。

PROFIBUS 现场总线按“主/从令牌通信”访问网络，只有主动节点才有接收访问网络的权利，通过从一个主站将令牌传输到下一个主站来访问网络。如果不需要发送，令牌直接传输给下一个主站。被动的总线节点总是直接通过模块的轮询来分配。

PROFIBUS 通信距离与传输速率的关系如表 10-4 所示。

表 10-4　PROFIBUS 通信距离与传输速率的关系

传输速度/(kbit/s)	9.6~187.5	500	1500	3000~12000
总线长度/m	1000	400	200	100

10.1.3　PROFINET 网络概述

以太网（Ethernet）通常指的是由 Xerox 公司创建并由 Xerox、Intel 和 DEC 公司联合开发的基带局域网规范，是当前应用最普遍的局域网技术。它不是一种具体的网络，是一种技术规范。该标准主要定义了在局域网（LAN）中采用的电缆类型和信号处理方法等内容。

以太网是当今非常流行、应用非常广泛的通信技术，具有价格低、多种传输介质可选、高速度、易于组网应用等诸多优点，而且其运行经验颇为丰富，拥有大量安装维护人员，是一种理想的工业通信网络。首先，基于 TCP/IP 的以太网是一种开放式通信网络，不同厂商的设备很容易互联。这种特性非常适合于解决控制系统中不同厂商设备的兼容和互操作等问题；其次，低成本、易于组网是以太网的优势。以太网网卡价格低廉，以太网与计算机、服务器等接口十分方便。以太网技术人员多，可以降低企业培训维护成本；第三，以太网具有相当高的数据传输速率，可以提供足够的带宽。而且以太网资源共享能力强，利用以太网作为现场的总线，很容易将 I/O 数据连接到信息系统中，数据很容易以实时方式与信息系统上的资源、应用软件和数据库共享；第四，以太网易与 Internet 连接。在任何城市、甚至任何地方都可以利用电话线通过 Internet 对企业生产进行监视控制；另外，以太网作为目前应用最广泛的计算机网络技术，受到了广泛的技术支持。几乎所有的编程语言都支持以太网的应用开发，有多种开发工具可供选择。

工业以太网一般是指在技术上与商业以太网（即 IEEE 802.3 标准）兼容，但在产品设计时，材质的选用、产品的强度、适用性以及实时性等方面能够满足工业现场的需要，也就是满足环境性、可靠性、安全性以及安装方便等要求的以太网。以太网是按 IEEE 802.3 标准的规定，采用带冲突检测的载波侦听多路访问方法（CSMA/CD）对共享媒体进行访问的一种局域网。其协议对应于 ISO/OSI 七层参考模型中的物理层和数据链路层，以太网的传输介质为同轴电缆、双绞线、光纤等，采用总线型或星型拓扑结构，传输速率为 10/100/1000 Mbit/s 或更高。在办公和商业领域，以太网是最常用的通信网络，近几年来，随着以太网技术的快速发展，以太网技术已开始广泛应用于工业控制领域，它是现代自动控制技术和信息网络技术相结合的产物，是下一代自动化设备的标志性技术，是改造传统工业的有力工具，同时也是信息化带动工业化的重点方向。国内对工业以太网络技术的需求日益增加，在石油、化工、冶金、电力、机械、交通、建材、楼宇管理、现代农业等领域和许多新规划建设的项目中都需要工业以太网技术的支持。

虽然脱胎于 Internet 等类型的信息网络，但是工业以太网面向生产过程，对实时性、可靠性、安全性和数据完整性有很高的要求。既有与信息网络相同的特点，也有自己不同于信息网络的显著特点。

1）工业以太网是一个网络控制系统，实时性要求高，网络传输要有确定性。

2）整个企业网络按功能可分为处于管理层的通用以太网和处于监控层的工业以太网以及现场设备层（如现场总线）。管理层通用以太网可以与控制层的工业以太网交换数据，上下网段采用相同协议自由通信。

3）工业以太网中周期与非周期信息同时存在，各自有不同的要求。周期信息的传输通常具有顺序性要求，而非周期信息有优先级要求，如报警信息是需要立即响应的。

4）工业以太网要为紧要任务提供最低限度的性能保证服务，同时也要为非紧要任务提供尽力服务，所以工业以太网同时具有实时协议和非实时协议。

PROFINET 由 PROFIBUS 国际组织（PROFIBUS International，PI）推出，是基于工业以太网技术的自动化总线标准。PROFINET 为自动化通信领域提供了一个完整的网络解决方案，包括了诸如实时以太网、运动控制、分布式自动化、故障安全以及网络安全等当前自动化领域的内容。

西门子公司于 2001 年发布 PROFINET 的规范，该规范主要包括三方面的内容。

1）基于组件的对象模型（Component Object Model，COM）的分布式自动化系统。

2）规定了 PROFINET 现场总线和标准以太网之间开放透明的通信。

3）提供了一个独立于制造商，包括设备层和系统层的模型。PROFINET 的基础是组件技术，在 PROFINET 中，每一个设备都被看成是一个具有 COM 接口的自动化设备，同类设备都具有相同的 COM 接口。在系统中可以通过调用 COM 接口来调用设备功能。组件对象模型使遵循同一个原则的不同制造商创建的组件之间可以混合使用，简化了编程。每一个智能设备都有一个标准组件，智能设备的功能通过对组件进行特定的编程来实现。同类设备具有相同的内置组件，对外提供相同的 COM 接口。为不同设备的厂家之间提供了良好的互换性和互操作性。

以太网和工业以太网及 PROFINET 的关系，如图 10-8 所示。简单地说，以太网是一种局域网规范，工业以太网是应用于工业控制领域的以太网技术，PROFINET 是一种在工业以太网上运行的实时技术规范。

下面介绍 S7-300 PLC 其他几种以太网通信形式。

1. 基于工业以太网的 S7 通信

S7 通信按组态方式可分为单边通信和双边通信，单边通信通常应用于以下情况。

1）通信伙伴无法组态 S7 连接。

2）通信伙伴不允许停机。

3）不希望在通信伙伴进行通信组态和编写通信程序。

数据通信协议可以分为面向连接的协议和无连接的协议，前者在进行数据交换之

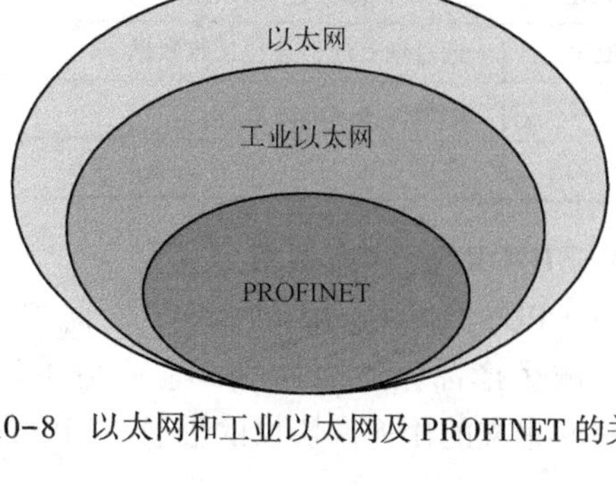

图 10-8 以太网和工业以太网及 PROFINET 的关系

前，必须与通信伙伴建立连接。面向连接的协议具有较高的安全性。

连接是指两个通信伙伴之间为了执行通信服务建立的逻辑链路，而不是指两个站之间物理媒体（例如电缆）实现的连接。连接相当于通信伙伴之间一条虚拟的“专线”，它们随时可以用这条“专线”进行通信。一条物理线路可以建立多个连接。

S7 连接属于需要组态的静态连接，CPU 同时可以使用的连接个数与它们的型号有关。基于连接的通信分为单向通信和双向通信。在双向通信中，一方调用发送块来发送数据，另一方调用接收块来接收数据。单向通信只需要通信的一方编写通信程序。编写通信程序一方的 CPU 为客户（Client），不需编写通信程序一方的 CPU 为服务器（Server）。客户机是向服务器请求服务的设备，它是主动的，需要调用通信块对服务器的数据进行读、写操作。服务器是提供特定服务的设备，是通信中的被动方，通信功能由它的操作系统执行。通信服务经客户机要求而启动。

用于数据交换的 S7 通信的 FB 见表 10-5。在 S7 单向连接中，客户机调用单向通信功能块 GET 和 PUT，读、写服务器的存储区。双向 S7 通信需要调用 U_SEND / U_RCV 和 B_SEND/ B_RCV。

表 10-5　S7-300 PLC 用于 S7 通信数据交换的 FB

函数块名称	传输字节数	描　述
U_SEND	160	与接收方通信功能（U_RCV）执行序列无关的快速的无须确认的数据交换，例如传送操作与维护消息，对方接收到的数据可能被新的数据覆盖
U_RCV	160	
B_SEND	32k	将数据安全地传输到通信伙伴，直到通信伙伴的接收功能（B_RCV）收完数据，数据传输才结束
B_RCV	32k	
GET	160	程序控制读取远方 CPU 的变量，通信伙伴不需要编写通信程序
PUT	160	程序控制写变量到远方 CPU，通信伙伴不需要编写通信程序

2. TCP 通信

SIMATIC S7-PN CPU 包含一个集成的 PROFINET 接口，该接口除了具有 PROFINET I/O 功能外还具有 TCP 通信功能。通过该集成以太网接口组态 TCP 通信时，只能使用开放式通信专用的功能块。依据 RFC793 的 TCP，在指令栏→通信→开放式用户通信，提供了表 10-6 的 FB，通过用户程序与符合以太网标准的通信伙伴进行数据交换。

表 10-6　S7-300 PLC 用于以太网通信数据交换的 FB

函数块名称	描　述
TSEND	通过现有的通信连接发送数据
TRCV	通过现有通信连接接收数据
TCON	设置和建立通信连接
TDISCON	终止 CPU 与通信伙伴的通信连接

3. MODBUS TCP 通信

MODBUS TCP 是简单的、中立厂商的用于管理和控制自动化设备的 MODBUS 系列通信协议的派生产品，显而易见，它覆盖了使用 TCP/IP 的“Intranet”和“Internet”环境中 MODBUS 报文的用途。协议的最通用用途是为诸如 PLC、I/O 模块，以及连接其他简单域总线或 I/O 模块的网关服务。

MODBUS TCP 使 MODBUS RTU 协议运行于以太网，MODBUS TCP 使用 TCP/IP 和以太网在站点间传送 MODBUS 报文，MODBUS TCP 结合了以太网物理网络和网络标准 TCP/IP 以及以 MODBUS 作为应用协议标准的数据表示方法。MODBUS TCP 通信报文被封装于以太网 TCP/IP 数据包中。与传统的串口方式相比，MODBUS TCP 插入一个标准的 MODBUS 报文到 TCP 报文中，不再带有数据校验和地址。

（1）通信所使用的以太网参考模型

MODBUS TCP 传输过程中使用了 TCP/IP 以太网参考模型的五层。

第一层：物理层，提供设备物理接口，与市售介质/网络适配器相兼容。

第二层：数据链路层，格式化信号到源/目硬件址数据帧。

第三层：网络层，实现带有 32 位 IP 址 IP 报文包。

第四层：传输层，实现可靠性连接、传输、查错、重发、端口服务、传输调度。

第五层：应用层，MODBUS 协议报文。

（2）MODBUS TCP 数据帧

MODBUS 数据在 TCP/IP 以太网上传输，支持 Ethernet II 和 802.3 两种帧格式，MODBUS TCP 数据帧包含报文头、功能代码和数据三部分，MBAP 报文头（MBAP、Modbus Application Protocol、Modbus 应用协议）分四个域。

由于使用以太网 TCP/IP 数据链路层的校验机制而保证了数据的完整性，MODBUS TCP 报文中不再带有数据校验“CHECKSUM”，原有报文中的“ADDRESS”也被“UNIT ID”替代而加在 MODBUS 应用协议报文头中。

（3）MODBUS TCP 使用的通信资源端口号

MODBUS 服务器中按默认协议使用 Port 502 通信端口。

（4）MODBUS TCP 使用的功能代码

1）按照使用的功能区分，共有以下三种类型。

① 公共功能代码：已定义好的功能码，保证其唯一性，由 Modbus. org 认可。

② 用户自定义功能代码：有两组，分别为 65~72 和 100~110，无须认可，但不保证代码使用唯一性，如变为公共代码，需交 RFC 认可。

③ 保留功能代码：由某些公司使用某些传统设备代码，不可作为公共用途。

2）按照应用深浅，可分为以下三个类别。

① 类别 0，客户机/服务器最小可用子集：读多个保持寄存器（fc. 3）；写多个保持寄存器（fc. 16）。

② 类别 1，可实现基本互易操作常用代码：读线圈（fc. 1）；读开关量输入（fc. 2）；读输入寄存器（fc. 4）；写线圈（fc. 5）；写单一寄存器（fc. 6）。

③ 类别 2，用于人机界面、监控系统例行操作和数据传送功能：强制多个线圈（fc. 15）；读通用寄存器（fc. 20）；写通用寄存器（fc. 21）；屏蔽写寄存器（fc. 22）；读写寄存器（fc. 23）。

（5）MODBUS TCP 通信应用举例

在读寄存器的过程中，以 MODBUS TCP 请求报文为例，具体的数据传输过程如下。

1）MODBUS TCP 客户端实况，用 Connect( ) 命令建立目标设备 TCP 502 端口连接数据通信过程。

2）准备 MODBUS 报文，包括 7 个字节 MBAP 内请求。

3）使用 send( )命令发送。

4）同一连接等待应答。

5）同 recv( )读报文，完成一次数据交换过程。

6）当通信任务结束时，关闭 TCP 连接，使服务器可以进行其他服务。

10.2 MPI 通信网络程序设计

两台 S7-300 PLC 实现 MPI 通信，一般可以使用无组态连接的双向通信或无组态连接的单向通信。

10.2.1 无组态双向通信连接

用系统函数 X_SEND 和 X_RCV，可以在无组态情况下实现 PLC 之间的 MPI 的通信，这种通信方式适合于 S7-300 和 S7-400 之间的通信。无组态通信方式不能和全局数据通信方式混合使用。

双向通信方式要求通信双方都要调用通信块，一方调用发送块发送数据，另一方就调用接收块来接收数据。发送块是 X_ SEND，X_ SEND 的参数如表 10-7 所示。接收块是 X_RCV，X_RCV 的参数如表 10-8 所示。X_SEND 和 X_RCV 的最大通信数据是 76B。

表 10-7 X_SEND 函数说明

参　数	声　明	数据类型	存　储　区	描　述
REQ	INPUT	BOOL	I、Q、M、D、L、常数	控制参数请求，在上升沿激活
CONT	INPUT	BOOL	I、Q、M、D、L、常数	“继续”信号，为“1”时表示发送数据是一个连续的整体
DEST_ID	INPUT	WORD	I、Q、M、D、L、常数	地址参数“目标 ID”。它包含了通信伙伴的 MPI 地址。通过 STEP 7 组态此参数
REQ_ID	INPUT	DWORD	I、Q、M、D	作业标识符，此参数用于识别通信伙伴上的数据。
SD	INPUT	ANY	I、Q、M、D、L	指向发送区
RET_VAL	OUTPUT	INT	I、Q、M、D、L	如果在函数执行过程中出错，则返回值。包含相应的错误代码
BUSY	OUTPUT	BOOL	I、Q、M、D、L	BUSY = 1：发送还没有结束。BUSY=0：发送已经结束或不存在已经激活的发送函数

表 10-8 X_RCV 函数说明

参　数	声　明	数据类型	存　储　区	描　述
EN_DT	INPUT	BOOL	I、Q、M、D、L、常数	控制参数“激活数据传送”。通过数值 0，可以检查是否至少有一个数据块正在等待被输入接收区。数值 1 复制队列中最早的数据块到 RD 指定的工作存储区域
RET_VAL	OUTPUT	INT	I、Q、M、D、L	如果执行功能时发生错误，返回值中将包含相应的错误代码。如果没有出错，则 RET_VAL 包含 W#16#7000

（续）

参　数	声　明	数据类型	存 储 区	描　述
REQ_ID	OUTPUT	DWORD	I、Q、M、D、L	作业标识符，它的数据位于队列的开头，是队列中最早的数据。如果队列中没有数据块，则 REQ_ID 数值为 0
NDA	OUTPUT	BOOL	I、Q、M、D、L	状态参数“已到达的新数据”
RD	OUTPUT	ANY	I、Q、M、D	指向接收数据区

其中，X_SEND 函数中的 SD 指向发送区，允许使用下列数据类型：BOOL、BYTE、CHAR、WORD、INT、DWORD、DINT、REAL、DATE、TOD、TIME、S5TIME、DATE_AND_TIME 和这些数据类型（除 BOOL 外）的数组。X_RCV 函数指向接收数据区，允许使用下列数据类型：BOOL、BYTE、CHAR、WORD、INT、DWORD、DINT、REAL、DATE、TOD、TIME、S5_TIME、DATE_AND_TIME 和这些数据类型（除 BOOL 外）的数组。

示例：下面举例说明如何实现无组态双向通信。两个 MPI 站分别为 Host_station（MPI 地址设置为 2）和 Slave_station（MPI 地址设置为 3），要求 Host_station 站发送个数据包到 Slave_station 站。

编写 Host 站程序。首先打开 TIA Portal 编程软件，进入软件界面，单击“创建新项目”，在创建新项目的“项目名称”输入“通信网络 Host”。

在项目结构窗口中，单击“添加新设备”，弹出“添加新设备”对话框，选择“控制器”→“SIMATIC S7-300”→“CPU”→“CPU 314C-2 PN/DP”，然后单击“确定”按钮。

打开 CPU 属性对话框，配置 MPI 地址和通信速率，编写发送站的通信程序，如图 10-9 所示。

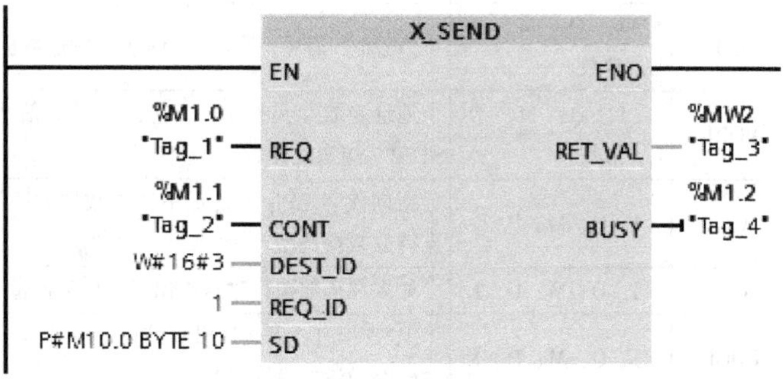

图 10-9　发送数据程序

编写 Slave 站程序。打开 TIA Portal 编程软件，进入软件界面，首先单击“创建新项目”，在创建新项目的“项目名称”输入“通信网络 Slave”。

在项目结构窗口中，单击“添加新设备”，弹出“添加新设备”对话框，选择“控制器”→“SIMATIC S7-300”→“CPU”→“CPU 314C-2 PN/DP”，然后单击“确定”按钮。

打开 CPU 属性对话框，配置 MPI 地址和通信速率，编写接收站的通信程序，如图 10-10 所示。

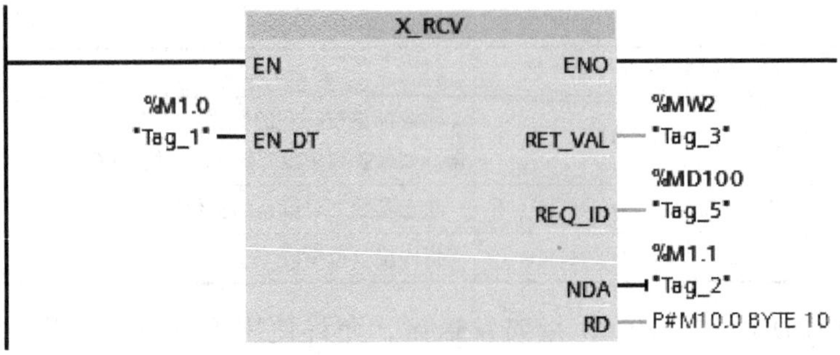

图 10-10　接收数据程序

10.2.2　无组态单向通信连接

用系统功能 X_GET 和 X_PUT，可以在无组态情况下实现 PLC 之间的 MPI 的通信，这种通信方式适合于 S7-300、S7-400 和 S7-200 之间的通信。

单向通信只在一方编写通信程序，也就是客户机与服务器（C/S）访问模式。编写程序一方的 CPU 作为客户机，无须编程序一方的 CPU 作为服务器。客户机调用通信块对服务器进行访问，X_GET 用来读取服务器指定数据区中的数据，存放到本地的数据区中，X_GET 的参数如表 10-9 所示；X_PUT 用来将本地数据区中的数据写入服务器中指定的数据区，X_PUT 的参数如表 10-10 所示。X_GET 和 X_PUT 的最大通信数据是 76B。

表 10-9　X_GET 函数说明

参　数	声　明	数据类型	存　储　区	描　述
REQ	INPUT	BOOL	I、Q、M、D、L、常数	控制参数请求，在上升沿激活
CONT	INPUT	BOOL	I、Q、M、D、L、常数	“继续”信号，为“1”时表示发送数据是一个连续的整体
DEST_ID	INPUT	WORD	I、Q、M、D、L、常数	地址参数“目标 ID”。它包含了通信伙伴的 MPI 地址。通过 STEP 7 组态此参数
VAR_ADDR	INPUT	ANY	I、Q、M、D	指向伙伴 CPU 上要从中读取数据的区域。必须选择通信伙伴支持的数据类型
RET_VAL	OUTPUT	INT	I、Q、M、D、L	如果在函数执行过程中出错，则返回值。包含相应的错误代码
BUSY	OUTPUT	BOOL	I、Q、M、D、L	BUSY = 1：发送还没有结束。BUSY=0：发送已经结束或不存在已经激活的发送函数
RD	OUTPUT	ANY	I、Q、M、D	指向接收区（接收数据区）

表 10-10　X_PUT 函数说明

参　数	声　明	数据类型	存　储　区	描　述
REQ	INPUT	BOOL	I、Q、M、D、L、常数	控制参数请求，在上升沿激活
CONT	INPUT	BOOL	I、Q、M、D、L、常数	“继续”信号，为“1”时表示发送数据是一个连续的整体
DEST_ID	INPUT	WORD	I、Q、M、D、L、常数	地址参数“目标 ID”。它包含了通信伙伴的 MPI 地址。通过 STEP 7 组态此参数

（续）

参数	声明	数据类型	存储区	描述
VAR_ADDR	INPUT	ANY	I、Q、M、D	指向伙伴 CPU 上要写入数据的区域。必须选择通信伙伴支持的数据类型
SD	INPUT	ANY	I、Q、M、D	指向本地 CPU 中包含要发送数据的区域
RET_VAL	OUTPUT	INT	I、Q、M、D、L	如果在函数执行过程中出错，则返回值。包含相应的错误代码
BUSY	OUTPUT	BOOL	I、Q、M、D、L	BUSY = 1：发送还没有结束。BUSY=0：发送已经结束或不存在已经激活的发送函数

其中，X_GET 函数中的 RD 指向接收区（接收数据区）。允许使用下列数据类型：BOOL、BYTE、CHAR、WORD、INT、DWORD、DINT、REAL、DATE、TOD、TIME、S5_TIME、DATE_AND_TIME 和这些数据类型（除 BOOL 外）的数组。接收区 RD 必须至少和通信伙伴上要读取的数据区域 VAR_ADDR 一样长。RD 的数据类型还必须和 VAR_ADDR 的数据类型相匹配。X_PUT 函数中的 SD 指向本地 CPU 中包含要发送数据的区域。允许使用下列数据类型：BOOL、BYTE、CHAR、WORD、INT、DWORD、DINT、REAL、DATE、TOD、TIME、S5_TIME、DATE_AND_TIME 和这些类型（除 BOOL 外）的数组。SD 必须与通信伙伴上的 VAR_ADDR 长度相同。SD 的数据类型还必须和 VAR_ADDR 的数据类型相匹配。

示例：下面举例说明如何实现无组态单向通信。两个 MPI 站分别为 Host_station（MPI 地址设置为 2）和 Slave_station（MPI 地址设置为 3），要求 Host_station 站发送一个数据包到 Slave_station 站。

打开 TIA Portal 编程软件，进入软件界面，首先单击“创建新项目”，在创建新项目的“项目名称”中输入“通信网络 Slave”。

在项目结构窗口中，单击“添加新设备”，弹出“添加新设备”对话框，选择“控制器”→“SIMATIC S7-300”→“CPU”→“CPU 314C-2 PN/DP”，然后单击“确定”按钮。

然后编写 Host 站程序。打开 TIA Portal 编程软件，进入软件界面，单击“创建新项目”，在创建新项目的“项目名称”中输入“通信网络 Host”。

在项目结构窗口中，单击“添加新设备”，弹出“添加新设备”对话框，选择“控制器”→“SIMATIC S7-300”→“CPU”→“CPU 314C-2 PN/DP”，然后单击“确定”按钮。

打开 CPU 属性对话框，配置 MPI 地址和通信速率，编写发送站的通信程序，程序如图 10-11和图 10-12 所示。

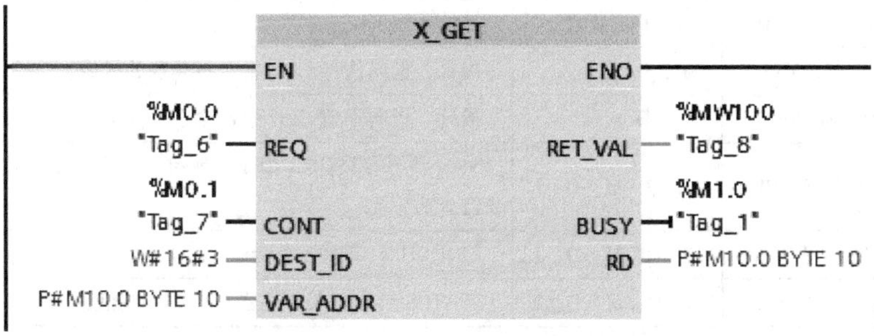

图 10-11 读取服务器数据

无组态 MPI 单向通行

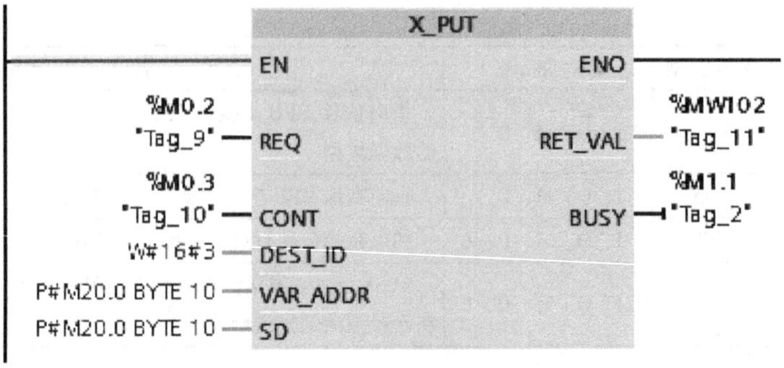

图 10-12　向服务器发送数据

10.3　工业以太网通信程序设计

在 S7-314C 2PN/DP 与 S7-314C 2PN/DP 组建 S7 单向通信网络中，两台 PLC 分别作为客户机和服务器，客户机调用单向通信功能模块 GET 和 PUT，通过以太网 S7 通信，读写服务器的寄存器。服务器是通信中的被动方，不需要编写通信程序，只需设置正确 IP 地址即可。GET 和 PUT 函数的参数表如表 10-11 和表 10-12 所示。

表 10-11　GET 函数说明

参　数	声　明	数据类型	存　储　区	描　述
REQ	INPUT	BOOL	I、Q、M、D、L	控制参数请求，在上升沿激活数据交换
ID	INPUT	WORD	M、D、常数	寻址参数 ID
ADDR_1	IN_OUT	ANY	M、D	指针，指向伙伴 CPU 中要被读取的区域
RD_1	IN_OUT	ANY	M、D	指针，指向本地 CPU 中包含了要接收的数据区域
NDR	OUTPUT	BOOL	I、Q、M、D、L	NDR 状态参数：0　作业还未启动或仍然处于激活状态；1　作业已成功完成
ERROR	OUTPUT	BOOL	I、Q、M、D、L	ERROR=1 产生一个错误
TATUS	OUTPUT	WORD	I、Q、M、D、L	STATUS 给出了关于错误类型的详细信息

表 10-12　PUT 函数说明

参　数	声　明	数据类型	存　储　区	描　述
REQ	INPUT	BOOL	I、Q、M、D、L	控制参数请求，在上升沿激活数据交换
ID	INPUT	WORD	M、D、常数	寻址参数 ID
ADDR_1	IN_OUT	ANY	M、D	指针，指向伙伴 CPU 中要被读取的区域
RD_1	IN_OUT	ANY	M、D	指针，指向本地 CPU 中包含了要发送的数据区域
NDR	OUTPUT	BOOL	I、Q、M、D、L	NDR 状态参数：0　作业还未启动或仍然处于激活状态；1　作业已成功完成
ERROR	OUTPUT	BOOL	I、Q、M、D、L	ERROR=1 产生一个错误
TATUS	OUTPUT	WORD	I、Q、M、D、L	STATUS 给出了关于错误类型的详细信息

10.3.1 通信区域分配

对通信交互地址进行合理分配，如表 10-13 所示。

表 10-13 通信区域分配表

设备类型	IP 地址	发送数据区	接收数据区
客户机	192.168.0.2	P#M10.0 BYTE 10	P#M20.0 BYTE 10
服务器	192.168.0.3	P#M10.0 BYTE 10	P#M20.0 BYTE 10

表 10-13 中发送数据区的“P#M10.0 BYTE 10”的含义是：以指针的形式，指向位寄存器 M10.0 起始的 10 个字节存储空间。

根据规划，将客户机 M10.0 起始的 10 个字节发送到服务器，服务器的 M10.0 起始的 10 个字节接收这些数据；客户机读取服务器 M20.0 起始的 10 个字节数据，收到的数据缓存到 M20.0 起始的 10 个字节地址中。

10.3.2 通信组态配置

双击 Windows 桌面的“TIA Portal V14”软件快捷方式，进入软件界面，首先鼠标单击“创建新项目”，“项目名称”输入“通信网络 Host”并单击“创建”。

在项目结构窗口中，单击“添加新设备”，弹出“添加新设备”对话框，选择“控制器”→“SIMATIC S7-300”→“CPU”→“CPU 314C-2 PN/DP”，然后单击“确定”按钮。

打开 CPU 属性设置，将 IP 地址修改为 192.168.0.2，并添加新子网，如图 10-13 所示。在 CPU 属性中启用时钟存储器，如图 10-14 所示。

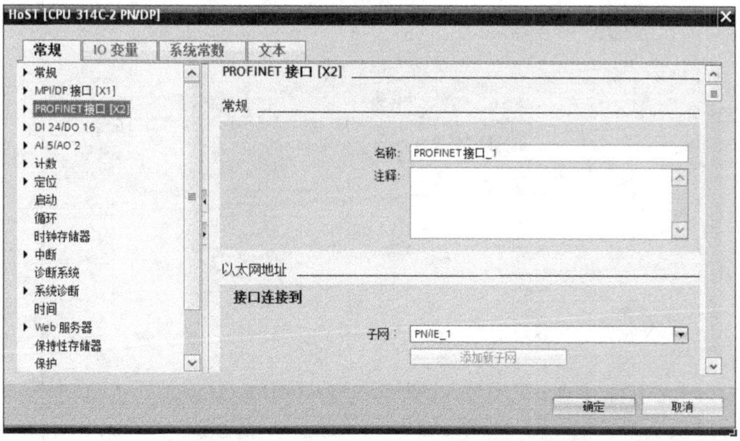

图 10-13 设置 IP 地址与添加子网

打开 TIA Portal 编程软件，进入软件界面，首先单击“创建新项目”，在创建新项目的“项目名称”输入“通信网络 Slave”。

在项目结构窗口中，单击“添加新设备”，弹出“添加新设备”对话框，选择“控制器”→“SIMATIC S7-300”→“CPU”→“CPU 314C-2 PN/DP”，然后单击“确定”

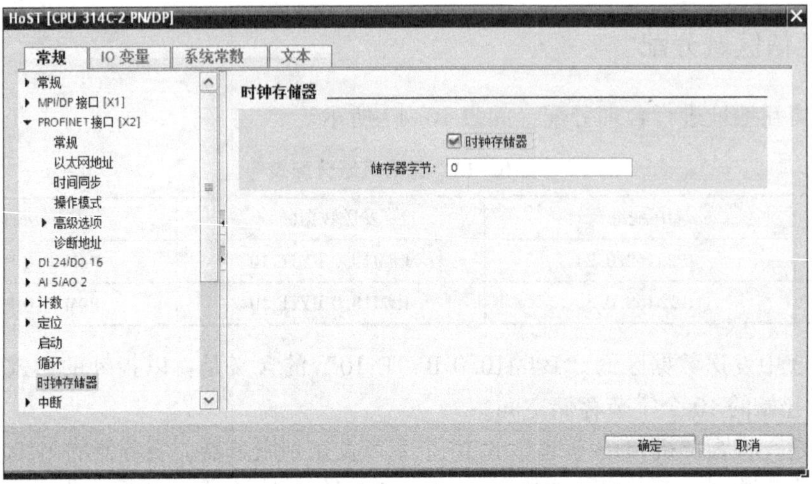

图 10-14　启用时钟存储器

按钮。

打开 CPU 属性设置，将 IP 地址修改为 192.168.0.3。

10.3.3　通信程序编写

在客户机 PLC 编程界面，双击 OB1，进入该界面内；在右边的指令栏内，单击“通信”→S7 通信→选择“GET”函数，然后为函数块分配背景数据块，选择手动，编号修改为 10，如图 10-15 所示。

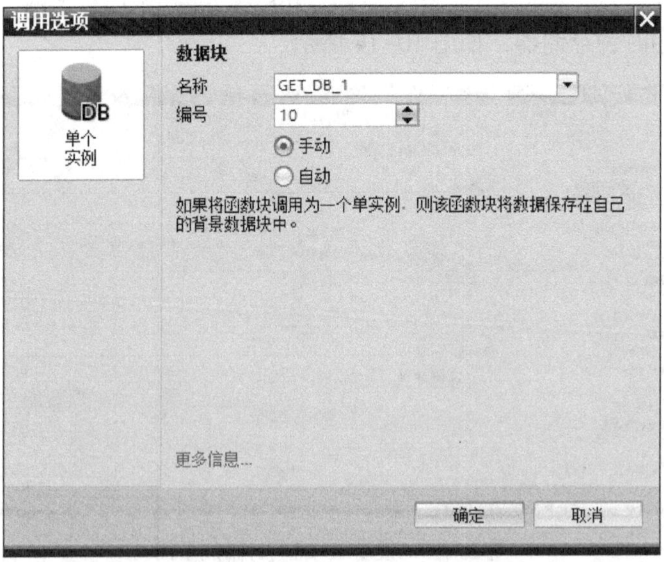

图 10-15　为 GET 分配背景数据块

工业以太网通信
程序设计

单击编辑区 GET 函数块的“开始组态”，弹出“GET 对话框”，其中伙伴选择为“未知”，伙伴地址输入 192.168.0.3，如图 10-16 所示。GET 函数块的各个参数如图 10-17 所示。

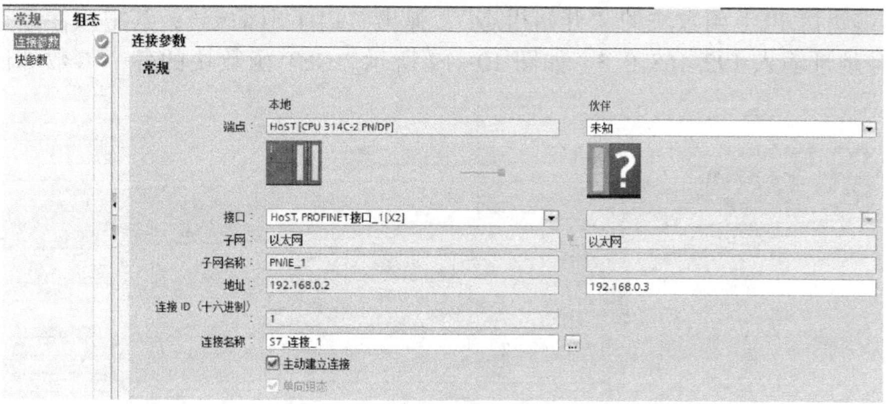

图 10-16 配置 GET 函数块信息

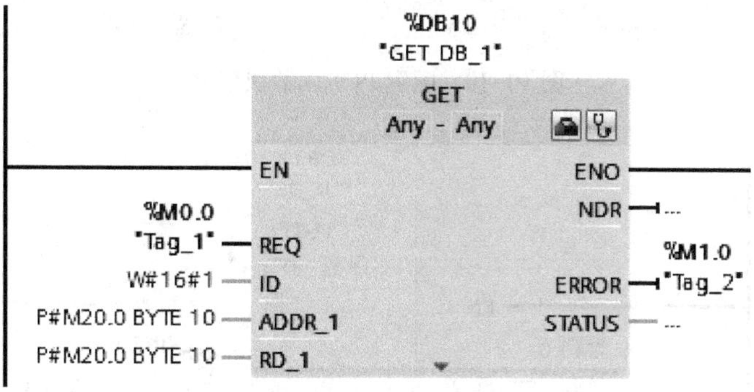

图 10-17 配置 GET 函数块引脚参数

选择 PUT 函数，然后为函数块分配背景数据块，选择手动，编号修改为 11，如图 10-18 所示。

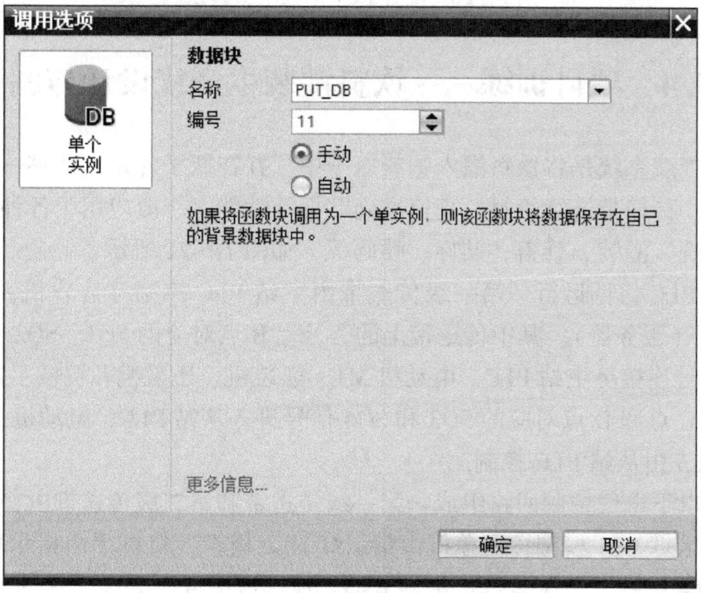

图 10-18 为 PUT 分配背景数据块

单击编辑区 PUT 函数块的“开始组态”，弹出“PUT 对话框”，其中伙伴选择为“未知”，伙伴地址输入 192.168.0.3，如图 10-19 所示。GET 函数块的各个参数如图 10-20 所示。

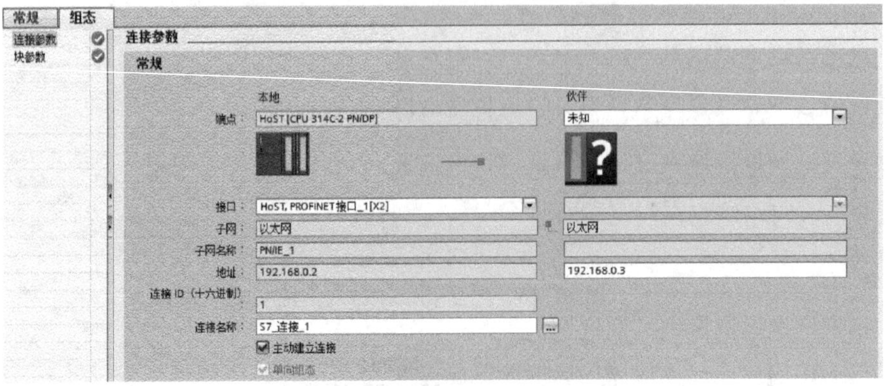

图 10-19　配置 PUT 函数块信息

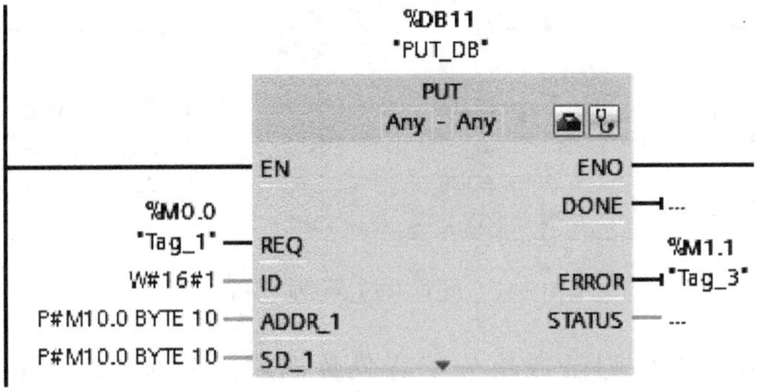

图 10-20　配置 PUT 函数块引脚参数

10.4　项目训练——饮料灌装生产线设计与调试

饮料灌装生产线系统是将饮料灌入塑料瓶子中，并在瓶子外贴上标签，此系统需高速高精确的灌装工艺、传输带连续给料、高速准确贴标等性能，一般应用于各种液体、膏体、半流体等物料的清洗、灌装、旋盖、贴标、喷码等，如图 10-21 所示。

系统由两台 PLC 协调运行。第一级传送带由主站 PLC 控制（客户机），第二级传送带由从站 PLC 控制（服务器）。其中传送带上的 A 点、B 点对应的 SQ1、SQ2 和启动按钮 SB1、停止按钮 SB2 信号连接至主站 PLC，电动机 M1、灌装机、压盖机和机械手也由主站 PLC 控制；传送带上的 C 点和 D 点对应的 SQ3 和 SQ4 信号进入从站 PLC，电动机 M2、贴标机和系统运行指示灯 HL5 由从站 PLC 控制。

系统控制由以下电气控制回路组成：第一级传送带和第二级传送带由普通电动机正转控制，灌装机由指示灯 HL1 模拟，压盖机由指示灯 HL2 模拟，机械手由指示灯 HL3 模拟，贴标机由指示灯 HL4 模拟，系统运行指示灯 HL5，传送带中 A、B、C、D 四个点由按钮 SB3~SB6 模拟。

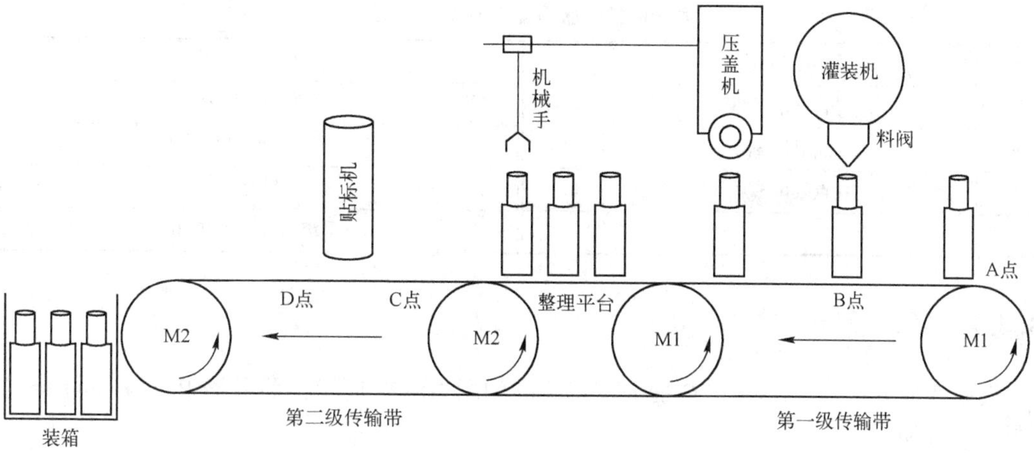

图 10-21　饮料灌装生产线系统示意图

控制要求如下：按下启动按钮 SB1，系统开始运行，系统运行指示灯 HL5 点亮。当传送带中 A 点有瓶子经过，即按下 SB3 按钮，第一级传送带开始运行。当瓶子到达 B 点，即按下 SB4 按钮，灌装机工作 2s，即指示灯 HL1 点亮 2s；5s 后，瓶子到达压盖机位置，开始执行压盖，指示灯 HL2 亮 2s，模拟压盖机工作。5s 后瓶子到达整理平台位置。当瓶子到达整理平台位置后，开始等待 A 点有瓶子经过，继续执行灌装和压盖工序，当灌装和压盖三个瓶子后，第一级传送带停止。然后机械手将瓶子抓到第二级传送带位置，指示灯 HL3 以亮 2s 灭 1s 循环 3 个周期后停止来模拟机械手抓料。当 C 点有瓶子经过，则第二级传送带开始运行。当碰到 D 点位置，贴标机开始工作，指示灯 HL4 以亮 1s 灭 2s 亮 1s 的规律闪烁，贴标机工作完成后，等待 5s，瓶子到达装箱位置。当瓶子到达装箱位置后，开始等待 D 点的瓶子经过，继续执行贴标工序。当 3 个瓶子全部到达装箱位置后，第二级传送带停止运行，系统运行指示灯 HL5 由常亮变为以 2Hz 的频率闪烁 5s 停止，整个工序完成。

期间按下停止按钮 SB2，则饮料灌装生产线立即停止，数据全部清空，等待重新按启动按钮 SB1。

整个过程的动作要求连贯，执行动作要求顺序执行，运行过程不允许出现硬件冲突。

10.4.1　I/O 地址分配

根据任务分析，对控制系统的 I/O 地址进行合理分配，其中客户机的 I/O 地址如表 10-14 所示，服务器的 I/O 地址如表 10-15 所示。

表 10-14　客户机 I/O 地址分配表

输入信号			输出信号		
序号	信号名称	地址	序号	信号名称	地址
1	启动按钮 SB1	I0.0	1	M1 电动机	Q0.0
2	停止按钮 SB2	I0.1	2	灌装机	Q0.1
3	A 点限位 SQ1	I0.2	3	压盖机	Q0.2
4	B 点限位 SQ2	I0.3	4	机械手	Q0.3

表 10-15　服务器 I/O 地址分配表

输入信号			输出信号		
序号	信号名称	地址	序号	信号名称	地址
1	C 点限位 SQ3	I0.0	1	M2 电动机	Q0.0
2	D 点限位 SQ4	I0.1	2	贴标机	Q0.1
—	—	—	3	系统运行指示灯 HL4	Q0.2

10.4.2　硬件设计

根据任务分析，客户机 PLC 的 I/O 接线图如图 10-22 所示，服务器 PLC 的 I/O 接线图如图 10-23 所示。

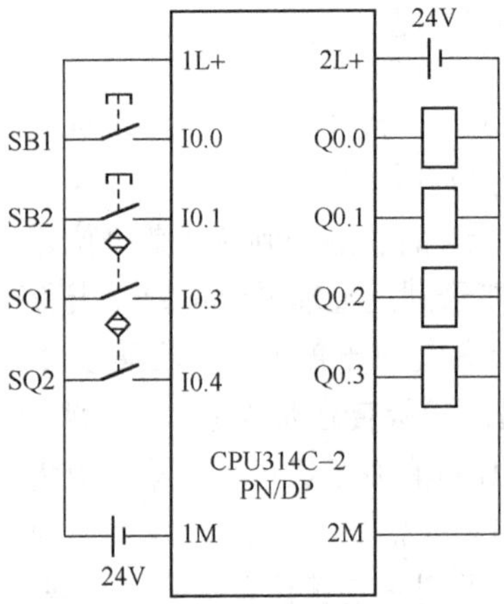

图 10-22　客户机 PLC 的 I/O 接线图

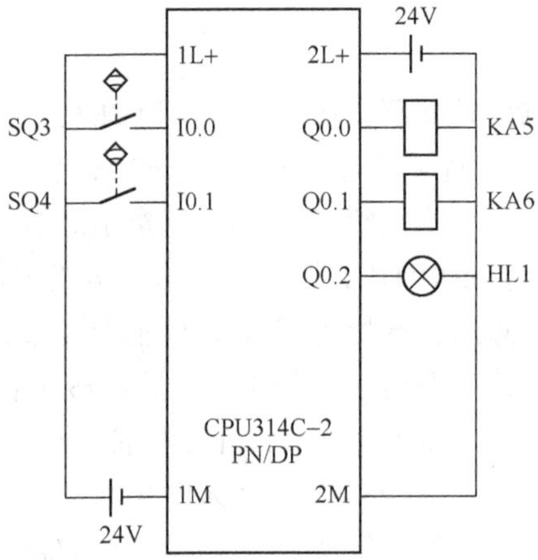

图 10-23　服务器 PLC 的 I/O 接线图

10.4.3　软件程序设计

首先编写服务器的程序。打开 TIA Portal 编程软件，进入软件界面，首先单击“创建新项目”，在创建新项目的“项目名称”中输入“灌装 Slave”。

在项目结构窗口中，单击“添加新设备”，弹出“添加新设备”对话框，选择“控制器”→“SIMATIC S7-300”→“CPU”→“CPU 314C-2 PN/DP”，然后单击“确定”按钮。

在 CPU 属性对话框中，将 IP 地址修改为 192.168.0.3。

进入 OB1，编写与客户机数据交互程序，如图 10-24～图 10-25 所示。

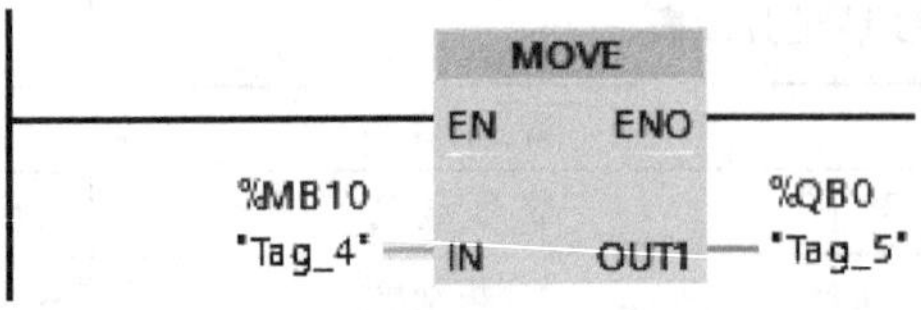

图 10-24　接收来自客户机的命令

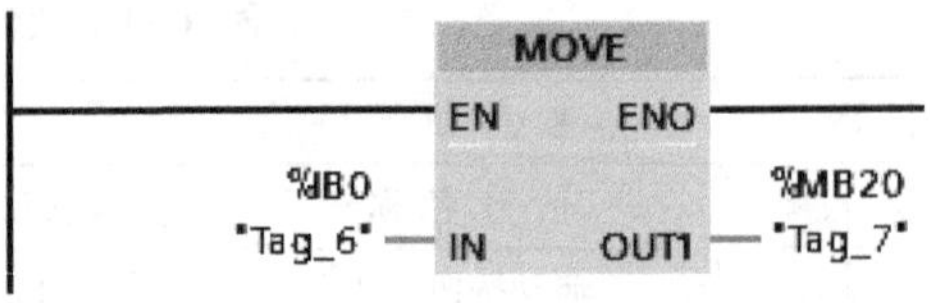

图 10-25　发送到客户机的数据

关闭该项目，重新建立一个项目。首先单击“创建新项目”，“项目名称”输入“灌装 Host”并单击“创建”。

在项目结构窗口中，单击“添加新设备”，弹出“添加新设备”对话框，选择“控制器”→“SIMATIC S7-300”→“CPU”→“CPU 314C-2 PN/DP”，然后鼠标单击“确定”按钮。

打开 CPU 属性设置，将 IP 地址修改为 192.168.0.2，并添加新子网。在 CPU 属性中启用时钟存储器。

在程序块中添加 OB100、FC1、FC2 和 FC3；单击 FC3，进入函数 FC3，编写复位程序，程序如图 10-26 所示。

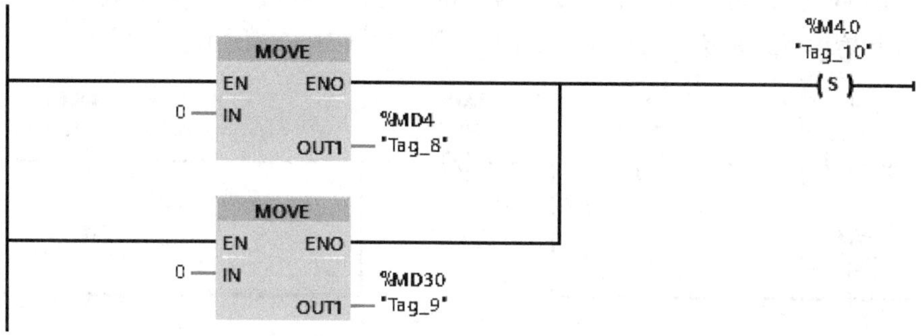

图 10-26　复位程序

进入 OB100，调用函数 FC3 复位程序，程序如图 10-27 所示。

进入 OB1，编写与服务器连接的通信程序，如图 10-28 和图 10-29 所示。

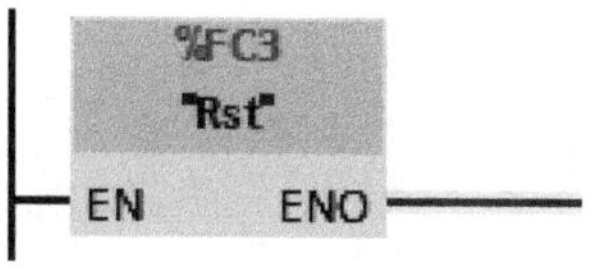

图 10-27　调用复位程序

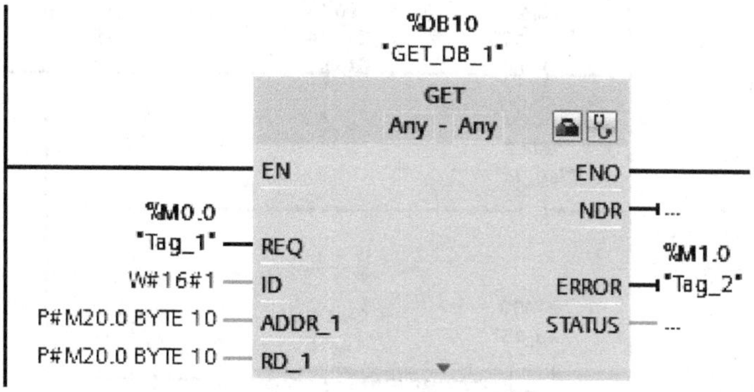

图 10-28　接收通信伙伴数据

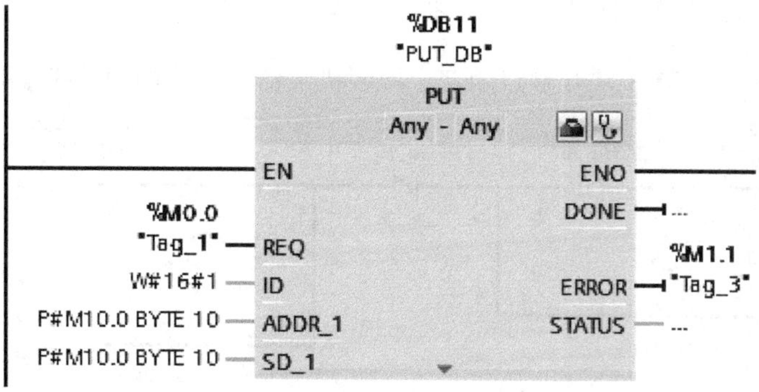

图 10-29　发送通信伙伴数据

调用函数 FC1，函数 FC1 的程序主要是整个过程的步，如图 10-30 所示。

调用功能 FC2，功能 FC2 的程序主要是所有线圈的输出，如图 10-31 所示。

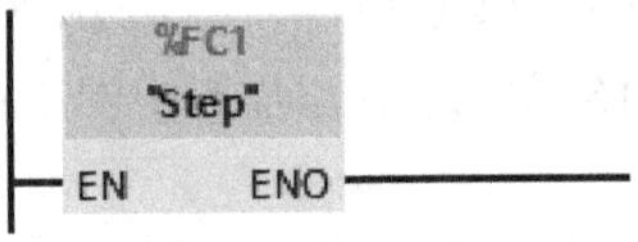

图 10-30　调用函数 FC1

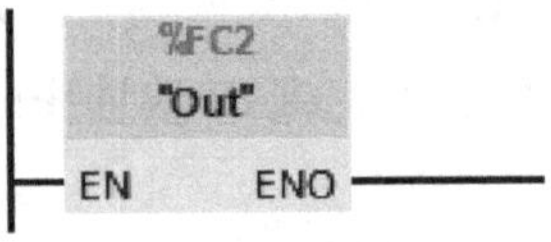

图 10-31　调用功能 FC2

进入功能 FC1，编写控制程序。按下启动按钮时，I0.0 常开触点闭合，位寄存器 M4.0 复位，系统开始运行，系统运行指示灯 HL5 点亮，如图 10-32 所示。

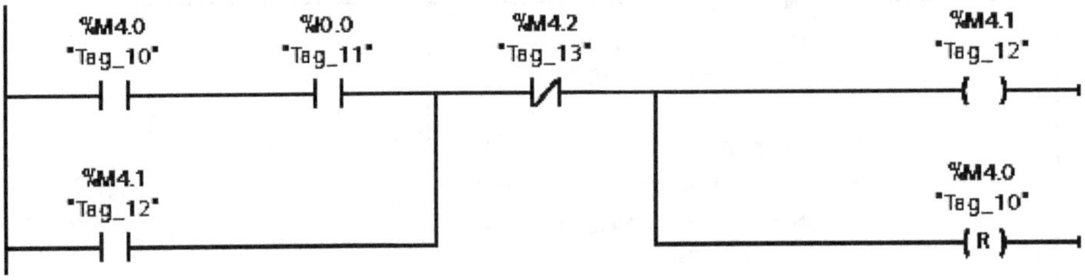

图 10-32　系统开始运行

当传送带中 A 点有瓶子经过，I0.2 常开触点闭合，第一级传送带开始运行，如图 10-33 所示。

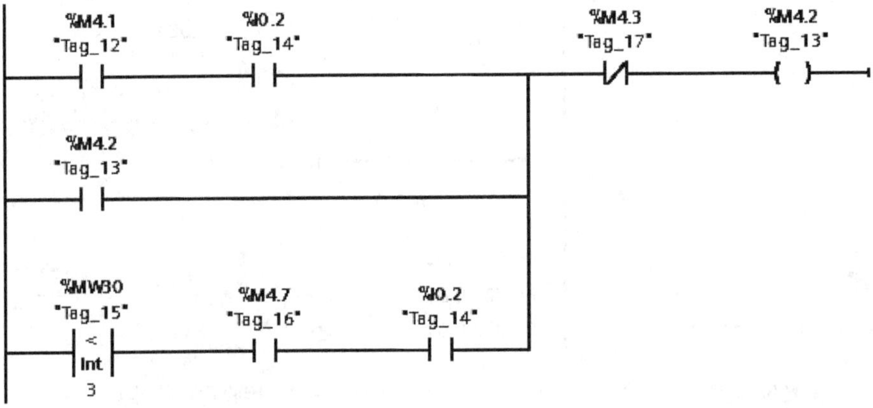

图 10-33　第一级传送带开始运行

当瓶子到达 B 点，I0.3 常开触点闭合，灌装机工作 2 s，如图 10-34 所示。

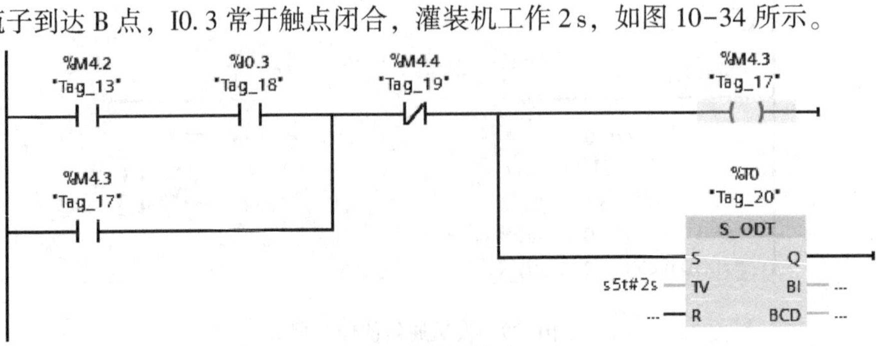

图 10-34　灌装机工作

延时 5 s，期间瓶子往压盖机位置移动，如图 10-35 所示。

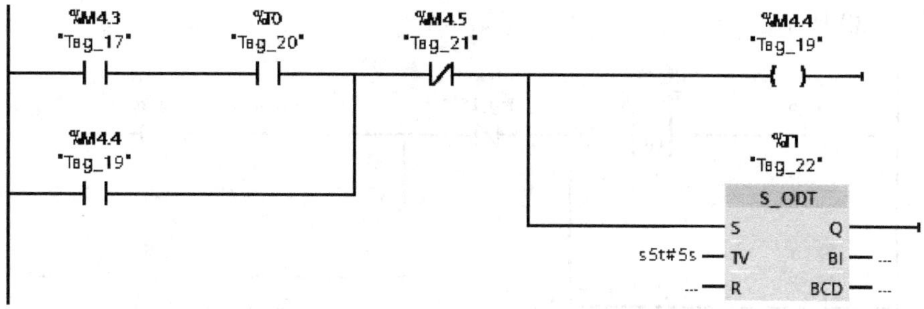

图 10-35　瓶子往压盖机位置移动

瓶子到达压盖机位置，开始执行压盖，如图 10-36 所示。

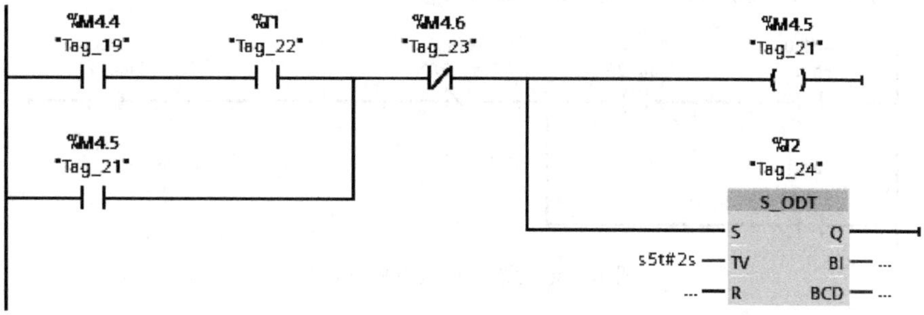

图 10-36　压盖机工作

5 s 后瓶子到达整理平台位置，如图 10-37 所示。

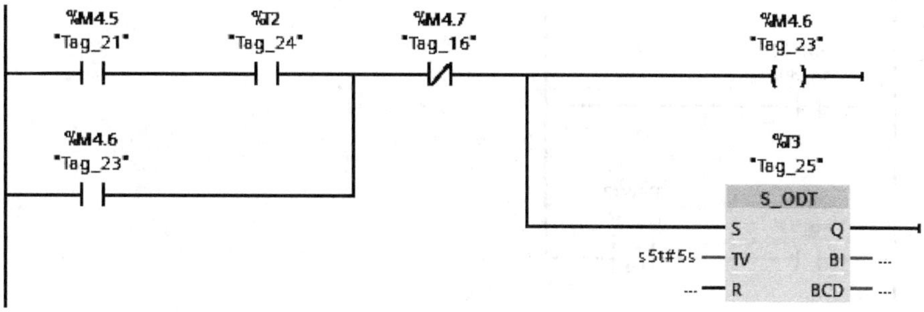

图 10-37　瓶子到达整理平台

然后等待 A 点有瓶子经过，如图 10-38 所示。

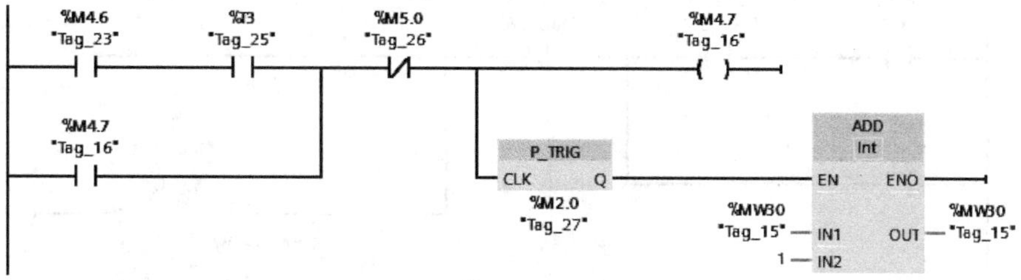

图 10-38　等待 A 点有瓶子经过

当灌装和压盖三个瓶子后，第一级传送带停止。然后机械手将瓶子抓到第二级传送带位置，如图 10-39 所示。

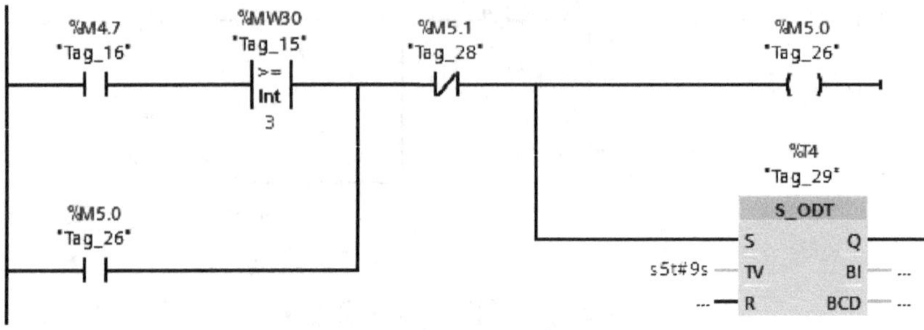

图 10-39　机械手工作

然后等待 C 点有瓶子经过，如图 10-40 所示。

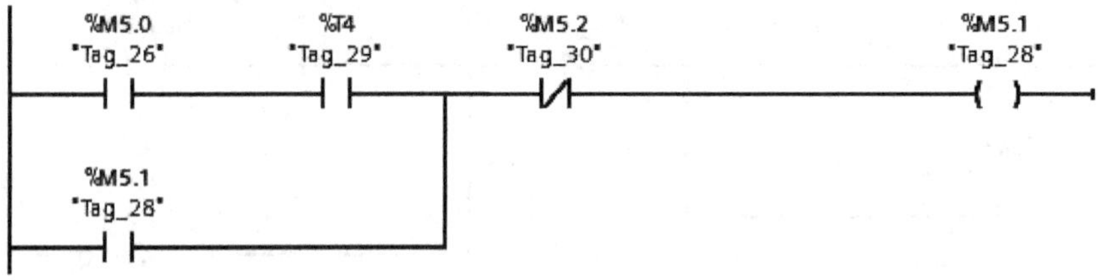

图 10-40　等待 C 点有瓶子经过

第二级传送带开始运行程序，如图 10-41 所示。

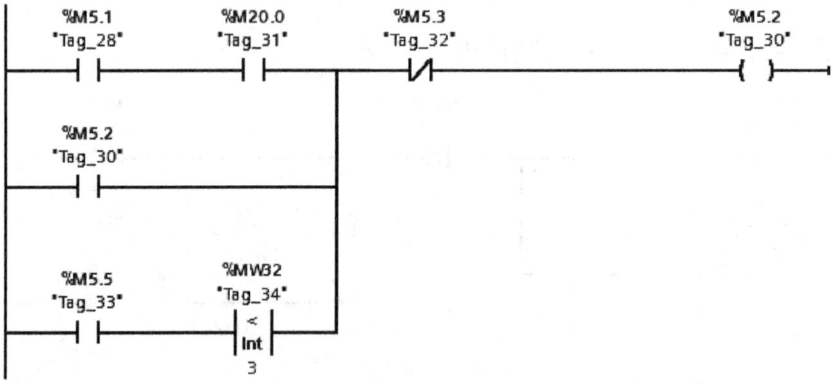

图 10-41　第二级传送带开始运行

当碰到 D 点位置，贴标机开始工作，如图 10-42 所示。

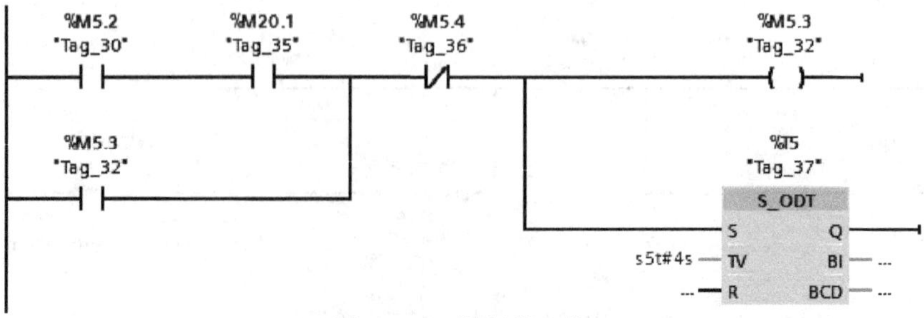

图 10-42　贴标机工作

贴标机工作完成后，等待 5 s，瓶子到达装箱位置，如图 10-43 所示。

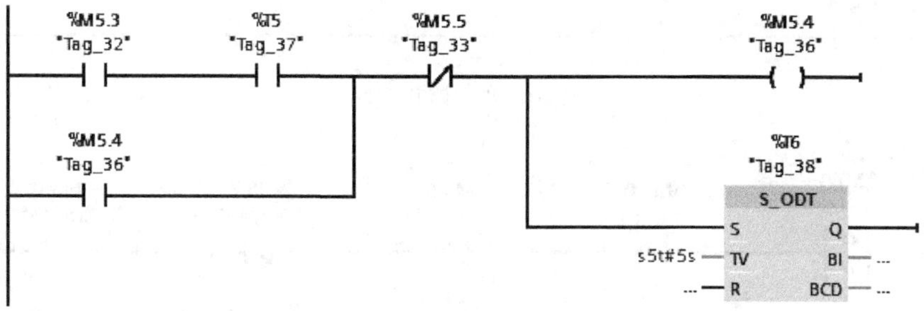

图 10-43 瓶子到达装箱位置

编写计算装瓶数量程序，如图 10-44 所示。

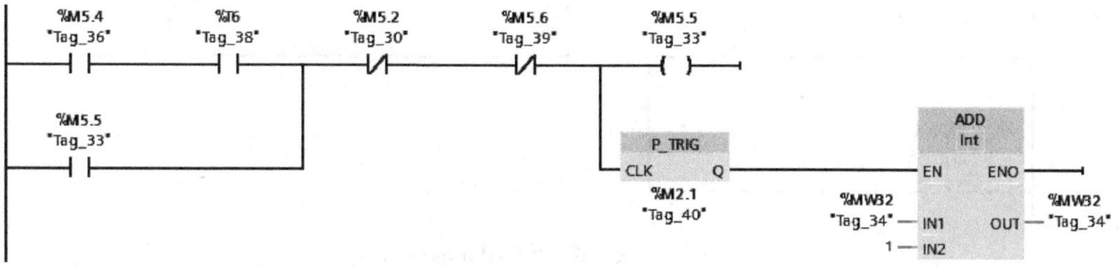

图 10-44 计算装瓶数量

当 3 个瓶子全部到达装箱位置后，第二级传送带停止运行，系统运行指示灯 HL5 由常亮变为以 2 Hz 的频率闪烁 5 s 停止，如图 10-45 所示。

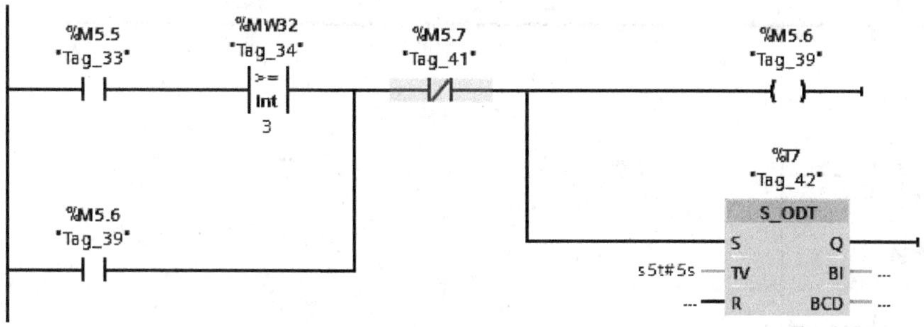

图 10-45 指示灯闪烁 5 s

整个工序完成，如图 10-46 所示。

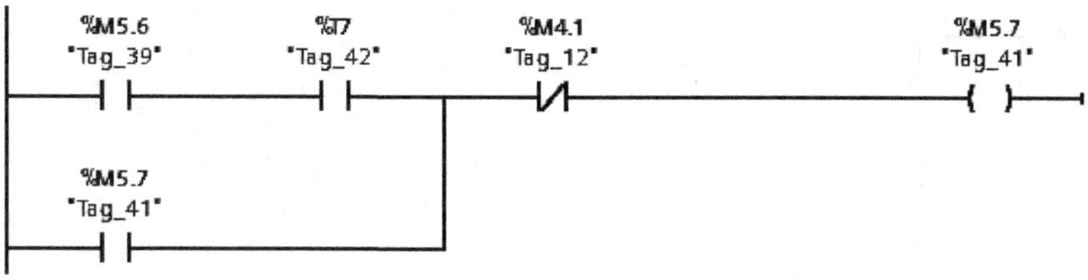

图 10-46 整个工序完成

进入函数 FC3，编写电动机输出程序。期间按下停止按钮 SB2，则饮料灌装系统立即停止，调用函数 FC3，数据全部清空，如图 10-47 所示。

指示灯 HL5 的程序，如图 10-48 和图 10-49 所示。

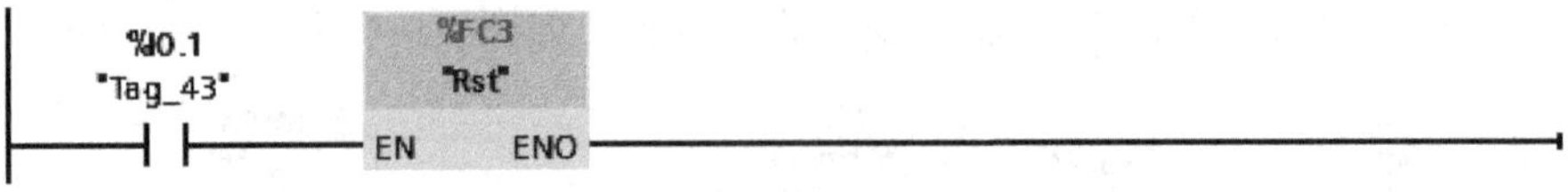

图 10-47　停止程序

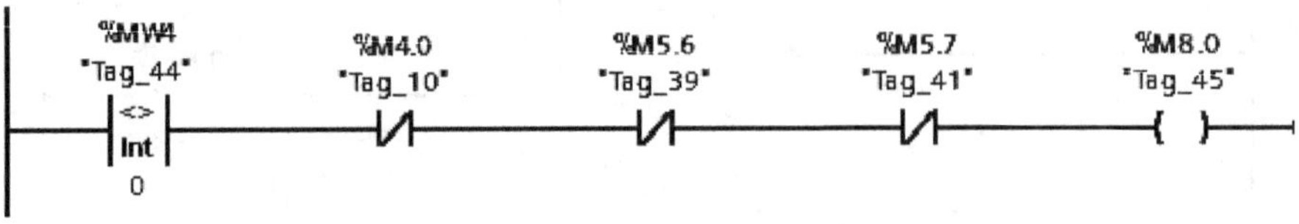

图 10-48　系统指示灯 HL5 常亮程序

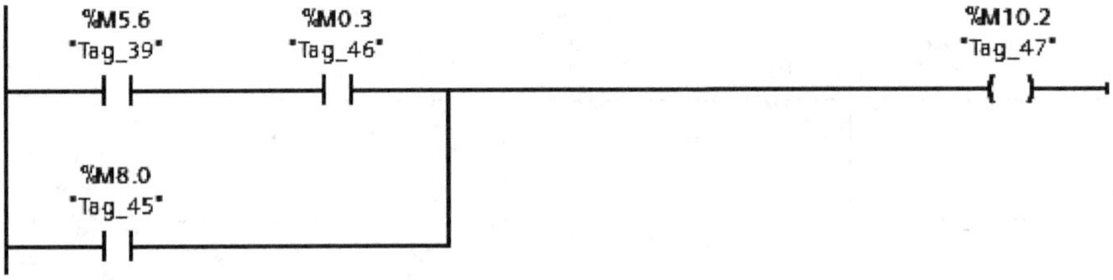

图 10-49　系统指示灯 HL5 输出程序

所有线圈的输出程序，如图 10-50~图 10-55 所示。

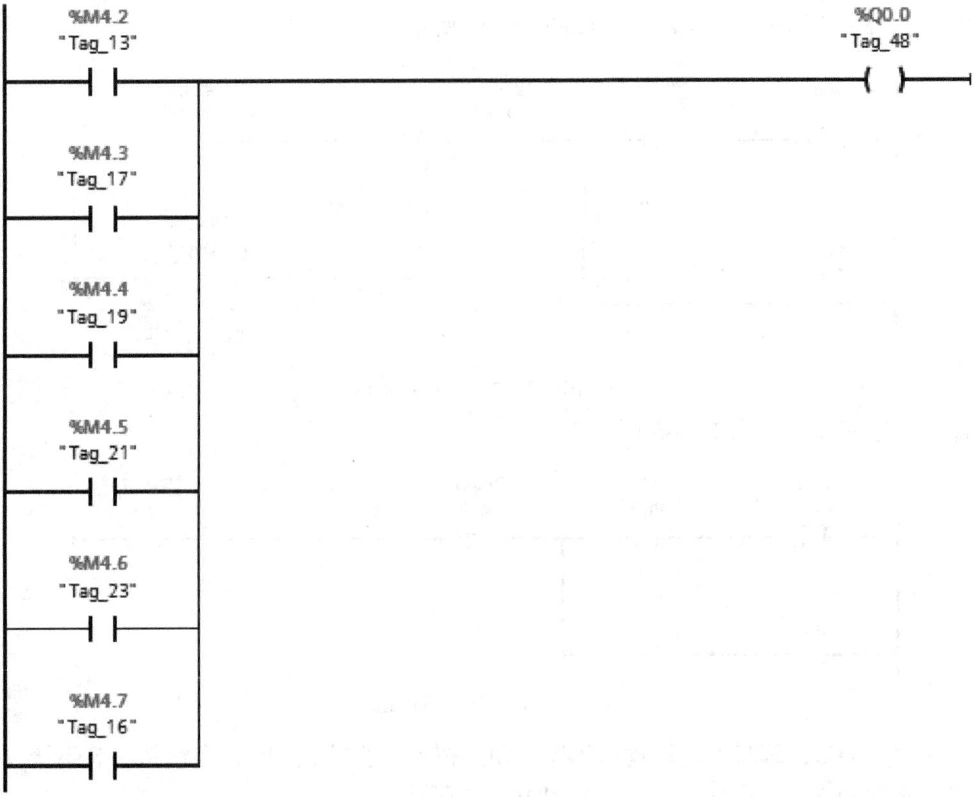

图 10-50　第一级传送带运行程序

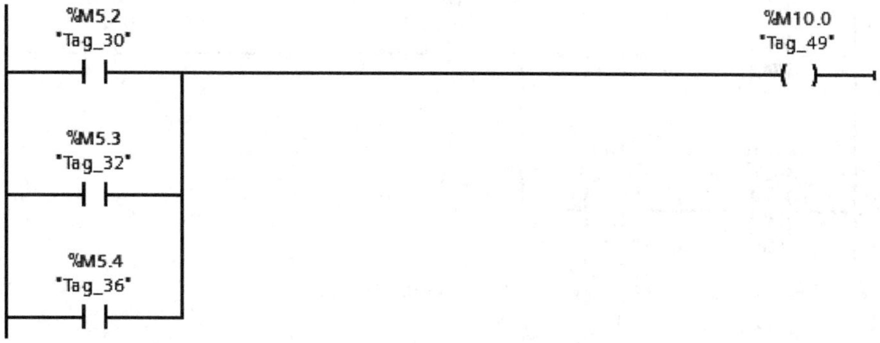

图 10-51 第二级传送带运行程序

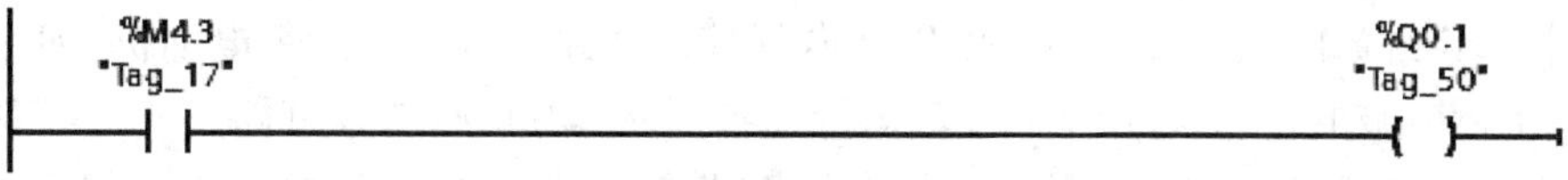

图 10-52 灌装机工作程序

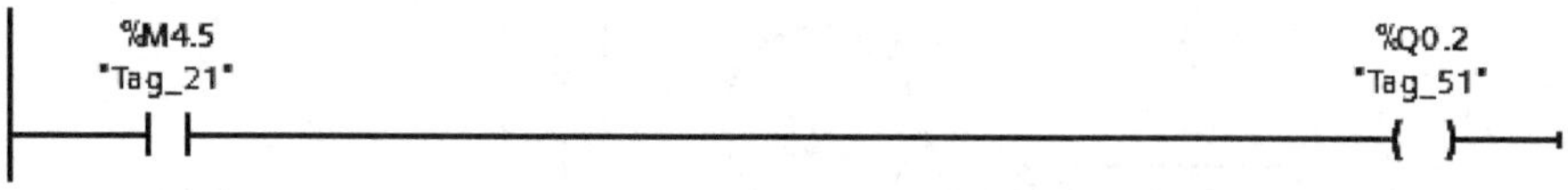

图 10-53 压盖机工作程序

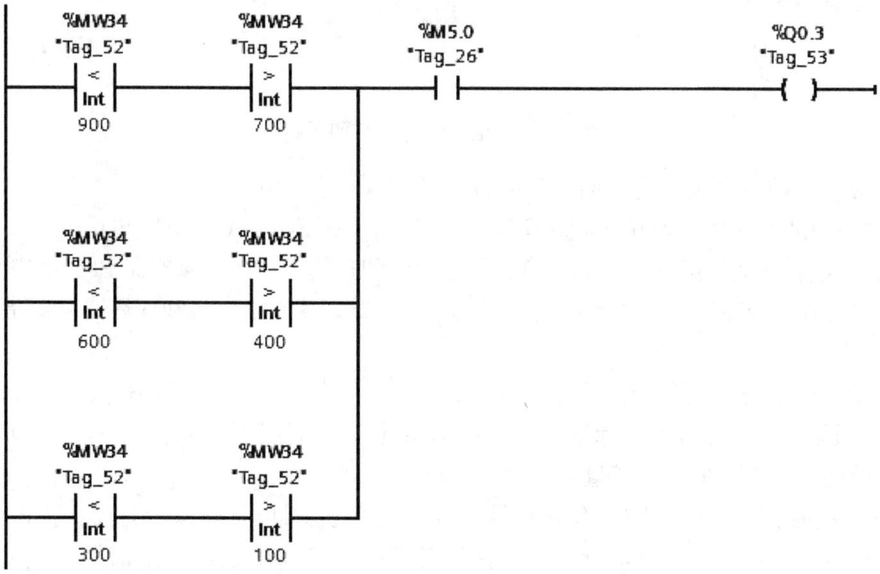

图 10-54 机械手工作程序

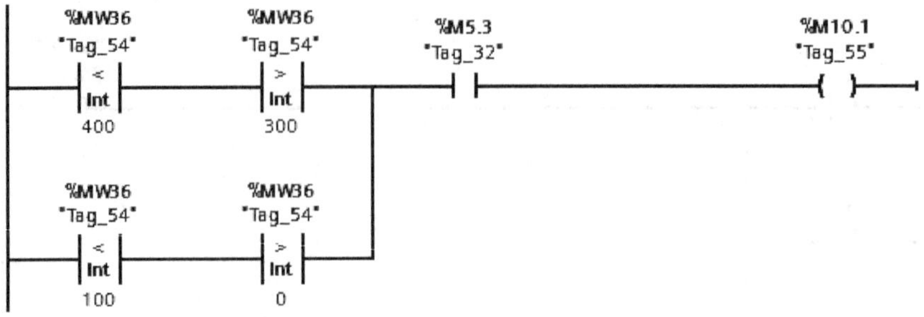

图 10-55　贴标机工作程序

项 目 拓 展

标签打印系统如图 10-56 所示，由以下电气控制回路组成：传送带电动机 M1 控制回路（M1 为三相异步电动机，只进行单向正转运行）。打码电动机 M2 控制回路（M2 为三相异步电动机，只进行单向正转运行）。上色喷涂电动机 M3 控制回路（M3 为三相异步电动机，只进行单向正转运行）。热封滚轮电动机 M4 控制回路（M4 为三相异步电动机，只进行单向正转运行）。

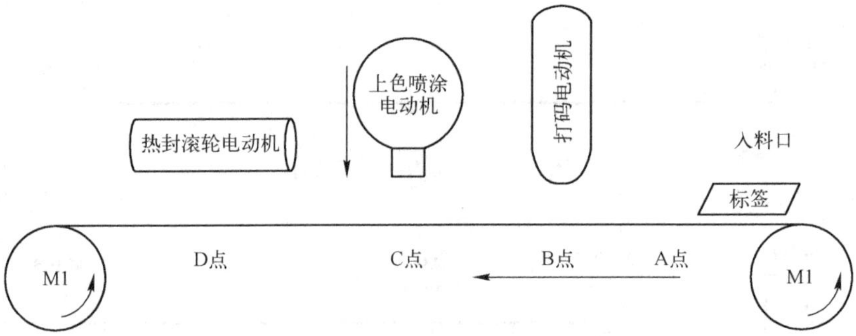

图 10-56　全自动标签打印系统

以电动机“顺时针旋转为正向，逆时针旋转为反向”为准。

本系统采用两台 PLC，其中客户机 PLC 采集启动按钮 SB1、A 点限位 SQ1 信号、B 点限位 SQ2 信号，控制设备运行指示灯 HL1、传送带电动机和打码电动机。服务器 PLC 采集 C 点限位 SQ3 信号、D 点限位 SQ4 信号，控制上色喷涂电动机、热风滚轮电动机和加热器（由指示灯 HL2 模拟）。

按下启动按钮 SB1，设备运行指示灯 HL1 闪烁等待放入工件（1 Hz），当入料传感器（SB2）检测到 A 点传送带上有标签工件，则 HL1 长亮，设备开始加工过程，电动机 M1 正转启动，带动传送带上的工件移动。

当工件移动到达 B 点（由 SB3 给出信号），打码电动机立即运行，4 s 后打码电动机停止。

打码结束后，传送带继续前行，当工件移动到达 C 点（由 SB4 给出信号）后开始上色；上色喷涂进给电动机运行 5 s，上色工作结束。

上色工作结束后，传送带继续前行，同时开启热封滚轮加热（HL2 代表加热动作），当工件移动到达 D 点（由 SB5 给出信号）开始热封，热封滚轮电动机 M4 运行 4 s 后停止，加热器也停止。

至此标签加工完成，指示灯 HL1 熄灭。

项目11 人机界面设计与调试

HMI是Human Machine Interface的缩写，中文意思为“人机接口”，也叫人机界面。人机界面是系统和用户之间进行交互和信息交换的媒介，它实现信息的内部形式与人类可以接受形式之间的转换。凡参与人机信息交流的领域都存在着人机界面。

人机界面产品由硬件和软件两部分组成，硬件部分包括处理器、显示单元、输入单元、通信接口、数据存储单元等，其中处理器的性能决定了HMI产品的性能高低，是HMI的核心单元。根据HMI的产品等级不同，可分别选用8位、16位、32位的处理器。HMI软件一般分为两部分，即运行于HMI硬件中的系统软件和运行于PC中Windows操作系统下的画面组态软件。使用者都必须先使用HMI的画面组态软件制作“工程文件”，再通过PC和HMI产品的串行通信口，把编制好的“工程文件”下载到HMI的处理器中运行。

11.1 MCGS人机界面概述

监视与控制通用系统（Monitor and Control Generated System，MCGS）是一种用于快速构造和生成监控系统的组态软件。通过对现场数据的采集处理，以动画显示、报警处理、流程控制和报表输出等多种方式向用户提供解决实际工程问题的方案，在自动化领域有着广泛的应用。

11.1.1 MCGS嵌入版组态软件的主要功能

（1）简单灵活的可视化操作界面

MCGS嵌入版采用全中文、可视化、面向窗口的开发界面，符合国人的使用习惯和要求。以窗口为单位，构造用户运行系统的图形界面，使得MCGS嵌入版的组态工作既简单直观，又灵活多变。用户可以使用系统的默认构架，也可以根据需要自己组态配置，生成各种类型和风格的图形界面。

（2）实时性强、有良好的并行处理性能

MCGS嵌入版采用32位系统，充分利用了多任务、按优先级分时操作的功能，以线程为单位对在工程作业中实时性强的关键任务和实时性不强的非关键任务进行分时并行处理，使嵌入式PC广泛应用于工程测控领域成为可能。例如，MCGS嵌入版在处理数据采集、设备驱动和异常处理等关键任务时，可在主机运行周期时间内插空进行像打印数据一类的非关键性工作，实现并行处理。

（3）丰富、生动的多媒体画面

MCGS嵌入版以图像、图符、报表、曲线等多种形式，为操作员及时提供系统运行中的状态、品质及异常报警等相关信息；用大小变化、颜色改变、明暗闪烁、移动翻转等多种手段，增强画面的动态显示效果；对图元、图符对象定义相应的状态属性，实现动画效果。MCGS嵌入版还为用户提供了丰富的动画构件，每个动画构件都对应一个特定的动画功能。

（4）完善的安全机制

MCGS嵌入版提供了良好的安全机制，可以为多个不同级别用户设定不同的操作权限。此外，MCGS嵌入版还提供了工程密码，以保护组态开发者的成果。

（5）强大的网络功能

MCGS嵌入版具有强大的网络通信功能，支持串口通信、Modem串口通信、以太网TCP/IP通信，不仅可以方便快捷地实现远程数据传输，还可以通过Web浏览功能，在整个企业范围内浏览监测到全部生产信息，实现设备管理和企业管理的集成。

（6）多样化的报警功能

MCGS嵌入版提供了多种不同的报警方式，具有丰富的报警类型，方便用户进行报警设置，并且系统能够实时显示报警信息，对报警数据进行存储与应答，为工业现场安全可靠地生产运行提供有力的保障。

（7）实时数据库为用户分步组态提供极大方便

MCGS嵌入版由主控窗口、设备窗口、用户窗口、实时数据库和运行策略五个部分构成，其中实时数据库是一个数据处理中心，是系统各个部分及其各种功能性构件的公用数据区，是整个系统的核心。各个部件独立地向实时数据库输入和输出数据，并完成自己的差错控制。在生成用户应用系统时，每一部分均可分别进行组态配置，独立建造，互不相干。

（8）支持多种硬件设备，实现“设备无关”

MCGS嵌入版针对外部设备的特征，设立设备工具箱，定义多种设备构件，建立系统与外部设备的连接关系，赋予相关的属性，实现对外部设备的驱动和控制。用户在设备工具箱中可方便选择各种设备构件。不同的设备对应不同的构件，所有的设备构件均通过实时数据库建立联系，而建立时又是相互独立的，即对某一构件的操作或改动，不影响其他构件和整个系统的结构，因此MCGS嵌入版是一个“设备无关”的系统，用户不必因外部设备的局部改动而影响整个系统。

（9）方便控制复杂的运行流程

MCGS嵌入版开辟了“运行策略”窗口，用户可以选用系统提供的各种条件和功能的策略构件，用图形化的方法和简单的类Basic语言构造多分支的应用程序，按照设定的条件和顺序，操作外部设备，控制窗口的打开或关闭，与实时数据库进行数据交换，实现自由、精确地控制运行流程，同时也可以由用户创建新的策略构件，扩展系统的功能。

（10）良好的可维护性

MCGS嵌入版系统由五大功能模块组成，主要的功能模块以构件的形式来构造，不同的构件有着不同的功能，且各自独立。三种基本类型的构件（设备构件、动画构件、策略构件）完成了 MCGS 嵌入版系统的三大部分（设备驱动、动画显示和流程控制）的所有工作。

（11）用自建文件系统来管理数据存储，系统可靠性更高

由于 MCGS 嵌入版不再使用 ACCESS 数据库来存储数据，而是使用了自建的文件系统来管理数据存储，所以与 MCGS 通用版相比，MCGS 嵌入版的可靠性更高，在异常掉电的情况下也不会丢失数据。

（12）设立对象元件库，组态工作简单方便

对象元件库，实际上是分类存储各种组态对象的图库。组态时，可把制作完好的对象（包括图形对象、窗口对象、策略对象以至位图文件等）以元件的形式存入图库中，也可把元件库中的各种对象取出，直接为当前的工程所用，随着工作的积累，对象元件库将日益扩大和丰富。这样解决了组态结果的积累和重新利用问题，组态工作将会变得越来越简单方便。

11.1.2 MCGS 嵌入式体系结构

MCGS 嵌入式体系结构分为组态环境、模拟运行环境和运行环境三部分。

组态环境和模拟运行环境在 PC 上运行，相当于一套完整的工具软件。可根据实际需要裁减其中的内容，帮助用户设计和构造自己的组态工程并进行功能测试。

运行环境是一个独立的运行系统，它按照组态工程中用户指定的方式进行各种处理，完成用户组态设计的目标和功能。运行环境本身没有任何意义，必须与组态工程一起作为一个整体，才能构成用户应用系统。一旦组态工作完成，并且将组态好的工程通过 USB 通信或以太网下载到下位机的运行环境中，组态工程就可以离开组态环境而独立运行在下位机上。从而实现了控制系统的可靠性、实时性、确定性和安全性。

MCGS 嵌入版生成的用户应用系统，其结构由主控窗口、设备窗口、用户窗口、实时数据库和运行策略五个部分构成，如图 11-1 所示。

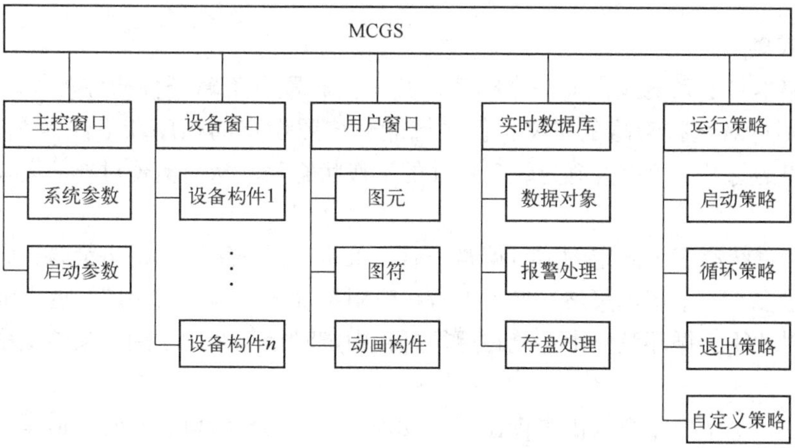

图 11-1 MCGS 应用系统结构

1. 主控窗口

主控窗口确定了工业控制中工程作业的总体轮廓，以及运行流程、菜单命令、特性参数和启动特性等内容，是应用系统的主框架。

2. 设备窗口

设备窗口专门用来放置不同类型和功能的设备构件，实现对外部设备的操作和控制。设备窗口通过设备构件把外部设备的数据采集进来，送入实时数据库，或把实时数据库中的数据输出到外部设备。一个应用系统只有一个设备窗口，运行时，系统自动打开设备窗口，管理和调度所有设备构件正常工作，并在后台独立运行。注意，对用户来说，设备窗口在运行时是不可见的。

3. 用户窗口

用户窗口中可以放置三种不同类型的图形对象：图元、图符和动画构件。图元和图符对象为用户提供了一套完善的设计制作图形画面和定义动画的方法。动画构件对应于不同的动画功能，它们是从工程实践经验中总结出的常用的动画显示与操作模块，用户可以直接使用。通过在用户窗口内放置不同的图形对象，搭制多个用户窗口，用户可以构造各种复杂的图形界面，用不同的方式实现数据和流程的“可视化”。

组态工程中的用户窗口，最多可定义512个。所有的用户窗口均位于主控窗口内，其打开时窗口可见；关闭时窗口不可见。

4. 实时数据库

实时数据库相当于一个数据处理中心，同时也起到公用数据交换区的作用。MCGS嵌入版使用自建文件系统中的实时数据库来管理所有实时数据。从外部设备采集来的实时数据送入实时数据库，系统其他部分操作的数据也来自于实时数据库。实时数据库自动完成对实时数据的报警处理和存盘处理，同时它还根据需要把有关信息以事件的方式发送给系统的其他部分，以便触发相关事件，进行实时处理。因此，实时数据库所存储的单元，不单单是变量的数值，还包括变量的特征参数（属性）及对该变量的操作方法（报警属性、报警处理和存盘处理等）。这种将数值、属性、方法封装在一起的数据称为数据对象。实时数据库采用面向对象的技术，为其他部分提供服务，提供了系统各个功能部件的数据共享。

5. 运行策略

运行策略本身是系统提供的一个框架，其里面放置有策略条件构件和策略构件组成的“策略行”，通过对运行策略的定义，使系统能够按照设定的顺序和条件操作实时数据库、控制用户窗口的打开、关闭并确定设备构件的工作状态等，从而实现对外部设备工作过程的精确控制。

一个应用系统有三个固定的运行策略：启动策略、循环策略和退出策略，同时允许用户创建或定义最多512个用户策略。启动策略在应用系统开始运行时调用，退出策略在应用系统退出运行时调用，循环策略由系统在运行过程中定时循环调用，用户策略供系统中的其他部件调用。

综上所述，一个应用系统由主控窗口、设备窗口、用户窗口、实时数据库和运行策略五个部分组成。组态工作开始时，系统只为用户搭建了一个能够独立运行的空框架，提供了丰富的动画部件与功能部件。要完成一个实际的应用系统，应主要完成以下工作。

首先，要像搭积木一样，在组态环境中用系统提供的或用户扩展的构件构造应用系统，配置各种参数，形成一个有丰富功能、可实际应用的工程。然后，把组态环境中的组态结果下载到运行环境。运行环境和组态结果一起就构成了用户自己的应用系统。

11.1.3 MCGS 组态软件的安装

MCGS 组态软件的安装包可以在北京昆仑通态有限公司的官方网站下载。打开安装包，单击应用程序 setup 进行安装，安装过程如图 11-2~图 11-12 所示。

图 11-2 安装 MCGS 组态软件

MCGS 组态软件安装过程

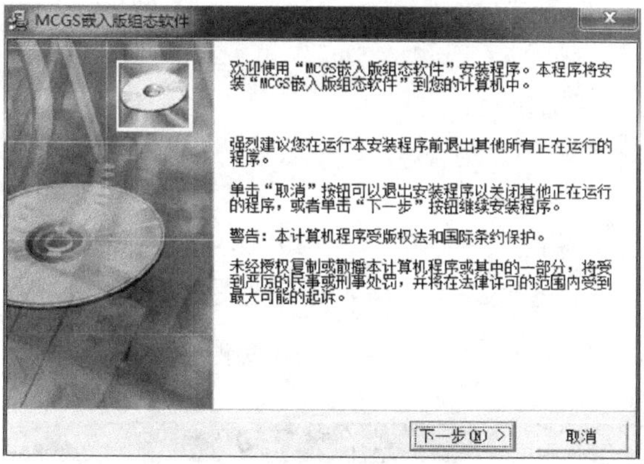

图 11-3 开始准备安装

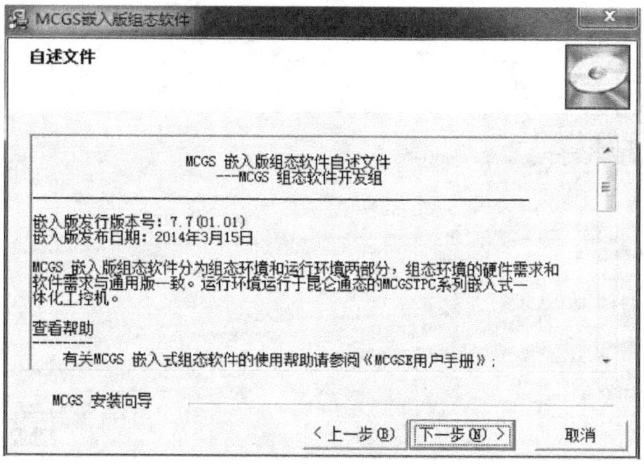

图 11-4 阅读自述文件

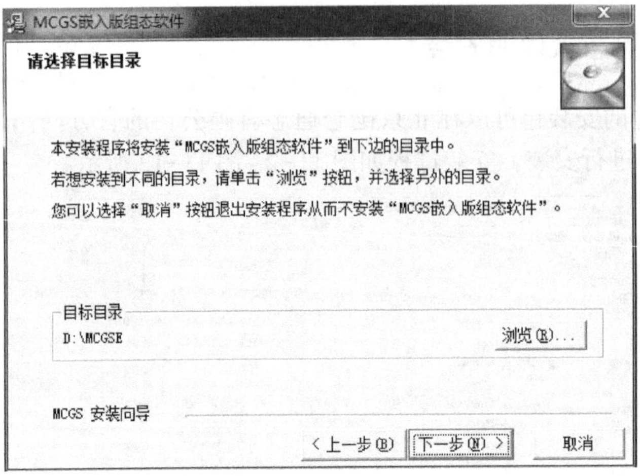

图 11-5　选择安装路径

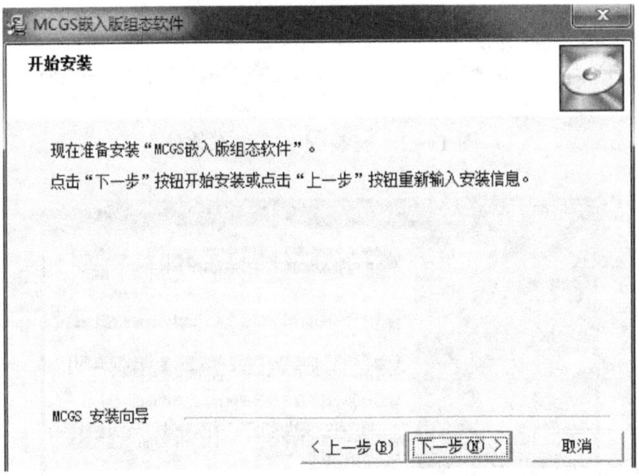

图 11-6　开始安装

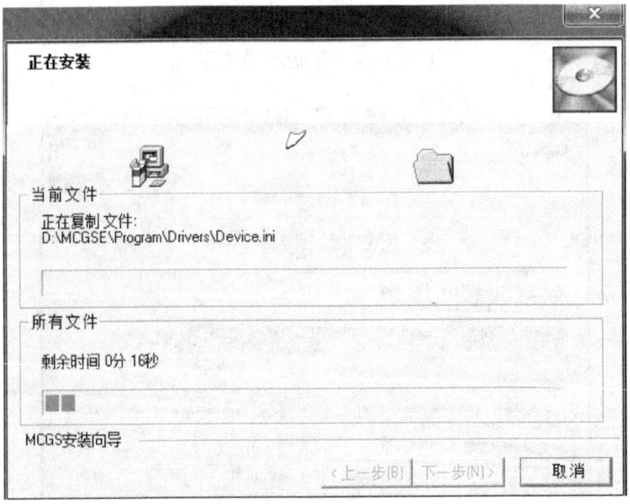

图 11-7　正在安装

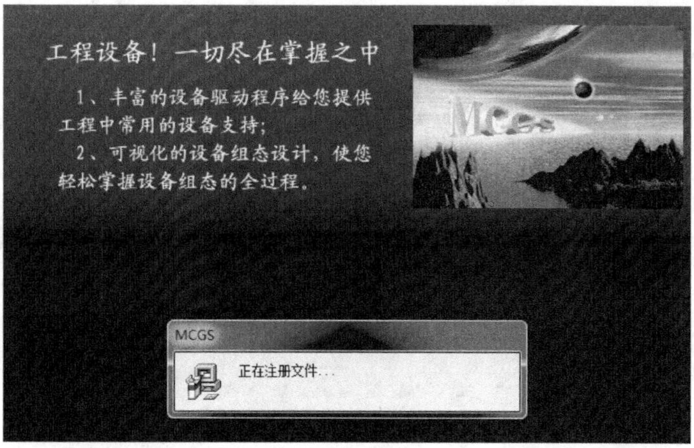

图 11-8　注册文件

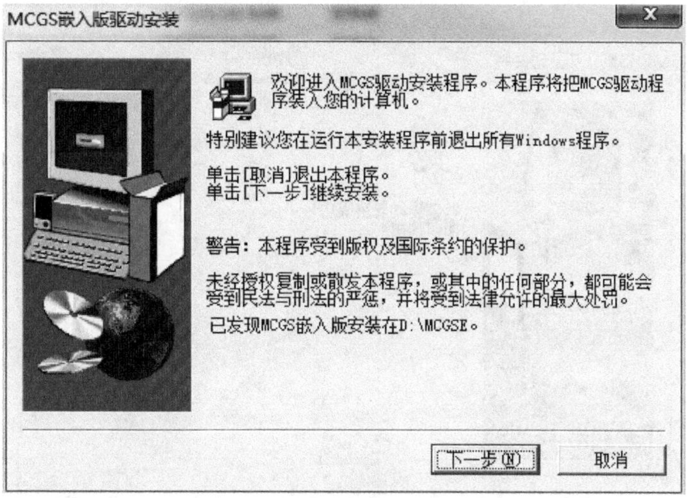

图 11-9　安装驱动文件

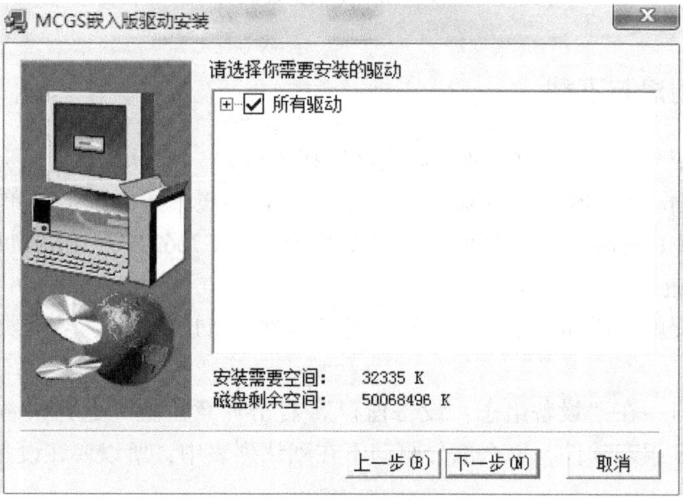

图 11-10　选择所有驱动文件

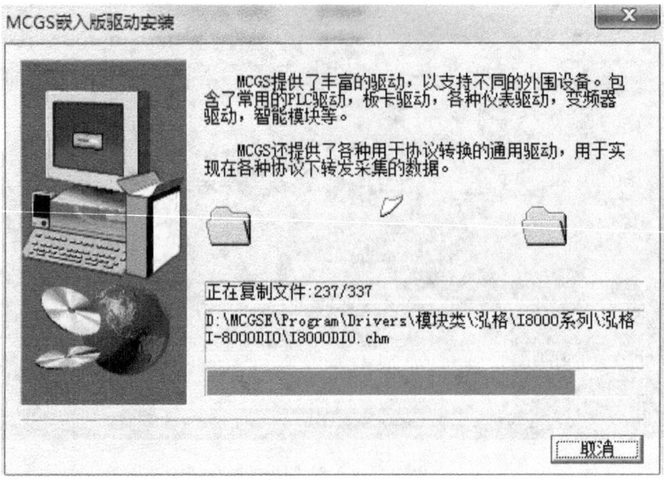

图 11-11　正在安装驱动

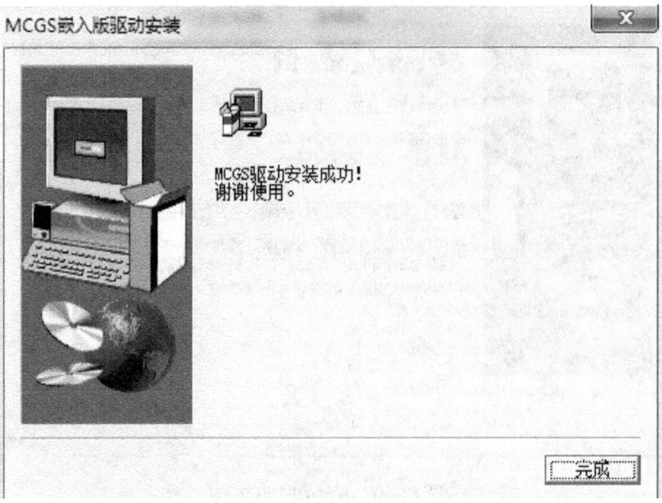

图 11-12　驱动安装成功

11.1.4　项目创建与下载

本节内容介绍与 S7-300 PLC 通过以太网连接的过程。

首先双击桌面“MCGS 组态环境”图标进入组态环境。然后单击菜单栏中的“新建工程”，弹出“新建工程选项”对话框，选择型号为“TPC7062Ti”，如图 11-13 所示，然后单击“确定”按钮。

进入实时数据库，添加两个内部变量，变量名称为 X1 和 Test，数据类型为开关型，如图 11-14 所示。

打开设备窗口→在“设备组态：设备窗口”右击任意位置→选择设备工具箱。如果是第一次使用 MCGS 组态软件，那么部分驱动不在默认列表中，所以要在设备工具箱里添加相应的驱动程序。

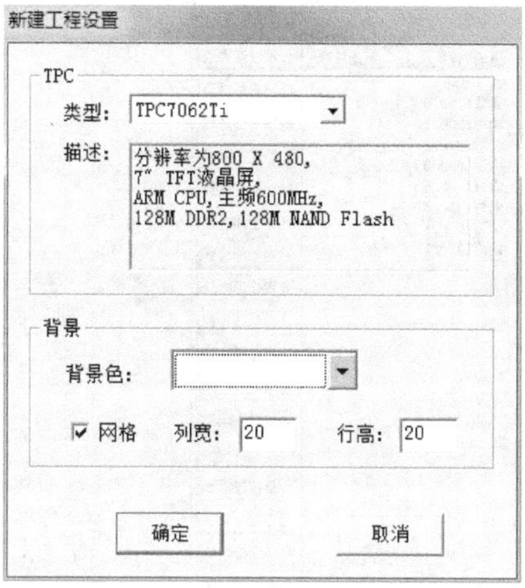

图 11-13 MCGS 项目创建

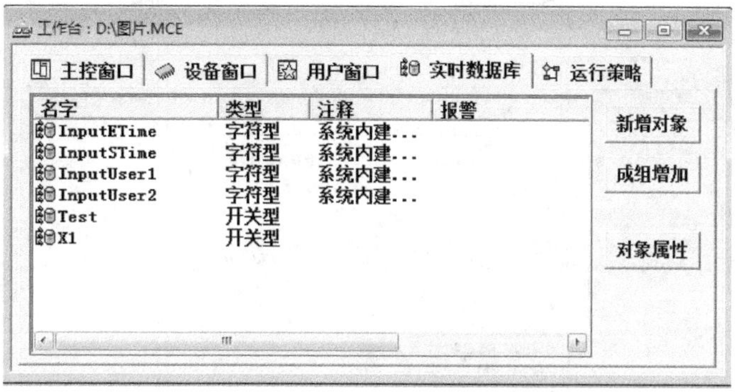

图 11-14 添加内部变量

打开设备工具箱，单击“设备管理”→“可选设备”→“PLC”→“西门子”→“S7CP343&443TCP”，然后双击“西门子 CP443-1 以太网模块”，此时该驱动会添加在选定设备当中。如图 11-15 所示。

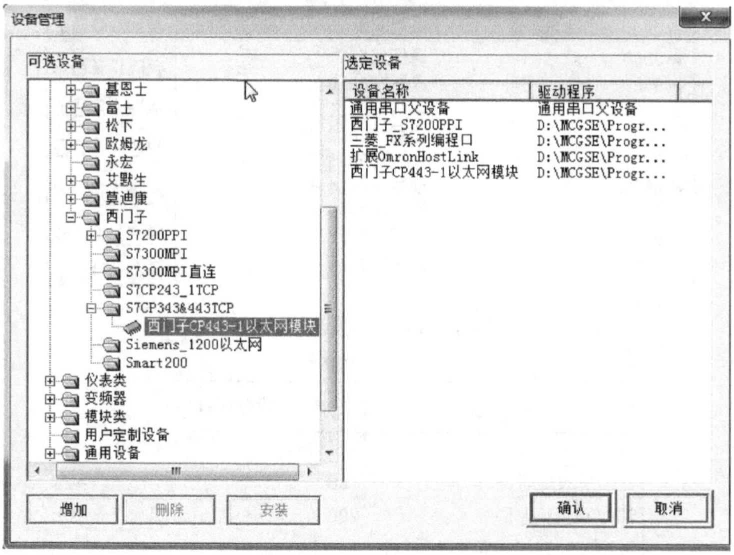

图 11-15 设备管理

在设备管理窗口中，双击“西门子 CP443-1 以太网模块”，就在“设备组态：设备窗口”中添加了西门子 CP443-1 以太网模块驱动。双击该驱动进入“设备编辑窗口”，如图 11-16 所示。

将 X1 关联到通信状态中，系统会自动监控与 PLC 的通信状态，当网络正常时，X1 为 0；当网络连接失败时，该变量为 1，如图 11-17 所示。

修改本地 IP 地址和远端 IP 地址。本地 IP 地址是指 MCGS 触摸屏的地址，远端 IP 地址是指 S7-300 PLC 地址。将本地 IP 地址修改为 192.168.0.5，远端 IP 地址修改为 192.168.0.2。结果如图 11-18 所示。

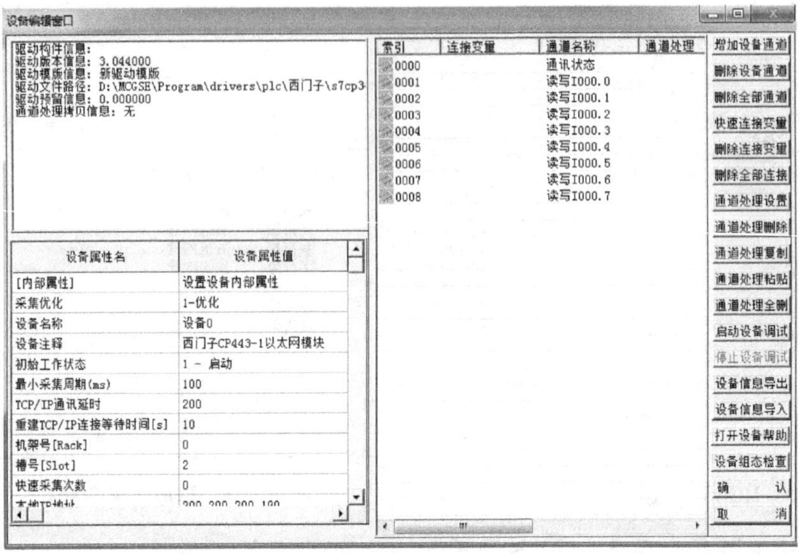

图 11-16　设备编辑窗口

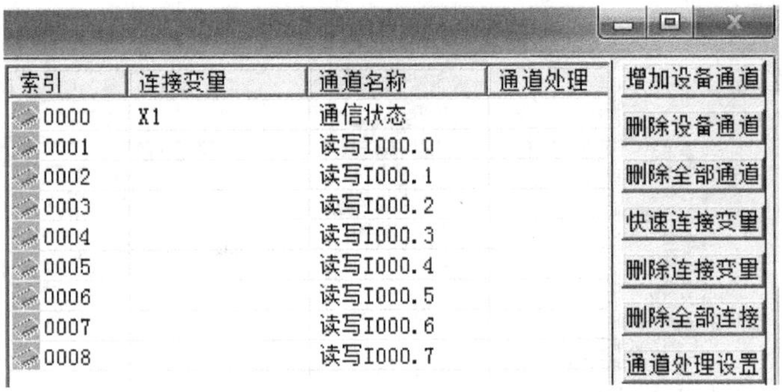

图 11-17　关联通信状态

设备属性名	设备属性值
初始工作状态	1 - 启动
最小采集周期(ms)	100
TCP/IP通信延时	200
重建TCP/IP连接等待时间[s]	10
机架号[Rack]	0
槽号[Slot]	2
快速采集次数	0
本地IP地址	192.168.0.5
本地端口号	3000
远端IP地址	192.168.0.2
远端端口号	102

图 11-18　修改 IP 地址

关闭设备窗口。进入用户窗口，新建窗口，并设置为启动窗口。进入该窗口，在工具箱中添加一个标签，标签的文本内容修改为“与 S7-300 PLC 以太网通信”，填充颜色和边线颜色都设置为白色，字体设置为 2 号，并调整至合适位置。

双击窗口任意位置，弹出用户窗口属性设置对话框。选择循环脚本，将循环时间修改为 10 ms，在脚本程序中输入 Test=NOT X1，如图 11-19 所示，然后保存关闭。

在工具箱中点击插入元件，选择指示灯。将该指示灯与变量 Test 关联。如图 11-20 所示。

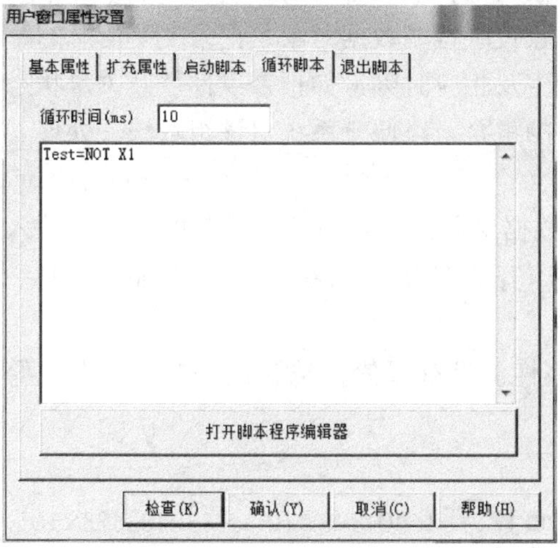

图 11-19 修改用户窗口属性设置

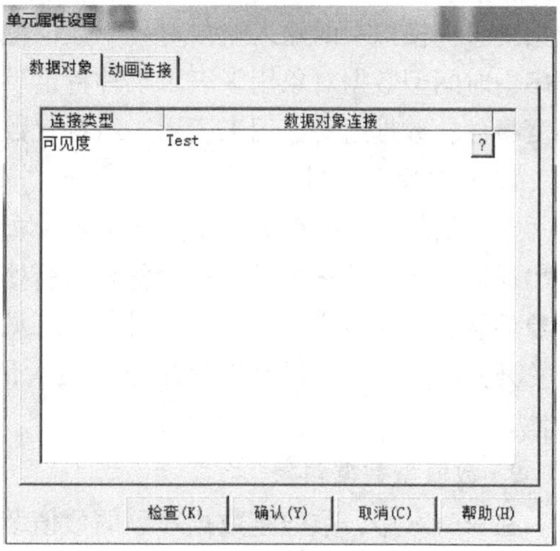

图 11-20 关联 Test 变量

当通信正常时，X1 为 0，经过取反，Test 为 1，则指示灯点亮；当通信断开时，X1 为 1，经过取反，Test 为 0，则主站通信指示灯熄灭，如图 11-21 所示。

关闭用户窗口，在标题栏中单击下载工程，弹出下载配置对话框。选择“连机运行”，将“目标机名”设置为 192.168.0.5，然后单击“工程下载”按钮，再单击“启动运行”按钮，如图 11-22 所示。

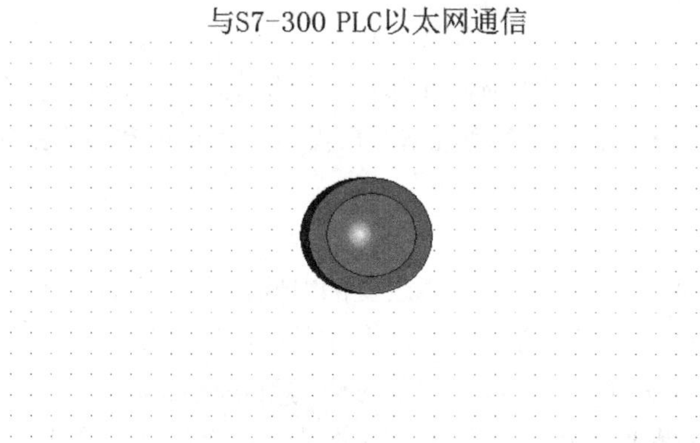

图 11-21 完成后的界面

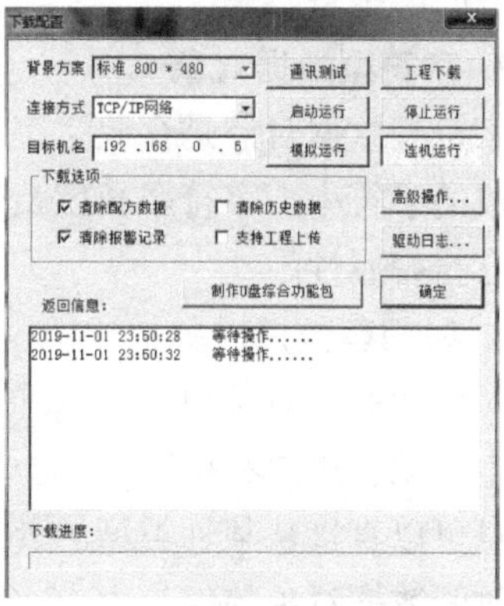

图 11-22 下载配置对话框

需要注意，触摸屏 IP 地址要和目标机名的 IP 地址一致。

11.2 MCGS 人机界面基本知识

如果是第一次使用 MCGS 触摸屏，需要对 MCGS 触摸屏有一定的了解，本节内容主要讲述 MCGS 触摸屏的基本知识。

11.2.1 实时数据库数据类型

在 MCGS 中，数据对象有开关型、数值型、字符型、时间型和数据组对象五种类型，不同类的数据对象，属性不同，用途也不同。在实际应用中，数字量的输入输出对应于开关型数据对象；模拟量的输入输出对应于数值型数据对象；字符型数据对象是记录文字信息的字符串；时间型数据对象用来表示某种特定事件的产生及相应时刻，如报警事件、开关量状态跳变事件；数据组对象用来表示一组特定数据对象的集合，以便于系统对该组数统一处理。

1. 开关型数据对象

开关信号（0 或非 0）的数据对象称为开关型数据对象，通常与外部设备的数字量输入输出通道连接，用来表示某一设备当前所处的状态。开关型数据对象也用于表示 MCGS 某一对象的状态，如对应于一个图形对象的可见度状态。

开关型数据对象没有工程单位和最大最小值属性，没有限值报警属性，只有状态报警属性。

2. 数值型数据对象

在 MCGS 中，数值型数据对象的数值范围是：负数为 $-1.401298\times10^{45}\sim-3.402823\times10^{3}$，正数为 $1.401298\times10^{-45}\sim3.402823\times10^{38}$。数值型数据对象除了存放数值及参与数值运算，还提供报警信息，并能够与外部设备的模拟量输入输出通道相连接。

数值型数据对象有最大和最小值属性，其值不会超过设定的数值范围。当对象的值小于最小值或大于最大值时，对象的值分别取为最小值或最大值。

数值型数据对象有限值报警属性，可同时设置下下限、下限、上限、上上限、上偏差、下偏差六种报警限值，当对象的值超过设定的限值时，产生报警；当对象的值回到所有的限值之内时，报警结束。

3. 字符型数据对象

字符型数据对象是存放文字信息的单元，用于描述外部对象的状态特征，其值为多个字符组成的字符串，字符串长度最长可达 64KB。字符型数据对象没有工程单位和最大最小值，也没有报警属性。

4. 时间型数据对象

时间型数据对象用来记录和标识某种事件产生或状态改变的时间信息。例如，开关量状态发生变化，用户有按键动作，有报警信息产生等，都可以看作是一种事件发生。事件发生的信息可以直接从某种类型的外部设备获得，也可以由内部对应的策略构件提供。

时间数据对象的值是由 19 个字符组成的定长字符串，用来保留当前最近一次事件所产生的时刻，即“年，月，日，时，分，秒”。年用四位数字表示，月、日、时、分、秒分别用两位数字表示，之间用逗号分隔。如“1997,02,03,23,45,56”，即表示该事件产生于 1997 年 2 月 3 日 23 时 45 分 56 秒。

时间型数据对象没有工程单位和最大最小值属性，没有限值报警，只有状态报警，不同于开关型数据对象，时间型数据对象对应的事件产生一次，其报警也产生一次，且报警的产生和结束是同时完成的。

5. 数据组对象

数据组对象是 MCGS 引入的一种特殊类型的数据对象，类似于一般编程语言中的数组和结构体，用于把相关的多个数据对象集合在一起，作为一个整体来定义和处理。例如在实际工程中，描述一个锅炉的工作状态有温度、压力、流量、液面高度等多个物理量，为便于处理，定义“锅炉”为一个数据组对象，用来表示“锅炉”这个实际的物理对象，其内部成员则由上述物理量对应的数据对象组成，这样，在对“锅炉”对象进行处理（如进行组态存盘、曲线显示、报警显示）时，只需指定数据组对象的名称“锅炉”，就包括了对其所有成员的处理。

11.2.2 运行策略组态

根据运行策略的不同作用和功能，MCGS 嵌入版把运行策略分为启动策略、退出策略、循环策略、报警策略、事件策略、热键策略和用户策略七种。每种策略都由一系列功能模块组成。

MCGS 嵌入版策略窗口中“启动策略”“退出策略”“循环策略”为系统固有的三个策略块，其余的则由用户根据需要自行定义，每个策略都有自己的专用名称，MCGS 嵌入版系统的各个部分通过策略的名称来对策略进行调用和处理。

1. 启动策略

启动策略为系统固有策略，在 MCGS 嵌入版系统开始运行时自动被调用一次。

2. 退出策略

退出策略为系统固有策略，在退出 MCGS 嵌入版系统时自动被调用一次。

3. 循环策略

循环策略为系统固有策略，也可以由用户在组态时创建，在 MCGS 嵌入版系统运行时按照设定的时间循环运行。在一个应用系统中，用户可以定义多个循环策略。

4. 报警策略

报警策略由用户在组态时创建，当指定数据对象的某种报警状态产生时，报警策略被系统自动调用一次。

5. 事件策略

事件策略由用户在组态时创建，当对应表达式的某种事件状态产生时，事件策略被系统自动调用一次。

6. 热键策略

热键策略由用户在组态时创建，当用户按下对应的热键时执行一次。

7. 用户策略

用户策略由用户在组态时创建，在 MCGS 嵌入版系统运行时供系统其他部分调用。

11.2.3 脚本语言

1. MCGS 脚本程序介绍

MCGS 脚本程序是组态软件中的一种内置编程语言引擎。当某些控制和计算任务通过常规组态方法难以实现时，通过使用脚本语言，能够增强整个系统的灵活性，解决其常规组态方法难以解决的问题。

MCGS 嵌入版脚本程序为有效地编制各种特定的流程控制程序和操作处理程序提供了方便的途径。它被封装在一个功能构件里（称为脚本程序功能构件），在后台由独立的线程来运行和处理，能够避免由于单个脚本程序的错误而导致整个系统的瘫痪。

在 MCGS 嵌入版中，脚本语言是一种语法上类似 Basic 的编程语言。可以应用在运行策略中，把整个脚本程序作为一个策略功能块执行，也可以在动画界面的事件中执行。

MCGS 嵌入版引入的事件驱动机制，与 VB 或 VC 中的事件驱动机制类似，比如：对用户窗口，有装载、卸载事件；对窗口中的控件，有鼠标单击事件、键盘按键事件等。这些事件发生时，就会触发一个脚本程序，执行脚本程序中的操作。

2. 脚本程序语言的数据类型

MCGS 脚本程序语言使用的数据类型有开关型、数值型和字符型三种。

1）开关型：表示开或者关的数据类型，通常 0 表示关，非 0 表示开。

2）数值型：值在 $3.4\times10^{-38}\sim3.4\times10^{38}$范围内。

3）字符型：最多 512 个字符组成的字符串。

脚本程序中，用户不能定义子程序和子函数，其中数据对象可以看作是脚本程序中的全局变量，在所有的程序段共用。可以用数据对象的名称来读写数据对象的值，也可以对数据对象的属性进行操作。开关型、数值型、字符型三种数据对象分别对应于脚本程序中的三种数据类型。在脚本程序中不能对组对象和事件型数据对象进行读写操作，但可以对组对象进行存盘处理。

MCGS 触摸屏的常量主要有开关型常量、数值型常量和字符型常量。

1）开关型常量：0 或非 0 的整数，通常 0 表示关，非 0 表示开。

2）数值型常量：带小数点或不带小数点的数值，如 12.45，100。

3）字符型常量：双引号内的字符串，如“OK”“正常”。

MCGS 嵌入版系统定义的内部数据对象作为系统内部变量，在脚本程序中可自由使用，在使用系统变量时，变量的前面必须加“＄”符号，如 ＄Date。

系统函数作为 MCGS 嵌入版系统定义的内部函数，在脚本程序中可自由使用，在使用系统函数时，函数的前面必须加“!”符号，如! abs()。

由数据对象（包括设计者在实时数据库中定义的数据对象、系统内部数据对象和系统函数）、括号和各种运算符组成的运算式称为表达式，表达式的计算结果称为表达式的值。

3. 脚本程序语言的表达式

当表达式中包含逻辑运算符或比较运算符时，表达式的值只可能为 0（条件不成立，假）或非 0（条件成立，真），这类表达式称为逻辑表达式；当表达式中只包含算术运算符，表达式的运算结果为具体的数值时，这类表达式称为算术表达式；常量或数据对象是狭义的表达式，这些单个量的值即为表达式的值。表达式值的类型即为表达式的类型，必须是开关型、数值型、字符型三种类型中的一种。

表达式是构成脚本程序的最基本元素，在 MCGS 嵌入版的组态过程中，也常常需要通过表达式来建立实时数据库对象与其他对象的连接关系，正确输入和构造表达式是 MCGS 嵌入版的一项重要工作。

运算符包括算术运算符、逻辑运算符、比较运算符。

4. 脚本程序语言的基本语句

由于 MCGS 嵌入版脚本程序是为了实现某些多分支流程的控制及操作处理，因此包括了几种最简单的语句：赋值语句、条件语句、退出语句和注释语句。同时，为了提供一些高级的循环功能，还提供了循环语句。所有的脚本程序都可由这五种语句组成，当需要在一个程序行中包含多条语句时，各条语句之间须用“:”分开，程序行也可以是没有任何语句的空行。大多数情况下，一个程序行只包含一条语句，赋值程序行中根据需要可在一行上放置多条语句。

（1）赋值语句

赋值语句的形式为数据对象=表达式。赋值号用“=”表示，它的具体含义是把“=”右边表达式的运算值赋给左边的数据对象。赋值号左边必须是能够读写的数据对象，如开关型数据、数值型数据以及能进行写操作的内部数据对象，而数据组对象、时间型数据对象、只读的内部数据对象、系统函数以及常量，均不能出现在赋值号的左边，因为不能对这些对象进行写操作。

赋值号的右边为一表达式，表达式的类型必须与左边数据对象值的类型相符合，否则系统会提示“赋值语句类型不匹配”的错误信息。

（2）条件语句

条件语句有如下三种形式：

1）If［表达式］Then［赋值语句或退出语句］

2）If［表达式］Then
［语句］
EndIf

3）If［表达式］Then
［语句］
Else
［语句］
EndIf

条件语句中的四个关键字“If”“Then”“Else”“EndIf”不分大小写。如拼写不正确，检查程序会提示出错信息。

条件语句允许多级嵌套，即条件语句中可以包含新的条件语句，MCGS 脚本程序的条件语句最多可以有 8 级嵌套，为编制多分支流程的控制程序提供方便。

“If”语句的表达式一般为逻辑表达式，也可以是值为数值型的表达式，当表达式的值为非 0 时，条件成立，执行“Then”后的语句，否则，条件不成立，将不执行该条件块中包含的语句，开始执行该条件块后面的语句。

值为字符型的表达式不能作为“If”语句中的表达式。

（3）循环语句

循环语句为 While 和 EndWhile，其结构为：

While［条件表达式］
…
EndWhile

当条件表达式成立时（非零），循环执行 While 和 EndWhile 之间的语句。直到条件表达式不成立（为零），退出。

（4）退出语句

退出语句为“Exit”，用于中断脚本程序的运行，停止执行其后面的语句。一般在条件语句中使用退出语句，以便在某种条件下，停止并退出脚本程序的执行。

（5）注释语句

以单引号“'”开头的语句称为注释语句，注释语句在脚本程序中只起到注释说明的作用，实际运行时，系统不对注释语句作任何处理。

11.3　MCGS 人机界面功能

MCGS 触摸屏的常用功能有报警功能、报表功能、实时曲线、历史曲线和安全机制等。

11.3.1　报警处理

MCGS 嵌入版把报警处理作为数据对象的属性，封装在数据对象内，由实时数据库在运行时自动处理。当数据对象的值或状态发生改变时，实时数据库判断对应的数据对象是否发生了报警或已产生的报警是否已经结束，并把所产生的报警信息通知给系统的其他部分，同时，实时数据库根据用户的组态设定，把报警信息存入指定的存盘数据库文件中。

实时数据库只负责关于报警的判断、通知和存储三项工作，而报警产生后所要进行的其他处理操作（即对报警动作的响应），则需要设计者在组态时制定方案，例如希望在报警产生时，打开一个指定的用户窗口，或者显示和该报警相关的信息等。

在处理报警之前必须先定义报警，如图 11-23 所示，报警的定义在数据对象的属性页中进行。首先要选中“允许进行报警处理”复选框，使实时数据库能对该对象进行报警处理；其次是要正确设置报警限值或报警状态。

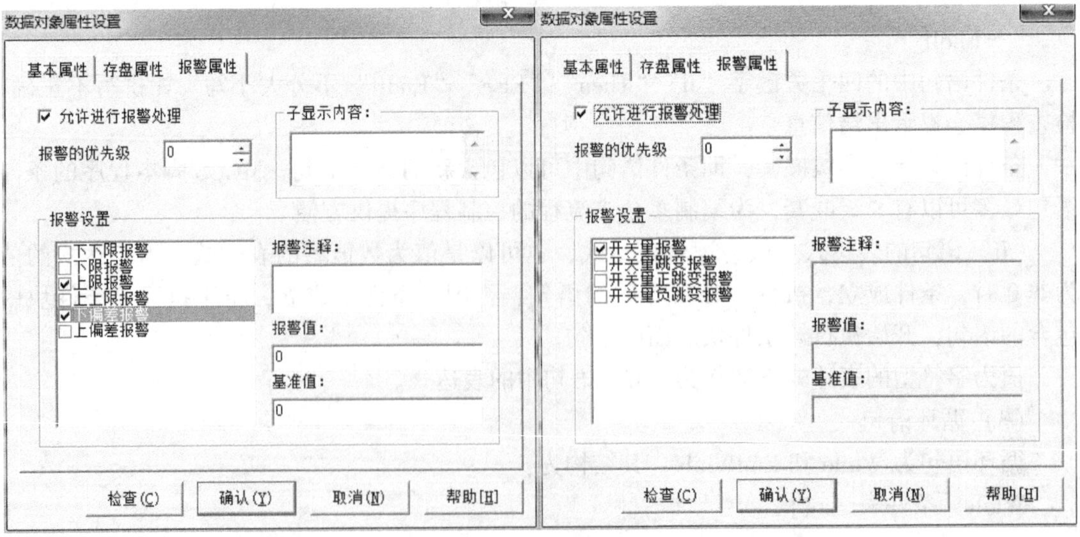

图 11-23　报警设置

数值型数据对象有六种报警：下下限、下限、上限、上上限、上偏差、下偏差。

开关型数据对象有四种报警方式：开关量报警、开关量跳变报警、开关量正跳变报警和开关量负跳变报警。开关量报警时可以选择是开（值为1）报警，还是关（值为0）报警，当一种状态为报警状态时，另一种状态就为正常状态，当报警状态保持不变时，只产生一次报警；开关量跳变报警为开关量在跳变（值从0变1和值从1变0）时报警，开关量跳变报警也叫开关量变位报警，即在正跳变和负跳变时都产生报警；开关量正跳变报警只在开关量正跳变时发生；开关量负跳变报警只在开关量负跳变时发生。四种方式的开关量报警是为了适用不同的应用需求，用户在使用时可以根据不同的需求选择一种或多种报警方式。

时间型数据对象不用进行报警限值或状态设置，当它所对应的事件产生时，报警也就产生，对时间型数据对象，报警的产生和结束是同时完成的。

字符型数据对象和数据组对象不能设置报警属性，但对数据组对象所包含的成员可以单个设置报警。数据组对象一般可用来对报警进行分类，以方便系统其他部分对同类报警进行处理。

报警属性设置页中，可以设置报警优先级，当多个报警同时产生时，系统优先处理优先级高的报警。另外，子显示是把原来的报警默认注释去掉后添加的，用来对报警内容进行详细说明，可多行显示，报警注释只支持单行显示，字数不限。

当报警信息产生时，还可以设置报警信息是否需要自动存盘，如图11-24所示，这种设置操作需要在数据对象的存盘属性中完成。

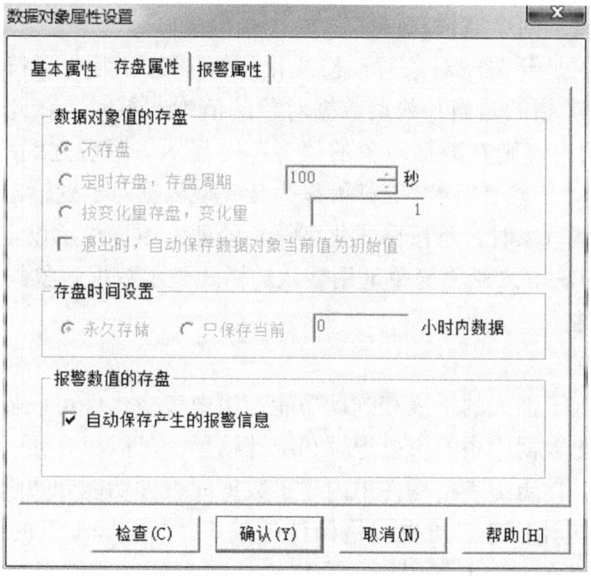

图11-24 自动保存报警信息

MCGS组态软件报警功能

11.3.2 报表功能

在实际工程应用中，大多数监控系统需要对数据采集设备采集的数据进行存盘、统计分析，并根据实际情况打印出数据报表，所谓数据报表就是根据实际需要以一定格式将统计分析后的数据记录显示并打印出来，以便对系统监控对象的状态进行综合记录和规律总结。

数据报表在工控系统中是必不可少的一部分，是整个工控系统的最终结果输出。实际中常用的报表形式有实时数据报表和历史数据报表。

1. 实时数据报表制作

鼠标双击表格构件，可激活表格构件，进入表格编辑模式。在表格编辑模式下，可对表格构件进行各种编辑工作，包括增加或删除表格的行和列，改变表格表元的高度和宽度，输入表格表元的内容。

选择“表格”菜单的“连接”命令，可使表格在编辑模式和连接模式之间进行切换。

在表格的连接模式下，表格的行号和列号后面加星号（“*”），用户可以在表格表元中填写数据对象的名字，以建立表格表元和实时数据库中数据对象的连接。可以和表格表元建立连接的数据对象包括数值型、字符型、开关型和时间型四种数据对象。运行时，MCGS 嵌入版将把数据对象的值显示在对应连接的表格表元中。

在表格的编辑模式下，用户可以直接在表格表元中填写字符，如果没有建立此表格表元与数据对象的连接，则运行时，这些字符将直接显示出来。如果建立了此表格表元与数据库的连接，运行时，MCGS 嵌入版将依据如下规则，把这些字符解释为对应连接的数据对象的格式化字符串。

当连接的数据对象是数值型对象时，格式化字符串应写为“数字1|数字 2”的样式。在这里，“数字 1”指的是输出的数值应该具有小数位的位数，“数字 2”指的是输出的字符串后面，应该带有的空格个数，在这两个数字的中间，用符号“|”分开。如“3|2”表示输出的数值有三位小数和附加两个空格。

当连接的数据对象是开关型对象时，格式化字符串应写为“字符串1|字符串 2”的样式。其中，“字符串 1”指的是当开关型数据对象的值为非零时，在此表格表元内应显示的内容；“字符串 2”的内容则在数据对象的值为零时显示。两者之间用“|”隔开。如“有效|无效”，“开|关”，“正确|错误”等都可作为开关型数据对象的输出格式化字符串。当连接的数据对象是字符型对象时，不按格式化字符串处理，原样显示设定的字符内容。当字符串不能被识别时，MCGS 嵌入版将简单地用默认的格式显示数据对象的值。

2. 历史数据报表制作

（1）历史报表功能

历史表格构件实现了强大的报表和统计功能。历史表格构件可以显示静态数据、实时数据库的动态数据、历史数据库中的历史记录和统计结果，可以很方便、快捷地完成各种报表的显示、统计和打印；在历史表格构件中内建了数据库查询功能和数据统计功能，可以很轻松地完成各种查询和统计任务。历史表格构件是基于“Windows 下的窗口”和“可见即可得”机制的，用户可以在窗口上利用历史表格构件强大的格式编辑功能配合 MCGS 嵌入版的画图功能做出各种精美的报表；运行时，历史表格构件提供以下几种功能。

显示和打印静态数据，可以显示和打印用户在组态环境编辑好的表元（表格单元）的内容，此功能一般用于完成报表的表头或其他的固定内容，且此功能只有在表元没有连接变量和数据源的情况下才有效。

运行环境中编辑数据，表元的数据允许在运行环境中编辑并可把编辑的结果输出到相应的变量中，此功能一般用于手动修改报表的当前数据，且此功能只有在表元没有连接变量和数据源的情况下才有效。

显示和打印动态数据，在表格的表元中连接 MCGS 嵌入版实时数据库的变量，运行时动态地显示和打印实时数据库的变量的值。

显示和打印历史记录，在表格的表元中连接 MCGS 嵌入版存盘数据源（即 MCGS 嵌入版的历史数据库），运行时动态地显示存盘数据源中存盘记录的值（根据一定的时间查询条件或者数值查询条件，默认时是所有记录），可以多页显示（显示时通过内建的滚动条切换要显示的数据，打印是自动换页打印，支持多页打印）和单页显示。

显示和打印统计结果，显示统计结果有两种方式，一种是对表格中其他实时表元的数据进行统计，如表格的合计等；另一种是对历史数据库中的记录进行统计，在表格的表元中连接 MCGS 嵌入版存盘数据源，运行时动态地显示存盘数据源中的存盘记录的统计结果。

（2）历史报表制作

鼠标单击工具箱中的“历史表格”，将其画在窗口中，用鼠标双击表格构件，可激活表格构件，进入表格编辑模式。

在表格的编辑模式下，可对表格构件进行各种编辑工作，包括增加或删除表格的行和列，合并和分解表元单元，改变表格表元的高度和宽度，设置表格表元的边线的线宽和线色，设置表元的字体和字色，输入表格表元的内容，设置表元正在运行的编辑属性和显示属性，建立表格表元与数据对象的连接。

在表格的编辑模式下，用户可以直接在表格表元中填写字符，如果没有建立此表格表元与数据库表列或一般表达式的连接，那么在运行时，这些字符将直接静态地显示出来。如果建立了此表格表元与数据库或一般表达式或 MCGS 嵌入版变量的连接，那么在运行时，MCGS 嵌入版将依据如下规则，把这些字符解释为对应连接的数据对象的格式化字符串。

当连接的数据表列是数值型时，格式化字符串应写为“数字1|数字 2”样式。在这里，“数字 1”指的是输出的数值应该具有小数位的位数，“数字 2”指的是输出的字符串后面，应该带有的空格个数，在这两个数字的中间，用符号“|”分开。如“3|2”表示输出的数值有三位小数和附加两个空格。

选择“表格”菜单的“连接”命令，可使表格在编辑模式和与数据对象的连接模式之间进行切换。

在表格的连接模式下，表格的行号和列号后面加星号（“*”），在连接模式中，MCGS 嵌入版历史表格有两种连接方式，一种是用表元或合成表元连接 MCGS 嵌入版实时数据库变量或实现对指定表格单元进行统计，另一种是用表元或合成表元连接 MCGS 嵌入版历史数据库以实现对指定历史记录进行显示和统计。

选定一个或多个表元，双击或按鼠标右键，弹出操作窗口，如图 11-25 所示。在表格中选定一个或多个表元，选择工具菜单中的合并表元，则选中的表格出现 45°的斜线，如图 11-26 所示。

双击斜线的表元，弹出数据库连接窗口，如图 11-27 所示。在数据库连接窗口中可以设置数据的连接方式和进行存盘数据源的组态设置，历史表格构件与历史数据库的连接方式有两种。第一种是直接显示历史数据库中的历史记录，即在指定的表格单元内，显示满足时间或者数值条件的数据记录，在历史表格中的每一行显示一条满足条件的记录，当一页不够显示时，可选择显示多页记录。

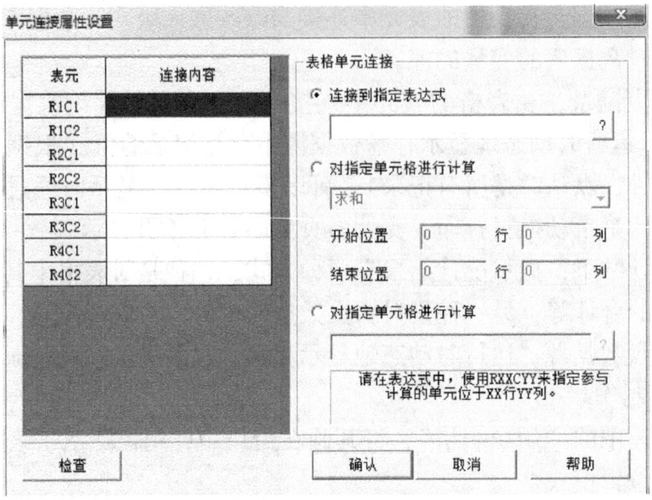

图 11-25　单元连接属性设置

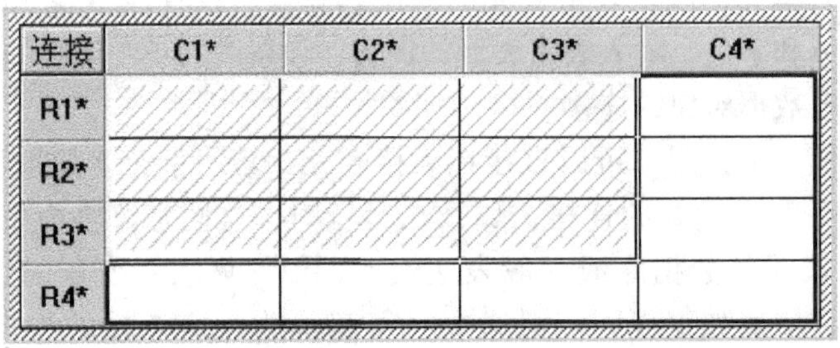

图 11-26　连接历史数据库

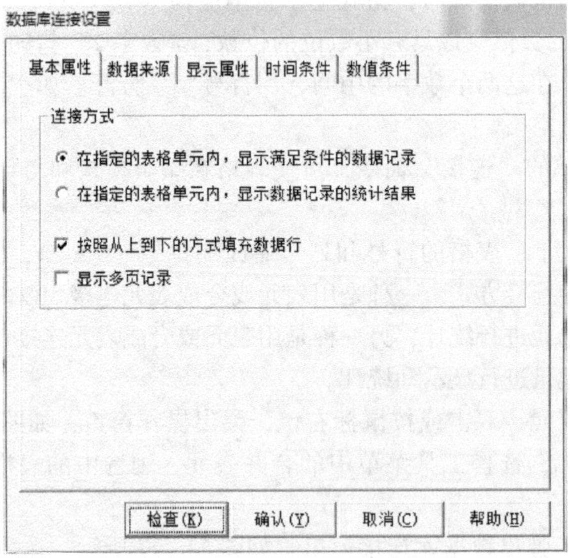

图 11-27　数据库连接设置

第二种是显示统计结果，即在指定的表格单元内，显示数据记录的统计结果，在对应关系属性页中对每个字段分别设置统计方式。

进入数据来源属性页中，因为是用自建文件系统来管理数据存储，所以不能再使用 ACCESS 数据库或者是 ODBC 数据库和数据表（SQL Server、Oracle）等作为数据来源。应选择组对象，如图 11-28 所示。

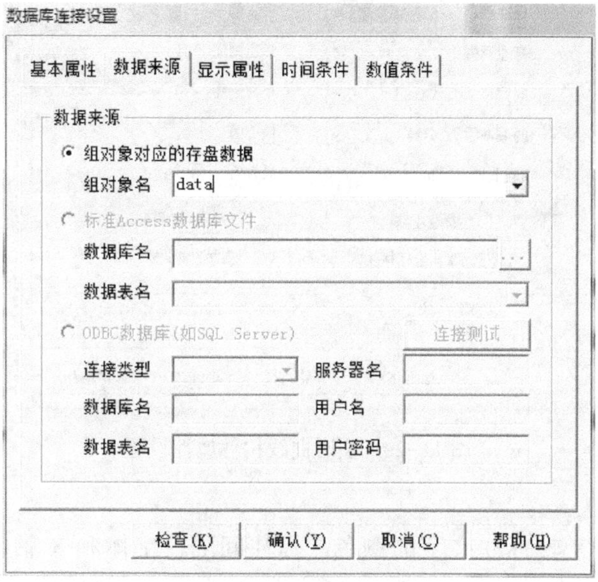

图 11-28 存盘属性设置

11.3.3 实时曲线

实时曲线构件是用曲线显示一个或多个数据对象数值的动画图形，像笔绘记录仪一样实时记录数据对象值的变化情况。实时曲线构件可以用绝对时间为横轴标度，此时，构件显示的是数据对象的值与时间的函数关系。实时曲线构件也可以使用相对时钟为横轴标度，此时，须指定一个表达式来表示相对时钟，构件显示的是数据对象的值相对于此表达式值的函数关系。在相对时钟方式下，可以指定一个数据对象为横轴标度，从而实现记录一个数据对象相对另一个数据对象的变化曲线。

组态时用鼠标双击实时曲线构件，弹出构件的属性设置对话框。本构件包括基本属性、标注属性、画笔属性和可见度属性四个属性页，如图 11-29 所示。

1. 基本属性页

背景网格：设置坐标网格的数目、颜色、线型。

背景颜色：设置曲线的背景颜色。

边线颜色：设置曲线窗口的边线颜色。

边线线型：设置曲线窗口的边线线型。

曲线类型："绝对时钟实时趋势曲线"用绝对时钟作为横坐标的标度，显示数据对象值随时间的变化曲线；"相对时钟实时趋势曲线"用指定的表达式作为横坐标的标度，显示一个数据对象相对于另一个数据对象的变化曲线。

不显示背景网格：选中此复选框，在构件的曲线窗口中不显示坐标网格。

透明曲线：选中此复选框，将曲线设置为透明曲线。

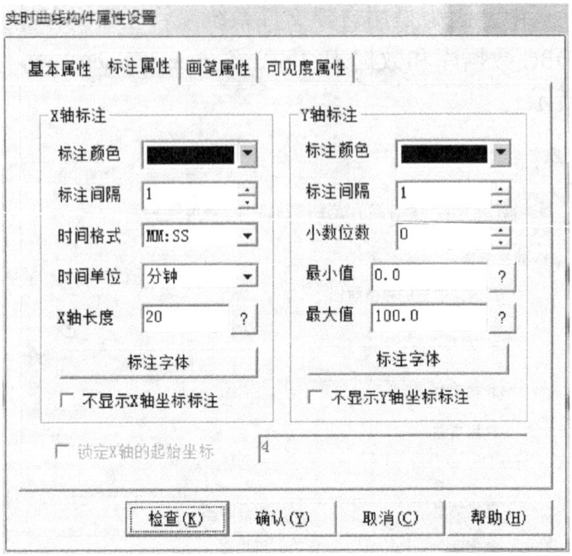

图 11-29　实时曲线构件属性设置

MCGS 组态软件
实时曲线

2. 标注属性页

X 轴标注：设置 X 轴标注文字的颜色、标注间隔、字体和 X 轴的长度。当曲线的类型为“绝对时钟实时趋势曲线”时，需要指定时间格式、时间单位。X 轴的长度是以指定的时间单位为单位的；当曲线的类型为“相对时钟实时趋势曲线”时，指定 X 轴标注的小数位数和 X 轴的最小值。选中“不显示 X 轴坐标标注”复选框，将不显示 X 轴的标注文字。

Y 轴标注：设置 Y 轴的标注颜色、标注间隔、小数位数和 Y 轴坐标的最大、最小值以及标注字体；选中“不显示 Y 轴坐标标注”复选框，将不显示 Y 轴的标注文字。

锁定 X 轴的起始坐标：只有当选取绝对时钟趋势曲线，并且将时间单位选取为小时，此项才可以被选中，当选中后，X 轴的起始时间将定在所填写的时间位置。

3. 画笔属性页

画笔对应的表达式和属性：一条曲线相当于一支画笔，一个实时曲线构件最多可同时显示 6 条曲线。除需要设置每条曲线的颜色和线型以外，还需要设置曲线对应的表达式，该表达式的实时值将作为曲线的 Y 坐标值。可以按表达式的规则建立一个复杂的表达式，也可以只简单地指定一个数据对象作为表达式。

4. 可见度属性页

实时曲线构件的可见度属性设置方法与意义和输入框构件相同。

11.3.4　历史曲线

历史曲线构件实现了历史数据的曲线浏览功能。运行时，历史曲线构件能够根据需要画出相应历史数据的趋势效果图，对于历史数据的变化有一个很好的体现和描述。曲线的起始点可以选择合适的存盘数据，可以是存盘数据的开头、当前的存盘数据，或是某一时间的存盘数据。当选择存盘数据开头时，曲线的起始点就为该组对象存盘数据的起始时间；当选择其他选项时，曲线的起始点为所定义的时间。坐标长度写“5”，则运行期间，时间显示间隔为 1 min；坐标长度写“10”，运行期间，时间显示间隔则为 2 min，如图 11-30 所示。

曲线标识属性页中可以设置曲线的内容、线形、颜色以及最大最小坐标和实时刷新，同时也可以设置标注的颜色、字体、间隔，不显示 Y 轴标注项，可以设置 Y 轴标注的可见度，如图 11-31 所示。

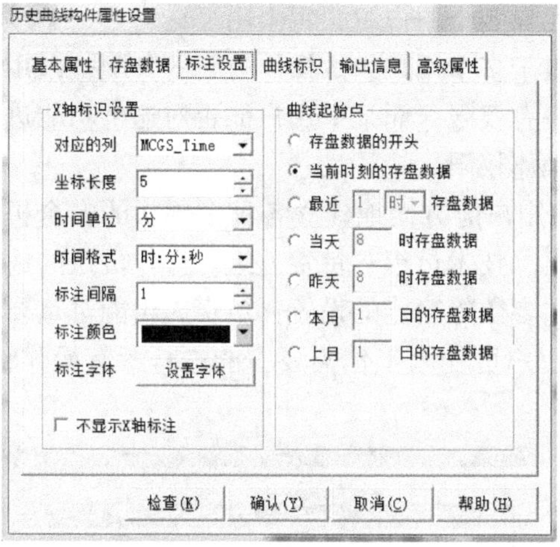

图 11-30 标注设置对

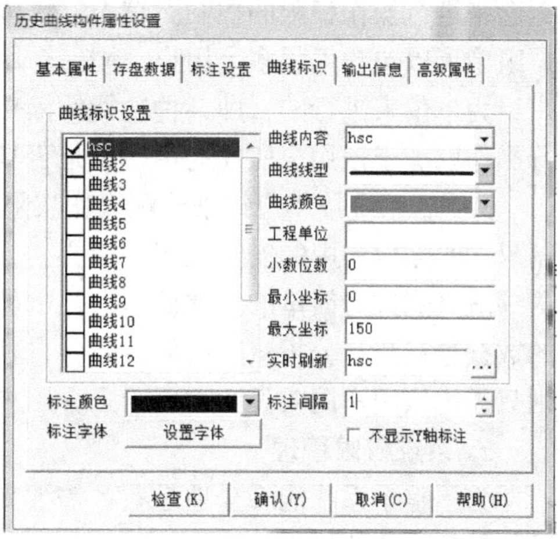

图 11-31 曲线标识设置

运行时处理，以下均为复选框：运行时显示曲线翻页操作按钮；运行时显示曲线放大操作按钮；曲线信息窗口；自动刷新周期，自动减少曲线密度，设置端点间隔，信息显示窗口跟随光标移动。

在实时数据库新建一个名称为“液位组”，数据类型为“组对象”，存盘属性设置为“定期存盘”，时间为 5 s；在组对象成员添加“LT”，如图 11-32 所示。

在高级属性设置中，可以设置的选项有：运行时显示曲线翻页操作按钮；运行时显示曲线放大操作按钮；曲线信息窗口；自动刷新周期，自动减少曲线密度，设置端点间隔，信息显示窗口跟随光标移动。如图 11-33 所示。

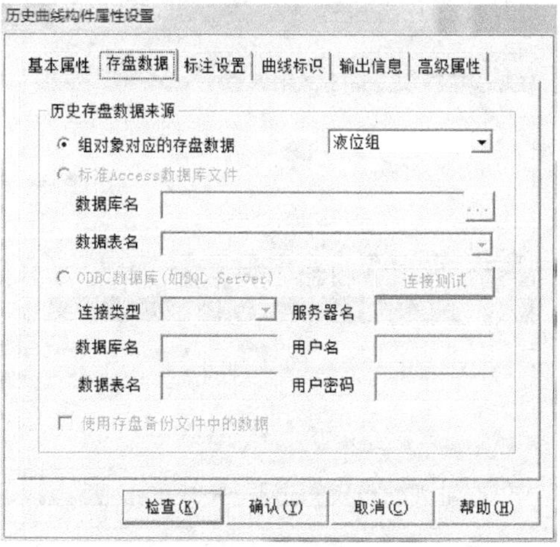

图 11-32 存盘数据设置

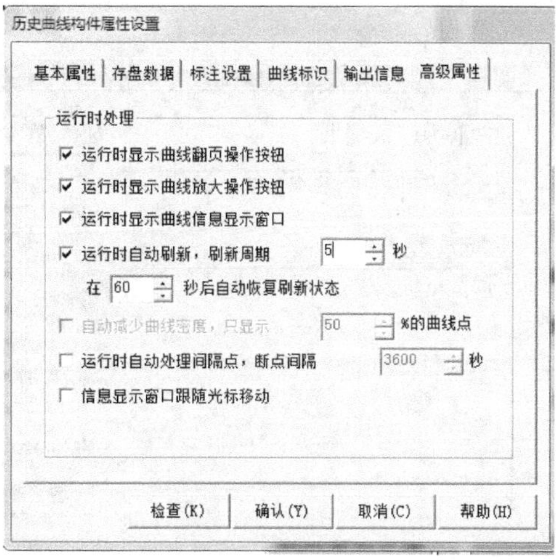

图 11-33 高级属性设置

11.3.5 安全机制

MCGS 组态软件
安全机制

1. 操作权限

MCGS 系统的操作权限机制和 Windows NT 类似，采用用户组和用户的概念来进行操作权限的控制。在 MCGS 中可以定义无限多个用户组，每个用户组中可以包含无限多个用户，同一个用户可以隶属于多个用户组。操作权限的分配是以用户组为单位来进行的，即某种功能的操作哪些用户组有权限，而某个用户能否对这个功能进行操作取决于该用户所在的用户组是否具备对应的操作权限。

MCGS 系统按用户组来分配操作权限的机制，使用户能方便地建立各种多层次的安全机制。如实际应用中的安全机制一般要划分为操作员组、技术员组、负责人组。操作员组的成员一般只能进行简单的日常操作；技术员组负责工艺参数等功能的设置；负责人组能对重要的数据进行统计分析；各组的权限各自独立，但某用户可能因工作需要，能进行所有操作，则只需把该用户同时设为隶属于三个用户组即可。

2. 系统权限管理

为了整个系统能安全地运行，需要对系统权限进行管理，具体操作如下。

用户权限管理：在菜单“工具”中单击“用户权限管理”，弹出“用户管理器”界面，如图 11-34 所示。单击“用户组名”下面的空白处，再单击“新增用户组”，会弹出“用户组属性设置”界面，如图 11-35 所示；单击“用户名”下面的空白处，如图 11-36 所示，再单击“新增用户”，会弹出“用户属性设置”界面，如图 11-37 所示，按图中所示设置属性后按“确认”按钮，单击“退出”按钮，如图 11-38 所示。

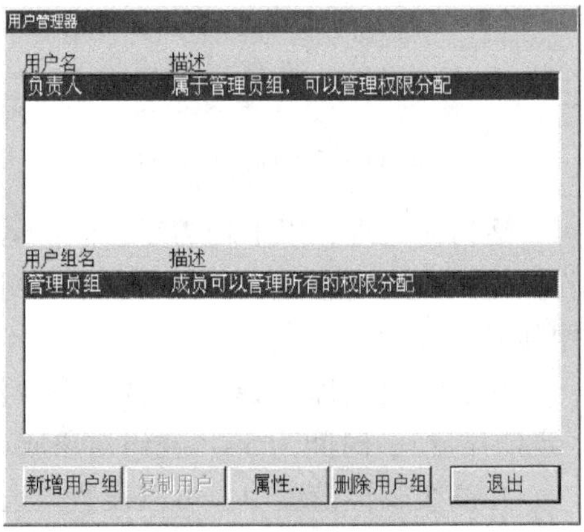

图 11-34　用户管理器

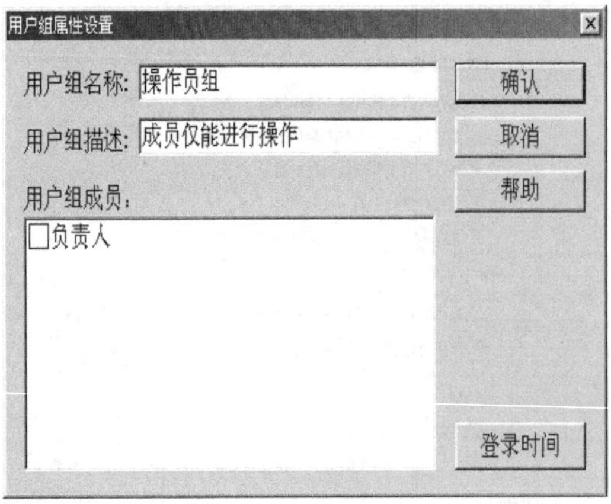

图 11-35　用户组属性设置

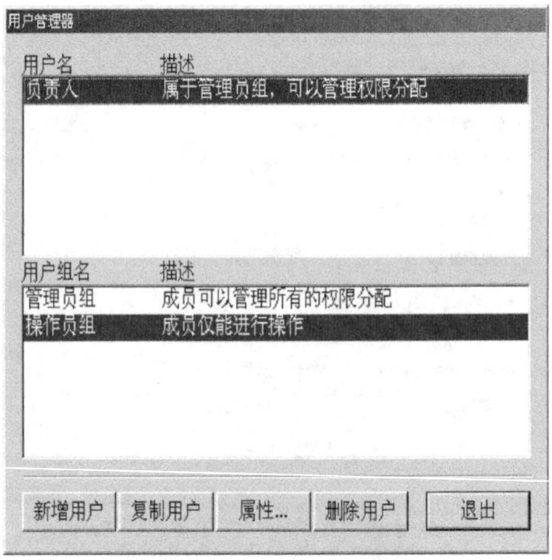

图 11-36　用户管理

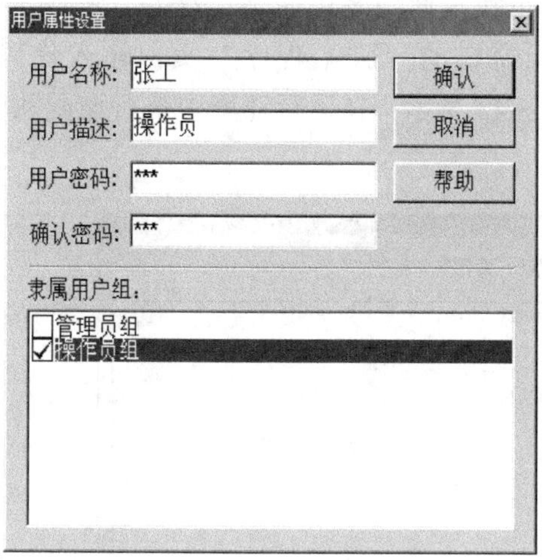

图 11-37 用户属性设置

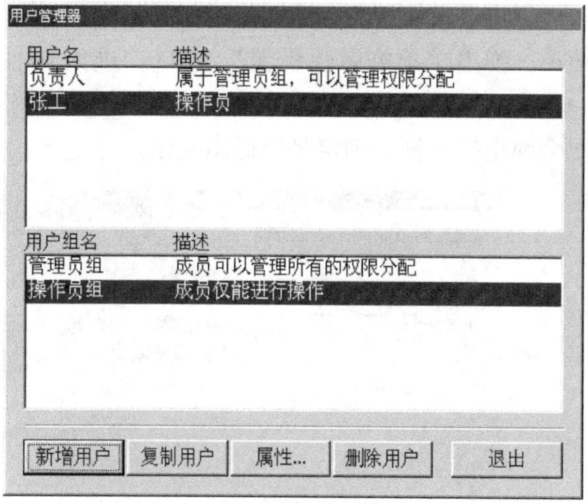

图 11-38 添加用户完成

在运行环境中为了确保工程安全可靠地运行，MCGS 建立了一套完善的运行安全机制。我们可以通过下面的讲解来完成，具体操作如下。

在 MCGS 组态平台上的“主控窗口”中，按“菜单组态”按钮，打开菜单组态窗口。

在“系统管理”下拉菜单下，单击工具条中的“新增菜单项”图标，会产生“操作0”菜单。连接单击“新增菜单项”图标，增加三个菜单，分别为“操作 1”“操作 2”“操作 3”。

登录用户：登录用户菜单项是新用户为获得操作权，向系统进行登录用的。双击“操作 0”菜单，弹出“菜单属性设置”窗口。在“菜单属性”中把“菜单名”改为“登录用户”。进入“脚本程序”属性页，在程序框内输入代码“!LogOn()”。这里利用的是 MCGS 提供的内部函数或在“脚本程序”中单击“打开脚本程序编辑器”，进入脚本程序编辑环境，从右侧单击“系统函数”，再单击“用户登录操作”，双击“!LogOn()”即可。如图 11-39 和图 11-40 所示，这样在运行中执行此项菜单命令时，调用该函数，便会弹出 MCGS 登录窗口。

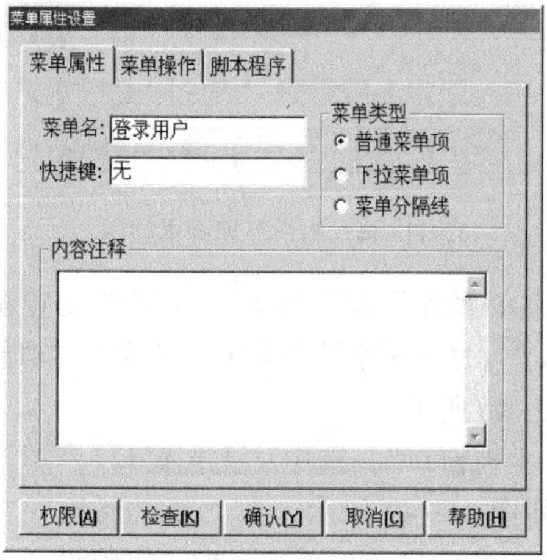

图 11-39 登录用户菜单

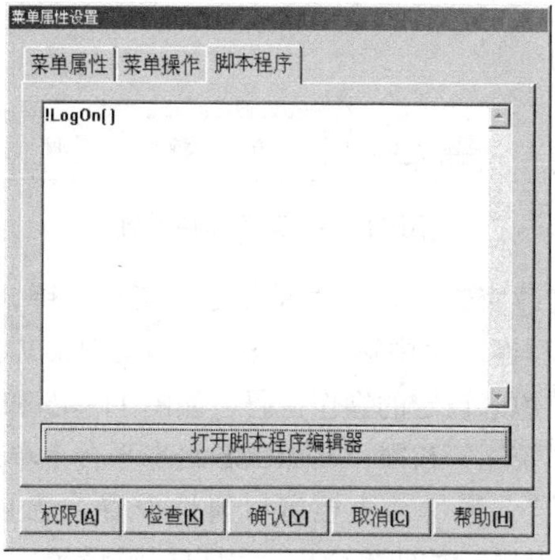

图 11-40 登录脚本程序

退出登录：用户完成操作后，如想交出操作权，可执行此项菜单命令。双击“操作 1”菜单，弹出“菜单属性设置”窗口。进入属性设置窗口的“脚本程序”页，输入代码“!LogOff()”（MCGS 系统函数），如图 11-41 和图 11-42 所示，在运行环境中执行该函数，便会弹出提示框，确定是否退出登录。

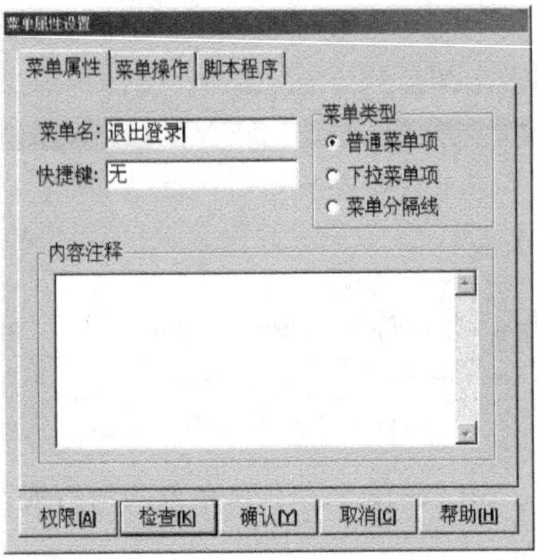

图 11-41　退出登录菜单

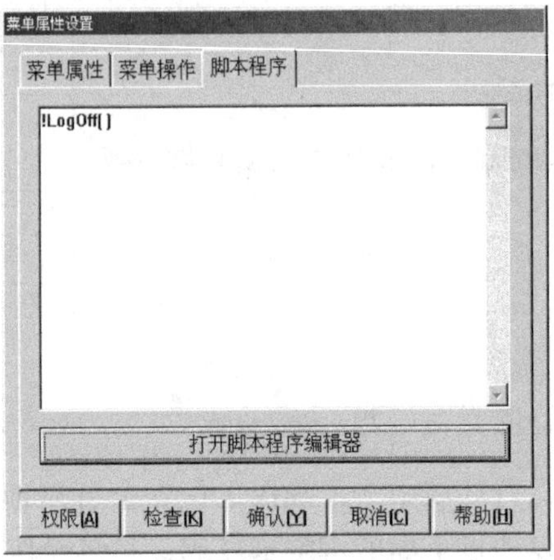

图 11-42　用户退出脚本程序

用户管理：双击“操作 2”菜单，弹出“菜单属性设置”窗口。在属性设置窗口的“脚本程序”页中，输入代码“!Editusers()”（MCGS 系统函数）。该函数的功能是允许用户在运行时增加、删除用户，修改密码，如图 11-43 和图 11-44 所示。

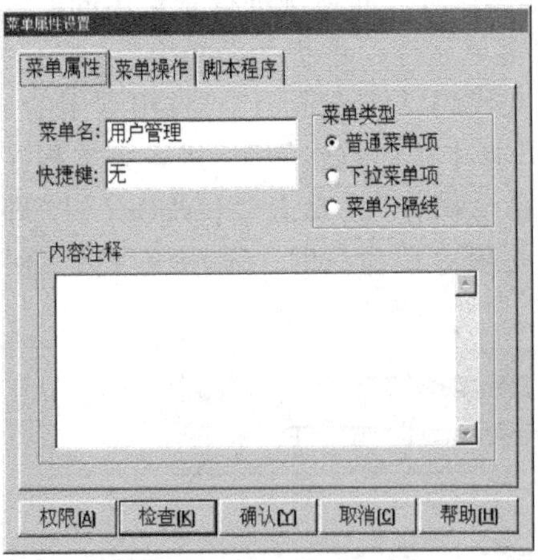

图 11-43　菜单属性设置

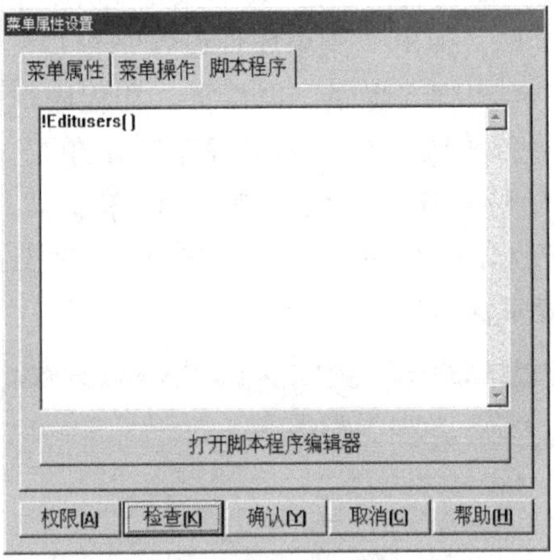

图 11-44　用户管理脚本程序

修改密码：双击“操作 3”菜单，弹出“菜单属性设置”窗口。在属性设置窗口的“脚本程序”页中输入代码“!ChangePassWord()”（MCGS 系统函数）。该函数的功能是修改用户原来设定的操作密码，如图 11-45 和图 11-46 所示。

系统运行权限：在 MCGS 组态平台上单击“主控窗口”，选中“主控窗口”，单击“系统属性”，弹出“主控窗口属性设置”窗口，如图 11-47 所示。在“基本属性”中单击“权限设置”按钮，弹出“用户权限设置”窗口，如图 11-48 所示。在“权限设置”按钮下面选择“进入登录，退出登录”。

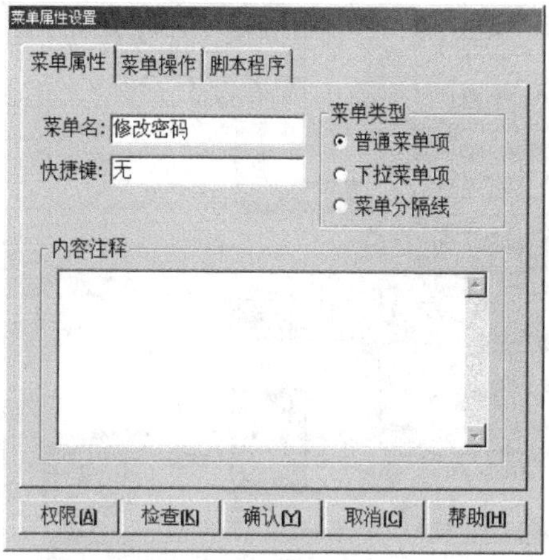

图 11-45　修改密码属性设置

图 11-46　修改密码脚本程序

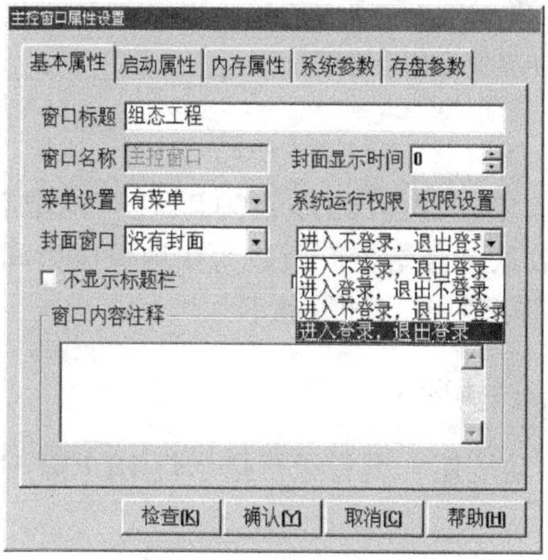

图 11-47　主控窗口属性设置

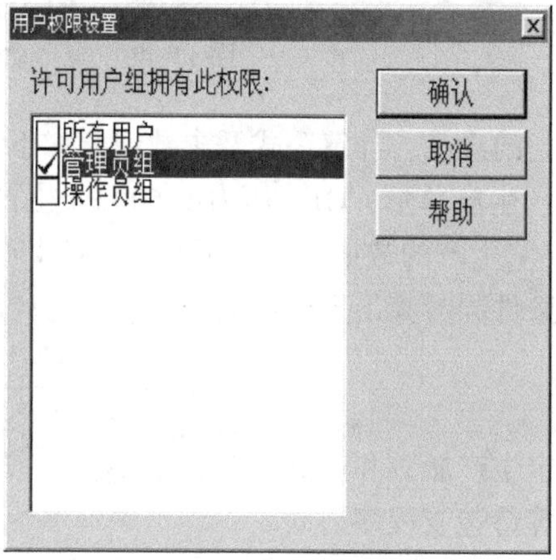

图 11-48　用户权限设置

11.4　项目训练——全自动包衣机设计与调试

全自动包衣机控制系统如图 11-49 所示。系统包括设备的进风、喷雾、搅拌、蠕动泵和排风系统，对进风的温度、喷雾的大小、容器压力、进风的风量和排风的风量进行科学的控制，最终实现制药厂包衣机的自动控制。

全自动包衣机控制系统由以下电气控制回路组成：搅拌电动机 M1 控制回路（M1 为三相异步电动机，只进行单向正转运行，需要考虑过载，热继电器电流整定为 0.3 A）。排风机 M2 控制回路（M2 为双速电动机，能进行高低速运行）。传送带电动机 M3 控制回路（M3 为三相异步电动机，只进行单向正转运行）。鼓风机 M4 控制回路（M4 为三相异步电动机，只进行单向正转运行）。喷雾电动机 M5 控制回路（M5 为三相异步电动机，只进行单向正转运行）。蠕动泵 M6 控制回路（M6 为三相异步电动机，只进行单向正转运行）。

压力传感器 4~20 mA 对应 0~2500 Pa；温度传感器 4~20 V 对应 0~100℃。

在理想压力 1600~1800 Pa 和理想温度在 35~45℃ 时生产的包衣药片默认为是合格品，在不满足这两个条件时生产的药片认为是次品，同时不满足这两个条件时生产的药片认为是

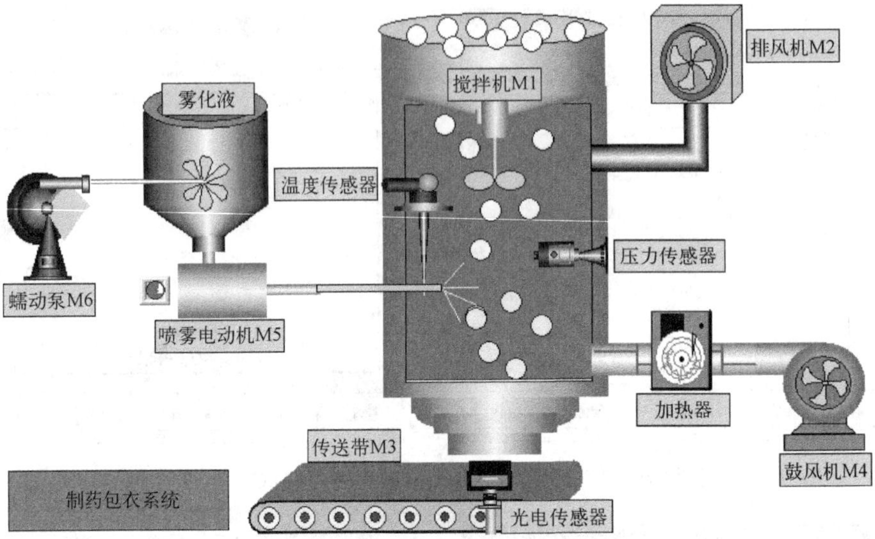

图 11-49　全自动包衣机系统结构示意图

压力引起的次品，计算公式及参数说明如下。

C0：生产总量，C1：压力<1600 Pa 生产的数量，C2：压力>1800 Pa 生产的数量，C3：温度<35℃生产的数量，C4：温度>45℃生产的数量，合格生产瓶数为在理想压力和理想温度两个条件同时满足下生产的瓶数。Q 为产品实际合格率，计算如下。

$$Q=\frac{\text{合格生产瓶数}}{\text{总生产瓶数}}\times 100\%$$

设定生产瓶数和产品期望合格率后，按下启动按钮，设备运行指示灯 HL1 以 1Hz 频率闪烁，等待包衣程序启动。

当温度传感器达到 30℃时，鼓风机 M4 开始旋转，同时传送带 M3 开始运行，且排风机 M2 也开始运行（当温度>30℃，M2 以低速运行，当>60℃时，M2 切换为高速运行）。当检测到药片开始进入后（SQ1 按一次，代表有药片持续进入），HL1 常亮，搅拌电动机 M1 开始以 2 s 运行 2 s 停止间歇性搅拌，蠕动电动机 M6 开始运行，喷雾电动机 M5 开始运行。此时，包衣控制系统开始正常生产。每当完成一瓶药片包衣后，光电传感器（用 SQ2 代替）将收到一次信号（通过此时的压力和温度判断药品是否合格），药瓶自动落到传送带上，生产瓶数加一。

为了企业生产的效率分析及质量把控，将上述生产数据在触摸屏上以实时报表、历史报表（每 30 s 存盘 1 次数据）的形式显示，方便后续分析管理。

在运行中按下停止按钮后或生产完设定数量后，为了保证密闭空间内残留包衣药物的品质，须按规定操作顺序每间隔 2 s 停止一台设备，停止顺序为：蠕动泵 M6-喷雾电动机 M5-搅拌机 M1-鼓风机 M4-排风机 M2-传送带 M3。最后 HL1 熄灭。

在运行中按下急停按钮 SB3 后，各动作立即停止。

11.4.1　I/O 地址分配

根据任务分析，对控制系统的 I/O 地址进行合理分配，如表 11-1 所示。

表 11-1 I/O 地址分配表

输入信号			输出信号		
序号	信号名称	地址	序号	信号名称	地址
1	启动按钮 SB1	I0.0	1	系统状态指示灯 HL1	Q0.0
2	停止按钮 SB2	I0.1	2	搅拌电动机	Q0.1
3	急停按钮 SB3（常闭）	I0.2	3	排风电动机低速	Q0.2
4	SQ1	I0.3	4	排风电动机高速	Q0.3
5	SQ2	I0.4	5	传送带电动机	Q0.4
6	压力传感器	PIW800	6	鼓风机	Q0.5
7	温度传感器	PIW802	7	喷雾电动机	Q0.6
—	—	—	8	蠕动泵	Q0.7

11.4.2 硬件设计

根据任务分析，I/O 接线图如图 11-50 所示。

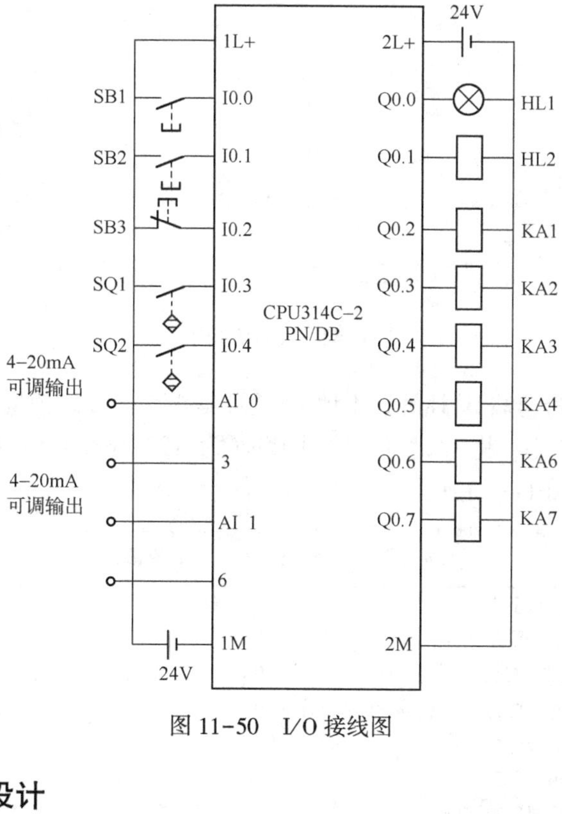

图 11-50 I/O 接线图

11.4.3 人机界面设计

单击桌面 MCGS 组态环境快捷方式图标，进入组态界面。新建一个 HMI 项目，触摸屏型号选择为 TPC7062Ti。在用户窗口添加两个窗口，设置窗口“auto”为启动窗口，如图 11-51 所示。

打开设备窗口→在“设备组态：设备窗口”处右击任意位置→选择设备工具箱，双击西门子 CP443-1 以太网模块驱动，进入“设备编辑窗口”，如图 11-52 所示。

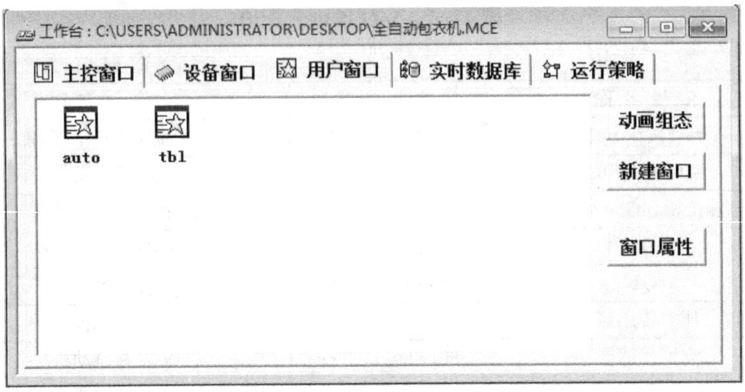

图 11-51　新建用户窗口

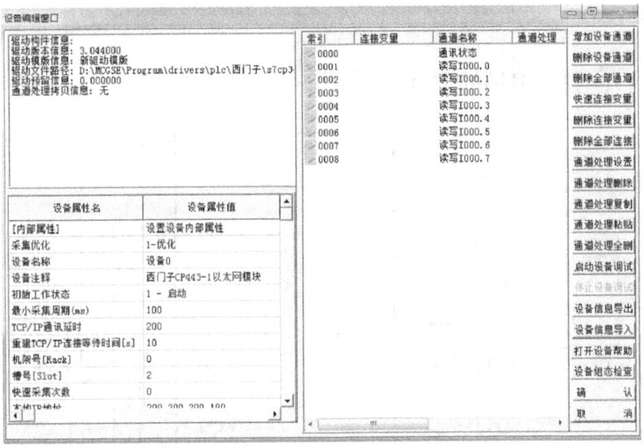

图 11-52　设备编辑窗口

修改本地 IP 地址和远端 IP 地址。本地 IP 地址是指 MCGS 触摸屏的地址，远端 IP 地址是指 S7 - 300 PLC 地址。将本地 IP 地址修改为 192.168.0.5，远端 IP 地址修改为 192.168.0.2，结果如图 11-53 所示。

设备属性名	设备属性值
初始工作状态	1 - 启动
最小采集周期(ms)	100
TCP/IP通信延时	200
重建TCP/IP连接等待时间[s]	10
机架号[Rack]	0
槽号[Slot]	2
快速采集次数	0
本地IP地址	192.168.0.5
本地端口号	3000
远端IP地址	192.168.0.2
远端端口号	102

图 11-53　修改 IP 地址

关联 MCGS 触摸屏与 S7-300 PLC 的地址。单击“删除全部通信”，然后单击“增加设备通道”，具体变量如表 11-2 所示。

表 11-2　PLC 与 HMI 地址关联

序号	PLC 地址	HMI 实时数据库变量	序号	PLC 地址	HMI 实时数据库变量
1	M1.0	Start	11	MD8	实际合格率
2	M1.1	Stop	12	MD12	压力
3	M1.2	M1run	13	MD16	温度
4	M1.3	M2run	14	MW20	C0
5	M1.4	M3run	15	MW22	C1
6	M1.5	M4run	16	MW24	C2
7	M1.6	M5run	17	MW26	C3
8	M1.7	M6run	18	MW28	C4
9	MW2	Set	19	MW30	成品
10	MD4	期望合格率	—	—	—

在用户窗口新建窗口，设置为启动窗口。在该窗口的画面中添加标准按钮、标签、指示灯等控件，组态监控画面并完成与实时数据库关联。监控画面如图 11-54 和图 11-55 所示。

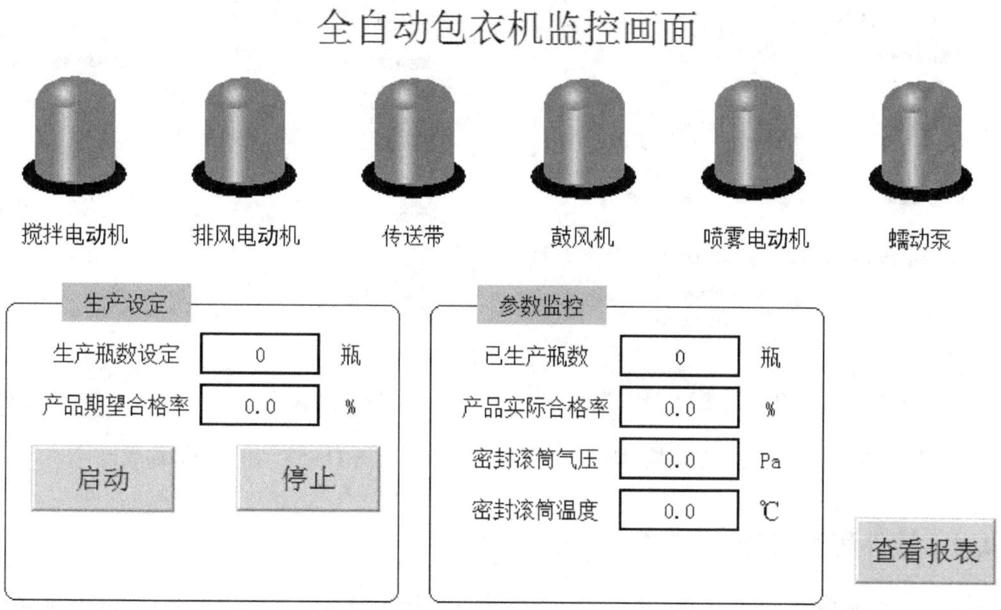

图 11-54　控制系统监控画面

在实时数据库添加一个组对象，名称修改为“分析报表组”。单击该组对象，弹出数据对象属性设置对话框，将存盘属性中的“定时存盘周期”修改为 30 s，如图 11-56 所示。然后在组对象成员中，将“实际合格率”“C0”“C1”“C2”“C3”和“C4”添加到组对象成员列表中，如图 11-57 所示。

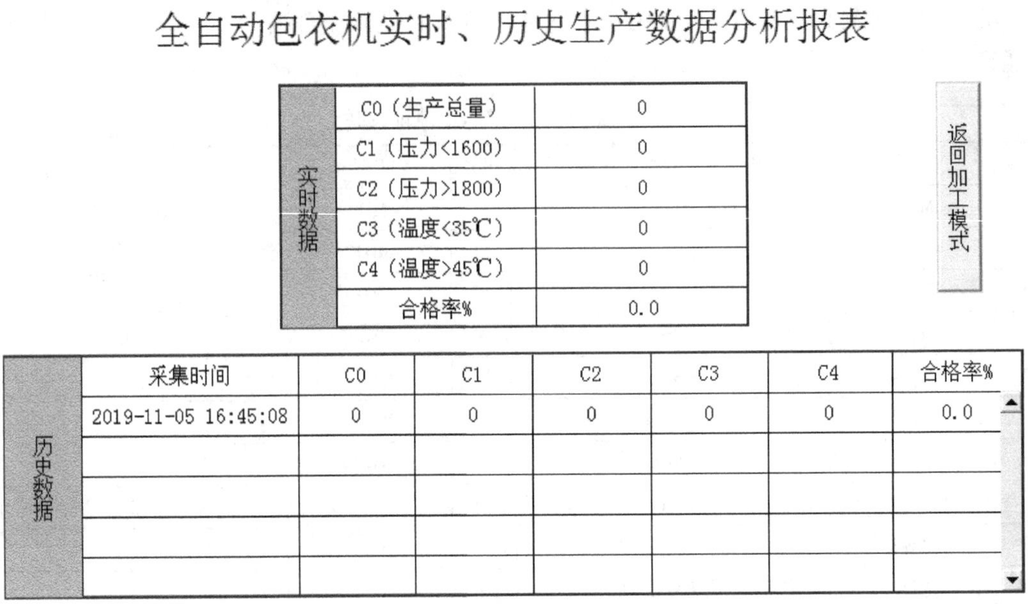
全自动包衣机实时、历史生产数据分析报表
实时数据
C0（生产总量） 0
C1（压力<1600） 0
C2（压力>1800） 0
C3（温度<35℃） 0
C4（温度>45℃） 0
合格率% 0.0
返回加工模式
历史数据
采集时间 C0 C1 C2 C3 C4 合格率%
2019-11-05 16:45:08 0 0 0 0 0 0.0

图 11-55　实时历史生产数据分析报表画面

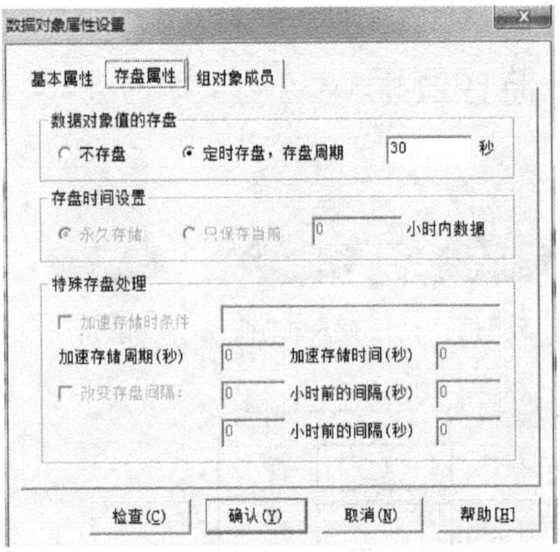

图 11-56　修改定时存盘周期时间

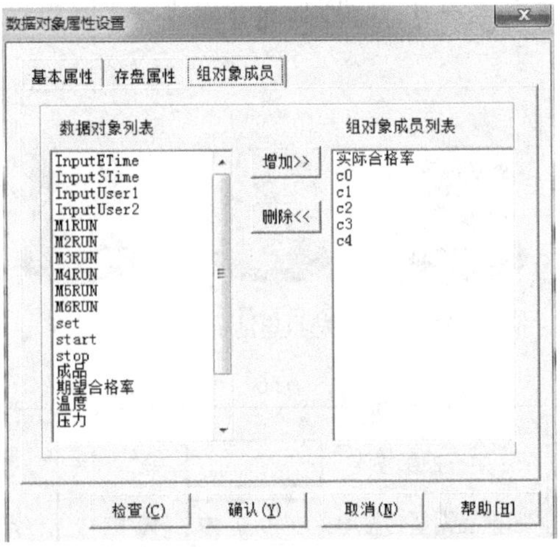

图 11-57　组对象添加成员

11.4.4　软件程序设计

在 S7 程序的块窗口，添加 OB100、FC1、FC2、FC3 和 FC4；单击 FC4，进入函数 FC4 的程序编写界面，编写复位程序，程序如图 11-58 所示。

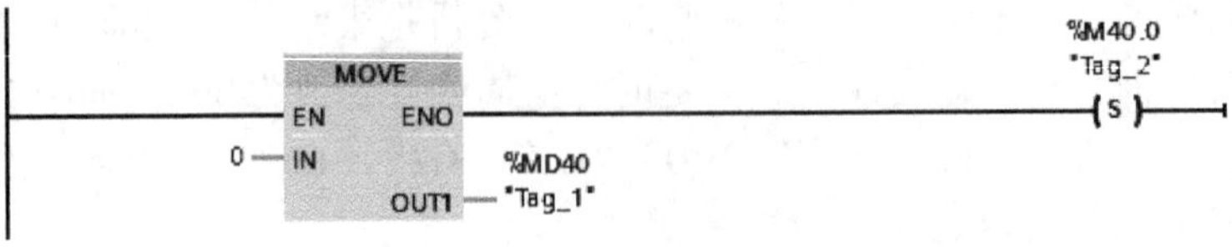

图 11-58　复位程序

进入 OB100，调用函数 FC4。这样在 CPU 上电后，首先执行函数 FC4 的复位程序，程序如图 11-59 所示。

进入 OB1，编写调用各个函数的程序。函数 FC1 的作用是计算压力传感器和温度传感器的工程量，程序如图 11-60 所示。

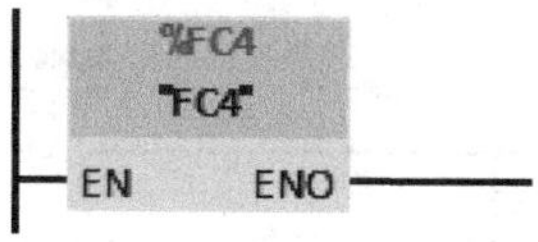

图 11-59 调用函数 FC4 程序

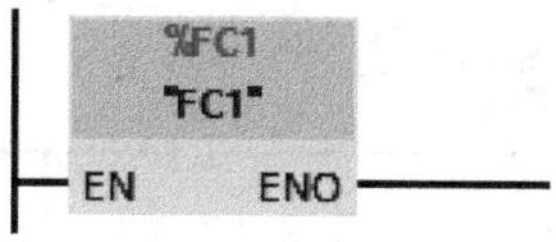

图 11-60 调用函数 FC1 程序

函数 FC2 的作用是自动过程的步，程序如图 11-61 所示。函数 FC3 是电动机的输出程序，程序如图 11-62 所示。

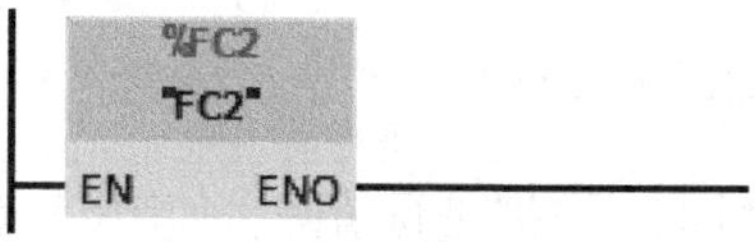

图 11-61 调用功能 FC2 程序

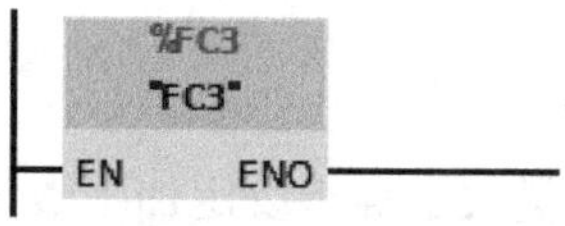

图 11-62 调用功能 FC3 程序

进入函数 FC1，编写计算压力和温度数值程序。调用 SCALE 用来计算压力传感器数值，压力传感器 4~20 mA 对应 0~2500 Pa，温度传感器 4~20 V 对应 0~100℃，如图 11-63 和图 11-64 所示。

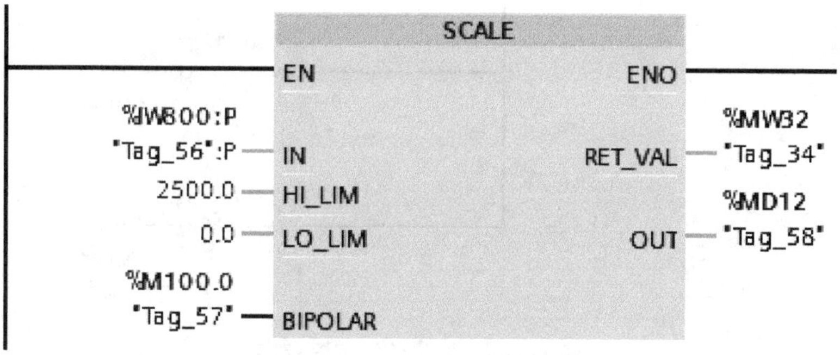

图 11-63 压力传感器数值程序

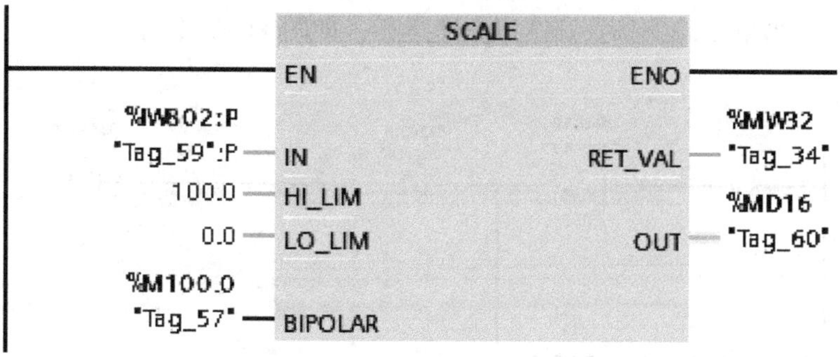

图 11-64 温度传感器数值程序

进入 FC1，编写整个控制流程的步。在执行完复位程序后，位寄存器 M40.0 会被置位，当按下启动按钮 SB1（或触摸屏中的启动按钮），输入寄存器 I0.0 常开触点闭合（位寄存器 M1.0 常开触点闭合），线圈 M40.1 闭合并自锁，位寄存器 M40.0 会被复位。此时，系统处于等待状态，设备运行指示灯 HL1 以 1 Hz 频率闪烁，等待包衣程序启动，如图 11-65 所示。

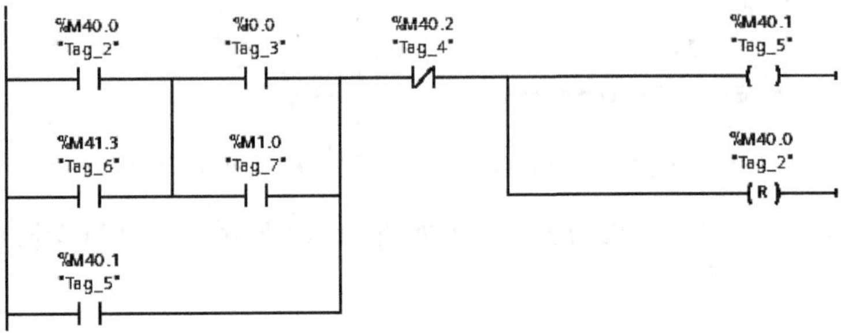

图 11-65　系统开始运行

当成品数量大于等于设定加工数量时，则对加工数据进行清除，如图 11-66 所示。

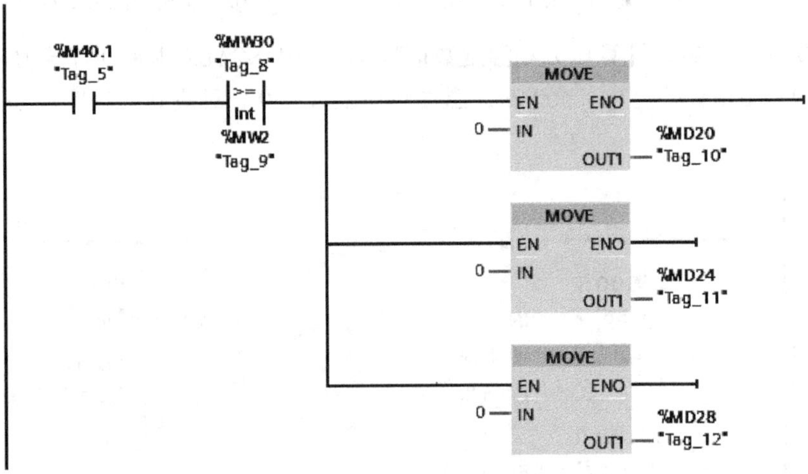

图 11-66　加工数据清除程序

当温度传感器达到 30℃时，鼓风机 M4 开始旋转，同时传送带 M3 开始运行，且排风机 M2 也开始运行；当温度>30℃时，M2 以低速运行；如图 11-67 所示。

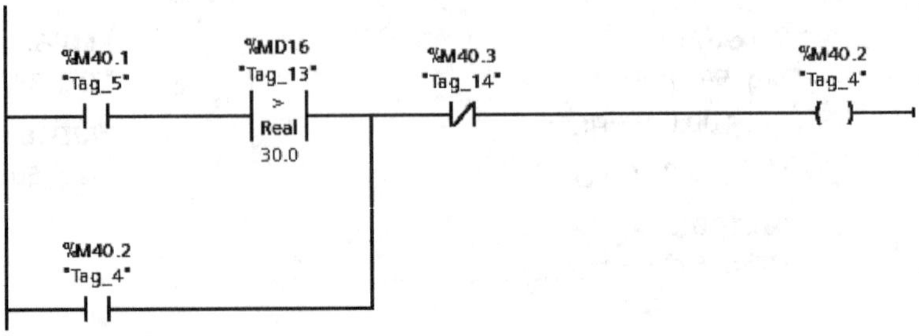

图 11-67　温度传感器达到 30℃

当检测到药片开始进入后（SQ1 按一次，代表有药片持续进入），HL1 常亮，搅拌电动机 M1 开始以 2 s 运行 2 s 停止间歇性搅拌，蠕动电动机 M6 开始运行，喷雾电动机 M5 开始运行。此时，包衣控制系统开始正常生产，程序如图 11-68 所示。

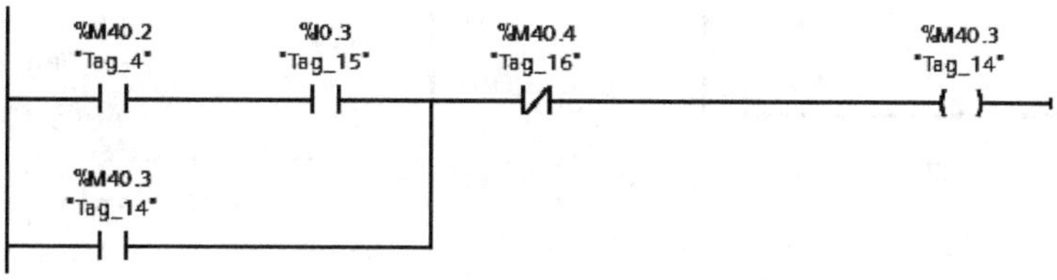

图 11-68　药片开始进入

每当完成一瓶药片包衣后，光电传感器（用 SQ2 代替）将收到一次信号，药瓶自动落到传送带上，生产瓶数加一，程序如图 11-69 所示。

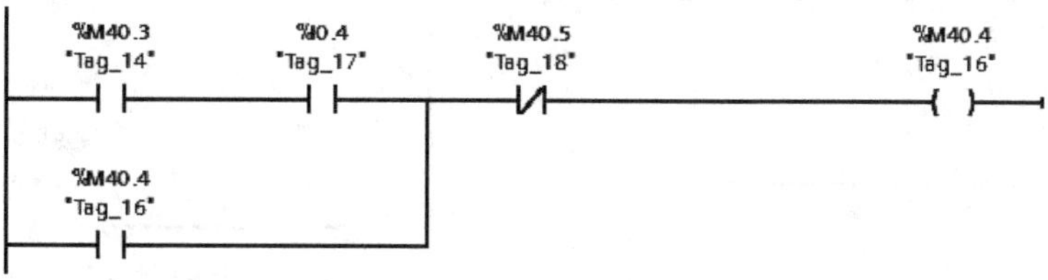

图 11-69　药片落到传送带

在运行中按下停止按钮后或生产完设定数量后，为了保证密闭空间内残留包衣药物的品质，须按规定操作顺序每间隔 2 s 停止一台设备，停止顺序为：蠕动泵 M6-喷雾电动机 M5-搅拌机 M1-鼓风机 M4-排风机 M2-传送带 M3，程序如图 11-70 所示。

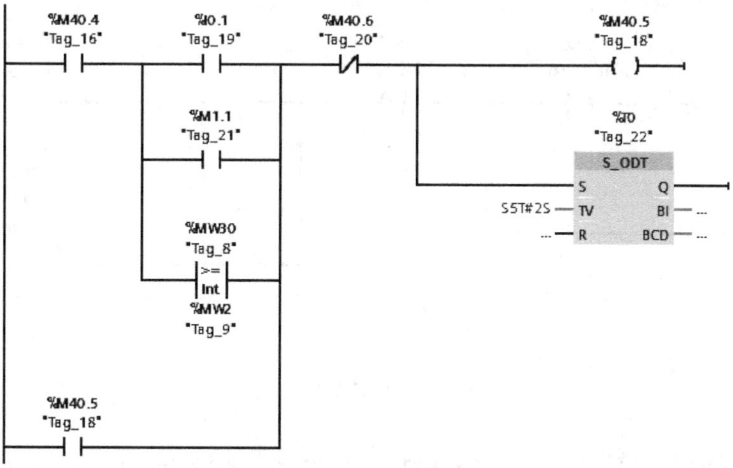

图 11-70　系统准备停止

2 s 后，蠕动泵电动机 M6 停止运行；喷雾电动机 M5、搅拌机 M1、排风机 M2、传送带电动机 M3 和鼓风机 M4 继续运行，程序如图 11-71 所示。

2 s 后，喷雾电动机 M5 停止运行；搅拌机 M1、排风机 M2、传送带电动机 M3 和鼓风机 M4 继续运行，程序如图 11-72 所示。

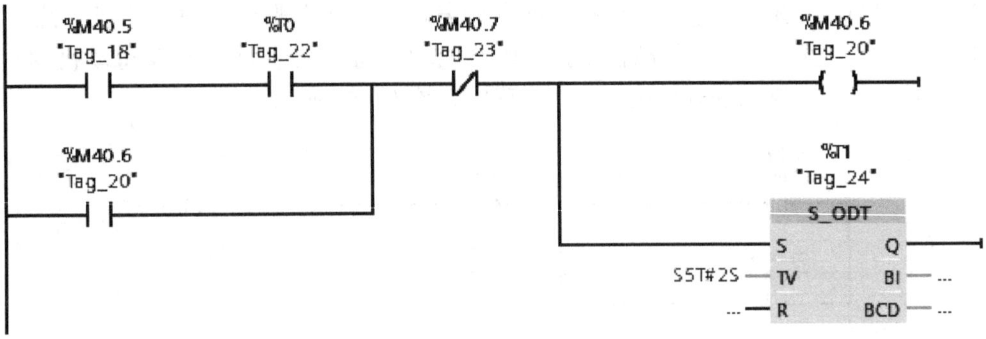

图 11-71　蠕动泵电动机停止运行

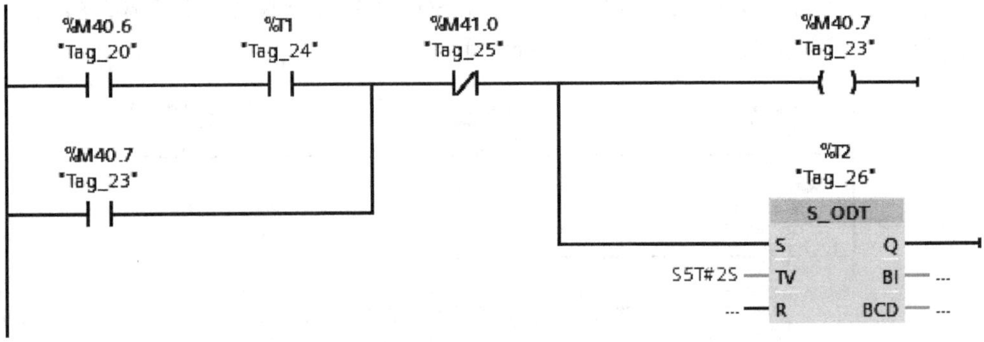

图 11-72　喷雾电动机停止运行

2 s 后，搅拌机 M1 停止运行；排风机 M2、传送带电动机 M3 和鼓风机 M4 继续运行，程序如图 11-73 所示。

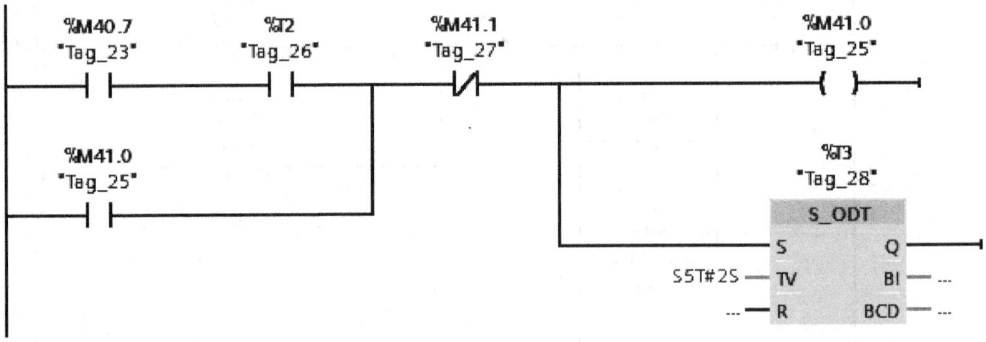

图 11-73　搅拌机停止运行

2 s 后，鼓风机 M4 停止运行；排风机 M2 和传送带电动机 M3 继续运行，程序如图 11-74 所示。

2 s 后，排风机 M2 停止运行；传送带电动机 M3 继续运行，程序如图 11-75 所示。

2 s 后，传送带电动机 M3 停止运行；指示灯 HL1 熄灭，程序如图 11-76 所示。

进入函数 FC3，编写电动机输出程序。在运行中按下急停按钮 SB3 后，执行复位程序，各电动机的动作立即停止，程序如图 11-77 所示。

所有的线圈输出程序，如图 11-78～图 11-89 所示。

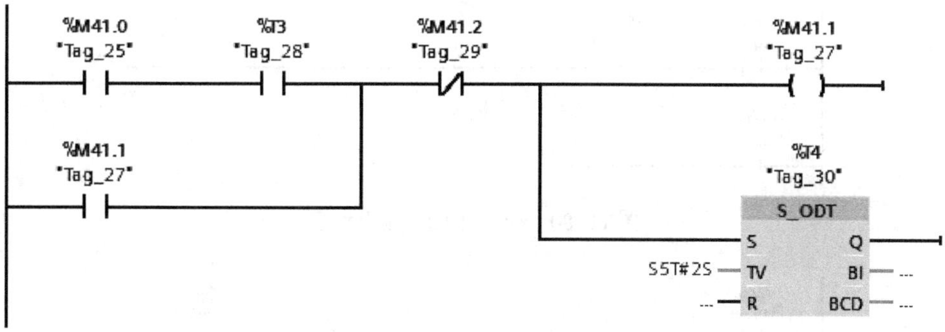

图 11-74 鼓风机停止运行

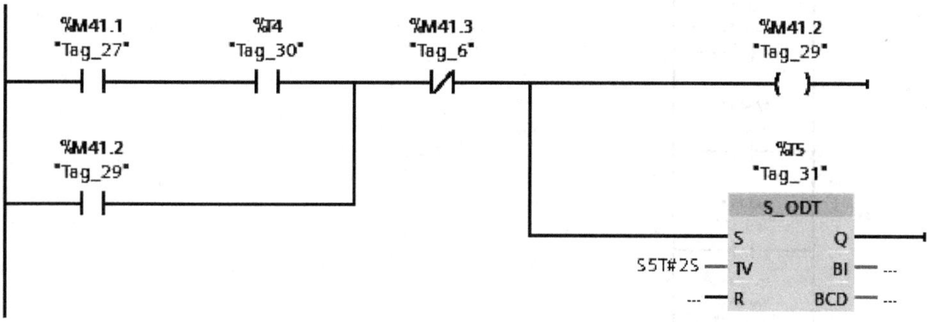

图 11-75 排风机停止运行

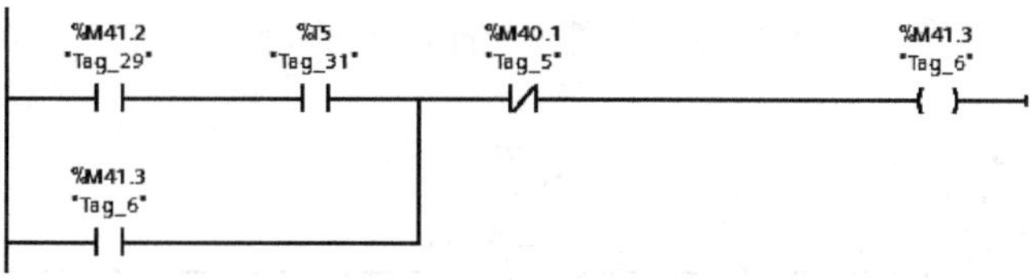

图 11-76 传送带电动机停止运行

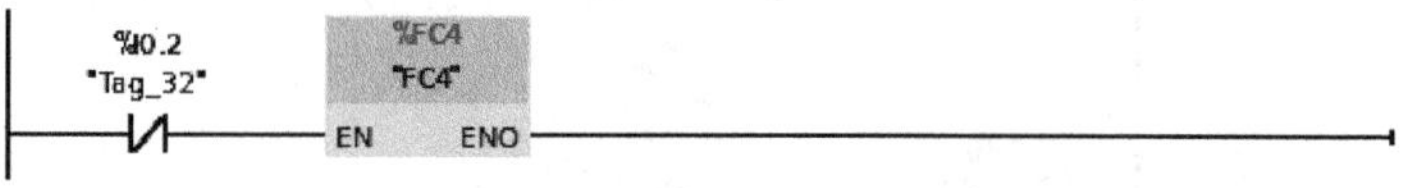

图 11-77 电动机动作立即停止程序

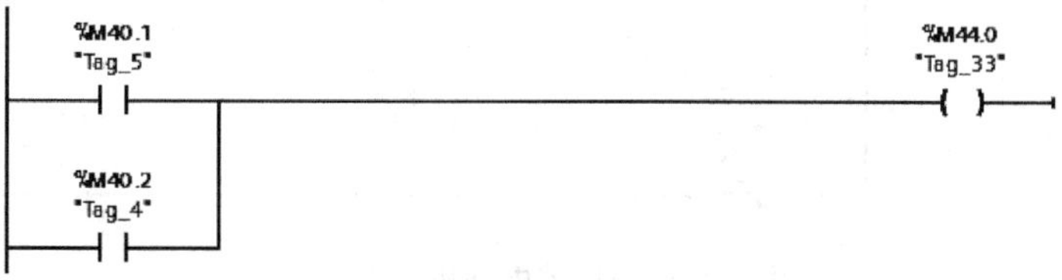

图 11-78 指示灯 HL1 闪烁程序

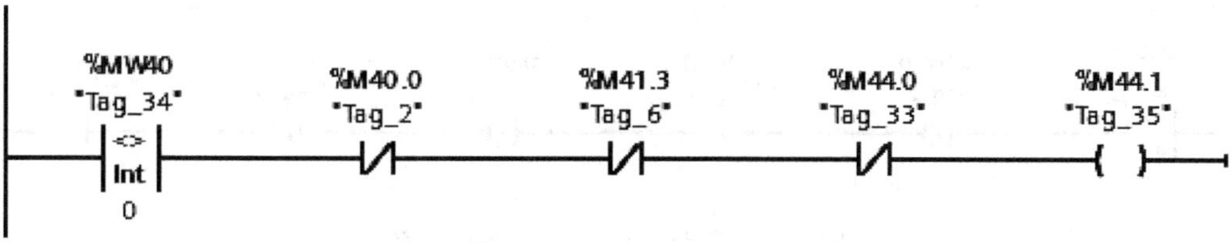

图 11-79 指示灯 HL1 常亮程序

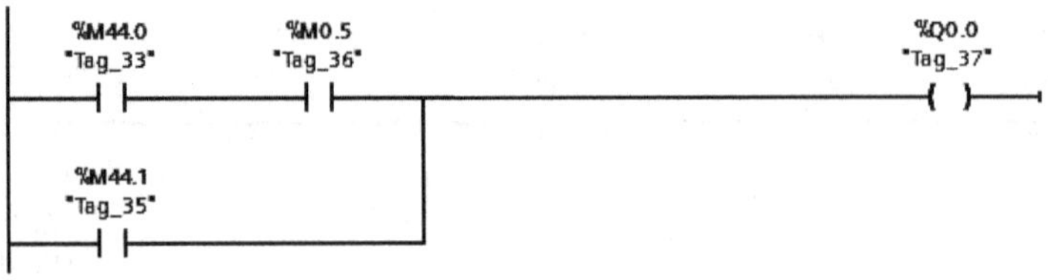

图 11-80　指示灯 HL1 输出程序

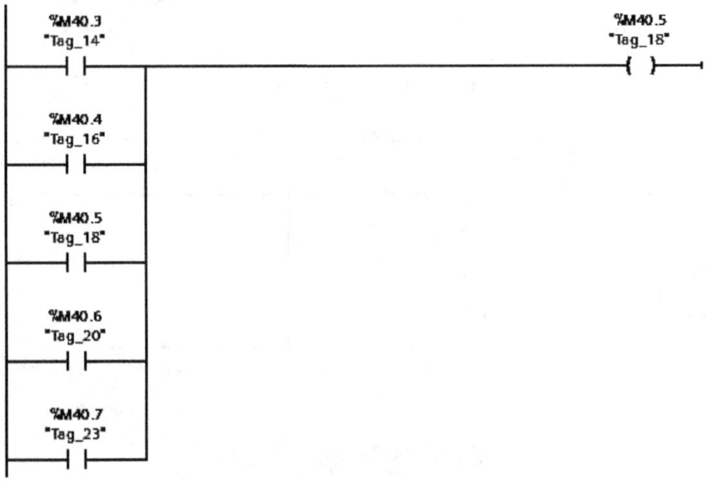

图 11-81　搅拌电动机运行条件程序

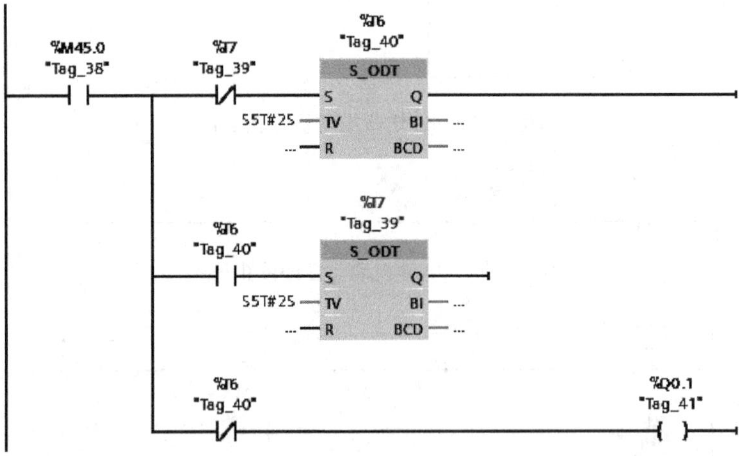

图 11-82　搅拌电动机输出程序

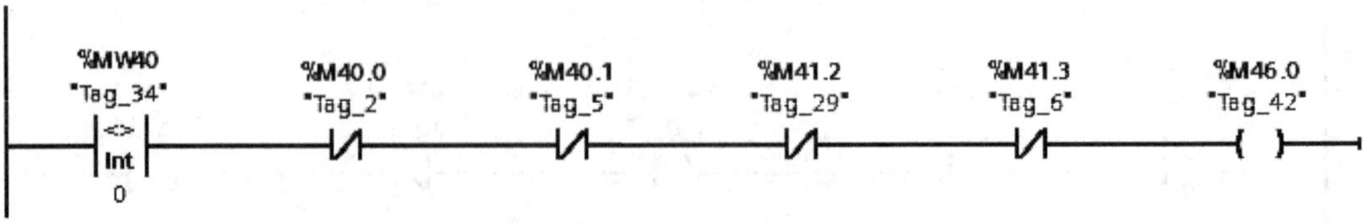

图 11-83　排风电动机运行条件程序

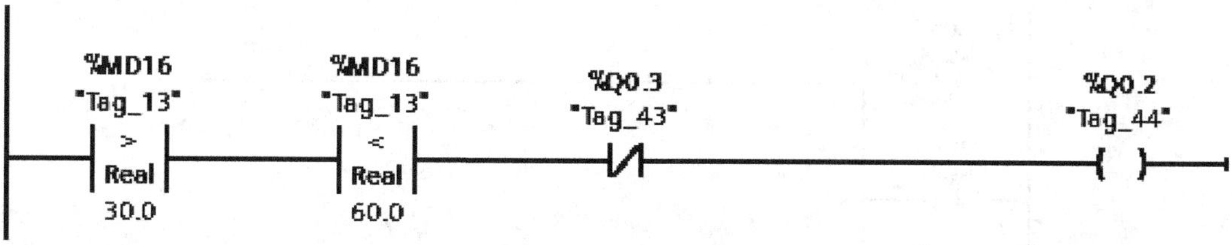

图 11-84 排风电动机低速运行程序

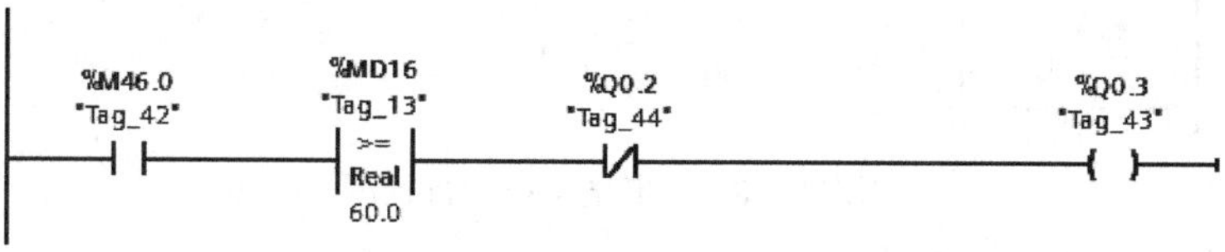

图 11-85 排风电动机高速运行程序

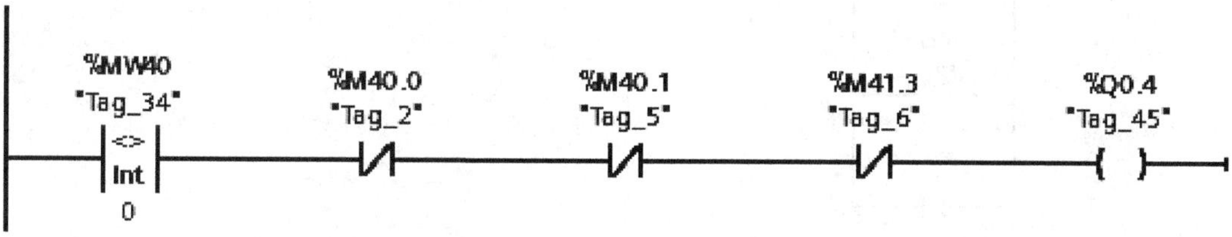

图 11-86 传送带电动机运行程序

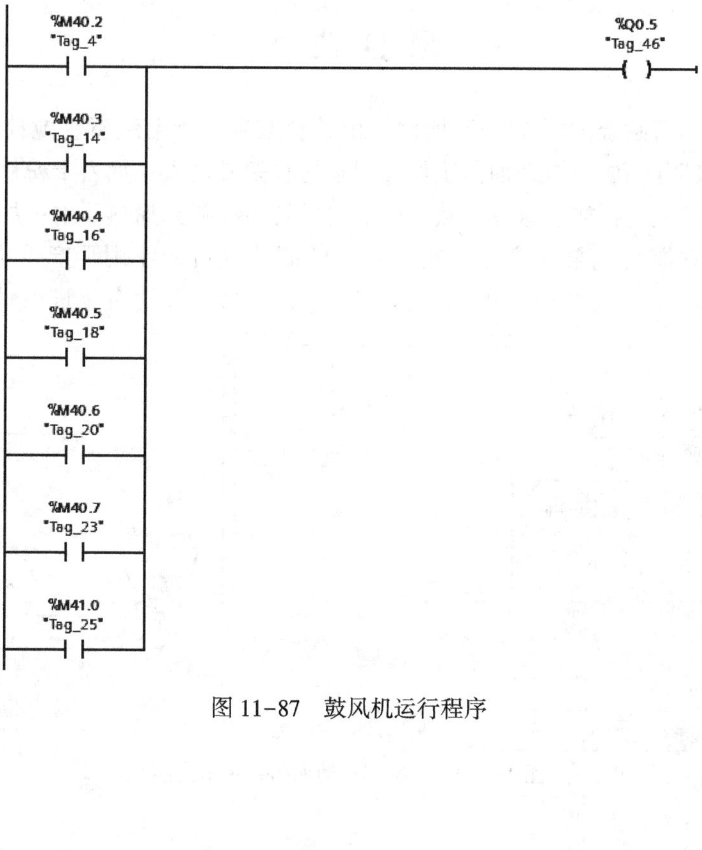

图 11-87 鼓风机运行程序

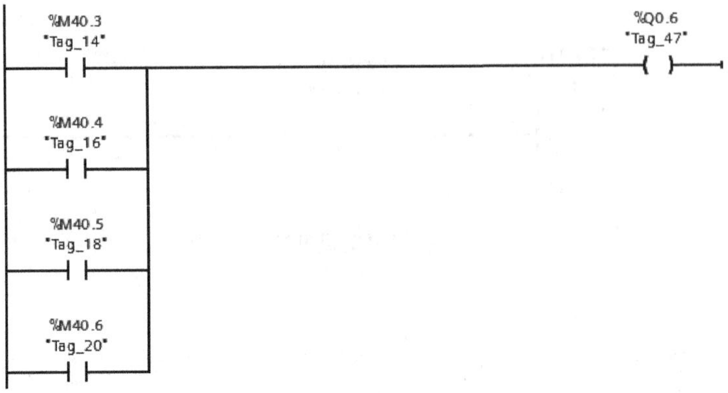

图 11-88　喷雾电动机运行程序

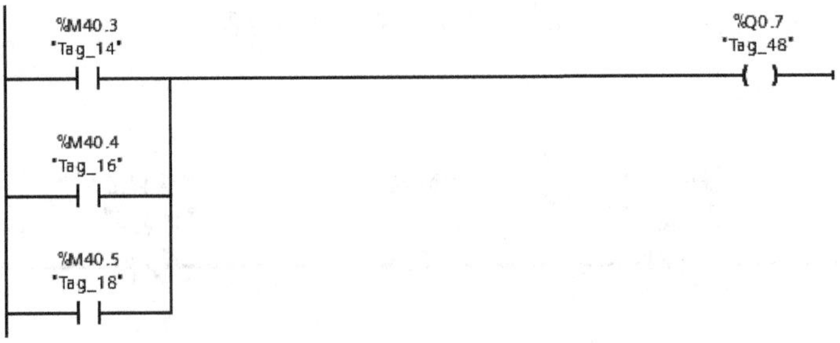

图 11-89　蠕动泵运行程序

项 目 拓 展

絮凝剂自动加药系统如图 11-90 所示，由给料装置、预溶装置、搅拌装置、储药装置和加药装置等五部分构成，自动加药工作过程是粉状絮凝剂人工加入干粉料斗中，干粉料斗顶端有个过滤网，先进行初步过滤，然后由喂料机将药粉喂到加热斗内；加热斗下方有一双文氏管，文氏管在漩涡气泵（高压风机）输送的高速气流的作用下产生负压，抽取药粉，药粉通过输送管被吹送到混料室预混，供水阀（供水阀的开度由步进电动机控制）打开，

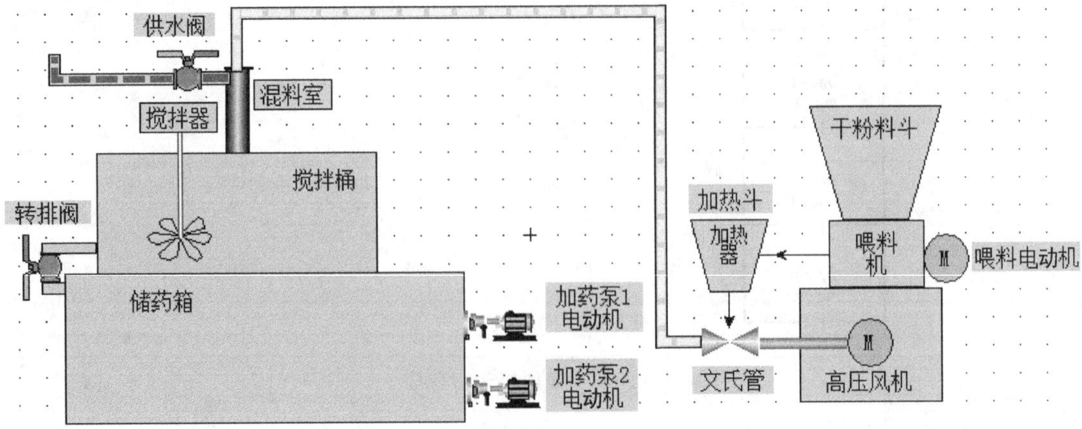

图 11-90　絮凝剂自动加药系统示意图

在水幕的保护下药粉最终到达搅拌桶；在通过搅拌器充分搅拌后，转排阀打开，药液进入储药箱存储，转排完后，进入下一个制备过程。储药箱内存储的药液，经加药泵输送到加药点。

自动加药控制系统由以下电气控制回路组成。

供水阀由电动机 M1 控制（M1 为三相异步电动机，只进行单向正转运行）。

高压风机由电动机 M2 控制（M2 为三相异步电动机，只进行单向正转运行）。

搅拌器由电动机 M3 控制（M3 为三相异步电动机，只进行单向正转运行）。

加药泵 1 由电动机 M4 控制（M4 为三相异步电动机，只进行单向正转运行）。

加药泵 2 由电动机 M5 控制（M5 为三相异步电动机，只进行单向正转运行）。

电动机旋转以顺时针旋转为正向，逆时针旋转为反向。

喂料机、转排阀和加热器，由 PLC 数字量输出点控制指示灯模拟。

系统输入应包含以下各点：供水阀电动机 M1 初始位置检测传感器 SQ1、传感器 SQ2 和 SQ3；启动按钮 SB1、停止按钮 SB2；搅拌桶三个液位传感器模拟开关：SA1 模拟低液位、SA2 模拟中液位、SA3 模拟高液位；开关 SA4 模拟储药箱中的中液位。

1. 触摸屏画面

1）各个电机工作状态指示灯。

2）液位传感器被液体淹没时搅拌桶和储药箱要有动画显示液位升降变化。

2. 自动运行模式初始状态

干粉料斗内有充足的干粉絮凝剂、供水阀全关、搅拌桶中无液体（SA1=0）、转排阀关闭、M1–M5 处于停止状态。工作模式时初始状态条件满足则触摸屏中初始状态指示灯显示绿色。

3. 絮凝剂溶液自动制备过程

初始状态下搅拌箱和储药箱无液位，按下启动按钮 SB1，系统开始自动运行，高压风机开始运行；10 s 后供水阀打开，加热器开始工作。

当搅拌箱中的水位到达中液位（SA1=1，SA2=1），喂料机开始运行；搅拌电动机开始搅拌；10 s 后喂料机停止、高压风机停止工作，加热器停止工作。

当搅拌箱中的水位到达高液位（SA1=1、SA2=1、SA3=1），供水阀处于全关状态，20 s后搅拌器完成工作，所有的驱动装置停止工作，所有的电磁阀关闭。

然后转排阀打开，当储药箱中溶液到达到中液位（SA4=1），搅拌箱中的液位低于低液位（SA1=0）探头的位置时，转排阀关闭。

然后加药泵 1 开始运行，3 s 后加药泵 2 开始运行。当储药箱中溶液到低于中液位（SA4=0），加药泵 2 首先停止，3 s 后加药泵 1 停止。

系统运行期间，按下停止按钮 SB2，系统立即停止，再次按下启动按钮 SB1，系统继续运行。

参 考 文 献

[1] 陈忠平．西门子 S7-300/400 系列 PLC 自学手册［M］．北京：人民邮电出版社，2010.
[2] 廖常初．S7-300/400 PLC 应用技术［M］．北京：机械工业出版社，2007.
[3] 张运刚．从入门到精通-西门子 S7-300/400 PLC 技术与应用［M］．北京：人民邮电出版社，2007.
[4] 刘锴．深入浅出西门子 S7-300 PLC［M］．北京：北京航空航天大学出版社，2004.
[5] 廖常初．跟我动手学 S7-300/400 PLC［M］．北京：机械工业出版社，2010.
[6] 秦益霖．西门子 S7-300 PLC 应用技术［M］．北京：电子工业出版社，2007.
[7] 胡学林．可编程控制器原理及应用［M］．北京：电子工业出版社，2007.
[8] 龚仲华．S7-200/300/400 PLC 应用技术-提高篇［M］．北京：人民邮电出版社，2008.
[9] 高强，马丁．西门子 PLC 200/300/400 应用程序设计实例精讲［M］．北京：电子工业出版社，2009.